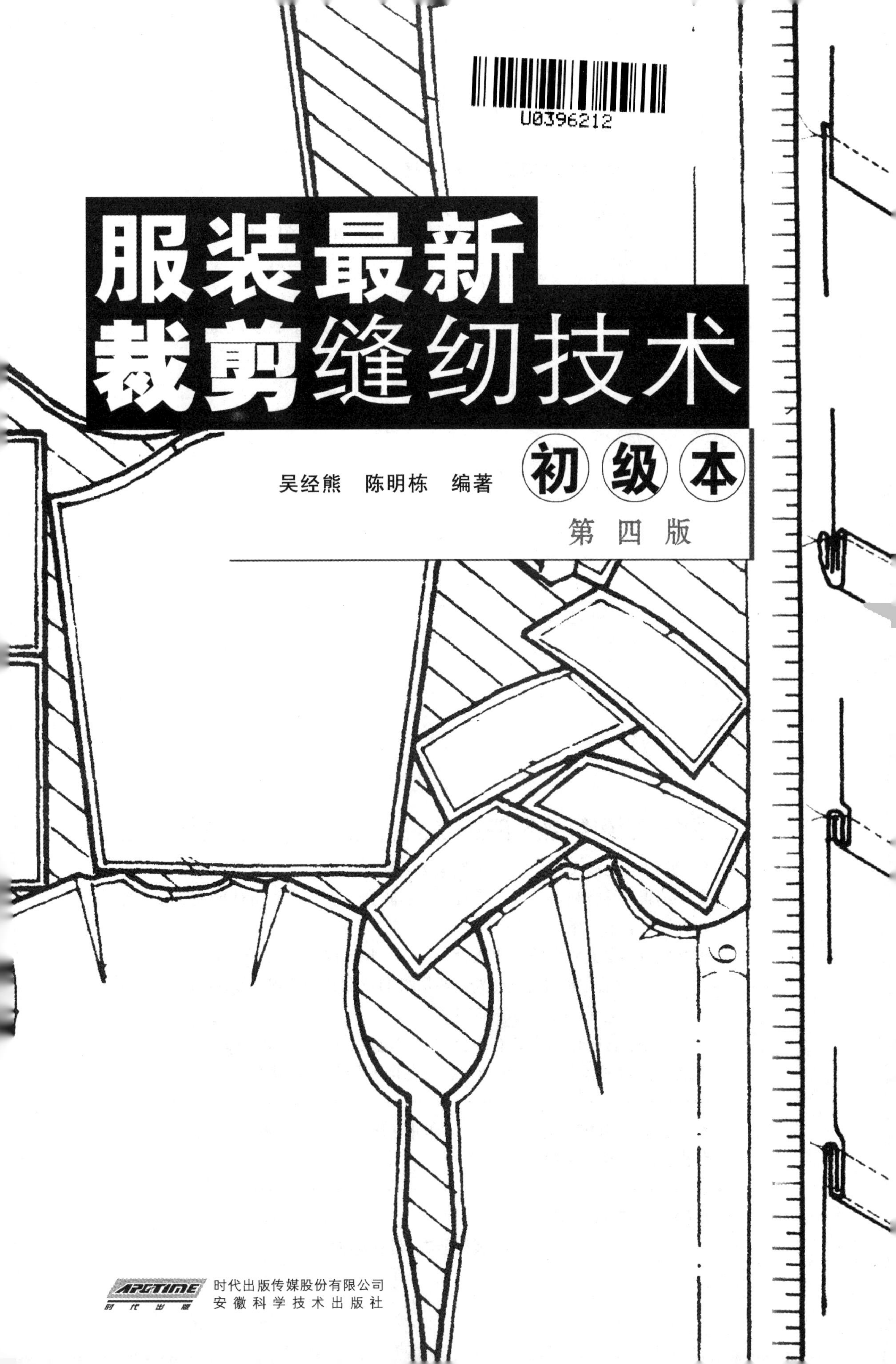

U0396212

服装最新裁剪缝纫技术

初级本

吴经熊　陈明栋　编著

第四版

时代出版传媒股份有限公司
安徽科学技术出版社

图书在版编目(CIP)数据

服装最新裁剪缝纫技术:初级本/吴经熊,陈明栋编著.—4版.--合肥:安徽科学技术出版社,2014.1(2024.8重印)

ISBN 978-7-5337-6115-8

Ⅰ.①服… Ⅱ.①吴…②陈… Ⅲ.①服装裁缝
Ⅳ.①TS941.6

中国版本图书馆CIP数据核字(2013)第210706号

服装最新裁剪缝纫技术:初级本 吴经熊 陈明栋 编著

出 版 人:王筱文 选题策划:邵 梅 责任编辑:邵 梅
文字编辑:吴晓晴 责任校对:陈会兰 责任印制:廖小青
封面设计:朱 婧
出版发行:安徽科学技术出版社 http://www.ahstp.net
(合肥市政务文化新区翡翠路1118号出版传媒广场,邮编:230071)
电话:(0551)63533330
印 制:合肥创新印务有限公司 电话:(0551)64321190
(如发现印装质量问题,影响阅读,请与印刷厂商联系调换)

开本:787×1092 1/16 印张:16 字数:410千
版次:2024年8月第31次印刷

ISBN 978-7-5337-6115-8 定价:35.00元

版权所有,侵权必究

序

《服装最新裁剪缝纫技术(初级本)》一书,不同于一般裁剪书。它是从研究人体结构比例与服装造型关系出发,采用定性定量形式揭示服装裁剪出样技术的专业书籍。

该书汇集服装各流派技法的优点,博采众长,在研究服装造型与人体结构的相关性及服装规格设计方面具有独特的见解,探索了服装结构的合体性和各部位之间相互配合的科学性。其计算公式简明易懂、科学合理。

该书具有较强的可操作性,是作者长期从事教学实践的结晶;基型变化考虑到结构造型、面料性能及制作技术等相关因素,达到了较为理想的制作效果。

该书文字简明,易读易懂,实用性强,适合于服装加工技术工作者参阅,同时也是服装专业大中专学生与广大业余服装裁剪爱好者的常备读物。

冯　翼

前　言

《服装最新裁剪缝纫技术(初级本)》是为了适应我国服装加工技术发展、培训相关人才需要而编写的一本基础教材。全书共分九章,剖析了服装的不同造型与人体各部位的关系,并结合男装、女装、童装、中装、西裤、裙等有代表性的服装品种,阐述了服装造型的基础理论,并将典型服装的变化列举于后,起到了举一反三的作用。

本书对常见的80余种服装的裁剪制图和缝纫工艺、熨烫工艺、排料方法、量体加放、长度单位换算等必须掌握的基础知识作了全面的介绍,尤其在确定服装各部位的尺寸及其加放数方面,显示了独到之处。

文中尺寸未注明者均以厘米(cm)为计量单位。

本教材可结合师资情况、授课时数和教学条件灵活运用,并可适用于自学者。

服装效果图由上海纺织大学副教授黄元庆绘制,在此表示感谢。

编　者

目　　录

第一章　裁剪制图、缝纫基础知识

第一节　量　　体

一、服装造型和裁制的依据

人体的基本结构和体型特征是服装造型的依据。只有掌握人体结构、外表形态、生长规律和运动规律，才能制定出合理的裁制工艺，达到合体的目的。

1. 人体结构和外表形态

人体由骨骼、关节、肌肉等组成。

骨骼是人体的支架，它是由 206 块不同形状的骨头组成的，各骨头之间又有关节相连。人体的运动主要是由颈椎关节、肩关节、腰椎关节、肘关节、腕关节、髋关节、膝关节和踝关节八大关节控制着范围和方向。

人体肌肉组织极其复杂，形状各异，纵横交错，层次重叠。有的丰满隆起，有的附骨较深，其分布面和体表形态也各不相同。

人体由头、躯干、上肢、下肢四大部分组成(图 1.1.1)。

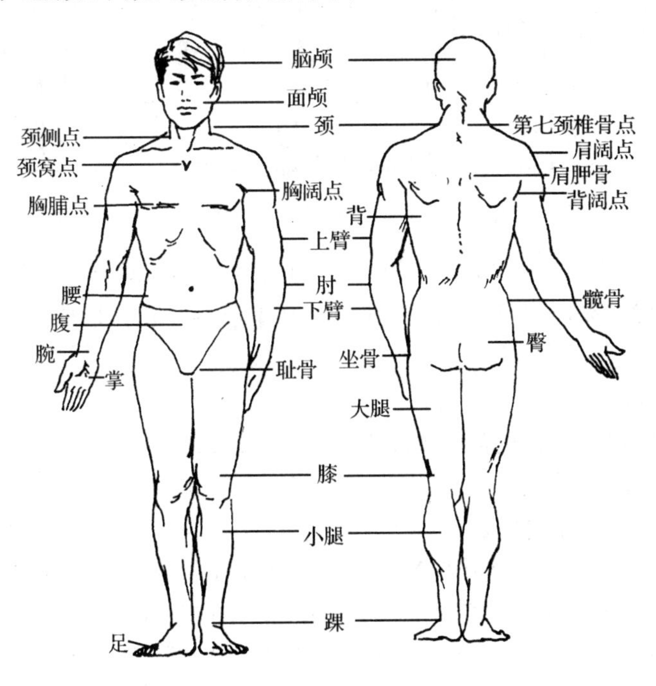

图 1.1.1　人体组成

头部：脑颅、面颅。

躯干部：颈、胸、腰、腹。

上肢部：肩、上臂、肘、下臂、腕、掌。

下肢部：髋、大腿、膝、小腿、踝、足。

2. 人体生长规律

人的体型有男女之分，有老少之别，还要加上种族、职业、地区、习惯等因素而产生的差别。人体生长规律可以从以下几个阶段进行了解认识。

(1) 婴幼儿、小童阶段：1～6 岁(图 1.1.2～图 1.1.3)。

头颅大、颈短、躯干长、四肢短、肩狭，腹围大于胸围、臀围，体高 4～5 头长。

(2) 中童阶段：7～12 岁(图 1.1.4)。

体型逐渐向均衡发展，腹部趋于平坦，躯干和四肢各部位相应增高，体高 5.5～6 头长。

(3) 少年阶段：13～16 岁(图 1.1.5)。

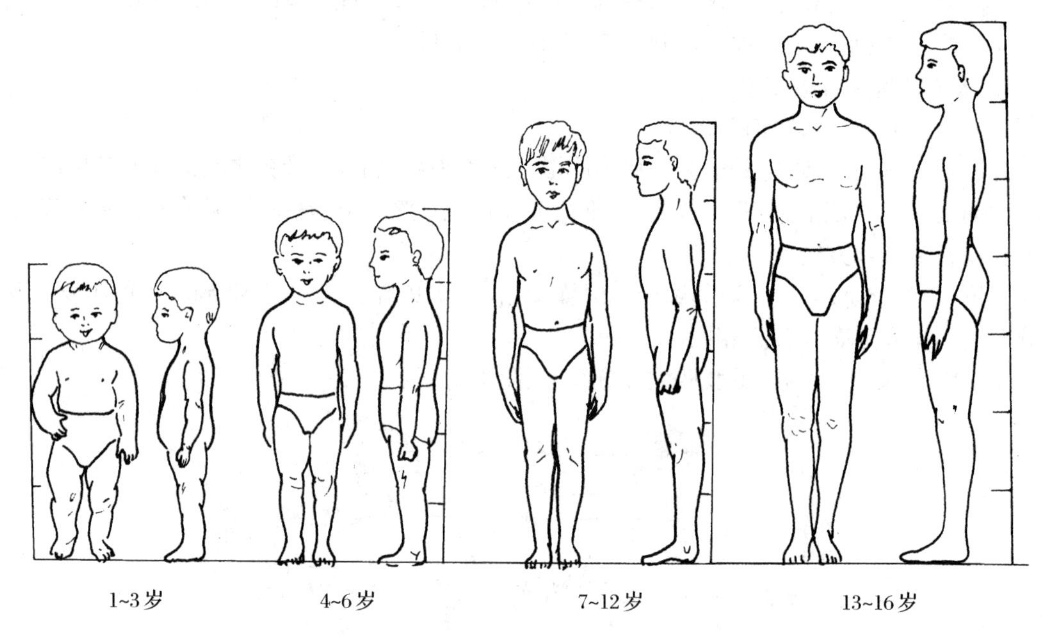

图 1.1.2 婴幼儿阶段　图 1.1.3 小童阶段　图 1.1.4 中童阶段　图 1.1.5 少年阶段

这是身体全面发展阶段，各部位骨骼、肌肉已基本形成。女孩形成期早，男孩相比之下较晚，体高达 7 头长。

(4) 青年阶段：17～30 岁(图 1.1.6)。

这是人体定型阶段。发育正常者体高为 7～7.5 头长。

(5) 成年阶段：31～40 岁。

成年阶段属于相对稳定阶段。

成年女性脂肪层较厚，肌肉丰满圆润；颈细长，喉骨位高而不明显；肩窄斜，胸狭背窄，乳胸发达呈圆锥状隆起；腹部丰满，腰部高而细，骨盆低宽，臀肌发达。

成年男性脂肪层薄，肌肉块面突出；颈相对比较粗，喉结隆起；两肩宽平，胸宽，背阔厚；腹平，腰部较低，骨盆高而窄，臀肌不及女性发达。

(6) 中老年阶段：41～70 岁(图 1.1.7)。

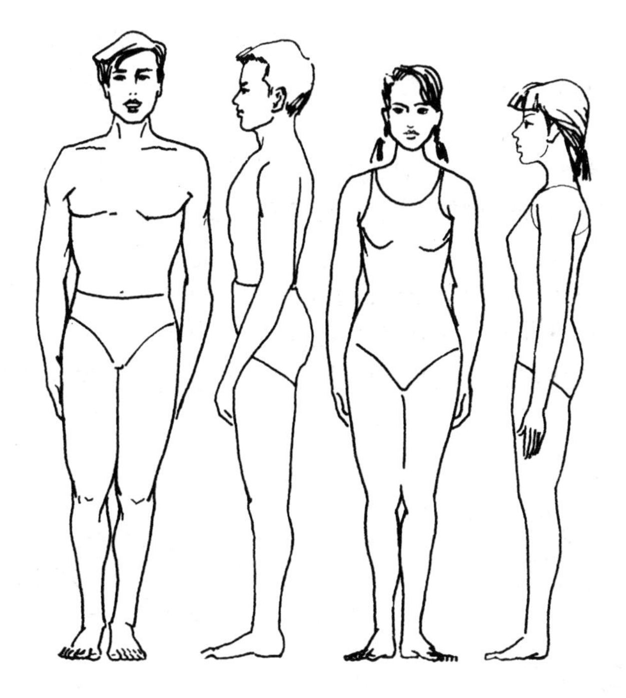

17~30岁

图 1.1.6　青年阶段

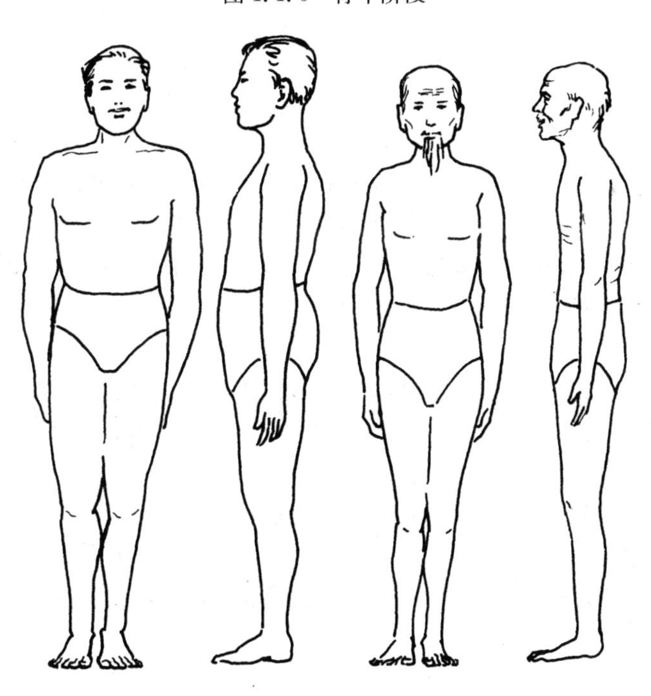

41~70岁

图 1.1.7　中老年阶段

该阶段由正常体型过渡到非正常体型，表现为瘦体与胖体两个方面。

瘦体者脂肪层薄，颈细长，肩宽平，胸平背薄，骨骼显露，四肢似长实细。

胖体者脂肪层厚，颈粗短，肩窄斜，胸挺背厚，腹部凸出，四肢似短实粗。

由此可见，人的生长表现为：头颅慢、躯干快、四肢更快，幼儿比青少年快。

3. 人体活动规律

人体的活动规律是由八大关节的活动范围决定的。从日常生活中可以看到：头和躯干的活动产生于脊柱，其中颈椎和腰椎的前屈、后仰及左右旋转、倾斜等活动幅度较大，躯干前屈幅度大于后仰的幅度（图 1.1.8①）。

肩关节、肘关节和腕关节是使上肢进行前后左右屈伸、收缩、回旋等人体活动中最复杂、灵巧活动的关节，其中向前活动大于向后活动幅度（图 1.1.8②）。

髋关节、膝关节和踝关节是使下肢进行前屈、后翻、左右伸展和内外左右旋转活动的关节（图 1.1.8③）。

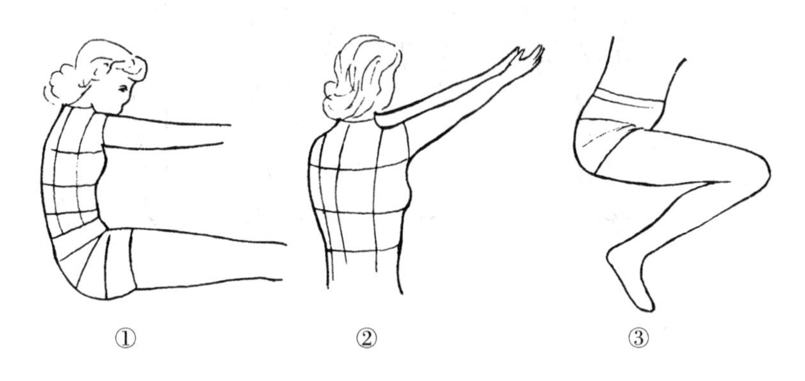

图 1.1.8　人体活动规律示意

二、量体的要点

俗话说："量体裁衣"。这四个字精辟地概括了人体结构与服装的关系。量体时除需要人体有关部位的长度、围度作为裁制依据外，还要细致地观察每个人的体型特征，了解服装的穿着场合、穿着者的心理需求和习惯爱好。对特殊体型者，尤其要结合体型特点测量，使服装穿着后能弥补人体的缺陷，起到扬长避短的作用。

1. 量体注意事项

（1）被量者应穿着整齐，呈站立姿势，站姿轻松，体态自然，两眼平视，呼吸正常。

（2）测量时首先观察其体型。如为特殊体型，可增加测体内容，并做好必要的记录。测量时要求被量者予以配合，以便正确测量。

（3）测量时软尺要松紧适度，以顺势贴身。测量长度时尺要垂直，测量围度时尺要保持水平，尺的松度以可插两指为度。测量腰围时被量者宜放松腰带，防止量小影响穿着。

（4）主动询问被量者的穿着条件、场合、心理需求、习惯爱好，要根据不同的服装类型，确定各部位的放松量。

（5）量体要按顺序进行，以免漏量。一般顺序为先横后直，由上而下。

上衣量体顺序：领围→肩阔→胸围→臀围→衣长→腰节长→袖长。

裤子量体顺序：腰围→臀围→裤长→直裆。

2. 量体部位和方法（图 1.1.9）

身高①　从头骨顶点量至脚跟。其值即号型中的号数。

总体高②　从第七颈椎骨量至脚跟。它是分配服装长度的依据。

衣长③　由颈侧点向下量取。其值可根据需要决定。

前腰节④　起始于颈侧点，经过乳峰量至腰部最细处（可预先在腰部系一带子）。

后腰节⑤　由第七颈椎骨量至腰部最细处。前、后腰节差为体型数。

袖长⑥　由肩骨外端起量至所需长度。

裙长⑦　由腰部最细处起量至所需长度。

裤长⑧　由腰部最细处起量至所需长度。

直裆长⑨　坐在平板凳上，由腰部最细处量至凳面，再加放 1～1.5 cm。

头围⑩　围颅骨自额头经过耳上，通过后颅骨突出处围绕一周（这是裁套头服装的依据）。

颈围⑪　在颈部最细处围量一周，放松量另加。

胸围⑫　从腋下围量一周（经过乳峰），根据服装类型增加放松量。

腰围⑬　从腰部最细处围量一周，根据服装类型增加放松量。

臀围⑭　在臀部最丰满处围量一周，根据服装类型增加放松量。

肩阔⑮　在后背从左肩骨外端量至右肩骨外端。

袖口⑯　手掌围量一周为最小袖口。手掌围量一周增加 50%为普通袖口。短袖袖口为上臂围量一周加放 7 cm。

脚口⑰　踝骨围量一周，加放 10 cm 以上。

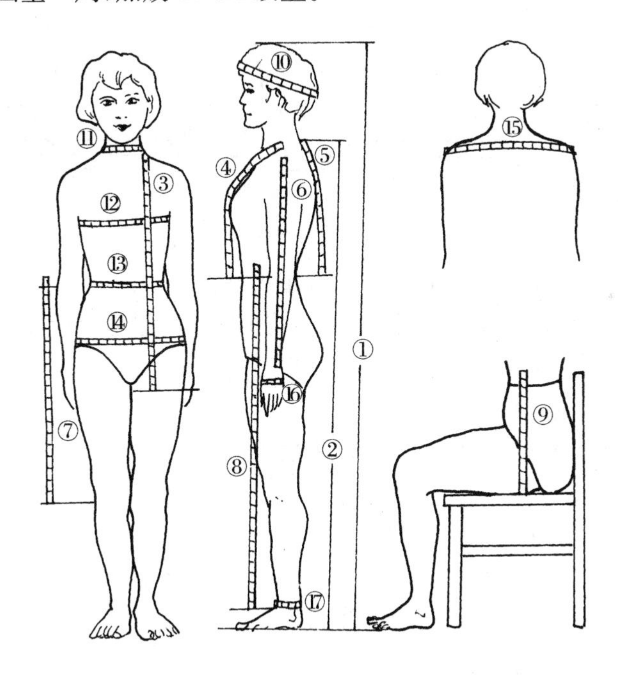

图 1.1.9　量体部位图

3. 特殊体型测量方法

体型一般分为正常体型、特殊体型和不正常体型三种。凡发育正常、无明显异常者均为正常体型。体型某部位较正常体型有差异者称作特殊体型。常见的有下列几种体型（图 1.1.10～图 1.1.11）。

挺胸体　胸部前挺丰满，后背平坦。

高胸体　乳房特别高挺，异于正常体。

弓背体　背部宽厚突出，胸部平坦。

以上三种体型可通过测量前、后腰节差来比较。

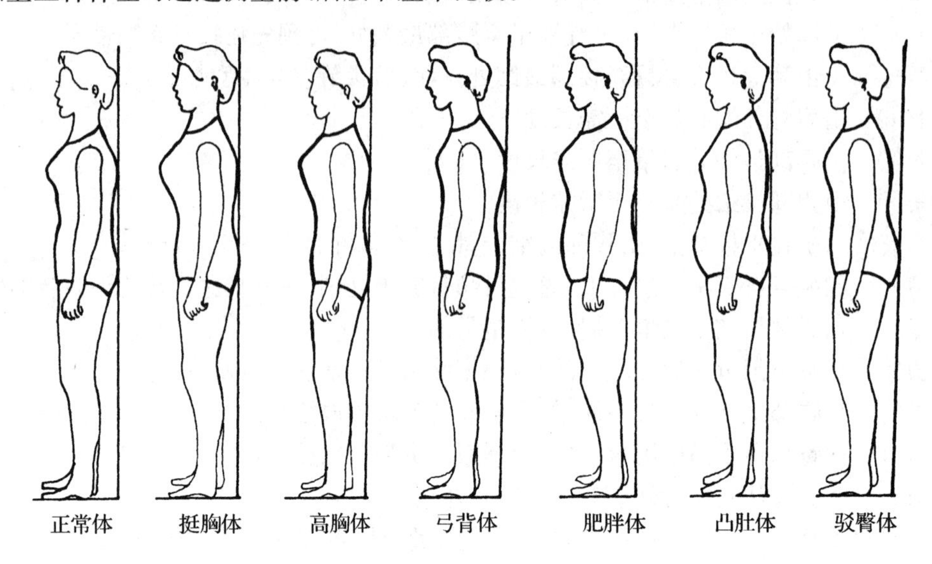

图 1.1.10　特殊体型示意图

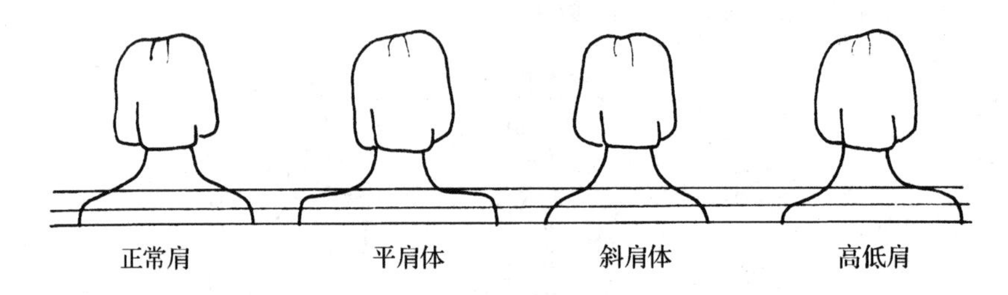

图 1.1.11　特殊肩示意图

肥胖体　体型丰满，胸围与腰围尺寸相仿，四肢也壮大。量体时应加量上臂数据。

凸肚体　腹部突出，高于胸围。

驳臀体　臀部丰满，突起较高。

以上三种体型在测量时可通过前、后衣长差数来调整。

平肩体　两肩端较正常体平。

斜肩体　颈肩与外肩端倾斜呈八字形。

高低肩　左、右两肩高低不相等。

以上三种肩型一般通过目测、对比正常体而定。

三、男女式服装松量加放参考

男、女装长度标准可参考图 1.1.12、图 1.1.13。

男、女装长度测量标准、围度放松量可参考表 1.1、表 1.2。

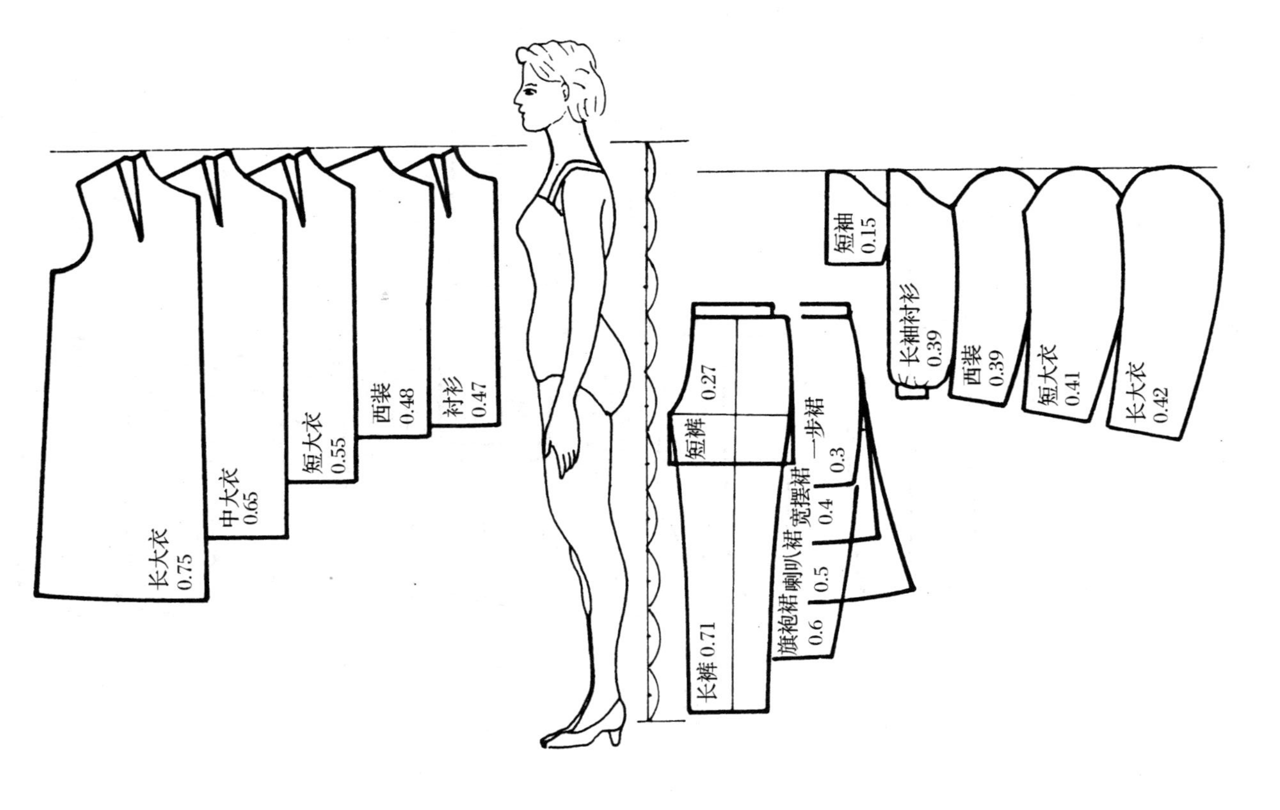

图 1.1.12　女装长度标准示意图

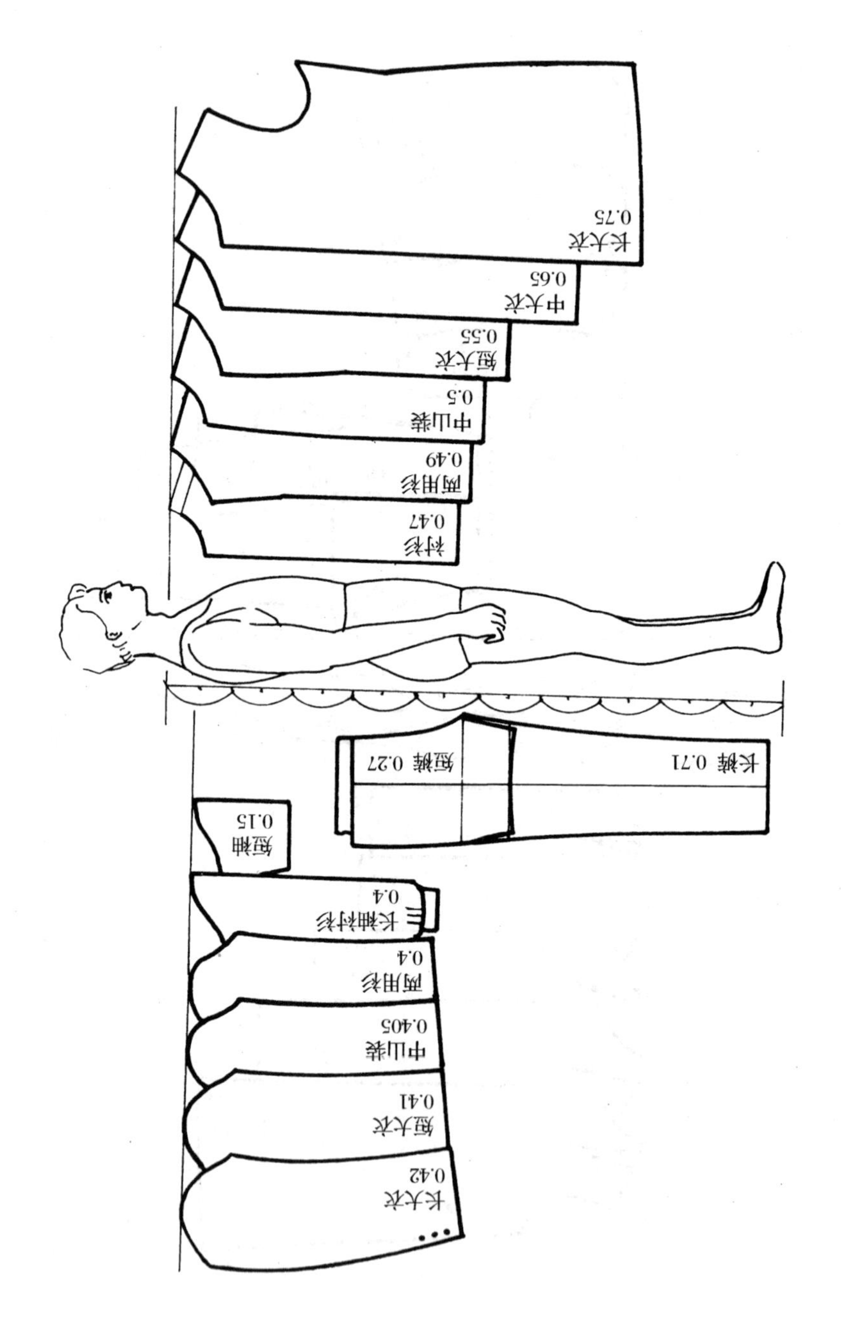

图 1.1.13　男装长度标准示意图

表 1.1 女装长度测量标准、围度放松量参考表

单位:cm

品种	长度测量标准				围度放松量						内穿条件
	衣长或裤长	占总长%	袖长	占总长%	胸围			腰围	臀围	领围	
					贴体	合体	松身				
短袖衬衫	齐手腕	45	肘关节上 8	15	4～10	10～16	16 以上		4～10	2	汗衫
长袖衬衫	手腕下 2	47	齐手腕	39	4～10	10～16	16 以上		4～14	2	汗衫
中袖衬衫	手腕下 1	46	手腕上 7～10	32～35	4～10	10～16	16 以上		4～10	2	汗衫
连衣裙	膝盖上下	67～87	齐手腕	39	4～10	10～16	16 以上	4～8	4～10	2	汗衫
中式旗袍	离地 18～26	84～90	齐手腕	39	4～10	10～16		4～8	4～10	2	汗衫
两用衫	手腕下 3	48	齐手腕	39	8～14	14～20	20 以上		8～18	4	毛衣 衬衫
女西装	手腕下 3	48	齐手腕	39	8～14	14～20	20 以上		8～16		羊毛衫 衬衫
夹克衫	齐手腕	47	手腕下 1.5	40		16～22	22 以上		8～16		毛衣 衬衫
中式棉袄	手腕下 3	48	手腕下 1.5	40	12～18	18～24	24 以上		12～24	4	2 件毛衣
短大衣	齐中指	55	手腕下 3	41	12～18	18～24	24 以上		12～24	6	毛衣 外衣
春秋中长大衣	膝盖上 5	65	手腕下 3	41	12～18	18～24	24 以上		12～24	6	毛衣 外衣
冬季长大衣	膝盖下 10	75	手腕下 4	42	16～22	22～28	28 以上		16～28	8	毛衣 棉衣
棉长大衣	膝盖下 10	75	手腕下 4	42	16～22	22～28	28 以上		16～28	8	毛衣 棉衣
短裤	膝盖上 13～17	27～30						0～1	4～10		衬裤
中裤	膝盖下 6	45						0～1	4～10		衬裤
夏季长裤	齐踝骨	70						0～1	4～10		衬裤
冬季长裤	踝骨下 3	72						2～6	8～14		毛线裤
夏季长裙	膝盖上下	30～55						0～1	4 以上		衬裤
冬季长裙	膝盖下 27	60						2～6	8 以上		毛、衬裤
裙裤	膝盖下 6～27	45～60						0～1	4 以上		衬裤
短裙	膝盖上 9～13	30～33						0～1	4 以上		衬裤

表 1.2　男装长度测量标准、围度放松量参考表

单位:cm

品　种	长度测量标准				围度放松量				内穿条件
	衣长或裤长	占总长%	袖长	占总长%	胸　围	腰　围	臀　围	领　围	
短袖衬衫	手腕下 2	47	肘关节上 6	15	16～20			3	汗　衫
长袖衬衫	手腕下 3.5	48	手腕下 1	40	16～20			3	汗　衫
西　装	大拇指中节	50	手腕下 1	40	14～18		10～14		羊毛衫　衬衫
西装马甲	腰节下 15	40			8～12				汗衫　衬衫
中 山 装	大拇指中节	50	手腕下 2	40.5	18～24		14～20	5	衬衫　毛衣
两 用 衫	手腕下 5	49	手腕下 1	40	18～24		14～20	5	衬衫　毛衣
夹 克 衫	齐 手 腕	46	手腕下 3	41	20～28		8～16	5	衬衫　毛衣
卡 曲 衫	齐大拇指	53	手腕下 3	41	20～28		16～24		衬衫　2 件毛衣
中式棉袄	大拇指中节	50	手腕下 3	41	24～32			5	衬衫　2 件毛衣
春秋中大衣	膝盖上 5～7	63	手腕下 3	41	20～28		16～24	6.5	外衣　毛衣
春秋长大衣	膝盖下 10	75	手腕下 3	41	20～28		16～24	6.5	外衣　毛衣
冬季短大衣	齐大拇指	53	手腕下 4	42	26～34		22～30		棉衣　毛衣
冬季长大衣	膝盖下 10	75	手腕下 4	42	26～34		22～30		棉衣　毛衣
棉长大衣	膝盖下 15	78	手腕下 4	42	30～38		26～34	8	棉衣　毛衣
短　裤	膝盖上 10～20	27～35				2～3	4～10		衬　裤
夏季长裤	踝骨下 1.5	71				2～3	8～13		衬　裤
冬季长裤	踝骨下 3	72				3～7	10～15		毛 线 裤
直 筒 裤	踝骨下 1.5	71				2～3	4～8		衬　裤
牛 仔 裤	踝骨下 1.5	71				2～3	2～6		衬　裤
紧 身 裤	踝骨下 1.5	71				2～3	2～6		衬　裤
松 身 裤	踝骨下 1.5	71				2～3	10 以上		衬　裤

四、服装统一号型简介

全国统一的服装号型是由轻工业部制定、国家标准总局正式颁布的 GB1335·1—91(代替 GB1335—81)确定的,从 1992 年 4 月 1 日起,在全国服装行业正式实施。

1. 号型定义

号指人体的身高,以厘米为单位表示,是设计和选购服装长短的依据。

型指人体的胸围或腰围,以厘米为单位表示,是设计和选购服装肥瘦的依据。本标准依据男、女人体胸围与腰围的差数,将男、女体型分为四类(儿童不设体型分类)。

体型分类代号	Y	A	B	C
男体胸围与腰围之差数(cm)	22～17	16～12	11～7	6～2
女体胸围与腰围之差数(cm)	24～19	18～14	13～9	8～4

2. 号型系列

号型系列以中间体为中心,向两边依次递增或递减。服装规格亦应以此系列为基础同时按需加上放松量进行设计。

(1) 身高分别以 10 cm、5 cm、3 cm 分档。10 cm 档用于总体高 130 cm 以下儿童的服装,5 cm 档用于总体高在 130 cm 以上儿童和男女成人的上衣、裤子,3 cm 档主要用于男女成人的上衣、裤子。

(2) 胸围和腰围(型)分别按 4 cm、3 cm、2 cm 分档。4 cm 和 3 cm 用于胸围,3 cm 和 2 cm 用于腰围。

(3) 号和型的结合,就组成了服装的号型系列,如:5.4 系列、5.3 系列、5.2 系列。

3. 号型标志

服装上必须标明号型。套装中的上、下装要分别标明号型。

号型表示方法:号与型之间用斜线分开,后接体型分类代号。例:170/88 A、90/48(儿童)。

4. 号型应用

服装上标明的号的数值,表示该服装适用于身高与此号相近似的人。例:140 号适用于身高 138～142 cm 的人,170 号适用于身高 168～172 cm 的人。以此类推。

服装上标明的型的数值及体型分类代号,表示该服装适用于胸围或腰围与此型相近似及胸围与腰围之差数范围之内的人。例:男上装 88 A 型,适用于胸围 86～89 cm 及胸围与腰围之差数在 16～12 cm 的人。男下装 76 A 型,适用于腰围 75～77 cm 以及胸围与腰围之差数在 16～12 cm 的人。以此类推。

习　　题

1. 为什么要了解人体?
2. 人体的外表形态受哪些部位影响?
3. 人体结构可分成哪四大部分?
4. 人体生长分哪几个阶段?请说出成年人与老年人常见的体态特征。
5. 人体活动规律是由什么决定的?
6. 量体要注意哪些事项?

7. 用什么方法来确定特殊体型？常见的特殊体型有哪几种？

8. 什么是服装号型？

9. 怎样使用号型标志？各号型标志代表什么？请举例说明。

第二节　平 面 制 图

一、服装制图工具及其应用

绘图常用工具有厘米直尺、三角尺、曲线板、量角器、弯尺等。这些工具能帮助我们在平面上绘制出符合人体需要的各种弧线和直线。因为裁剪绘图位于服装四大基本功(裁剪、缝纫、手工、熨烫)之首,绘图的正确与否是直接影响产品质量的第一关,所以服装工作者必须熟练掌握和正确使用绘图工具。

1. 厘米直尺

可采用 40 cm 长有机玻璃直尺。主要用于测量规格尺寸和绘画直线。有时使直尺稍弯曲,也可用于绘画较平坦的弧线。

2. 三角尺

一般采用 30 cm 以下的三角尺。它除能准确画出直角和特定角外,还是用于绘画垂直线和平行线的主要工具。

3. 曲线板

可分别采用 30 cm、15 cm 两种曲线板。它可用来连接弧线,以在平画制图中绘画各种圆滑曲线。

4. 量角器

用于测量和绘画特殊角度,如翻领松度、驳角、喇叭裙角度等。单独的量角器或三角尺中附加的量角器均可。

5. 弯尺

常用的是木制的弯尺。它专门用来绘画较平坦弧线,如袖缝、摆缝、下裆缝、侧缝等。使用曲线板太小、接线不顺时,可采用弯尺。绘画基本功过硬者还可以采用直尺。

有了上述的绘图工具,并不等于绘图就没有问题了,还需要注意下列几点:

(1) 规格准确。这是制图的基础。要求测量时不要看错尺寸、公式、比例,做到计算准确。

(2) 线条流畅。线与线相交处的棱角要清晰。尤其画直线与弧线相接,或者弧线与弧线相接时,一定要画顺,使接线处圆滑而没有痕迹。

(3) 轮廓分明。轮廓线是主线,应用粗线条表示。辅助线都是为绘画轮廓服务的,一般用细线条表示。二者决不可颠倒,才能做到轮廓分明。

(4) 图纸整洁。包括布局合理,图纸整齐,图纸中的数字、符号、标记规范化。

二、制图符号、代号及说明

服装制图符号、代号及说明见表 1.3。

表 1.3　服装制图符号、代号及说明

名　　称	符号、代号	说　　明
轮廓线		衣片、零部件形成的轮廓
辅助线		制图中的基本线、引出线
连折线		衣片相连的线，不能剪开
等分线		该部位线段分成若干等份
直　角		表示横直线相交成直角
组　合		分属于两个部位的组合拼接
折　裥		需折叠部分，如裙裥、裤裥
省　缝		省略和缝去的内容，如肩省、腰省
归　缩		缝制时需缩短、归拢的内容
伸　拔		缝制时需伸长、拔开的内容
缩　缝		较大幅度的收缩，呈细褶、碎裥状
等　量		两线段间相等
顺序号	⑥⑦⑧	表示作图顺序、先后关系
丝　绺		布纹经向丝绺
螺　纹		下摆、袖口用螺纹或松紧带
断　开		表示连接物的剖断内容
距离线		某一段的距离
身高	G	
长度	L	
袖长	SL	
胸围	B	
腰围	W	
臀围	H	
颈围	N	
肩阔	S	
袖窿	AH	
胸点	BP	

三、服装常用术语

服装术语是服装行业的专业用语。专业用语在传授技艺、交流经验中起到积极的作用，因而必须熟练地掌握和应用。

1. 术语分类

服装术语根据其来源主要可以分成下列几大类：

部位语　根据人体结构的特征、划分部位的造型特点来命名的。如胸围线、臀围线、胸袋、腋省、腰省等。

象形语　根据象形物来确定的术语名称。如：袖山、窿门、圆角、方角、尖角、八角、枪驳、圆驳、平驳等。

操作技术用语　根据裁剪和缝制实际需要而产生的。如画圆顺、凹势、吃势、弧线、起翘、劈门、收省、褶裥、开刀等。

外来语　由国外同类语的语音而来，不是意译。如衬衫的袖头称“克夫”，衬衫的过肩叫“复司”，上衣上端横分割叫“育克”等。

2. 术语作用

术语所起的作用是正确表达统一的技术内容，在传授和交流经验中避免误解和差错。具体可归纳为：

(1) 使工艺规范化，有利于督促检查。

(2) 便于技术交流，相互探讨学习。

(3) 有利于提高工作效率。

3. 常用术语介绍

高和长　长度术语，指人体高矮和衣服各部位的长短。在服装上分别称为衣长、裤长、腰节长、袖山高、袋位高、后缝翘高等。

围　人体各部位横量一周的总称。在人体上分别称为颈围、胸围、腰围、臀围等，在服装上分别称为领大、胸围大、下摆大等。

宽或阔　部位宽度术语。服装上分别称为胸宽(阔)、背宽(阔)、肩宽(阔)、叠门宽(阔)、袋盖宽(阔)等。

裆和窿门　裆是指裤子中跨越躯干的厚度，呈U形弧线状，俗称上裆。在裤裆中根据前后、上下位置，可分成前裆(小裆)、后裆(大裆)、横裆等。窿门是指上衣中跨越臂根腋窝的厚度，呈U形弧线状，俗称袖窿门。

在习惯中常常把裤子中前、后裆称作前窿门、后窿门，这主要是从形状上看裆与窿门有相同之处的缘故。

袖山和袖肥　袖山的叫法来自于袖片上端呈山形弧线状，常用袖山深、袖山高来表示袖山的长度距离。袖肥则指袖片横向距离，如袖肥大表示袖片横向大小内容。

叠门　前身衣片门襟左右重叠在一起供锁眼钉扣的部分。

止口　指门襟、领子、袋盖、裤腰等边缘。止口边缘辑1道线称单止口，辑2道线称双止口。止口也有写做子口的。

劈门　指上端劈进的门襟，呈倾斜状，亦称劈势、劈胸。

省缝　亦称省道，根据服装合体中省略和缝去的内容命名，如肩省、腋省等。

褶裥　与省缝作用相似，但省缝是缝合的，褶裥呈活口状，如裤片中前褶裥等。

驳头　指驳领中前片门襟挂面上段往外翻折的部位。

挂面　门襟反面有一层比叠门宽的贴边，又称门襟贴边。

驳角　即驳头角。

领角　即领前端角。

串口线　指驳领中翻领与驳头缝合处往外翻折显露的线段。

领缺嘴　亦称领缺角，指前领与驳头相交处所呈现的夹角。

驳口线　驳头翻折的轮廓线。

枪驳领　驳角上翘的领型。

起翘　又称翘势，指底边、袖口、领子与纬向基本线呈弧形的距离形状。

开刀　也称作分割，是服装造型中用来达到合体和装饰目的的分割形式。

育克　系外来语，指衣片上端水平分割部件。标准化术语称过肩。

复司　系外来语，指前、后衣片分割后组合相连形式。男衬衫的复司亦称过肩。

克夫　系外来语，指袖口的双层袖头边。标准化术语称袖头。

绊钉　系外来语，用于修饰肩部的衬垫物，又称垫肩。

罗甫　系外来语，指用斜布料缝制成 U 形的纽扣襻。

塔克　缉直条或横条的窄装饰线。

登闩　夹克衫下底边的镶边，也称登边。

袋爿　无袋盖爿形的袋口，如马甲袋、大衣斜插袋的袋口。

出手　中式服装术语，指从后领中心量至袖口的长度。

层势　指在操作时两层衣片中，一层需归缩，但不能明显起皱，又称吃势。

还口　指部件边缘拉长、松懈变形而有意无意地做还。也称还势。

起裂　亦称起链，指上下层呈链形不平服状。

搅盖　指服装不平衡，门襟下口重叠过多状。

豁开　指服装不平衡，门襟下口呈敞开状。

画顺　直线与弧线、弧线与弧线的连接。

漂势　指中山装、西装前摆缝上端放出量，它起增强活动量等作用，又称盛势。

四、计量单位换算

过去人们在生产和贸易中使用的是市制和英制单位，现在我国使用公制法定计量单位。合格的服装技工必须掌握各单位之间的换算方法，正确、迅速地运算出结果也属于基本技能内容。现列出长度单位换算表(表 1.4)供参考。

表 1.4　长度单位换算表

公　制			市　制		英　制	
米(m)	厘米(cm)	毫米(mm)	市　尺	市　寸	英尺(ft)	英寸(in)
1	100	1000	3	30	3.28084	39.3701
0.01	1	10	0.03	0.3	0.03281	0.3937
0.001	0.1	1	0.003	0.03	0.003281	0.03937
0.33333	33.333	333.33	1	10	1.0936	13.1234
0.03333	3.333	33.33	0.1	1	0.10936	1.31234
0.3048	30.48	304.8	0.9144	9.144	1	12
0.0254	2.54	25.4	0.0762	0.762	0.08333	1

使用方法举例：如查1英寸等于多少毫米，可先从“英寸一栏中找到1”，再横向左看“毫米”一栏相交，得25.4，即1英寸等于25.4毫米。在运算过程中，还必须了解公制中从米到厘米是百进位，厘米到毫米是十进位；市制中尺与寸是十进位；英制中英尺与英寸是十二进位。

习　　题

1. 常用的制图工具有哪几种？
2. 术语根据来源可分成几类？其作用有哪些？
3. 请写出10个裁剪制图中的常用术语。
4. 制图中有哪些常用符号？
5. 试问1.5米等于多少市寸？
6. 1英尺等于多少厘米？1码等于多少厘米？

第三节　识料排料

一、面料知识

1. 面料预缩处理

一般棉布(除灯心绒外)和人造纤维织物，应先用水浸泡片刻，待面料渗水浸透后，带水拎起晾干。晾前绝对不要用力拧挤，使面料失去应有的平挺度；晾时也不宜把布料绷得很紧，应呈皱褶不平状，这样可避免由于绷得很紧晾干后布边呈鼓形状。

毛料织物可采用喷水花熨烫预缩和盖湿布用熨斗蒸烫预缩两种方法。

合成纤维织物缩水率很小，一般可以不作缩水处理。

对于一些不宜下水的织物，如丝绒、织锦缎、古香缎等丝绸织物，可采用反面喷细水花熨烫和高温熨烫预缩。

凡衬布、里子都应下水预缩。但是像美丽绸等特殊用途的里子，亦可采用喷水花熨烫和高温熨烫预缩。

2. 面料的正反面

为保持成衣正面的整洁，一般裁剪画样时画粉应画在衣料反面，所以裁剪画样前须先识别织物的正反面。识别方法有下列几种：

(1) 根据织物的组织识别。织物组织一般有平纹、斜纹和缎纹三种。

平纹织物除印有彩色花纹外，其正反面无多大差异，可以织物平整光洁一面为正面。

斜纹织物可以从它的纹路方向来识别。双面卡、新华呢织物的正面纹路是从右上到左下，呈汉字中的“撇”的笔画；斜纹布、纱卡织物的正面纹路从左上到右下，呈汉字中的“捺”的笔画。在呢绒和绸缎中，正面撇斜和捺斜的都有，这时要以纹路清晰的为正面。

缎纹织物可分经面缎纹和纬面缎纹两种。经面缎纹的正面，经纱浮出较多；纬面缎纹的正面，纬纱浮出较多。总之，缎纹织物的正面平整光滑，缎纹清晰，富有光泽感；反面织纹不明显，光泽较晦暗。

(2) 根据织物的花纹、图案色泽识别。各种织物的印花图案色泽，正面清晰，线条明显，层次分明，色泽鲜艳匀称，反面则比正面浅淡模糊。

凡各种色织花型图案和提花织物，正面的花纹都比反面明显，线条轮廓清晰。提花织物的正面提纹较短，长丝为反面。

(3) 根据织物的布边识别。一般织物的布边正面比反面平整，反面布边呈向里卷状。无梭织物的正面布边较平稳，反面边沿有纬纱纱头的毛丛。有些织物的布边织有花纹和印有文字，以花纹和文字清晰正写为正面，字形反写且花纹模糊的为反面。

(4) 绒类织物的识别。绒类织物有长毛绒、平绒、丝绒、灯心绒、芝麻绒、斜纹绒、彩条绒、双面绒等。用绒类织物生产的服装可分内、外衣两类。

外衣类一般以有绒毛的一面为正面，无绒毛的一面为反面。

内衣类以无绒一面为正面，有绒一面为反面，使绒面贴身。双面绒织物，以绒毛比较紧密丰满、整齐的一面为正面。

3. 如何识别织物的倒顺

有些衣料是有倒顺之分的，如长毛绒、丝绒、灯心绒、拷花、羊绒大衣呢等。这些起毛组织总是向一个方向倾斜。由于光线的射向关系，倒顺织物的反射光线的强弱也有所不同，同一块织物如果在缝制后倒顺毛不一致的话，衣料的颜色就不一样。一般来说，顺毛（毛从上向下倒）色浅淡，倒毛（毛由下向上倒）色深浓。

识别衣料倒顺的具体方法如下：

目测　将衣料倒顺方向并列比较，色泽浅淡的为顺毛，色泽深浓的为倒毛。对于毛绒短而平坦的织物，如果目测后仍不能判别其倒顺，可换用手感的方法。

手感　即用手指在织物表面经向上下抚摸绒毛，观察绒毛竖立情况和抚摸后呈现的色泽差异。

有些织物经过上两种试验仍无明显差异时，说明该织物为无倒顺毛织物。但是在较贵重料子裁剪排料时，为了慎重起见，仍应将服装各部件按同一方向排列。

倒顺织物在应用中有以下特性：

灯心绒服装一般宜采用倒毛，其目的是使制成的服装色泽趋向深亮，不泛白。

呢绒服装宜采用顺毛，以减少织物表面起球。

丝绒服装中，黑色丝绒宜采用倒毛（目的同灯心绒），白色丝绒宜采用顺毛，以保持织物光泽均匀一致。

除此之外，图案纹样中的倒顺方向也是不容忽视的。

凡有方向性的倒顺花图案，如动植物图案、山水风景图案、房屋建筑图案、交通工具图案等，不可倒置。

阴阳条格图案也称鸳鸯条格。它是由竖向或横向、上下、左右不对称条格图案组成的织物。阴阳条格图案在裁剪排料时要求较高，一定要注意对条、对格顺向排列，切忌错条、错格，形成杂乱无章的料面。

团花图案在绸缎织物中较多，在裁剪排料时也应注意团花的倒顺及左右衣片的对称和花形图案的完整。

4. 注意织物色差、疵点、污渍

所谓色差，是指在同一块衣料上颜色出现了差异。如果在排料时不加以注意服装就容易出现色差，使成品降为副、次产品。

衣料的色差一般出现在布边和两端。辨别色差的方法是：在光线充足处将左右边道与中段，长度两端与中段合在一起进行目测比较。这种比较差异在色差对比卡中分为五级：第五级色差几乎看不出；第四级色差要仔细看才能发觉；第三级色差能明显看出；第二级色差在同一块面料上十分明显，基本上不能用作服装面料；第一级色差最严重，一般为工业用布。

为了避免色差，排料时应尽可能将一件服装的主要部件邻近放置。如前侧缝挨后侧缝，左右衣片门襟排在一起。服装中的主要部位应选用第五级色差的衣料；服装中的相对次要部位，如下摆、后身可选用第四级色差的衣料；服装中的次要部位，如下摆、小袖片可选用第三级色差的衣料。

织物上的疵点、污渍对服装是有影响的。轻微的疵点会直接影响美观，严重的疵点会损坏局部的强度和耐磨度。所以在画样时应尽量避开，实在避不开的就应把疵点安排在允许部位，即根据主次部位和疵点、污渍程度取舍。

二、服装裁剪排料知识

服装裁剪排料工序，是裁剪过程中不可忽视的一环。它不仅直接涉及合理排料、紧密排料等节约原材料和提高利用率问题，而且是提高排料技能、排料速度，保证服装达到实用与美观效果的重要技术内容。

服装初学者在掌握了裁剪制图技术后，往往还不能在衣料上进行排料画样裁剪。其原因是：不懂排料方法，不了解各部位衣片的放置方向，对衣料特点缺乏应有的认识。现就排料基础知识介绍如下。

1. 排料前的准备工作

(1) 校对纸样(样板)与款型、规格是否相符，查看纸样是否齐全，并知晓各部位衣片的用料方向，如前后片、袖片用直料，领面用横料，领里用斜料，袋盖用横料等。

(2) 全面了解该原料的特性。如原料是否存在着色差、疵点，是否有阴阳条格、倒顺图案、倒顺毛和门幅宽度是多少等。

(3) 根据款型、原料特性决定排料方法。

2. 排料方法

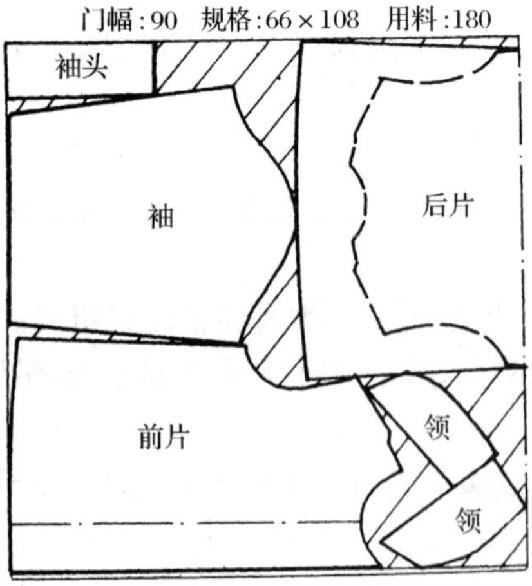

排料方法可根据不同款型、不同原料特性来决定，一般有两种。

和合排料　是将衣料对折双层叠合排料裁剪的方法。它适合于没有倒顺毛、阴阳条格、倒顺图案的衣料，服装款式必须左右对称。在排料时只要注意衣片丝绺正确无误，排料形式不受任何限制，可以见缝插针，见空补白，自由发挥。优点是：节约衣料，速度快，省时间。

和合排料在实际应用中又有着长度(纬向)对折排料与门幅(经向)对折排料两种形式。

(1) 长度(纬向)对折排料。它具有省时省料，排料形式不受限制，原料套排利用率大等优点。缺点是适用衣料范围窄，只适合于没有倒顺毛、阴阳条格、倒顺图案的衣料(图 1.3.1)。

门幅：90　规格：66×108　用料：180

袖头　袖　后片　前片　领　领

图 1.3.1　长度(纬向)对折排料图

(2) 门幅(经向)对折排料。它具有适用衣料范围广，宜于裁剪倒顺毛、阴阳条格、倒顺图案衣料的优点。这时排料中衣片必须朝一个方向，其原料利用率也相对较小(图 1.3.2)。

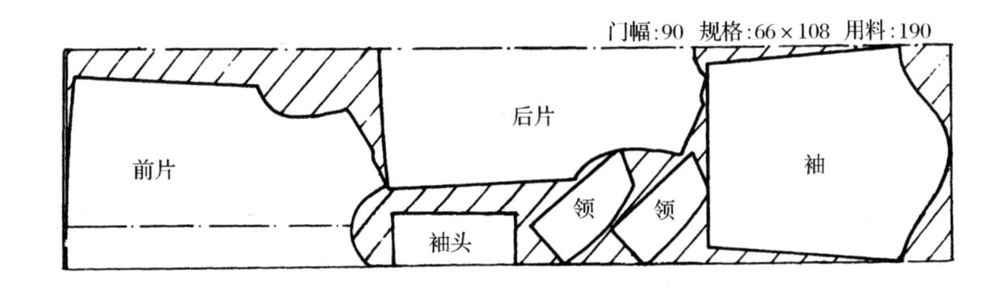

图 1.3.2 门幅(经向)对折排料图

单层排料　是在一层衣料上将服装部件左右成对排料裁剪的方法。它特别适合于左右不对称的新潮款式服装。

排料中必须注意:将服装部件左右成对绘画,也就是先一块纸样画好,翻身后再画第二块。如果是左右不对称的款式,则千万不能把方向搞反了。单层排料方法在实际应用中表现为单层一顺排料与单层套裁排料两种形式。

(1) 单层一顺排料。它适合有倒顺毛、阴阳条格、倒顺图案的衣料及左右不对称款式。在需要对条、对格、对花形时,必须按同一方向绘画对应衣片。注意不对称部件的正确性和其余对称部件的左右成对排料,千万不能搞错(图 1.3.3)。

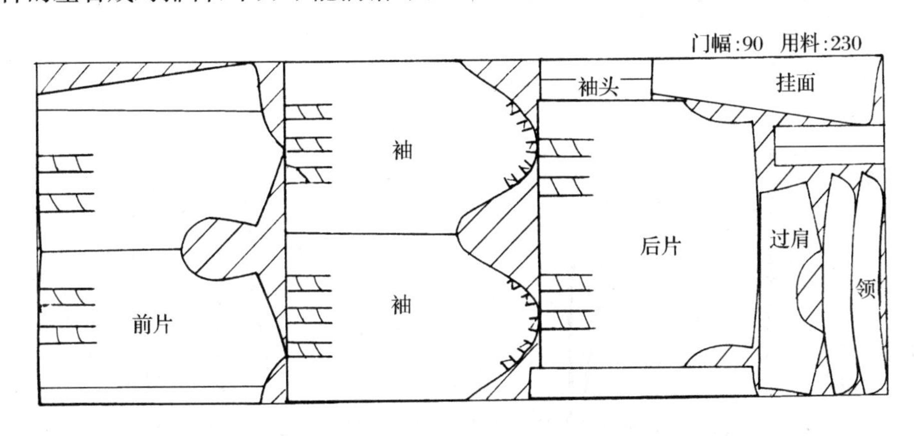

图 1.3.3 单层一顺排料图

(2) 单层套裁排料。它适合于没有倒顺毛、阴阳条格、倒顺图案的衣料和左右不对称款式。该方法排料形式不受限制,在排料时只需注意不对称部件正确无误和其余对称部件的左右成对排料,因而具有较大的灵活性,非常省料(图 1.3.4)。

3. 紧密排料与合理排料

紧密排料、合理排料是服装生产中节约原材料、提高工作效率和保证服装产品质量的重要技术内容之一。

在实践中人们总结了"先大后小,先主后次,见缝插针,物尽其用"的十六字排料原则。

先大后小　排料中先排较大的部件,后排较小的部件。

先主后次　排料中根据各部件的主要与次要程度,先排主要部件,后排次要部件。

见缝插针,物尽其用　例如排料时把前后衣片的底边靠着衣料的横断面,这种平对平、凹对凸就是见缝插针,物尽其用的常用方法。

门幅:90 用料:235

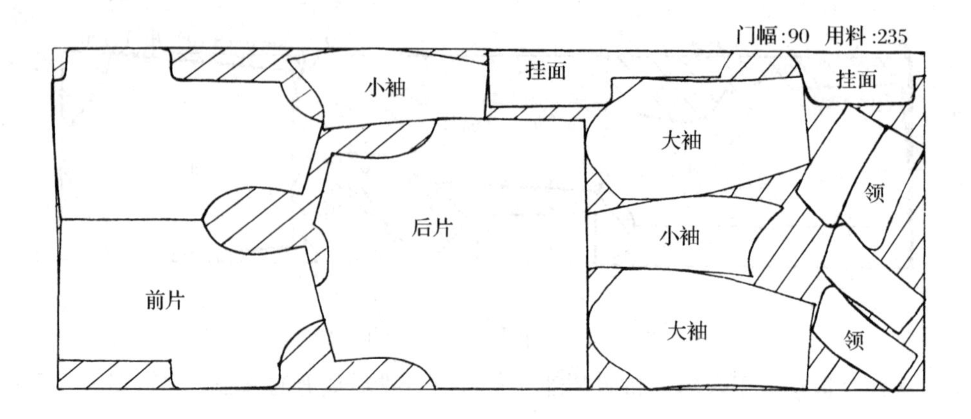

图 1.3.4 单层套裁排料图

从排料技术来说,最主要是做到合理、紧密排料。

合理包括:注意衣片经纬纱的方向,注意对条、对格和倒顺花纹图案应用,注意领面与领里、袋面与袋里、挂面与大身布纹丝绺的一致性,注意拼接部位中的拼接范围等内容。尽管高级服装衣片的经纬布纹丝绺是不允许偏斜的,但在一般服装套排中,为了提高原料的利用率,根据不同服装要求,衣片的丝绺允许有一定的偏斜。图 1.3.5 所示为布服装丝绺允许偏斜范围,适合素色服装排料参考。

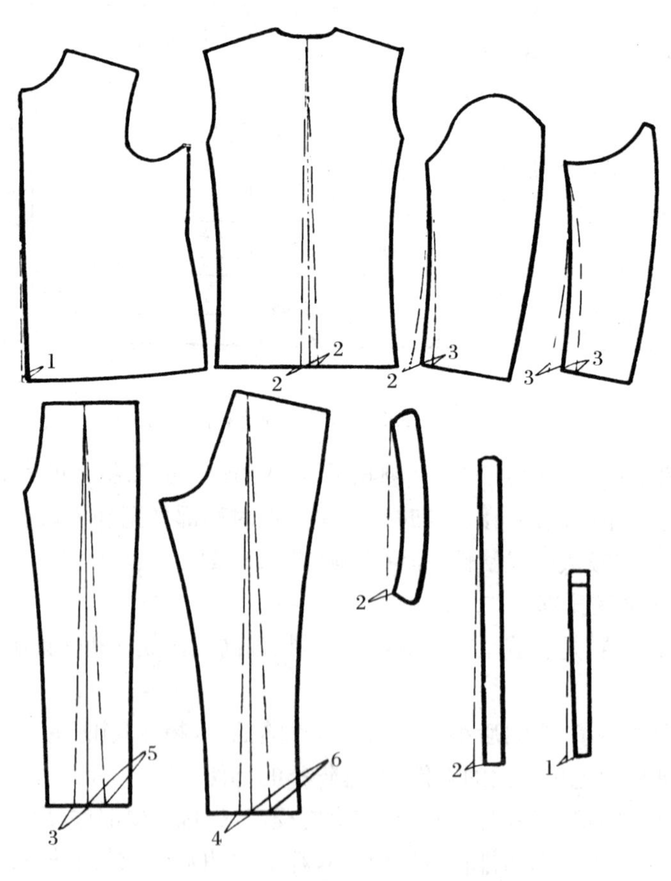

图 1.3.5 布服装丝绺允许偏斜范围

为了提高原料利用率，按各类产品技术标准规定，一些部件的次要部位如领里、挂面部位允许适当拼接。领里允许四拼三接，拼接部位不超过前 1/4 领长；挂面拼接范围应掌握在上下扣位之间。其他拼接如丝绺、块数都应按各产品技术标准规定进行，以免服装下水后变形而影响服装外观。

紧密是指排料中，根据各种服装规格与各种门幅，追求较小空隙和最佳的排料形式。在具体排料中，以什么形式开头，什么形式下可以相互套排，什么形式结尾等内容是各不相同的。但是，万变不离其宗，合理、紧密的排料宗旨不应改变。在排料时可以先从一条裤子排料开始，逐渐进入两条排料乃至多条裤子排料，再由裤子转入上衣及碎料较多的套装排料之中。

下面列举常见的排料形式，供学习参考。

例 1：小规格排料图(图 1.3.6)。排料时可预先将门幅对折偏出腰阔尺寸，使成品腰面不拼接。

例 2：普通规格排料图(图 1.3.7)。排料时把小裆放在布边一侧，这时当腰围达 83 cm 时也不需要拼裆。该方法同时能避免布料边沿色差，保证裤子接缝处颜色一致。

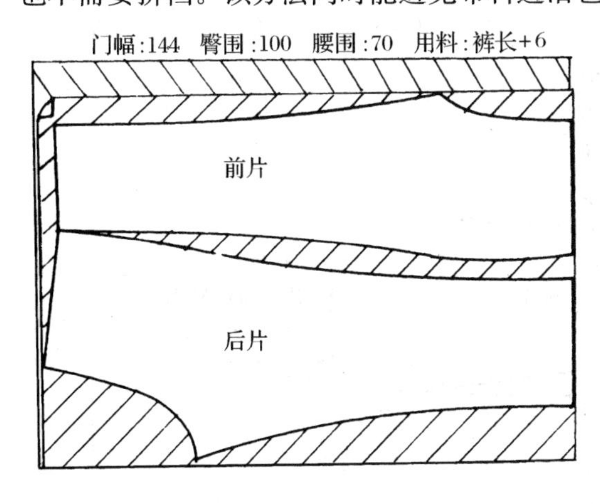

门幅:144 臀围:100 腰围:70 用料:裤长+6
前片
后片
图 1.3.6 小规格排料图

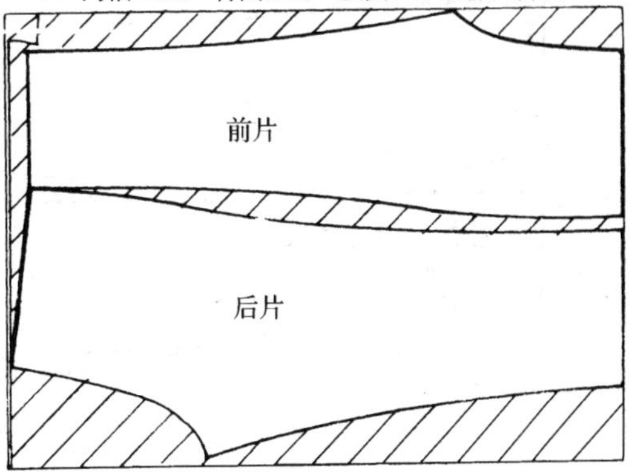

门幅:144 臀围:113 腰围:83 用料:裤长+9
前片
后片
图 1.3.7 普通规格排料图

例 3：胖体大规格排料图(图 1.3.8)。由于裤子规格大，需要拼裆和放长裤料。凡遇到更大尺寸时，可在该基础上，以腰围增大 3 cm、裤料放长 3 cm 推算。

例 4：90 cm 门幅的大规格排料图(图 1.3.9)。这时腰围可达 103 cm。由此可知，胖体大规格裤子如想不拼后裆的话，选择 90 cm 门幅是较为适宜的。

例 5：裤子的梯形套裁排料图(图 1.3.10)。该种排料最为省原料。譬如用 144 cm 门幅的料裁普通规格裤子时，将留有较多的空隙，如果采用套裁方法就可以将空隙充分利用起来，达到省料的目的。那么，在什么情况下可以套裁呢？根据经验总结及计算结果表明：凡原料门幅大于或者等于臀围规格的 88%时，可以采用梯形套裁方法。

当原料门幅为 90 cm、臀围为 100 cm 时，代入门幅≥臀围×88%公式计算，得知该条件适合梯形套裁。原料门幅为 77 cm、臀围为 87 cm 的条件同样也适合梯形套裁。

例 6：两种不同规格裤子的排料图(图 1.3.11)。排料时应注意双层连折处排前片，并以门幅的中线为前裤片的中线，使后裤片下裆紧靠前脚口，尽量保持后裤片挺缝线顺直。由此得出一个结论：套裁中的脚口尺寸不宜过大。

上衣排料中，由于上衣片的零部件明显增多，所以上衣的排料形式比裤类复杂。下面以女衬衫为例，分别以 90 cm 门幅和 113 cm 门幅中不同规格的排料图分析介绍如下：

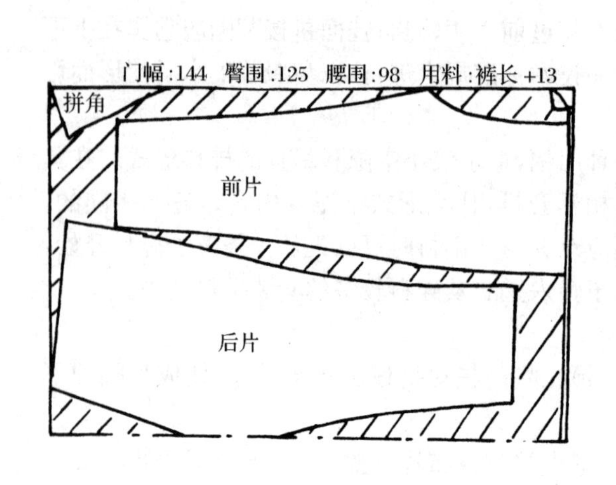

门幅:144 臀围:125 腰围:98 用料:裤长+13
拼角
前片
后片

图 1.3.8 胖体大规格排料图

门幅:90 臀围:113~130 腰围:83~103 用料:(裤长+7)×2
里襟
门襟
腰面
后片
前片

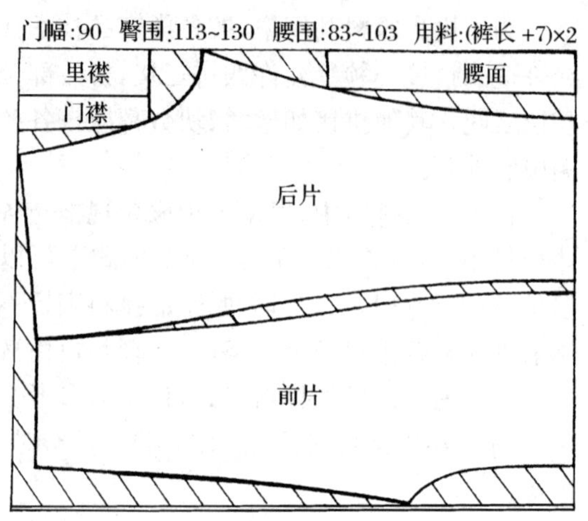

图 1.3.9 90 cm 门幅的大规格排料图

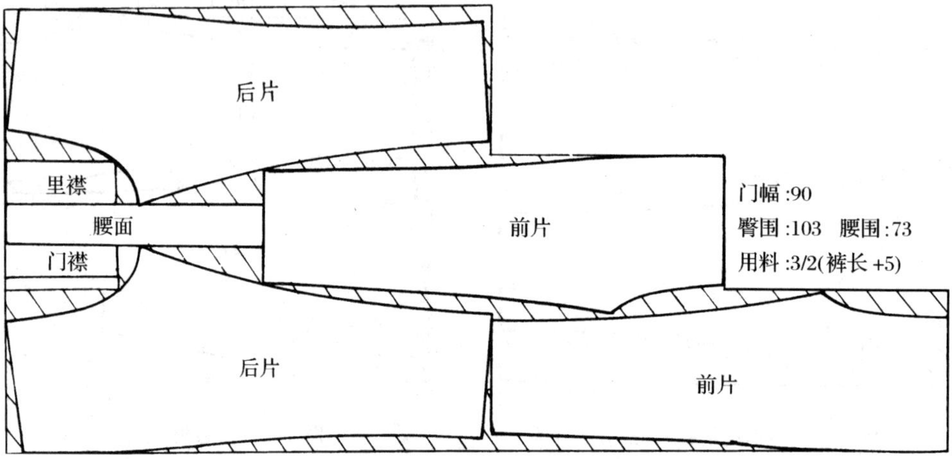

后片
里襟
腰面
门襟
前片
门幅:90
臀围:103 腰围:73
用料:3/2(裤长+5)
后片
前片

图 1.3.10 裤子的梯形套裁排料图

门幅:90 用料:3(裤长+5)
100×70
106×77
100×70
106×77
106×77

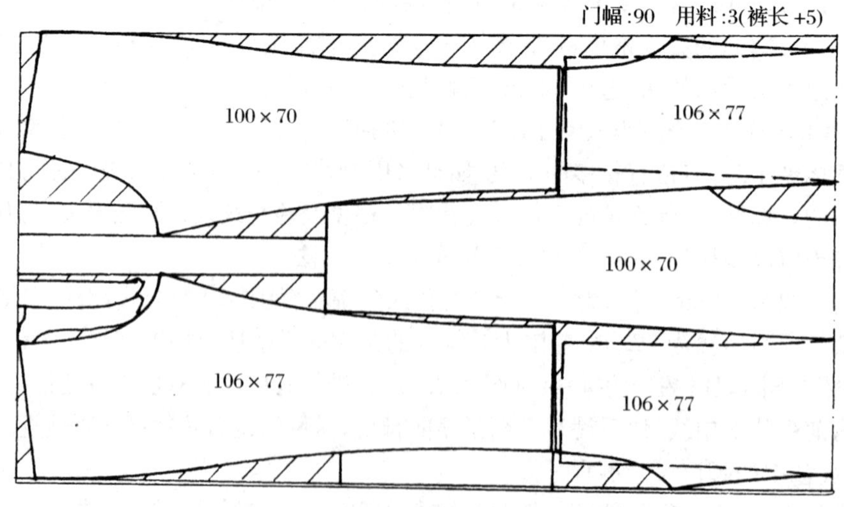

图 1.3.11 两种不同规格裤子的排料图

例 7～例 9(图 1.3.12～图 1.3.14)为门幅 90 cm 的排料图。其中图 1.3.12 排料适合胸围 100 cm 以下的规格。图 1.3.13 是颠倒前后衣片排料,适合胸围或臀围较大者。图 1.3.14 是把后衣片置于中间排料,适合于胸围或臀围更大者。

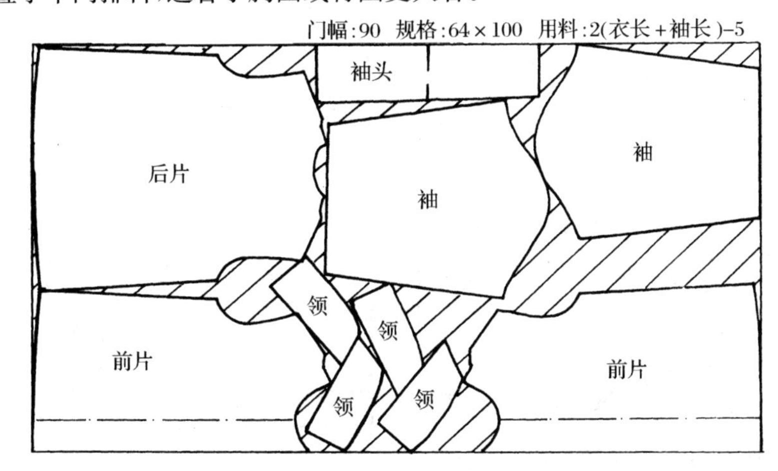

图 1.3.12 适合胸围 100 cm 以下规格排料图(门幅 90 cm)

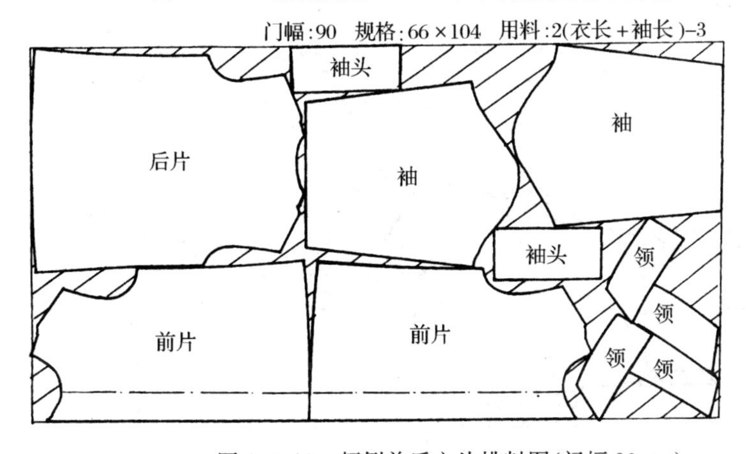

图 1.3.13 颠倒前后衣片排料图(门幅 90 cm)

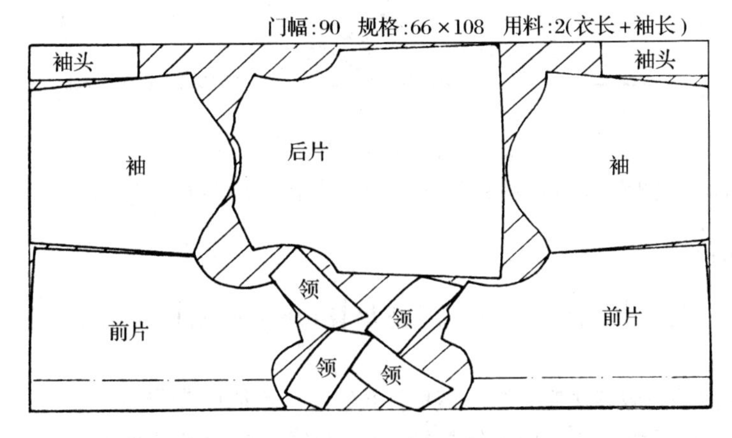

图 1.3.14 后衣片置于中间排料图(门幅 90 cm)

例 10～例 12(图 1.3.15～图 1.3.17)均为门幅 113 cm 的排料图。其中图 1.3.15 为小规格排料图,门幅对折颠倒排前后衣片,是最省料的形式。图 1.3.16 是将袖片排进 2 片前身中,适合于胸围 100 cm 规格。图 1.3.17 为大规格排料图。

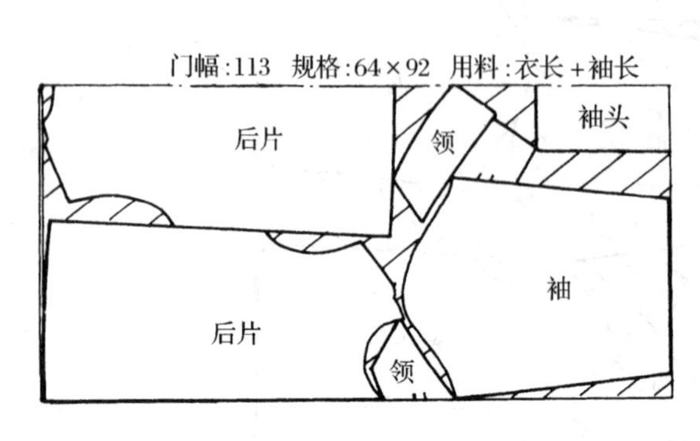

图 1.3.15 门幅对折颠倒排前后衣片图(门幅 113 cm)

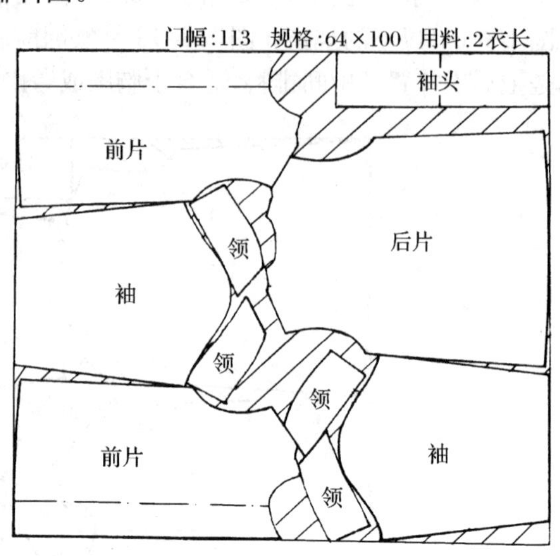

图 1.3.16 袖片排进 2 片前身中图(门幅 113 cm)

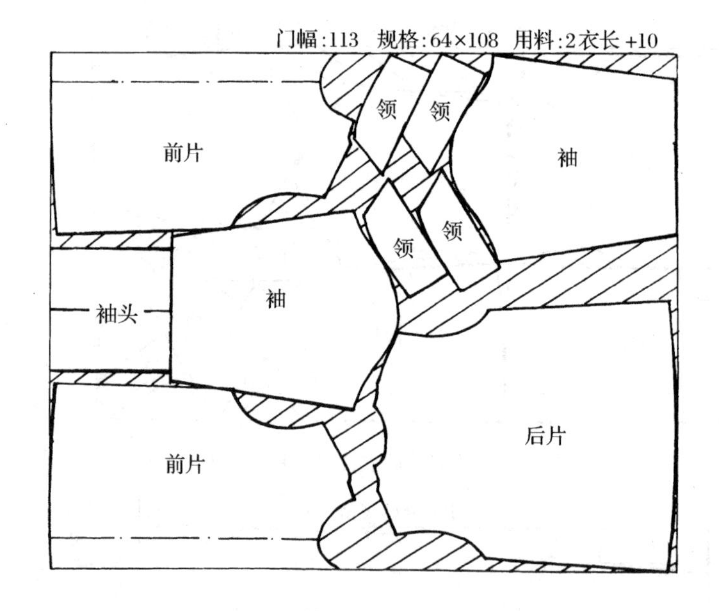

图 1.3.17 大规格排料图(门幅 113 cm)

以上举例都属于无倒顺套裁排料,如遇到倒顺花需一顺排料时,每件用料需增加 5 cm。

三、算料知识

掌握正确的服装算料知识,无论在经济核算,还是在原料利用率上都有重要的意义(表 1.5)。

正确计算各种不同服装用料,主要取决于下列三个不同的变量:

(1) 服装的规格尺寸。它是由人体高矮、胖瘦与穿着状况条件来决定的。

(2) 服装的款式造型。它受服装外形的宽松、紧身合体状况及款式中的领、袖、袋、襻等装饰因素影响。

(3) 衣料门幅的宽窄条件。

除上述三个因素之外,实际排料中的合理性、紧密性和排料者的技术高低也是不可忽视的。

服装算料一般采用经验估算法和中档尺寸推断法。

经验估算法　是在掌握各种服装品种规格和原料门幅变化基础上,按照实践经验推导出的简易算料方法。其优点是:算料方法同排料状况基本相符,初学者依样画瓢,容易理解和掌握。

中档尺寸推断法　是弥补经验估算法局限性的补救方法。目前采用常见的中档尺寸,作为标准计算法,实质上是使该方法误差尽可能处在较小范围之中,保持相对的正确性。

表 1.5　服装算料参考表　　单位:cm

品　种	适用范围	算　料　方　法		
		门幅 90	门幅 113	门幅 144
筒型裙	臀　围 100	裙长×2+5	裙长+3	裙长+3
	附　注		臀围不宜超过 108	适合西装裙、马面裙等
宽摆裙	臀　围 100	(裙长+4)×2		裙长+12
	附　注	每幅裙摆宽在 45 左右		每幅裙摆宽在 45 以下
褶裥裙	臀　围 100	裙长×3	裙长×3	裙长×1.5
	附　注	适合 1∶2.5 褶裥裙	适合 1∶3 褶裥裙	适合 1∶2 褶裥裙

续 表

品　种	适用范围	算　料　方　法		
		门幅 90	门幅 113	门幅 144
半圆裙 	裙　长 85	裙长×2.4	裙长×2.2	裙长×1.9
	附　注	裙长超过 68 时需要拼接		裙长 75 时×1.8 裙长 65 时×1.7
短　裤 	臀　围 104	(裤长+5)×3 (可裁 2 条)	(裤长+5)×3 (可裁 2 条)	裤长+6
	附　注	臀围大于 104,不宜套裁		臀围每增 3,另加料 3
长　裤 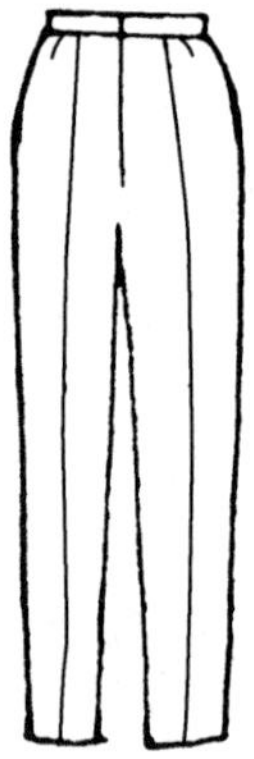	臀　围 107	(裤长+5)×3 (可裁 2 条)	(裤长+10)×4 (可裁 3 条)	裤长+6
	附　注	臀围大于 107,不宜套裁	臀围大于 107 时,按 2 条套裁计算	臀围大于 113 时,每增 3,另加料 3
松身裤 	臀　围 113	(裤长+3)×2	(裤长+3)×3 (可裁 2 条)	裤长+5
	附　注			臀围每增加 3,另加料 3

续 表

品 种	适用范围	算 料 方 法		
		门幅 90	门幅 113	门幅 144
裙 裤	臀 围 107	(裙裤长+5)×2	裙裤长×2	裙裤长+10
	附 注	高腰另加料		臀围每增 3,另加料 3
短袖女衬衫	胸 围 100	衣长×2	衣长+袖长+10	
	附 注	胸围每增 3,另加料 5	胸围每增 3,另加料 4	
长袖女衬衫	胸 围 100	衣长+袖长×2	衣长+袖长+20	衣长+袖长−10
	附 注	胸围每增 3,另加料 5	胸围每增 3,另加料 4	胸围每增 3,另加料 3
女西装	胸 围 103	衣长×2+袖长+7	衣长×2+23	衣长+袖长+3
	附 注	胸围每增 3,另加料 5	胸围每增 3,另加料 4	胸围每增 3,另加料 3

续 表

品种	适用范围	算料方法		
		门幅 90	门幅 113	门幅 144
连衣裙 	胸围 100	裙总长×2+袖长	裙总长×2	裙总长+袖长+10
	附注	胸围每增 3,另加料 8	胸围每增 3,另加料 6	胸围每增 3,另加料 4
女大衣 	胸围 113	大衣长×3+袖长−15	大衣长×2+袖长+30	大衣长×2+10
	附注	胸围每增 3,另加料 10	胸围每增 3,另加料 8	胸围每增 3,另加料 5
中式袄 	胸围 120	衣长×3+30	衣长×2+55	
	附注	胸围每增 3,另加料 5	胸围每增 3,另加料 4	
男衬衫 	胸围 110	衣长×2+袖长	衣长×2+15	
	附注	胸围每增 3,另加料 5	胸围每增 3,另加料 4	

续 表

品 种	适用范围	算 料 方 法		
		门幅 90	门幅 113	门幅 144
中山装 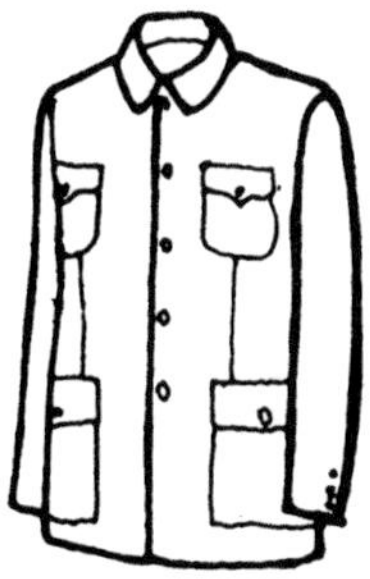	胸 围 114	衣长×2+袖长+30		衣长+袖长+17
	附 注	胸围每增 3,另加料 5		胸围每增 3,另加料 3
男西装 	胸 围 106	衣长×2+袖长	衣长+袖长×2	衣长+袖长
	附 注	胸围每增 3,另加料 5	胸围每增 3,另加料 4	胸围每增 3,另加料 3
男短大衣 	胸 围 125			衣长×2+30
	附 注			胸围每增 3,另加料 3
男长大衣 	胸 围 125	衣长×3+15		衣长×2−5
	附 注	胸围每增 3,另加料 6		胸围每增 3,另加料 4

说明:凡表中未列举的品种,可参照同类品种计算。遇到有条、格、倒顺方向的衣料,以及装饰物较多的款型等,可根据实际情况,增加用料。

第四节　缝纫工艺

缝纫工艺是指将平面的衣片缝制成立体服装的方法。缝纫工艺在整个制衣过程中起着重要的作用，故素有"三分裁，七分做"之说。

各种服装的缝制方法有所不同，即使同一款式服装由于面料质地性能的差异，也会形成不同的缝纫工艺。但是万变不离其宗，缝制各种服装都有基本操作方法，只要先掌握这些基本操作方法，然后根据教学品种的操作步骤，大胆实践，缝纫工艺也是很快能学会的。

一、服装缝纫工具

服装缝纫工具可分为缝纫工具和缝纫设备两大类。

1. 缝纫工具

如图 1.4.1 所示，常用的缝纫工具有尺、剪刀、手缝针、刮浆刀①、锥子②、镊子钳③、顶针④、烫凳⑤、包馒头⑥、铁凳⑦、拱形烫木⑧、喷水壶⑨、电熨斗⑩、烫毯（垫呢）、水布等。

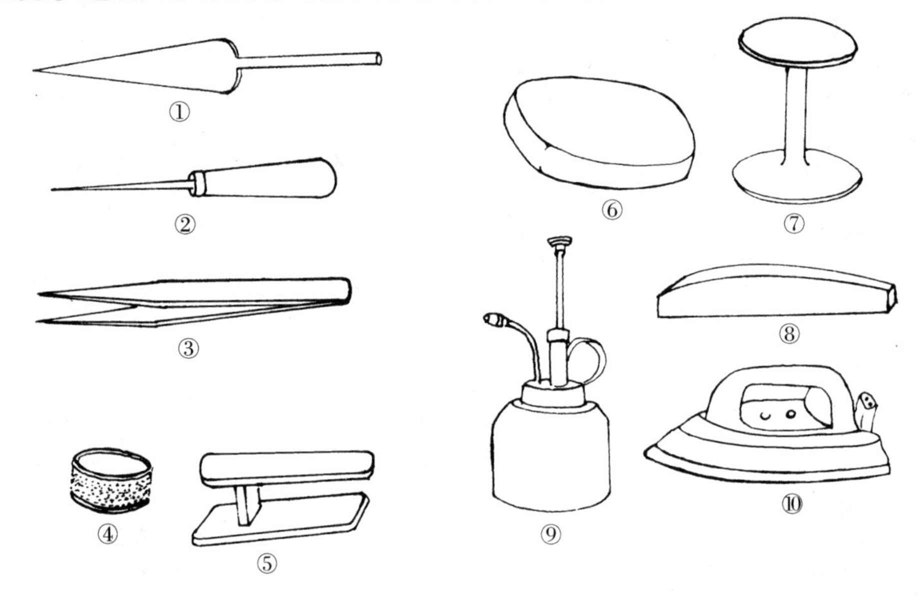

图 1.4.1　缝纫工具

2. 缝纫设备

服装工业目前应用的缝纫设备种类较多，如工业用高、中速平缝机，三线、五线包缝机，平头、圆头锁眼机以及套结机、封口机、钉扣机、压领机、黏合机、拔裆机、蒸烫台、家用缝纫机等。

二、缝纫机使用方法

1. 家用缝纫机的使用方法

家用缝纫机是最普通的平缝机，它能缝制衣服、刺绣等，是最经济实惠且操作简便的缝纫机械。学习缝纫首先要学会使用家用缝纫机。初学者常因手、脚、眼动作不协调，不能自如地控制机器启动和停止转动。初学者还必须注意做到各种针迹能符合工艺要求。一般可按下列步骤进行练习：

空车练习　空车练习时，先将机头皮带盘上的离合螺钉拧松，使上轮与上轴脱离，踩动踏板时只有上轮空转，这样能减少机件的磨损。

练习时坐的位置要对正机针，双脚在踏板上要一前一后，两只脚上下交替用力。向前踩时左脚尖用力，向后踩时右脚跟稍用力。两只脚用力不宜过度，而应求稳和匀速运动。停车时要求踏脚板停在水平位置，这样启动时就不用手扳动上轮也能使缝纫机顺转，从而达到控制车速及随意启动和停车的目的。

空车缉纸练习　启动与停车动作熟练后，可将上轮离合螺钉拧紧用纸替代布料放在送布牙上，放下压脚，不穿针引线进行空车缉纸训练。先缉直线，后缉弧线，然后进行各种不同距离的平行直线、弧线的练习。一直练至针迹整齐，直线不弯，弧线圆顺，短针迹或转弯不出头，使心、眼、手、脚协调配合为止。

穿线缉布练习　首先，要吊起底线，把底、面线放在压脚底下，这样能防止缝制时起针轧线、断线。其次，操作时双手不能撑在车板上，应左手在前放在上层衣片上，以帮助送布和调节上层衣片；右手在后放在下层衣片上，有利于拉布和调节下层。

如此反复练习，双手密切配合，就可以控制上下层吃势，保证缝线的平服、顺直，达到工艺要求。

2. 工业缝纫机的使用方法

工业缝纫机是工业化大生产中的常用机械。工业缝纫机的使用方法较家用缝纫机简单。操作时，只要电源不接反，缝纫机就不会出现倒转。因此，在开始使用工业缝纫机时，以练习慢速前进为主，要做到心中要求一针或两针，脚就给以配合达到。其练习方法同家用缝纫机一样，由简单到复杂，先进行空车缉纸练习，再进行穿线缉布练习，练至缉线自如，停车、转弯得心应手为止。

三、机缝的基本缝法(图 1.4.2)

平缝　是机缝的基础。指两层衣片正面叠合，沿着缝份进行缝缉的线缝(图 1.4.2①)。

分开缝　在平缝的基础上，将缝头用手指甲或熨斗分开的缝(图 1.4.2②)。

坐倒缝　在平缝的基础上，毛缝单边坐倒的缝(图 1.4.2③)。

来去缝　先使两层面料反面叠合后，缉正面狭缝 0.3 cm，修剪毛梢后，翻折呈正面叠合后在反面缉得 0.7 cm 的缝份(图1.4.2④)。

搭缝　将两层缝头相互叠合，在中间缝缉。该缝适用于领衬、胸衬的拼接(图 1.4.2⑤)。

夹缝　又称塞缝、骑缝，主要用于装袖口、装腰头等包裹在上下层中间的缝(图 1.4.2⑥)。

暗包缝　俗称内包缝。即两层正面叠合，由下层包裹上层 0.6 cm、缉 0.5 cm 缝头后，翻转在正面，明缉 0.4 cm 单止口的缝(图 1.4.2⑦)。

明包缝　俗称外包缝。即两层反面叠合，由下层包裹上层 0.8 cm、缉 0.7 cm 缝头后，折转将包裹缝倒下，顺边沿正缉 0.1 cm 清止口的缝(图 1.4.2⑧)。

贴边缝　又称包光缝。即将翻折贴边的毛端，折光后沿边线缉 0.1 cm 止口的缝(图 1.4.2⑨)。

坐缉缝　在坐倒缝基础上，正面压一道、二道……明线的缝(图 1.4.2⑩)。

分缉缝　在分开缝基础上，正面在线缝两边各压一道明线的缝(图 1.4.2⑪)。

压缉缝　俗称闷缉缝。即将上层缝口折光，压在下层布料上，正面压缉明线的缝(图 1.4.2⑫)。

分坐缉缝　在平缝基础上，将上层缝份分开，在坐缝上压缉明线的缝。常用于缝缉布料裤

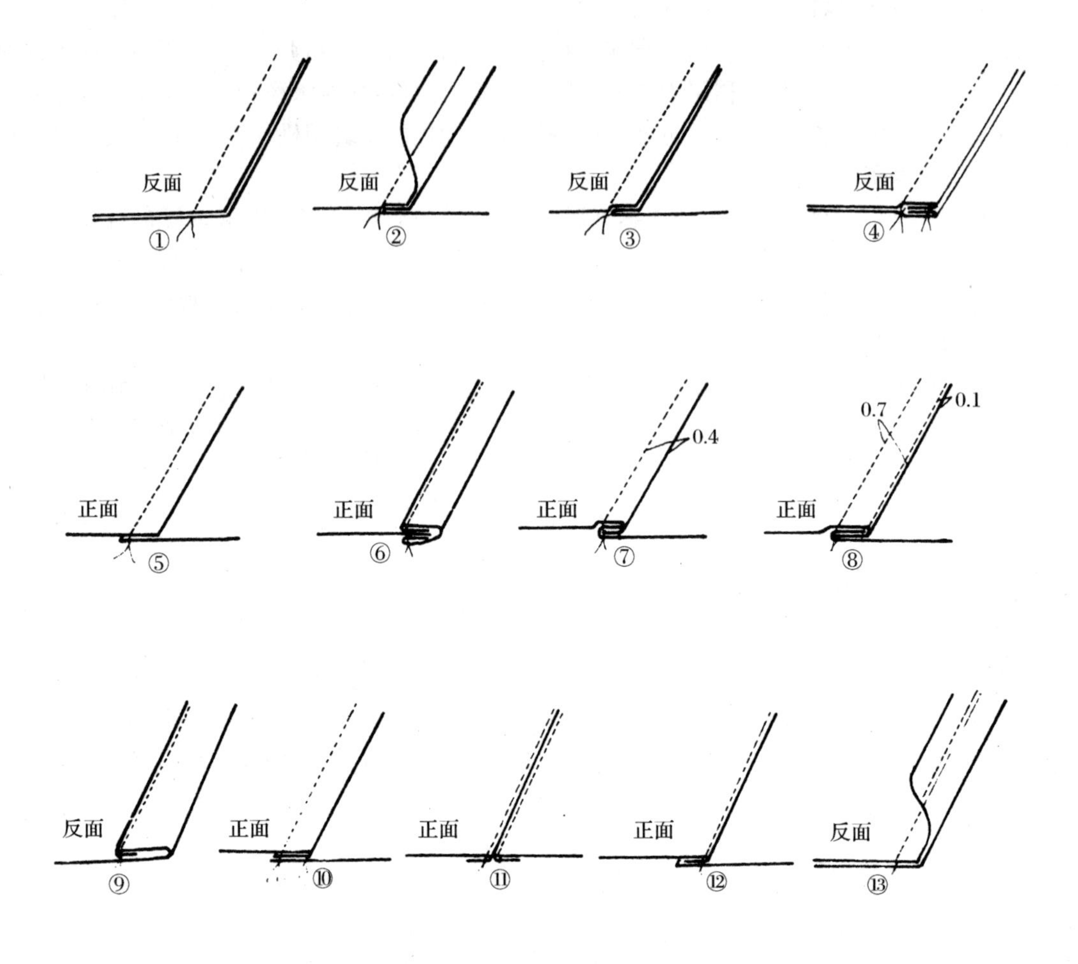

图 1.4.2　机缝的基本缝法

子的后缝上(图 1.4.2⑬)。

四、手缝的基本针法

手工缝纫在服装缝制中十分需要，尤其高级服装中某些部位需要手缝，因此手工操作用针也是专业服装人员的基本功。

初期练习用针有一定的难度，如缝针细小，手指不灵活，缝针练习后手掌会出汗和感觉手指麻木等。经过不断训练，这些现象就会逐渐消失。下面先介绍捏针穿线方法。

穿线　把缝线穿入针尾眼。穿线的姿势是左手的拇指和食指捏针，右手的拇指和食指捏线，将线头捻细伸出 1.5 cm 左右。右手中指抵住左手中指，稳定针和线头，便于线头顺利地穿过针眼(图 1.4.3)。

打结　用右手捏住穿好线的缝针，左手的拇指和食指捏住线头，将线头在食指上绕一圈，拇指向前、食指向后捻转，将线头转入圈内，随即合拇指和食指捏住线圈拉紧，使线尾成为一个结头(图 1.4.4)。

捏针　先将顶针戴在右手中指的中节，再用右手的拇指和食指捏住针的上段，用顶针抵住针尾，使缝针有力地穿过衣料(图 1.4.5)。

打止针结　在离止针处 3 cm 左右，用左手的食指和拇指捏住线，用右手将针在线上绕一圈，将针从圈内穿过抽出，然后用左手拇指揿住止针处，右手将线结拉紧即成(图 1.4.6)。为了使结头不外露，可从原针眼将结头穿进内层。

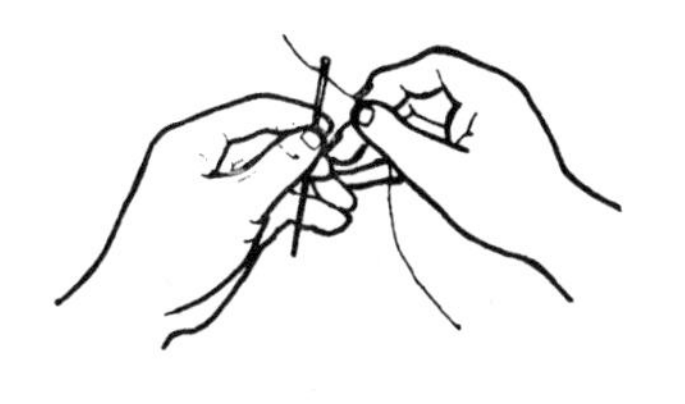

图 1.4.3　穿　线

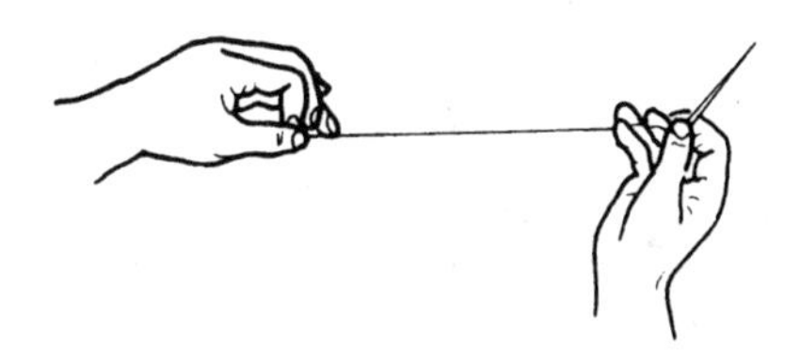

图 1.4.4　打　结

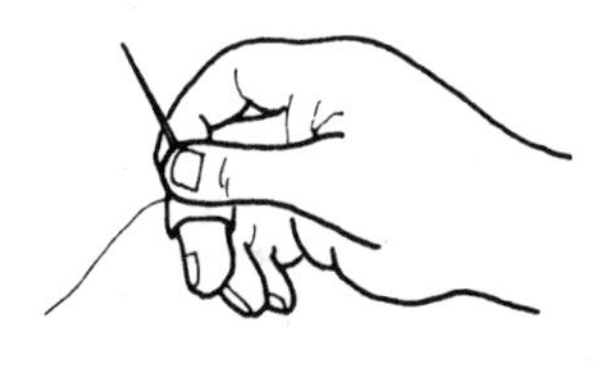

图 1.4.5　捏　针

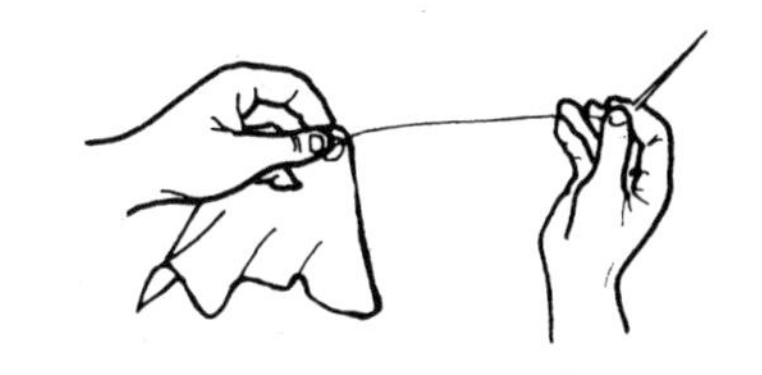

图 1.4.6　打止针结

手缝的基本针法有 9 种：

纳针　又称淌针、溜针、纳布头，是手缝基本功中的基础。纳针的方法是：将左手的拇指和小指放在布上面，其余三个手指放在布的下面，以拇指和食指控制布料，无名指和小指夹持布料；右手无名指和小指同时夹持布料，食指和拇指捏住针点，中指戴顶针抵住手中的针尾向前笔直进针，针不离开手指，只让针尖上下、向前移动，同时左手向右退，缝针的间距为 0.2～0.5 cm。待针杆上穿进的布料较多时，左手的食、拇指捏住针尖，右手的食、拇指将布料向后面捋。如此循环往复，从单层练习到双层，直至多层(图 1.4.7①)。

回针　又称倒钩针、进退针。针法有向前一针进 0.6 cm，往后倒一针退 0.3 cm 和向前一针进 0.6 cm，往后倒一针退 0.2 cm 两种(图 1.4.7②)。这种针法能使缝有一定的伸缩性，不易拉断，常见于裤子后窿门、上衣袖窿门这些受力较大部位。

明缲针　又称铲针，常见于铲贴边、铲夹里、铲贴袋等。明缲针的方法是：由外向内，由下向上斜向进针。

操作要求为：正面少露针迹(挑两三根纱)，贴边或里子上有整齐均匀的线迹(图1.4.7③)。

缲边　又称撬边、撬粒头，常见于中式服装的贴边及包光缝份上。操作时先将衣片与贴边处折转，使贴边露出 0.2 cm。缲边的针法正好与撩针相反，即由内向外，从大身向贴边直向进针。

操作要求为：正面少露针迹，起针时挑几根纱丝，贴边上留有整齐的斜形线迹(图 1.4.7④)。

缲纽襻　手工缝制纽襻条的常用方法。操作时先把斜料布一端固定在台上，然后将布料两面折光后，用针横向穿越两边进行缝合。

操作要求为：缝线不宜抽得太紧，线迹允许外露，整齐均匀(图 1.4.7⑤)。

拱针　又称攻针、暗缲针，主要见于贴边和荡条上。操作时把贴边翻开少许，在贴边上起针，然后用针尖挑起衣片的几根纱丝，向前再戳向贴边，始而往复，针和线始终在贴边里前进。

操作要求为：正面不露针迹，缝线较松(图 1.4.7⑥)。

三角针　又称花绷，主要用于贴边中，不但线形美观，而且贴边成型后较柔软平薄。操作方法是：自左至右横向倒退戳针，一针在贴边上，一针在贴边与大身的边缘，呈内外交叉等腰三角形。

操作要求为：三角形大小相等，缝线宽紧适宜，正面不见线迹（图 1.4.7⑦）。

锁针　主要用于锁纽眼和贴花、镂空花边缘的锁边装饰。锁纽眼的操作方法是：从纽眼左

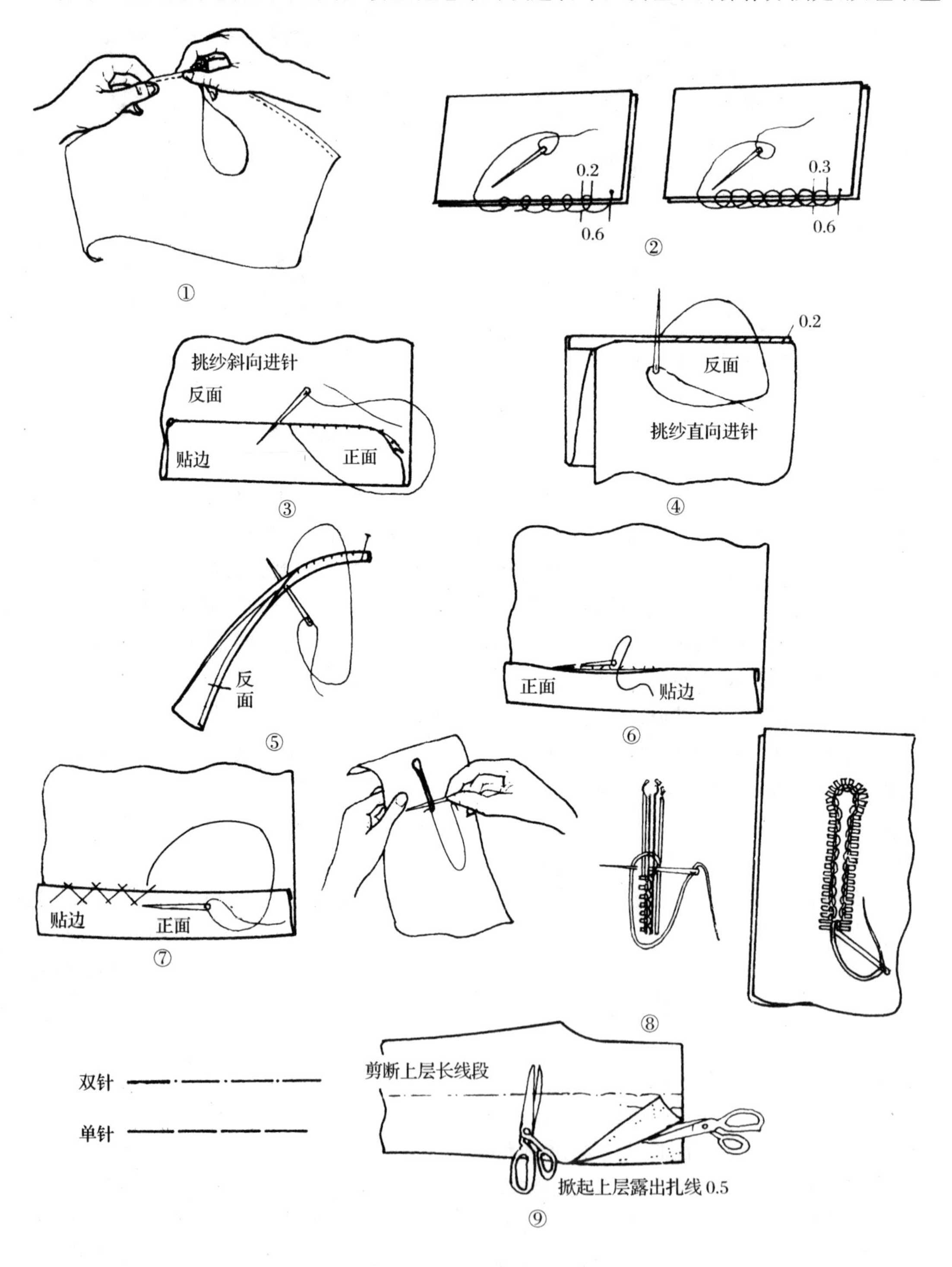

图 1.4.7　手缝的基本针法

边尾部起针，左手食、拇指捏住纽眼的上下两层，同时借助食指的厚度撑开纽眼，将针自下而上戳出，将针尾的线朝针尖下方套一圈后，抽出针向45°左右的上方拉紧，使结头向上。

操作要求为：第一针和收尾几针，不应拉得过急，否则会因毛边卷拢而使眼尾不平。

纽眼有平头和圆头两种。平头即两端均封口，形状如直线。圆头即一端封口，另一端为圆形。为了使纽眼显得丰满结实，锁眼前要打衬线。衬线一般在纽位边0.3 cm，第一针线头藏在夹层中间。衬线也不宜抽紧，要平直(图1.4.7⑧)。

打线钉　又称打泡线，确定上、下衣片对称位置，起到做标记定位等作用。主要用于毛类高级服装。

线钉一般都用白棉纱线。白棉纱线较软，绒头较长，钉牢后不易脱落，并且适用各种颜色的布料。

打线钉有双针和单针两种针法，用线上有双线和单线之分。无论采取哪种方法，操作时均需按以下步骤进行：

A. 将上、下衣片正面叠合对齐，按画线要求打线钉。针距不宜过长，掌握在5 cm左右，扎针时需扎穿下层衣片。

B. 剪断上层长线段，轻轻地掀起上层衣片，使上、下层间的线迹露出0.5 cm左右，再用剪刀剪断中间的线迹。

C. 修短上层余线，使两片衣层上留有白线头，作为缝制时的标记(即线钉)(图1.4.7⑨)。

五、熨烫基本知识

熨烫是服装缝制中的重要配合工艺。初学者在学习熨烫工艺时需注意下列两大问题。

1. 熨斗的正确使用

在按照服装式样要求熨烫时，熨斗应不间断地在衣片上移动，这时既不能长时间停留，又不能无规则地来回移动，否则不但达不到熨烫效果，还会把衣服烫皱或使衣料丝绺变形走样。因此在使用熨斗时应掌握熨斗的走向、熨斗的着力点及熨烫方法。

使用熨斗时一般是右手操作，以向前移动为主，然而，为了操作便利和快速熨烫，左手持熨斗以及来回移动熨斗也是允许的。无论何种情况，操作者都应正确掌握熨斗的着力点。即：熨斗移动方向的前半部稍微抬起呈悬空状，熨烫的着力点应放在熨斗移动方向的后半部。这样熨斗移动时来回自由，布料不会跟着移动，熨烫面平服整洁。

具体的熨烫方法有平烫、伸烫和缩烫。其中，伸烫是用手拉住脚口伸长熨烫侧缝和下裆缝，常用于烫裤子的侧缝和下裆缝。缩烫，多用于烫裤子的前、后挺缝。平烫既不伸长也不归缩，多用于烫上衣门襟，尤其是连挂面门襟。总之，根据服装各部位要求，正确掌握熨烫方法，是达到服装造型效果的重要工艺。

2. 熨斗温度和原料耐热度的掌握

各种衣料的耐热度性能是不同的，有的衣料能适应高温熨烫，有的只能进行低温熨烫，因此熨斗的温度必须适应衣料的耐热度。现将熨斗温度的简易测量方法列于表1.6内，衣料的耐热度列于表1.7中。

表 1.6　熨斗温度鉴别和所适衣料

熨斗温度(℃)	水滴在熨斗上的形状	适用衣料
100 左右	水滴形状不散开	丙纶织物　维棉织物
100～120	水滴扩散，水滴周围起小水泡	纯棉纶织物　精纺呢料
120～140	水滴转换成水泡，向四周扩散	纯涤纶织物　混纺交织丝绸
140～160	水滴迅速变为滚动的细小水珠	纯棉织物　涤棉织物
160～180	水滴变为水珠并迅速消失	粗纺厚呢织物　卡其布　劳动布
180～200	水滴迅速散开，直接蒸发成水汽	亚麻织物

表 1.7　各类衣料的耐热度

品种 温度 ℃ 方法	全　毛	混纺、毛涤	丝　绸	棉　布
喷水熨烫	160～180	140～150	120～140	150～160
盖水布烫	170～180	150～160	140～160	160～180
停留时间(秒)	10	5～10	8	10
干　烫			110～130	140～160
停留时间(秒)			3～4	3～5

习　题

1. 怎样识别衣料的正反面?
2. 什么叫色差? 排料中怎样避免色差?
3. 紧密排料中要注意哪十六字原则?
4. 什么是缝纫工艺?
5. 请说出常见的缝纫工具?
6. 机缝的基本缝法有哪几种?
7. 手缝的基本针法有哪几种?
8. 在熨烫时，哪两种织物的耐热度最低?

第二章　男、女西裤制图

第一节　西裤制图基本知识

众所周知，服装不但用来遮蔽、保护人体，而且具有装饰、美化人体的重要作用。服装的外形是依据人的基本体型来塑造的，各种裤子就是如此。从裤子的平面展开图中可以看到，其结构是富有特点的。中式裤是人们在正向平面观察条件下总结的代表品种，它具有前后连片、结构线条少、穿着宽敞、活动量大等特点，是目前制作运动裤、内裤的基本原型(图 2.1.1。)

西式裤(西裤)与中式裤明显不同，是人们在侧向立体观察条件下总结的代表品种。它利用结构分割条，进行收省、褶裥等技术工作，使裤子具有合体、美观、易活动等特点，是目前普遍受欢迎的裤型(图 2.1.2)。

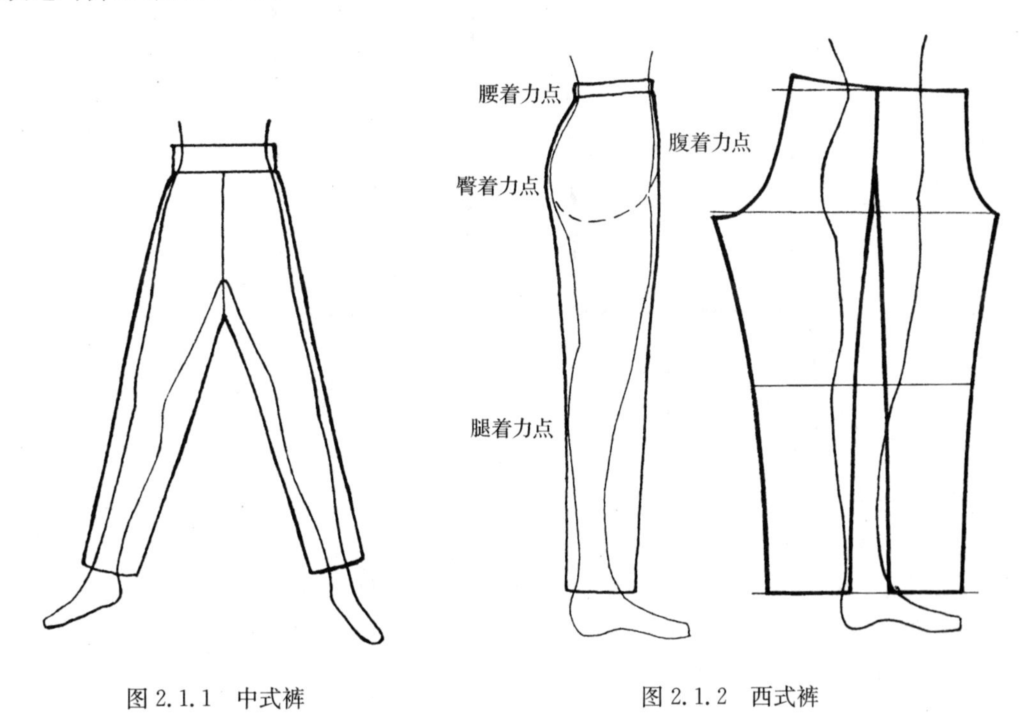

图 2.1.1　中式裤　　　　图 2.1.2　西式裤

一、西裤结构部位线条名称

结构部位线条名称是服装行业中的专门技术用语，每一裁片、部件线条都有各自的名称。这些名称一般是根据人体部位象形或技术用途等而命名的。西裤结构部位线条名称可参见图 2.1.3。

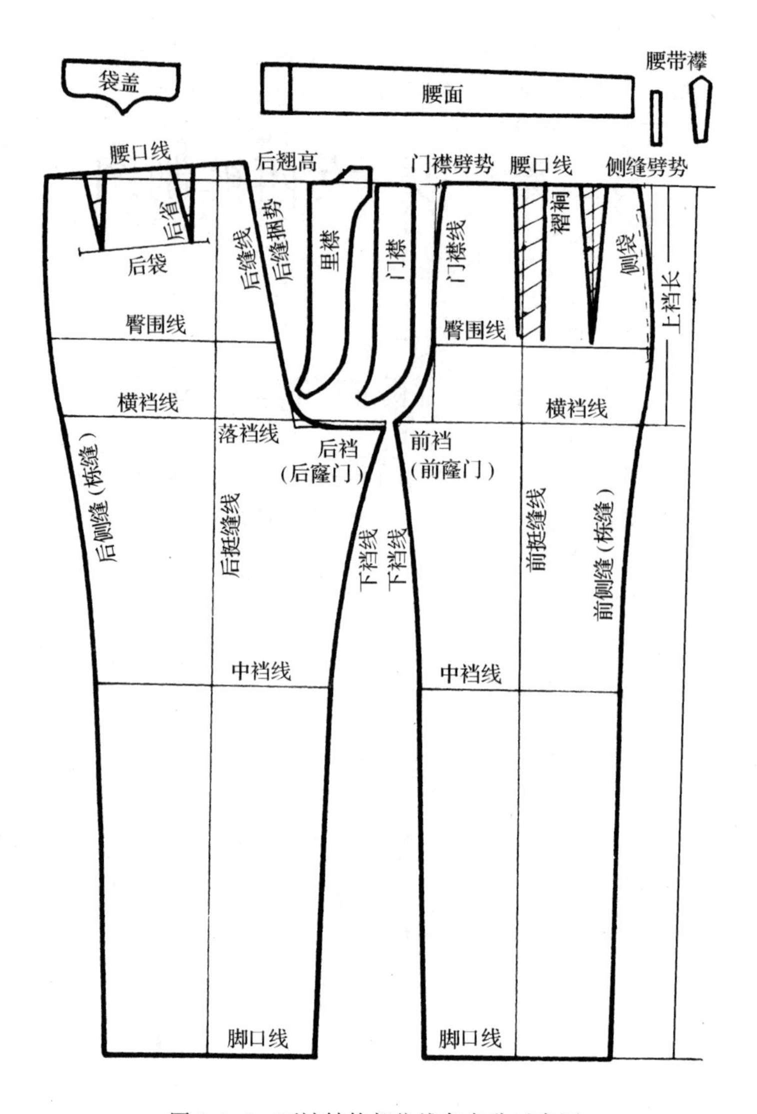

图 2.1.3　西裤结构部位线条名称示意图

二、西裤的量体和加放

从图 2.1.2 中可以看到，西裤造型中腰、腹、臀为合体性“着力点”，横裆以下除上腿肚为“着力点”外，其余部位均为空荡不合体状。在测量中，裤长和立裆长是长度中的部位数据，腰围和臀围是围度中的部位数据。其中臀围属于重要计算数据，它包括西裤与人体之间的间隙所需加的松量和人体活动所需加的松量内容。普通男、女西裤的量体和加放内容说明如下：

裤长　从髋骨上 4 cm 量至踝骨下 2～3 cm。

裆长　坐在平板凳上，从髋骨上 4 cm 量至凳面平面加放 1～1.5 cm(肌肉压缩量)。

腰围　在腰部最细处围量一周，女体加放 0～2 cm，男体加放 1～3 cm。

臀围　在臀部最丰满处围量一周，加放 4～10 cm。

脚口　在踝骨围量一周(亦可根据款型和个人要求增减)，男裤一般为 21～24 cm，女裤为 20～22 cm。

第二节　普通女西裤制图

1. 款型特点

普通女西裤各部件如下：宝剑形直腰；左侧腰钉宝剑形腰襻；前裤片左右反裥各 2 只；后裤片左右收省各 2 只，侧缝袋各 1 只；右侧开襟钉扣。该裤适宜选用毛料、布料和化纤原料制作，老中青皆可穿着(图 2.2.1)。

2. 净缝制图规格(单位：cm)

号/型	裤长	臀围	裆长	腰围
165/66	100	100	30	66

3. 前裤片制图法(图 2.2.2)

图 2.2.1　普通女西裤外形

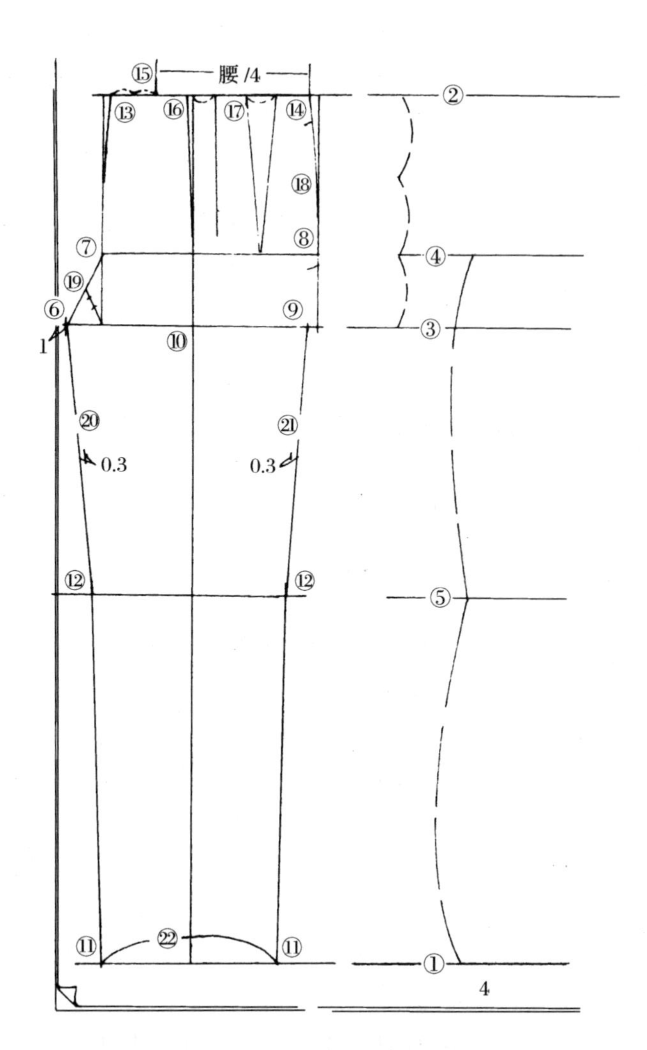

图 2.2.2　前裤片制图法

脚口线(下平线)①　预留 4 cm 贴边，作纬向直线。

裤长线(上平线)②　按裤长规格－4 cm 腰阔，作平行于脚口线的纬向直线，即腰口线。

横裆线(直裆长)③　由裤长线下量裆长－4 cm 腰阔，平行于裤长线。

臀围线④　由横裆线上量直裆长的$\frac{1}{3}$，平行于横裆线。

中裆线⑤　由脚口线上量平行于脚口线，为脚口线至臀围线的$\frac{1}{2}$。

前裆大点⑥　在横裆线上，由布边量进 1 cm 作经向直线，与横裆线相交。

前裆宽(前窿门)⑦　在横裆线上，由前裆大点量进$\frac{1}{20}$臀围－1 cm，作垂直线。

臀围大⑧　在臀围线上，由前裆宽线量进$\frac{1}{4}$臀围－1 cm，并作垂直线为前侧缝直线。

侧缝劈势⑨　在横裆线上，由臀围大点量进定数 0.8 cm，作点。

挺缝线⑩　前裆大点至侧缝劈势的$\frac{1}{2}$，作平行于侧缝直线的经向直线。

脚口大⑪　在下平线上，取$\frac{1}{4}$臀围－5 cm 或取脚口规格－2 cm，平分于挺缝线。

中裆大⑫　在中裆线上，取$\frac{1}{4}$臀围－2 cm，平分于挺缝线。

门襟腰口劈势⑬　从裤长线下量，由前裆直线量进 0.7 cm，劈至直裆长的$\frac{1}{3}$处。

侧缝腰口劈势⑭　由前侧缝直线量进 1 cm 左右，劈至直裆长的$\frac{1}{2}$处。

腰口定位⑮　由侧缝腰口劈势点量至$\frac{1}{4}$腰围处，余下的臀腰围差⑬～⑮作二等份。

前裥定位⑯　反裥以挺缝线为界，向门襟方向偏出 0.7 cm，向侧缝方向量取臀腰围差的$\frac{1}{2}$。

后裥定位⑰　取前裥边线至侧缝腰口劈势的$\frac{1}{2}$作垂线为后裥中线。裥大为臀腰围差的$\frac{1}{2}$，裥尖长至臀围线。

侧袋位⑱　腰口线下 3 cm 为上封口，袋口大按$\frac{1.5}{10}$臀围计算。

前裆弧⑲　连接前裆大点至臀围线直线，在该直线的$\frac{1}{2}$处作对角线，取对角线的$\frac{2}{3}$作点，弧线画顺。

下裆线⑳　在前裆大点至中裆大连线的$\frac{1}{2}$处，凹进 0.3 cm 作点，弧线画顺。下段至脚口呈直线。

侧缝线㉑　在侧缝劈势至中裆大连线的$\frac{1}{2}$处，凹进 0.3 cm 作点，弧线画顺。下段至脚口呈直线。

脚口线㉒　在挺缝线下端凹进 0.5 cm 作点，弧线画顺(所用布料低裆的裤子的脚口为直线)。

4. 后裤片制图法(图 2.2.3～图 2.2.5)

后裤片制图有两种方法。一种是单独制图法，即在套裁排料时单独分开绘制；另一种是重叠制图法，是将裁好的前裤片重叠在后片上进行绘制，适于单条裤的快速裁剪。前者绘制难度大，但具有较大的灵活性，可适应上下、左右各种布局排料时单独绘制的需要；后者在绘制时容易掌握，具有快速裁剪等特点，但是方法较机械，缺乏灵活性。所以，我们对这两种方法都进行了改进，使其向简易、正确、灵活性强方向发展。为了使读者能全面掌握，现将两种改进后的方

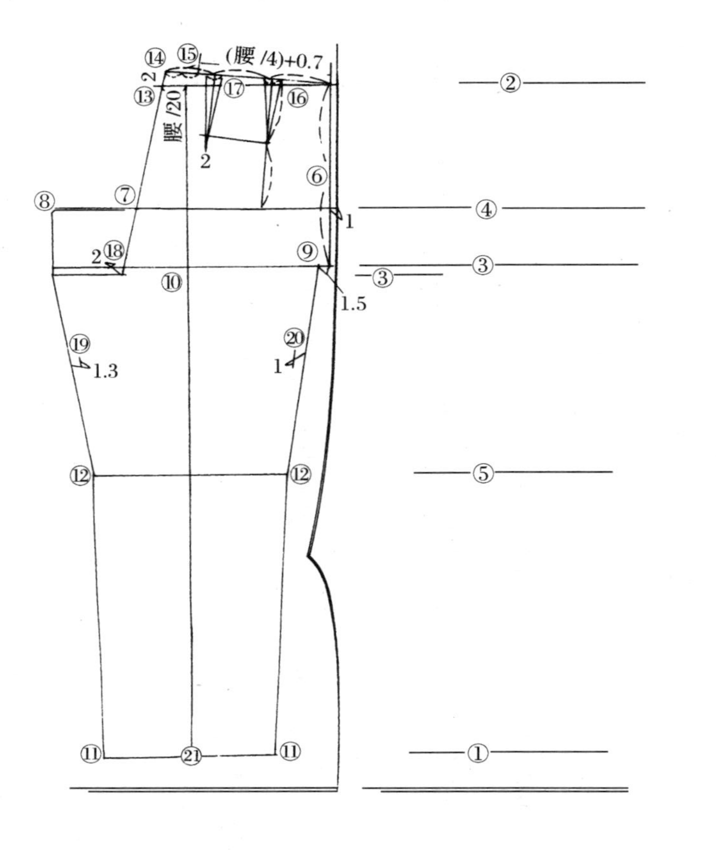

图 2.2.3 后裤片制图法(一)

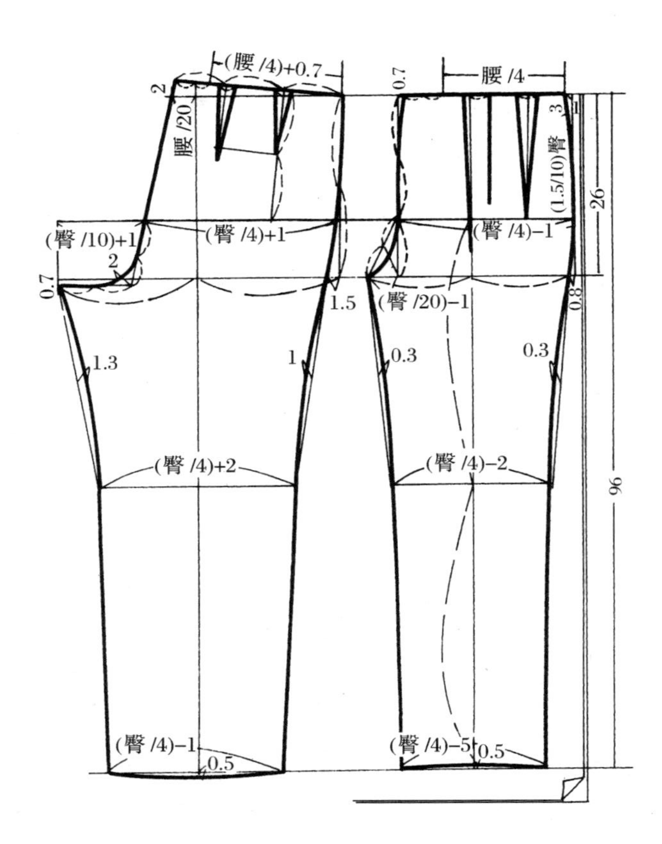

图 2.2.4 后裤片制图法(二)

法分别加以介绍。

(1) 后裤片单独制图法(图 2.2.3、图 2.2.4)。

脚口线① 预留 4 cm 贴边+0.5 cm 起翘。

裤长线② 按裤长规格−4 cm 腰阔,作平行于脚口线的纬向直线,即腰口线。

横裆线③ 由裤长线下量裆长−4 cm 腰阔,平行于裤长线。该线低下 0.7 cm 作平行横线为落裆线。

臀围线④ 由横裆线上量,平行于横裆线,为直裆长的$\frac{1}{3}$。

中裆线⑤ 由脚口线上量,平行于脚口线,为脚口线至臀围线的$\frac{1}{2}$。

侧缝线⑥ 距布端 1 cm,作经向直线。

臀围大⑦ 在臀围线上,由侧缝线量出$\frac{1}{4}$臀围+1 cm,作直线。

后裆宽⑧ 在臀围线上,由臀围大直线量出$\frac{1}{10}$臀围+1 cm,作直线交于落裆线。

侧缝劈势⑨ 在横裆线上,由侧缝直线量出 1.5 cm,作点。

挺缝线⑩ 取后裆宽点至侧缝线间的$\frac{1}{2}$,作平行于侧缝直线的经向直线。

脚口大⑪ 在下平线上,取$\frac{1}{4}$臀围−1 cm 或取脚口规格+2 cm,平分于挺缝线。

中裆大⑫ 在中裆线上,取$\frac{1}{4}$臀围+2 cm,平分于挺缝线。

后缝捆势⑬ 在裤长线上,由后挺缝线量出$\frac{1}{20}$腰围,并且与后臀围大连接作斜线与落裆线相交。

后翘高⑭ 在后缝捆势斜线延长线上,以裤长线上量 2 cm。

腰口定位⑮ 由侧缝腰口量出$\frac{1}{4}$腰围+0.7 cm,余下的臀腰围差⑭~⑮作二等份。

侧缝省定位⑯ 过侧缝腰口线的$\frac{1}{3}$作垂线为省中线。省大为$\frac{1}{2}$臀腰围差,省长是直裆长的$\frac{1}{3}$。

后缝省定位⑰ 过后缝腰口线的$\frac{1}{3}$作垂线为省中线。省大为$\frac{1}{2}$臀腰围差,省长比侧缝省长2 cm。

后裆弧⑱ 在后缝斜线与落裆线夹角上 2 cm 作点,弧线画顺。

下裆线⑲ 在落裆线与中裆大连线的$\frac{1}{2}$处,凹进 1.3 cm 作点,弧线画顺。下段至脚口呈直线。

侧缝线⑳ 在侧缝劈势至中裆大连线的$\frac{1}{2}$处,凹进 1 cm 作点,弧线画顺。下段至脚口呈直线。

脚口线㉑ 在挺缝线下端凸出 0.5 cm 作点,弧线画顺。

(2) 后裤片重叠制图法(图 2.2.5)。

侧缝直线① 净缝绘制时,距布端 1 cm 作经向直线(毛缝绘制时直接从布端作经向直线)。

与前侧缝距离② 前裤片横裆大点至侧缝直线距离为$\frac{1}{40}$臀围+2.4 cm。前裤片挺缝线与后裤片经向丝绺应对齐,并分别延长和画出臀围线、横裆线、中裆线、脚口线。

后缝捆势③ 在前腰口线上,由挺缝线量出$\frac{1}{20}$腰围。

后翘高④ 在后缝捆势处,由前腰口线上量 2 cm。

臀围大⑤ 在臀围线上,由侧缝直线量进$\frac{1}{4}$臀围+1 cm(毛缝裁剪时另增加 1 cm 缝份)。

侧缝劈势⑥ 在横裆线上,由侧缝直线量进 2 cm。

落裆线⑦ 横裆线低下 0.7 cm。

横裆大⑧ 前裆大放出$\frac{1}{40}$臀围+2.4 cm,交于落裆线。

中裆大⑨ 在中裆线上,前裤片左右两边各放出 2 cm。

脚口大⑩ 在脚口线上,前裤片左右两边各放出 2 cm。

后缝⑪ 作后缝捆势与臀围大连接线,延长后上与后翘高相交,下与落裆线相交。

腰口线⑫ 省位、后裆弧、下裆线、侧缝线同单独制图法相同。

5. 女西裤零部件制图(图 2.2.6)

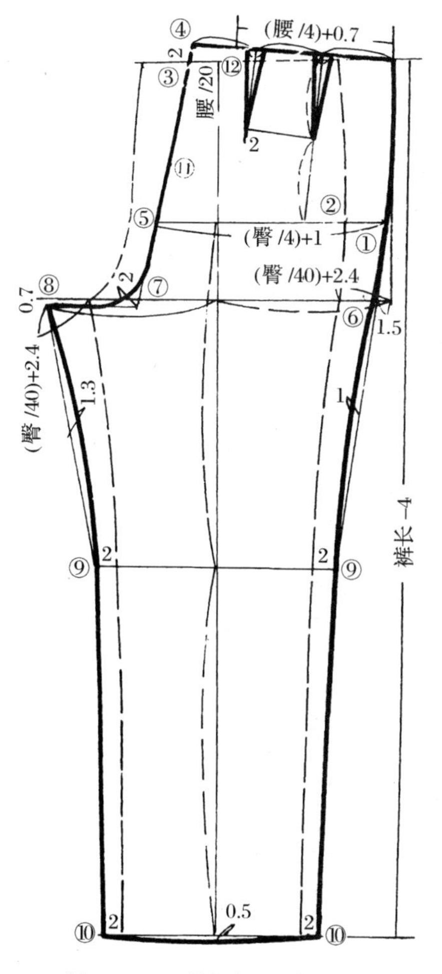

图 2.2.5 后裤片重叠制图法

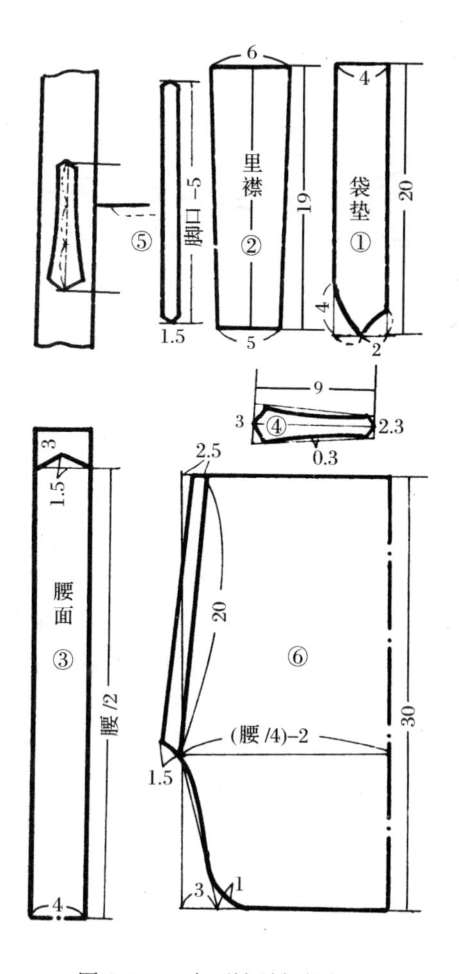

图 2.2.6 女西裤零部件制图

女西裤零部件有袋垫、门襟、里襟、腰面、腰襻、后跟贴脚边和插袋布、腰里。

袋垫① 装在后袋布上，左右各一片。右侧开襟时，右袋垫兼门襟锁扣，故被称作门襟贴边。袋垫与门襟贴边用直料。

里襟② 右侧开襟处装里襟，采用直料。上至腰口，下至袋封口下 2 cm。

腰面③ 采用直料。长度等于腰围规格加里襟和门襟剑形长度值。腰面可单独裁配或与里子联口裁配。

腰襻④ 作调节伸缩腰围之用，装在右侧腰面，$\frac{2}{3}$襻长在前片，$\frac{1}{3}$在后片。

后跟贴脚边⑤ 装在后裤脚贴边下口，外露 0.1 cm，起到保护裤脚边的作用。

插袋布⑥ 侧缝袋布采用直料。插袋布分左右，右袋布前后相同，左袋布后片放出 1 cm。

6. 放缝和排料

放缝是在净缝制图基础上进行的，它是裁剪制图中不可缺少的内容。无论是成批生产的制样板排料还是直接制图裁剪，都要在了解放缝作用的基础上，掌握放缝技术。

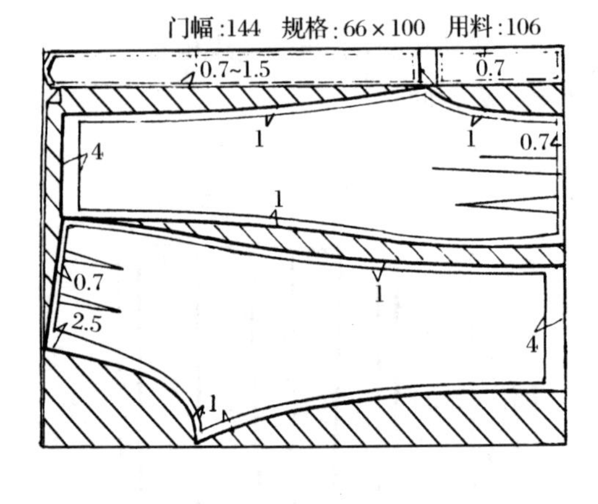

图 2.2.7 女西裤排料示意图

内做缝 缝在内层的缝份。如腰口放缝 0.7 cm，是缝制时的最小缝份量。

外做缝 在反面直接能看到的缝份。如侧缝、前裆缝、下裆缝等放 1 cm，使该缝具有一定的牢度。

贴边 脚口贴边放缝量为 4 cm 左右，起到增加牢度和保持裤型挺度的作用。

特殊缝 后裆缝腰口处放 2.5 cm，主要是考虑留有余地，作调节之特殊用缝。又如根据不同的制作工艺需要，腰面缝份量可掌握在 0.7～1.5 cm。排料示意图见图 2.2.7。

习 题

1. 分别说出中式裤与西式裤的特点。
2. 测量西裤时，需测量哪几个部位？
3. 对照制图顺序，归纳出西裤制图步骤中的三大内容。
4. 后裤片制图中有哪两种方法？请说出它们各自的特点。
5. 后裤片重叠制图中，侧缝捆势及后横裆大公式，是否能用数学方法推导出？
6. 裤子放缝的依据是什么？请说出特殊缝的作用。
7. 练习制大图 2 张、缩小图 1 张。

第三节　西裤的变化

一、普通男西裤

1. 款型特点

普通男西裤适合中老年人穿着，毛料、化纤料均适宜制作。外形如图 2.3.1 所示。其款型特点为：方形直腰，门、里襟锁眼钉扣；腰部装裤带襻（共 7 根）；前裤片侧缝直袋，左右收顺裥各 2 只；后裤片左右收省各 2 只；右边开后袋 1 只（装袋盖或做一字嵌线袋均可）；翻脚口。

2. 净缝制图规格（单位：cm）

号/型	裤　长	臀　围	腰　围	裆　长
170/68	104	100	70	30

3. 前、后片制图变化说明（图 2.3.2）

以女裤制图为基础，相同部位省略。

翻脚口　需预留贴边 10 cm。计算方法为：翻边阔×2＋2 cm 贴边。

前、后裆宽　前裆宽为$\frac{1}{20}$臀围，后裆宽为$\frac{1}{10}$臀围＋2 cm；前后均比女裤增大 1 cm。

前、后脚口　前脚口为$\frac{1}{4}$臀围－4 cm，后脚口为$\frac{1}{4}$臀围；前后均比女裤增大 1 cm。

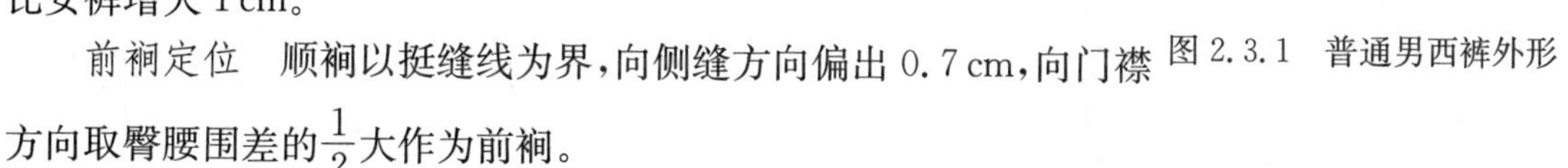

图 2.3.1　普通男西裤外形

前裥定位　顺裥以挺缝线为界，向侧缝方向偏出 0.7 cm，向门襟方向取臀腰围差的$\frac{1}{2}$大作为前裥。

后袋位　距离腰口线为直裆长的$\frac{1}{4}$，距侧缝线为$\frac{1}{20}$臀围－1 cm。后袋大为$\frac{1}{10}$臀围＋3 cm。

后省位　分别距离后袋口左右各进 2 cm，作腰口垂直线为省中线。省大为臀腰围差的$\frac{1}{2}$，平分于省中线两边。

后裤片重叠制图可参照女裤制图法。

4. 男西裤的零部件（图 2.3.2）

男西裤的零部件有门襟、里襟、前插袋垫、后袋垫、后袋盖、裤腰、表袋垫、裤带襻、后跟贴脚、前插袋布、后袋布和表袋布。

门襟①　当门襟采用拉链时，门襟贴边 1 层即可；采用锁扣时，门襟贴边需要 3 层。以前裤片前裆弧$\frac{1}{2}$处为界，腰口处呈直形，不要有劈势。

里襟②　以前裤片前裆弧$\frac{1}{2}$处为界，比门襟贴边长 0.7 cm。

后袋盖③　袋盖用横料，横端斜势应与大身相同。

后袋垫与嵌线④　袋垫用横、直料均可，但嵌线一般以直料为宜。

前插袋垫⑤　用直料，同女裤。

裤腰⑥　腰面用直料，长度按$\frac{1}{2}$腰围加放里襟宽度和后缝份量。

前插袋布⑦　左右插袋布相同，前袋口比后袋口离进 1.5 cm。

后袋布⑧　后袋布左、右口起翘根据裤后片起翘量需要而定。

表袋布⑨　表袋一般做在右面裤片侧缝处，其大小等于$\frac{1}{10}$腰围，以侧缝裥为中心平分安置，表袋布需比袋口大 2 cm 以上。

裤带襻⑩　用直料，净长 5 cm，净阔 0.8 cm。

后跟贴脚⑪　与女裤相同。

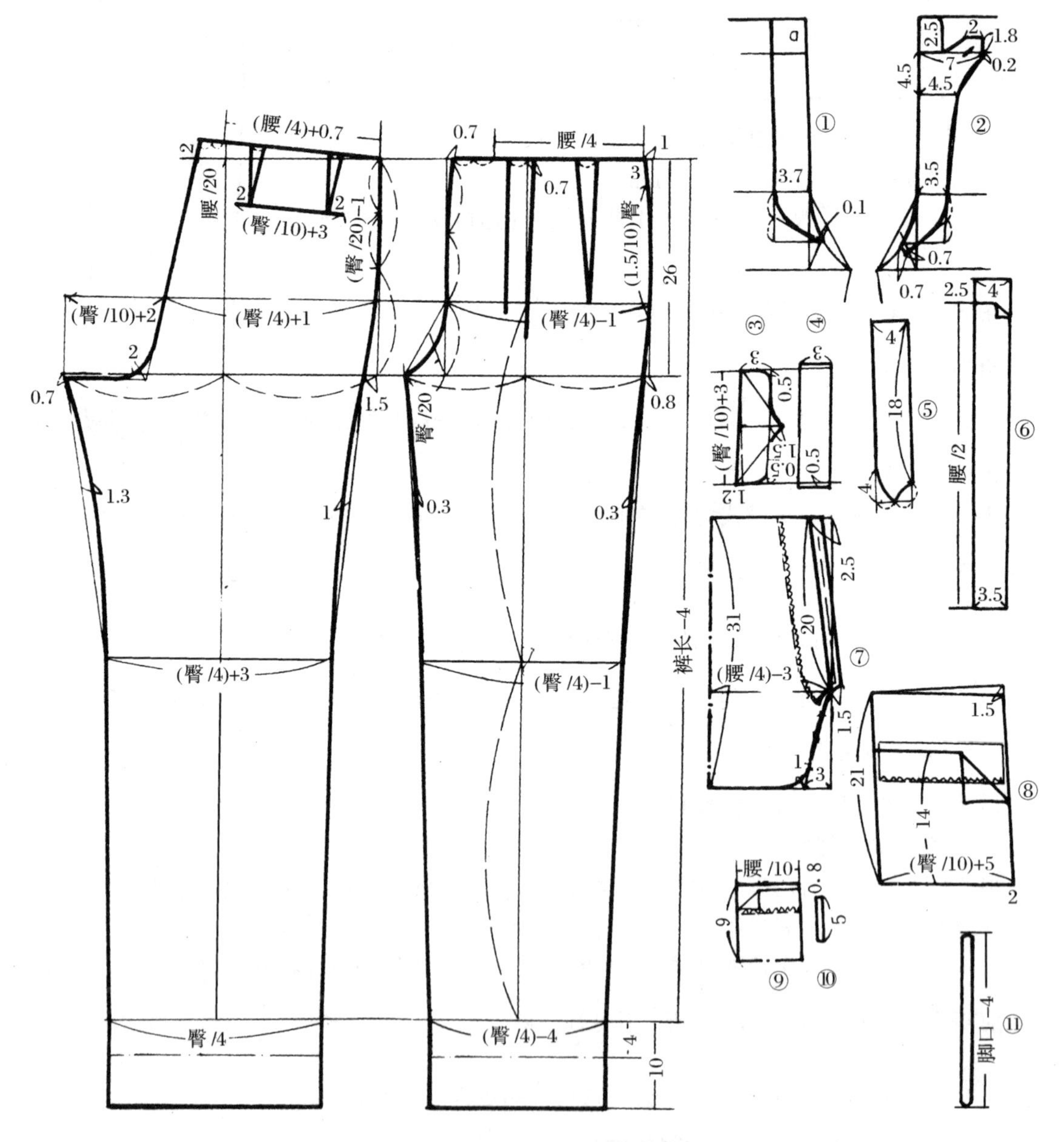

图 2.3.2　男西裤裤片制图及零部件图

二、单裥直筒青年男裤

1. 款型特点

单裥直筒青年男裤外形如图 2.3.3 所示。其款型特点为：呈直筒形；直形腰装裤带襻 7 根；门襟装拉链；前裤片侧缝斜袋，左右收反裥各 1 只；后裤片左右收省各 2 只；嵌线袋各 1 只。该款适合青年人穿着，与普通裤相比裤长可放长 1～2 cm，立裆改短 1～2 cm，臀围放松量可掌握在 6 cm 左右，中裆偏高，裤腿相应瘦小些。

图 2.3.3 单裥直筒青年男裤外形

2. 净缝制图规格（单位：cm）

号/型	裤 长	臀 围	腰 围	裆 长
170/70	104	96	70	28

3. 前、后裤片制图变化说明（图 2.3.4）

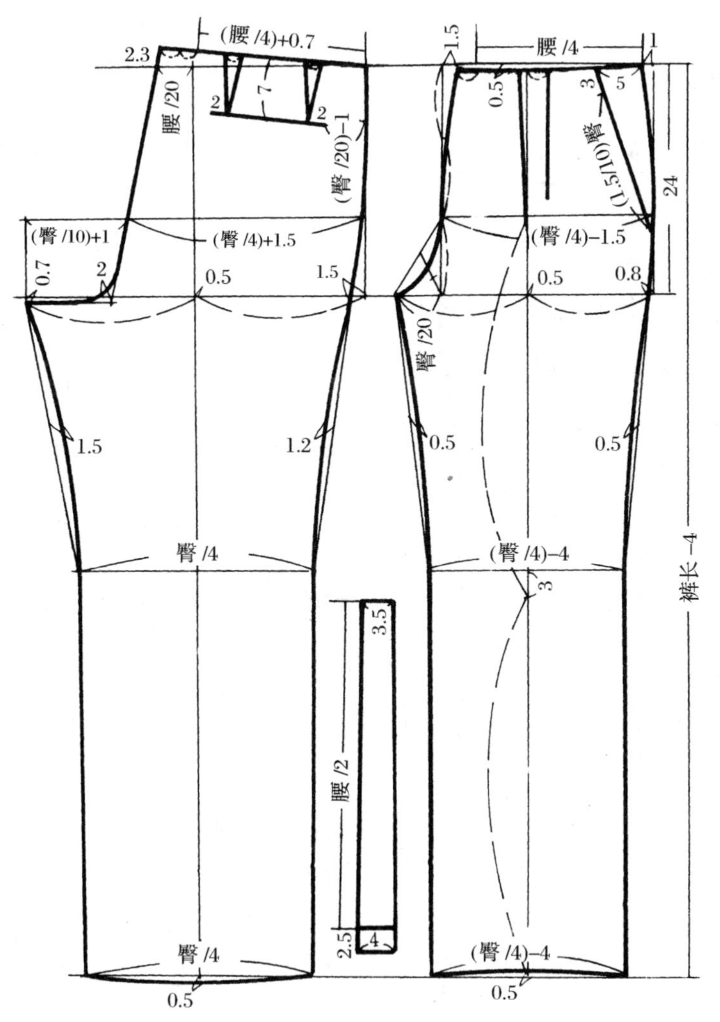

图 2.3.4 单裥直筒青年男裤裤片制图

以下前四项为单裥裤的变化内容，后四项为直筒裤的变化内容。

前、后臀围大 前臀围为$\frac{1}{4}$臀围－1.5 cm，后臀围为$\frac{1}{4}$臀围＋1.5 cm。

门襟腰口劈势 以门襟直线劈进 1.5 cm。

前腰口起翘 腰口线低下 0.5 cm。

后翘高 以腰口线上量 2.3 cm。

中裆线 比普通裤中裆线提高 3 cm。

前、后裆宽 前裆宽为$\frac{1}{20}$臀围，后裆宽为$\frac{1}{10}$臀围＋1 cm。

脚口大 与中裆尺寸相同。

下裆与侧缝线 上段弧线凹势比普通裤大。

前、后中线偏 0.5 cm，使侧缝变直，并起到增强活动量的作用。

三、无裥紧身喇叭裤

1. 款型特点

无裥紧身喇叭裤外形见图 2. 3. 5。其款型特点为:呈喇叭形;前片紧身无裥;门襟装拉链;月亮形插袋;后片左右各收省 2 只;右边桃形后袋 1 只。该裤在测量时,以髋骨处测量裤长、裆长和围量腰围。因此,该裤直裆较短,腰围显大,臀围放松量在 4 cm 左右,臀腰围差掌握在24 cm为宜。该裤为中性裤,适合于青年人穿着。

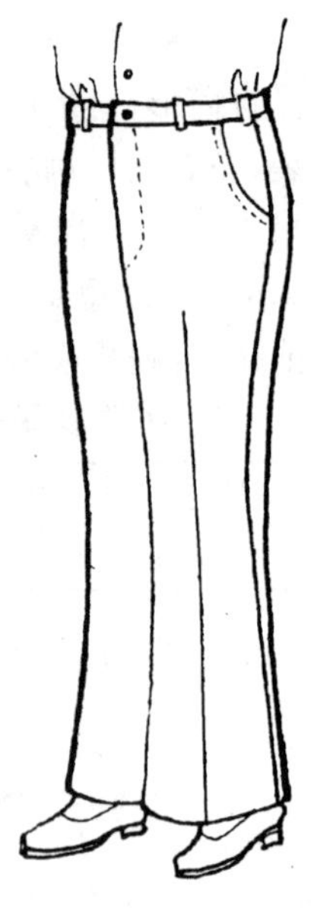

图 2. 3. 5 无裥紧身喇叭裤外形

2. 净缝制图规格(单位:cm)

号/型	裤 长	臀 围	腰 围	裆 长
170/66	100	92	68	28

3. 前、后裤片变化说明(图 2. 3. 6)

以下前三项为前片无裥的变化内容,最后三项属于喇叭裤的变化内容。

前、后臀围大　前臀围大为$\frac{1}{4}$臀围−2 cm,后臀围大为$\frac{1}{4}$臀围+2 cm。

门襟腰口劈势　从门襟直线量进 2 cm。

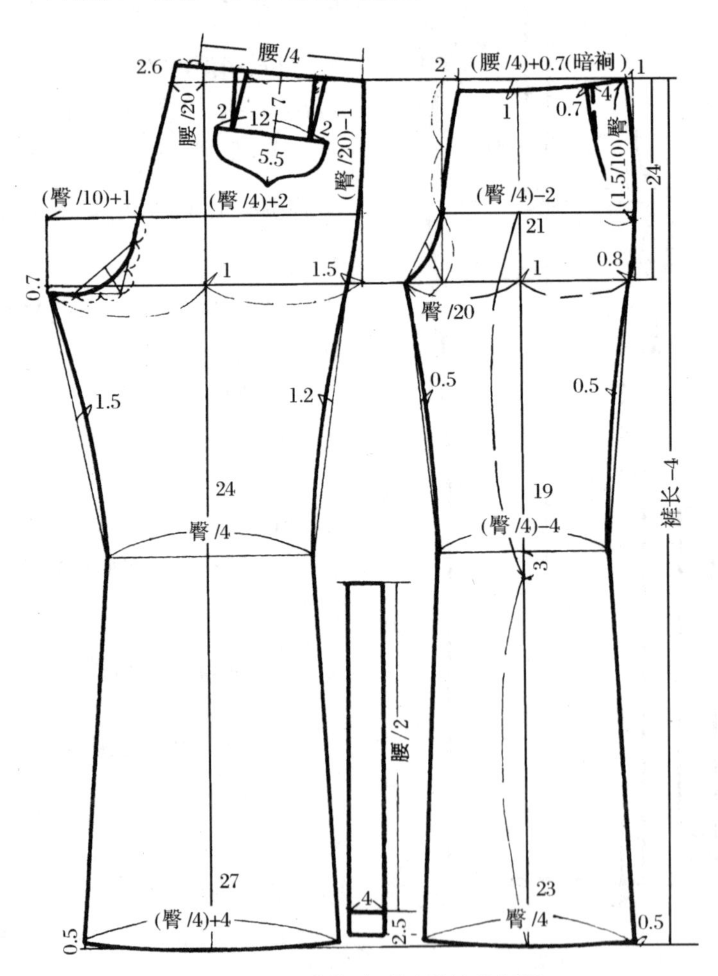

图 2. 3. 6 无裥紧身喇叭裤裤片制图

腰口起翘　以腰口线低下 1 cm。

中裆线　同直筒裤。

前、后裆宽　前裆宽为$\frac{1}{20}$臀围,后裆宽为$\frac{1}{10}$臀围+1 cm。

脚口大　前脚口大为$\frac{1}{4}$臀围,后脚口大为$\frac{1}{4}$臀围+4 cm。

后翘高　从腰口线上量 2. 6 cm。

下裆与侧缝线　上段与直筒裤相同,下段脚口边呈直角起翘状。

紧身特贴体裤,前、后中线偏 1 cm,使侧缝较直,并起到增强活动量作用。

四、牛仔裤

1. 款型特点

牛仔裤的外形见图 2.3.7。其款型特点为：呈 T 字形；前片紧身无裥；门襟装拉链；手枪形插袋；后片紧身无省横分割，倒梯形贴袋 2 只；侧缝；前后袋、腰头、门襟、脚口、裤带襻均切双子口明线。测量方法和面料选择均同无裥紧身喇叭裤。

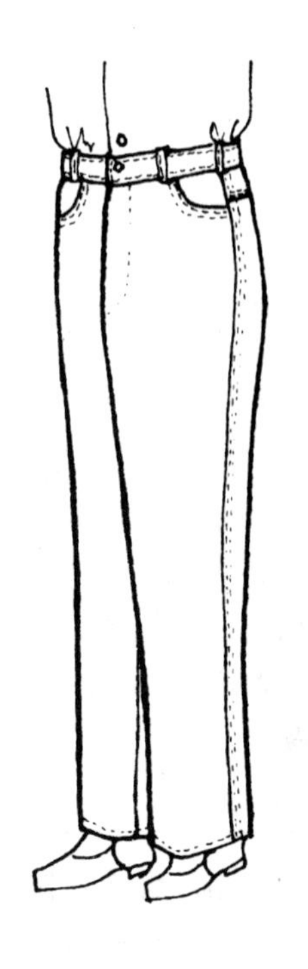

图 2.3.7 牛仔裤外形

2. 净缝制图规格（单位：cm）

号/型	裤 长	臀 围	腰 围	裆 长
170/70	104	96	72	26

3. 前、后裤片制图变化说明（图 2.3.8）

前、后臀围大　同无裥紧身喇叭裤。

门襟腰口劈势　同无裥紧身喇叭裤。

前腰口起翘　同无裥紧身喇叭裤。

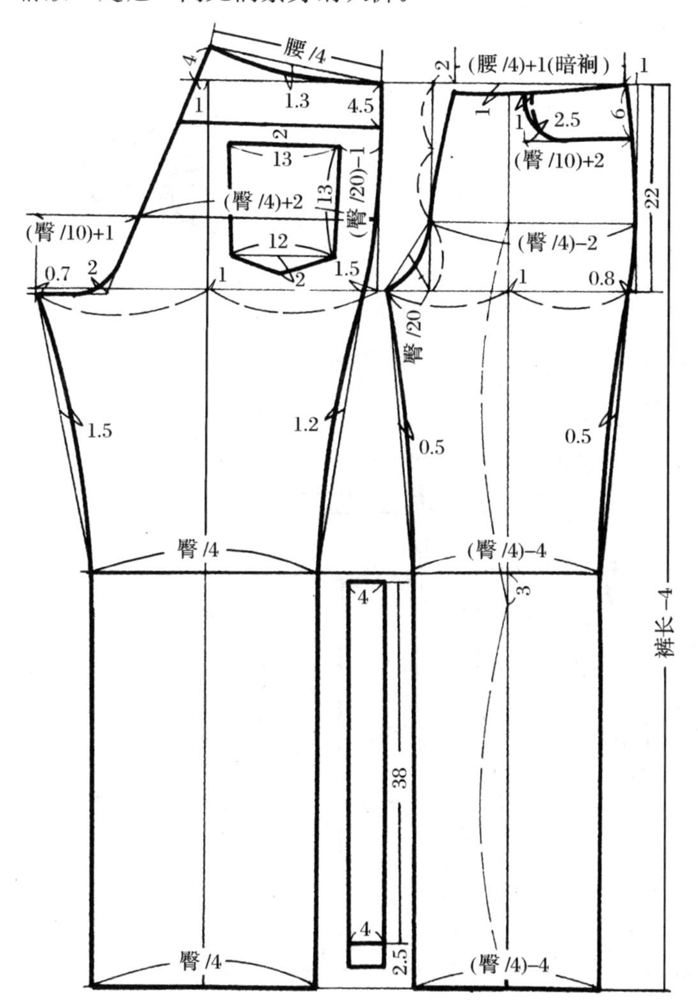

图 2.3.8 牛仔裤裤片制图

暗裥　利用前袋口折叠达到无裥效果和增加袋口松量等目的的常用方法。

后翘高　从腰口线上量 4 cm。

后缝捆势　在腰口线上由挺缝线量出 1 cm，与臀围大相连并延长交于后翘高线。

后腰口起翘　后翘高至腰口侧缝点连线凹 1.3 cm 弧线画顺。遇到腰口尺寸大于$\frac{1}{4}$腰围时，可采用归缩或侧缝劈势等方法。

脚口大　前脚口大为$\frac{1}{4}$臀围－4 cm，后脚口大为$\frac{1}{4}$臀围。

五、普通男西短裤

1. 款型特点

普通男西短裤外形见图 2.3.9。其款型特点为：直形腰；门襟装拉链；腰部装裤带襻 7 根；前裤片侧缝直袋，左右收反裥各 2 只；后裤片左右各收省 2 只，开后袋 2 只，无袋盖；脚口稍小，穿着时后脚口紧贴大腿中部，前脚口呈空荡状。

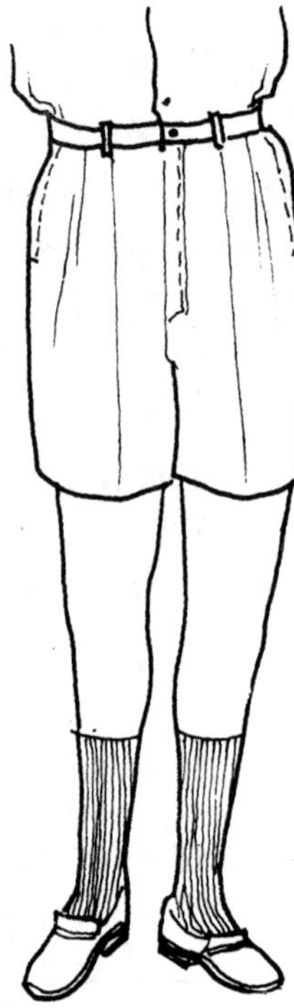

图 2.3.9　普通男西短裤

2. 净缝制图规格(单位：cm)

号/型	裤　长	臀　围	腰　围	裆　长
170/70	48	100	72	29

3. 前、后裤片制图变化说明(图 2.3.10)

前脚口线　脚口线中间凹进 0.5 cm。

落裆线　自后裆线下量 2.7 cm。

后脚口线　自下平线下量 2.7 cm，呈脚口起翘状。

前、后脚口大　前脚口大为$\frac{1}{4}$臀围，后脚口大为$\frac{1}{4}$臀围＋6 cm。

后裤片重叠制图可参照普通男裤。

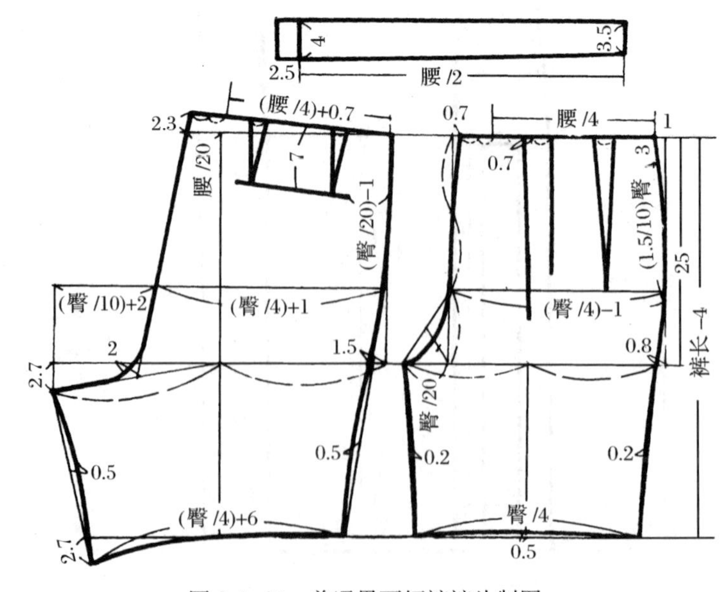

图 2.3.10　普通男西短裤裤片制图

六、宽连腰松身女西短裤

1. 款型特点

宽连腰松身女西短裤外形如图 2.3.11 所示。其款型特点为：宽连腰；门襟装拉链；腰部装裤带襻 5 根；前裤片侧缝一字双嵌线插袋，左右收顺裥各 2 只；后裤片左右各收省 2 只；宽敞形直脚口穿着时前、后脚口呈空荡状，为舒适型短裤。

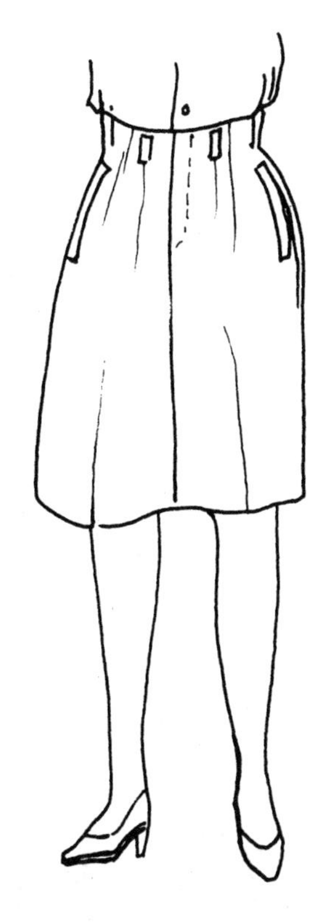

图 2.3.11 宽连腰松身女西短裤外形

2. 净缝制图规格(单位：cm)

号/型	裤 长	臀 围	腰 围	裆 长
165/64	55	104	66	34

3. 前、后裤片制图变化说明(图 2.3.12)

以下前三项为裙裤的主要特征：

裤长和裆长　已包括宽腰的宽度。

前、后脚口　呈直形，无须起翘。

前门襟贴边　女裤前门襟贴边长至臀围线处即可。

脚口放大　一般放在侧缝处，注意侧缝长应与裙裤长相等。

阔裤襻　净宽 2 cm，长 5 cm。

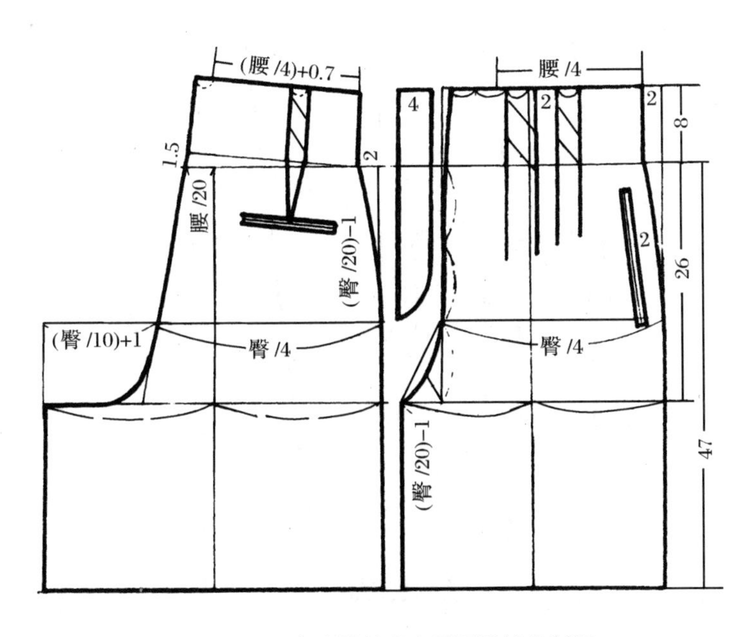

图 2.3.12 宽连腰松身女西短裤裤片制图

七、高腰松身时装裤

1. 款型特点

高腰松身时装裤外形见图 2.3.13。其款型特点为：合体型高腰；门襟装拉链；腰部装阔裤襻 5 根；前裤片横斜形插袋，左右收反裥各 1 只、收省各 2 只；后裤片收省各 2 只；松臀、紧脚口呈上大下小状，俗称萝卜裤。

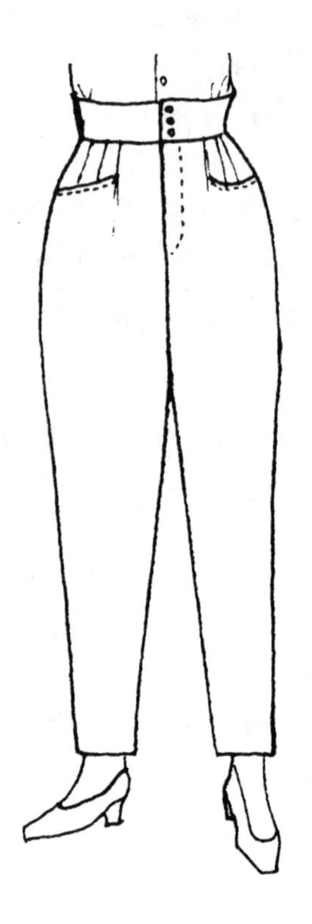

图 2.3.13　高腰松身时装裤

2. 净缝制图规格(单位：cm)

号/型	裤　长	臀　围	腰　围	裆　长	脚　口
165/64	105	108	66	35	16

3. 前、后裤片制图变化说明(图 2.3.14)

裤长和裆长　包括高腰的宽度。

前、后臀围大　前臀围大为$\frac{1}{4}$臀围＋1 cm，后臀围大为$\frac{1}{4}$臀围－1 cm。

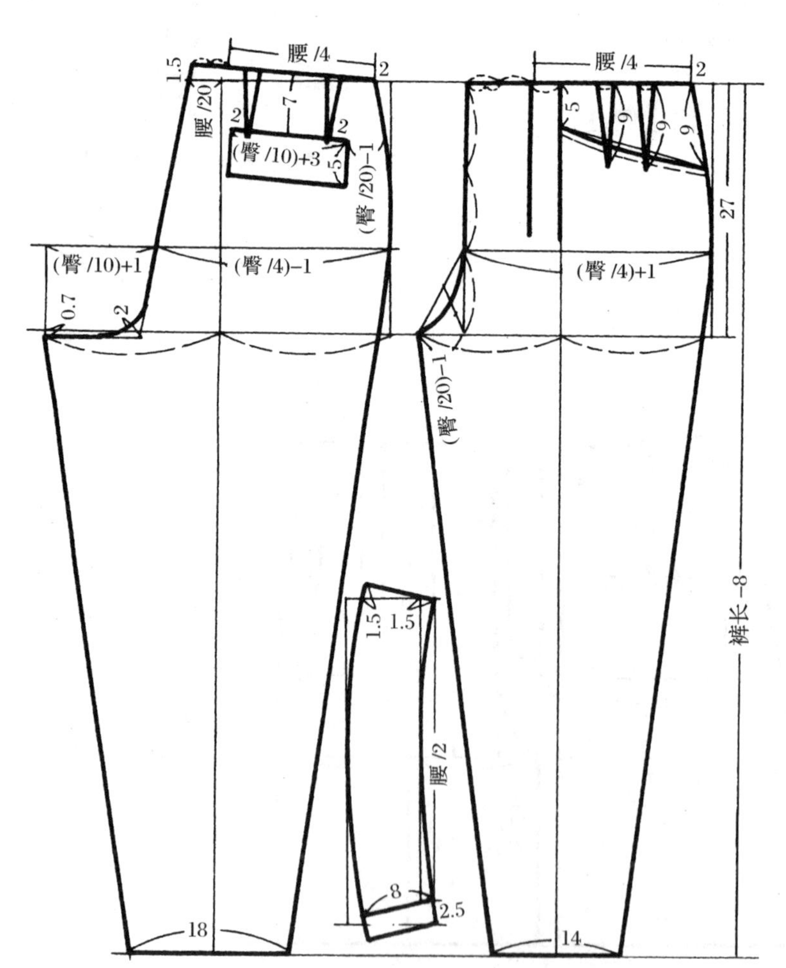

图 2.3.14　高腰松身时装裤裤片制图

脚口大　前脚口大为脚口－2 cm，后脚口大为脚口＋2 cm。

侧缝腰口劈势　距离侧缝直线 2 cm。

图 2.3.15　松身裙裤外形

八、松身裙裤

1. 款型特点

松身裙裤外形如图 2.3.15 所示。其款型特点为：方形直腰，前后腰下收细裥；前门襟装拉链；前侧缝左右 2 只双嵌线袋；宽大而又能分离的褶摆，特别适合骑自行车穿着。

2. 净缝制图规格（单位：cm）

号/型	裙　长	臀　围	腰　围	裆　长
165/62	83	100	64	30

3. 前、后裤片制图变化说明（图 2.3.16）

松身裙裤即放松量较大的裙裤，在制图中可采用前、后片均为$\frac{1}{4}$分配法。

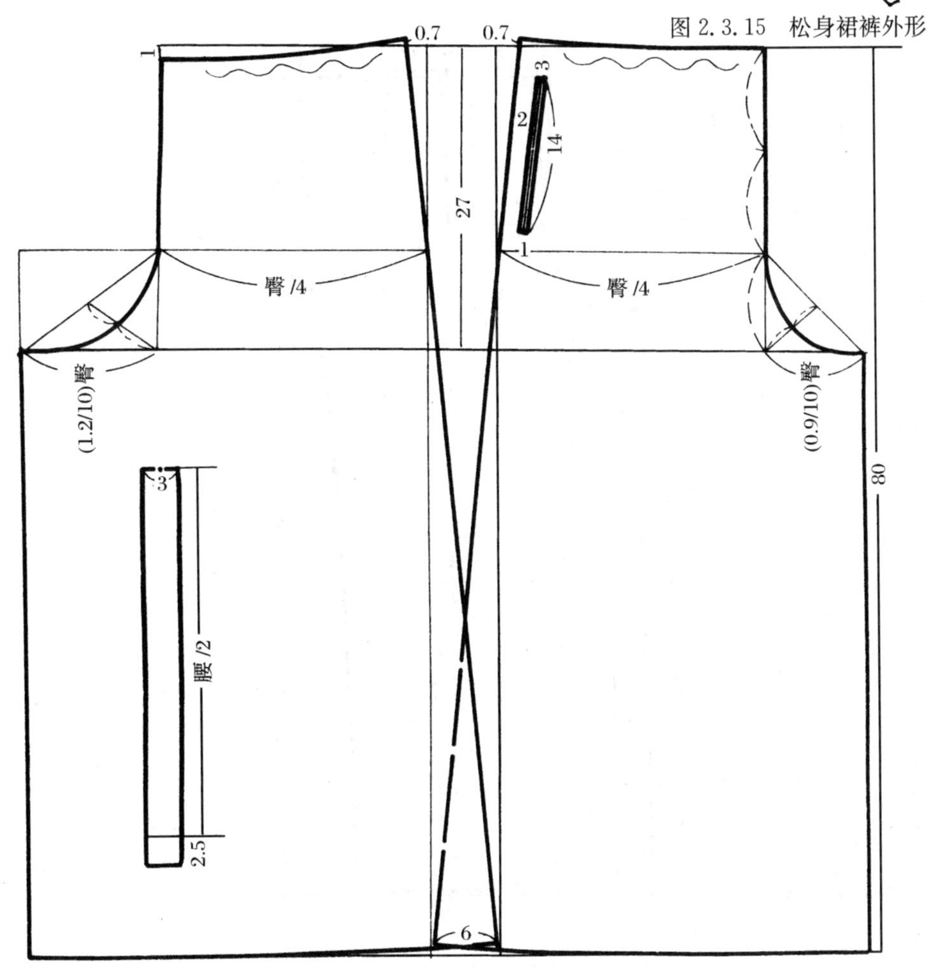

图 2.3.16　松身裙裤裤片制图

前后裆宽　明显增大，前裆为$\frac{0.9}{10}$臀围，后裆为$\frac{1.2}{10}$臀围。

后裆缝　呈直形。

前后腰口　呈起翘状。

前后臀围大　均以$\frac{1}{4}$臀围计算。

九、胖体男裤

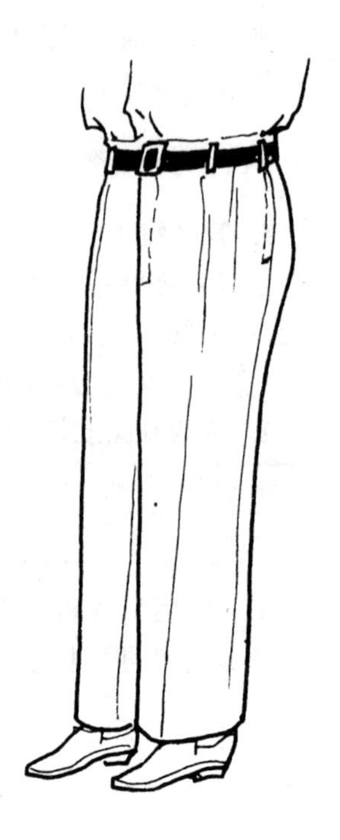

图 2.3.17　胖体男裤外形

1. 款型特点

凸肚挺腹是中老年胖体的特征，其男裤外形如图 2.3.17 所示。款型特点为：前裤片左右各收顺裥 2 只；后裤片收省各 1 只；裤脚口略小；前门襟装拉链或锁扣。

2. 净缝制图规格(单位：cm)

号/型	裤　长	臀　围	腰　围	裆　长
170/98	104	120	100	31

3. 前、后裤片制图变化说明(图 2.3.18)

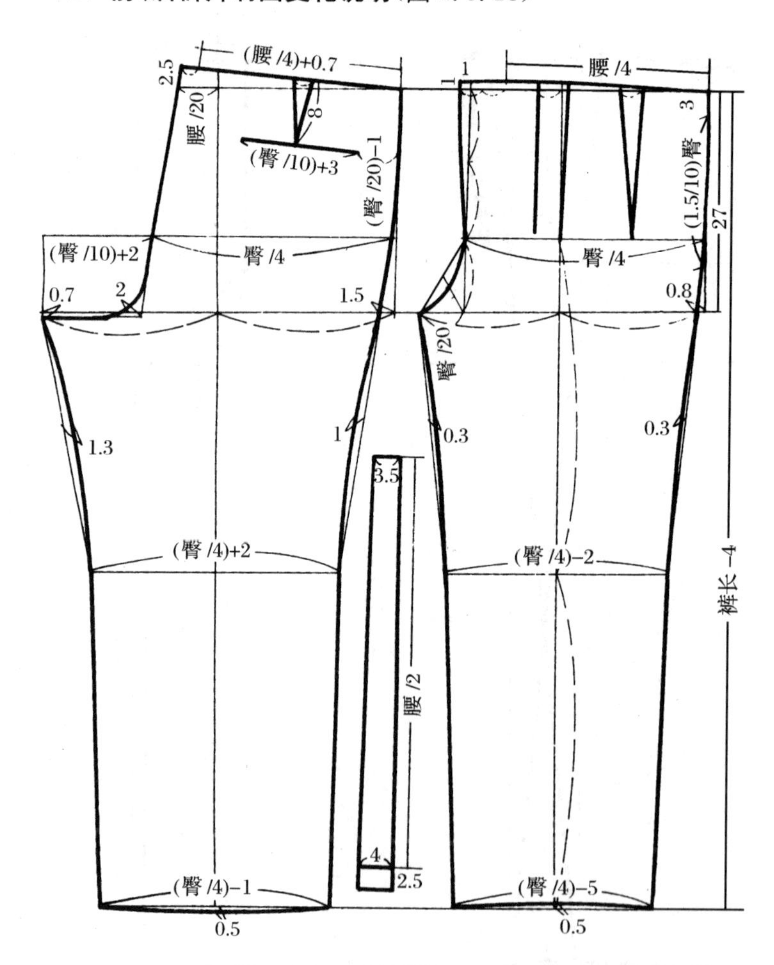

图 2.3.18　胖体男裤裤片制图

前、后臀围大　均为$\frac{1}{4}$臀围。

放大前裤片腰围　侧缝放出 0.8 cm，门襟直线放出 1 cm。

前腰口起翘　在门襟直线处，自腰口线放高 1 cm。

后省　各收省 1 只，位于后袋口中间。

中裆线　同普通裤。

十、男睡裤

1. 款型特点

男睡裤外形如图 2.3.19 所示。其款型特点为：松身造型，腰部抽带呈自然皱褶状；脚口外翻。

图 2.3.19　男睡裤外形

2. 净缝制图规格(单位：cm)

号/型	裤　长	臀　围	腰　围	裆　长
170/84	105	110	86	31

3. 制图变化说明(图 2.3.20)

(1) 睡裤属室内休闲服，因此臀围松量大，直裆长，有利于人体放松和活动。

(2) 腰口门襟、里襟两端各锁眼 1 只，用于抽裤带。裤带长为臀围＋40 cm。

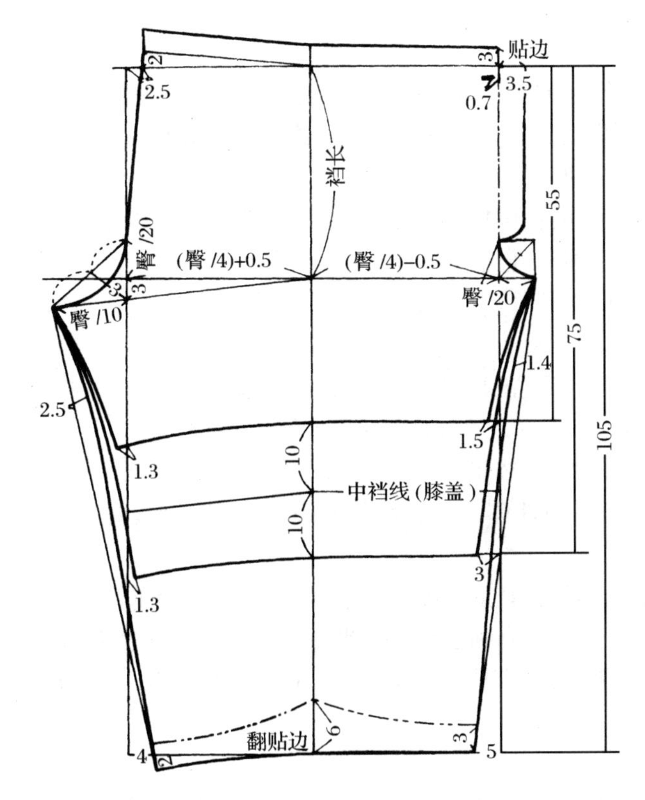

图 2.3.20　男睡裤制图

(3) 脚口采用加贴边，其中外翻贴边可采用直料，以起一定的装饰作用。

习　题

1. 男女西裤制图公式各有哪些差异？
2. 反裥与正裥裤在制图中怎样区分？
3. 男裤有哪些零部件？说出它们的名称。
4. 说出单裥、无裥裤在制图中的变化。
5. 写出直筒裤、喇叭裤、小脚口裤制图特点。
6. 什么叫暗裥？说出暗裥的作用。
7. 请说出男、女西短裤在制图中的差异。
8. 写出翻脚口贴边的计算公式。
9. 松身裤的特点是什么？在制图中如何调整？
10. 松身裙裤的特点是什么？在制图中应作哪些调整？
11. 说出胖体裤在制图中的调整部位和方法。

第四节　西 裤 缝 制

一、边门襟女裤简易缝制工艺

1. 缝制工艺程序

做准备工作→做侧缝袋布→做腰和腰襻→收后省与缝合侧缝→装侧缝袋→缝合下裆缝→缝合前、后裆缝→装腰，钉腰襻→缲腰口、脚口贴边，锁眼，钉扣→整烫。

2. 缝制步骤工艺说明

(1) 做准备工作。其内容包括：检查裤片及零部件是否配齐，画线、刀眼、钻眼等标记线是否有遗漏。如果是批量生产，还需检查编号对否；根据需要将裤片进行拷边；进入第二步工序。

(2) 做侧缝袋布(图 2.4.1)。凡旁开口女裤的袋布有左、右之分，其中右侧袋布袋垫兼门襟。

A. 缝制时先把袋布与袋垫正面叠合，沿后袋口边缉 0.7 cm 的缝头，在前袋口须拉缉牵带。需注意：在缉缝垫头时，左右袋布的方向不能错(图 2.4.1①)。

B. 将袋垫反转，使右袋布袋垫外露 0.2 cm，沿袋口边缘缉 0.3 cm 止口线和沿袋垫拷边线里口缉线；左袋布袋垫不必外露，用手刮平垫头后，直接沿袋垫拷边线里口缉线即可(图 2.4.1②)。

C. 将袋布正面叠合，缝缉袋底。叠合时右袋布放齐，左袋布后片需放出 0.5 cm。缝合时袋口处留 1.5 cm 不要缝住，以有利于装袋时平服。袋底缝线宽度为 0.5 cm(图 2.4.1③)。

D. 把袋布翻出刮平，沿袋底压缉 0.7 cm 止口，在袋口 1.5 cm 处将上层掀起，只压住后片(图 2.4.1④)。

(3) 做腰和腰襻。

A. 先将净腰衬压在腰面上按搭缝内容中间缉一道线。如进行拼接腰面，拼接缝要在侧缝处(图 2.4.2①)。

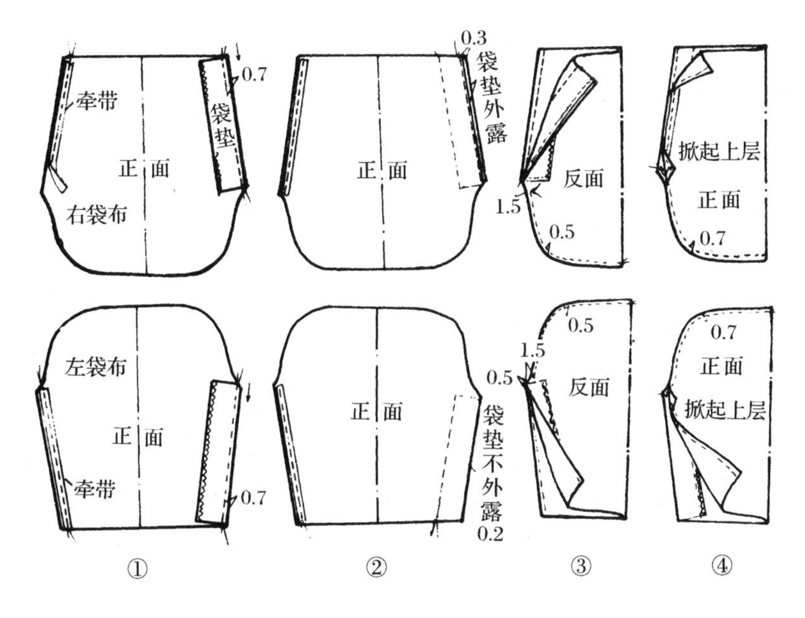

图 2.4.1　缝制侧缝袋布

B. 翻折腰衬边沿，并用糨糊把面和衬黏牢，四周向里扣转烫平烫干。腰面要直，丝绺不能弯曲，注意宽窄一致(图 2.4.2②)。

C. 腰面先缉一道 0.8 cm 止口，然后将腰里放在腰面下，按压缉缝内容缉 0.1 cm 止口。压缉前腰里可先拼一段 10 cm 本色面料，压缉时需从尖角处起针，并注意腰里稍拉紧(图 2.4.2③)。

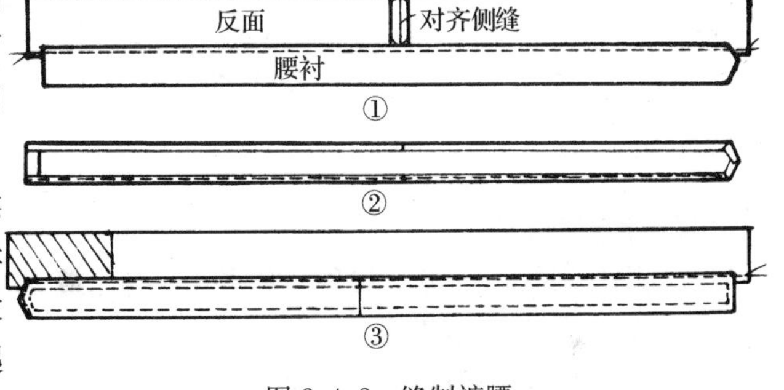

图 2.4.2　缝制裤腰

缝合腰襻时要求面料松、里子紧。正面叠合后沿边缉 0.7 cm 缝份，然后将尖角折叠后翻出按图示烫平。按正面缉 0.1 cm 止口。装襻时以侧缝为界，$\frac{2}{3}$襻长在前片，$\frac{1}{3}$在后片，前$\frac{1}{3}$为封口位置(图 2.4.3)。

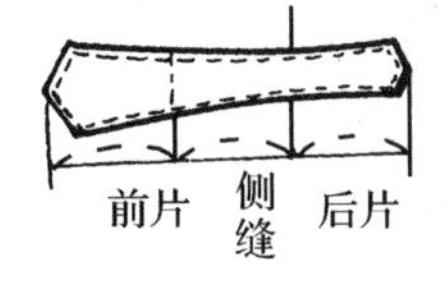

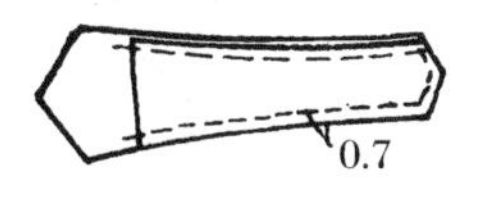

图 2.4.3　缝制腰襻

(4) 收后省与缝合侧缝。女裤的后省长短是不一样的，靠侧缝处由于臀部丰满省缝应短些，靠后缝处臀峰低省缝宜长些。缉省时还应根据丝绺特点，左右省采用不同的缉法：左裤片的省从省尖开始缉，右裤片的省从腰口缉起。这样既能防止链形出现，又可利用相对缝缉，防止缉反和缉错(图 2.4.4)。

缝合侧缝时，脚口至中裆处上下两层放平缝缉。中裆至袋口处由于后片丝绺较斜不能拉还。因此，缝合时应将前裤片放上面，后裤片放下面，缝份为 1 cm。缉右侧缝时从脚口缉起，

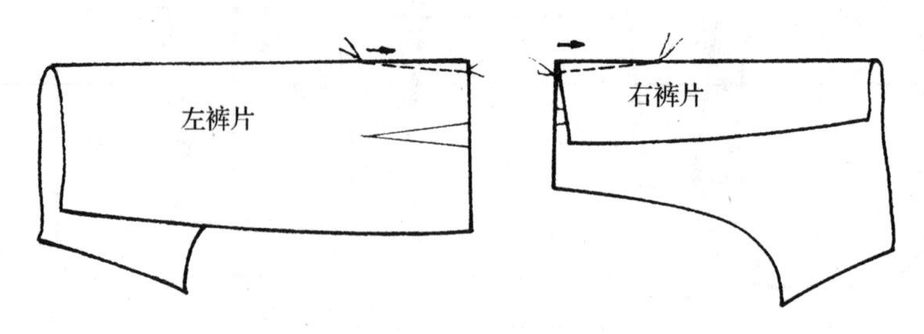

图 2.4.4　收后省

缉至袋口止；缉右侧缝时从袋口起针，缉至脚口止。凡起针和止针都应打来回针增加牢度(图 2.4.5)。

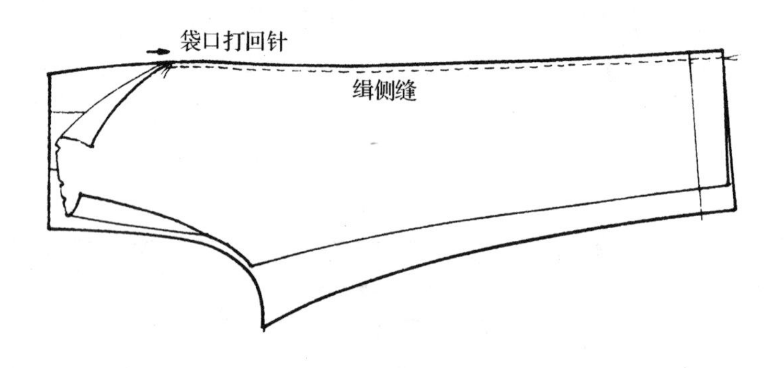

图 2.4.5　缝合侧缝

(5) 装侧缝袋。

A. 装右侧袋时前袋布与袋口线并齐，沿侧缝自上而下缉一道线，接着不剪断线装左侧袋，由下而上缉一道线(图 2.4.6)。

B. 把左右两侧袋口刮平，正面缉 0.8 cm 双止口线(图 2.4.7)，然后将左侧后袋布与后侧缝叠在一起，沿袋口边压缉狭止口，再将里襟与后右侧缝重叠缝缉 1 cm(图 2.4.8)。

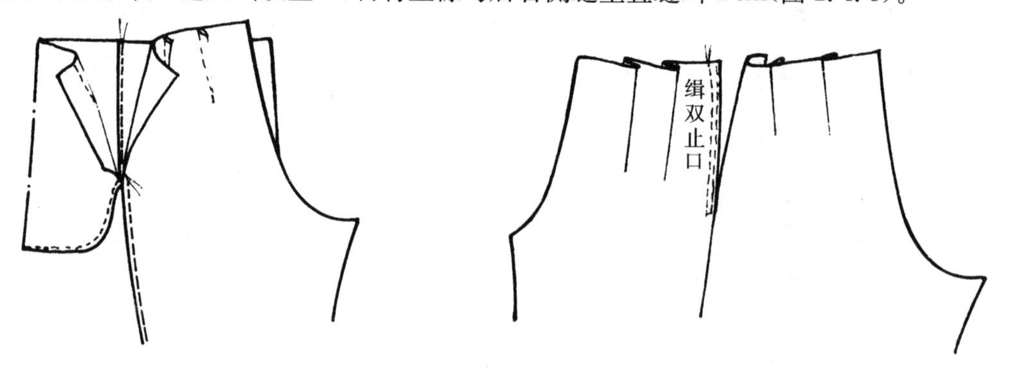

图 2.4.6　装侧缝袋　　　　图 2.4.7　缉左右两侧袋口

C. 把裤片翻出在正面封袋口。封右袋口时一定要在袋布、里襟放平之后才能封下口和上口。要求左右两侧袋口高低大小一致，封口来回缝 5 道使之具有一定的牢度。同时，折叠好前腰裥后与袋布一起放平缉牢(图 2.4.9)。

(6) 缝合下裆缝。前裤片放在上面，缝缉内容与侧缝相同，在缝至后裆下 10 cm 处后片应稍加归缩(图 2.4.10)。

(7) 缝合前、后裆缝。未缉之前先将腰围尺寸校准，从前裆缝腰口起缉至后腰口止。下裆

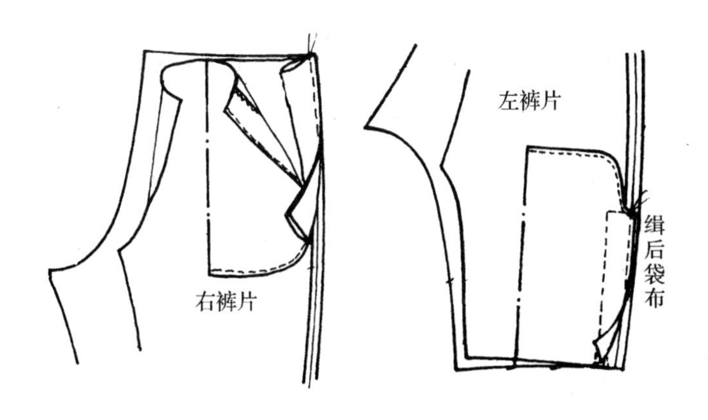

图 2.4.8　缉后袋布

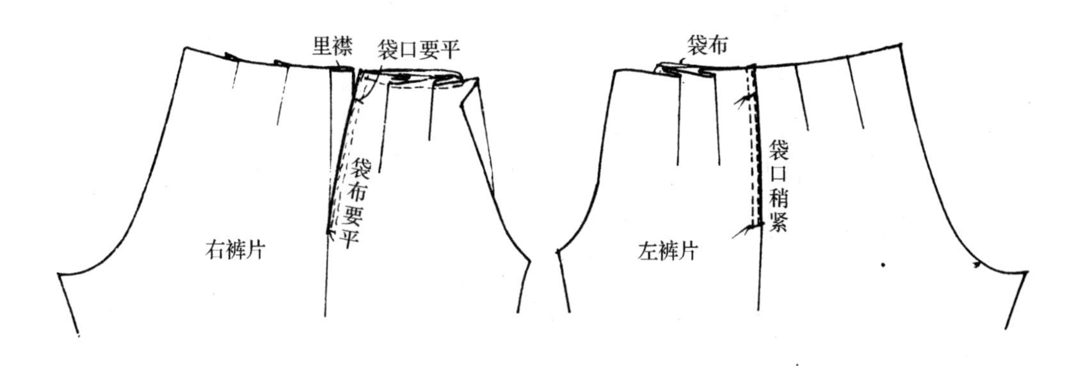

图 2.4.9　封袋口

缝要对准,上下层不能有松紧。缉至前后窿门斜势部位时应拉直缉和缉双道线,以防断线。图 2.4.11 中是左脚管套入右脚管内的车缉状况。

(8) 装腰,钉腰襻。

A. 按规格在腰上做好标记线,使腰里露出腰面 0.5 cm(多余部分修掉),再将腰里与裤腰口反面叠合,从里襟起缉 0.7 cm 宽缝份,使标记线或刀眼对准侧缝、前后缝。

B. 把腰面子翻上盖住腰口线,从门襟处沿腰头下口缉狭止口,并与上止口线接准。在缉线时下面稍拉紧,上面稍推送,这是防止腰口产生链形的有效方法(图 2.4.12)。

钉腰襻方法可参见图 2.4.3。在简易女裤中腰襻是钉穿腰里的;在精做女裤中腰襻是在未装腰前先钉的,所以腰襻只钉住腰面及衬布,腰里没有缝迹出现。

(9) 缲腰口、脚口贴边,锁眼,钉扣。腰口及翻折后的脚口贴边都需要手工配合,如腰口采用缲针,脚口贴边采用三角针和缲针均可,具体参照第一章"缝纫工艺"一节。

锁眼的部位在腰口、腰襻、门襟。腰口锁眼 1 只,距腰尖角 1.5 cm,纽眼大 1.5 cm(或用裤钩)。腰襻锁眼 1 只,距腰襻角 1.2 cm,纽眼大 1.5 cm。门襟(袋布上)锁眼 2 只,第一只距上封口 3.4 cm,第二只在第一只至下封口的$\frac{1}{2}$处。

腰口和腰襻各钉双档纽扣,第一档按腰围大,第二档距第一档 2.3 cm。

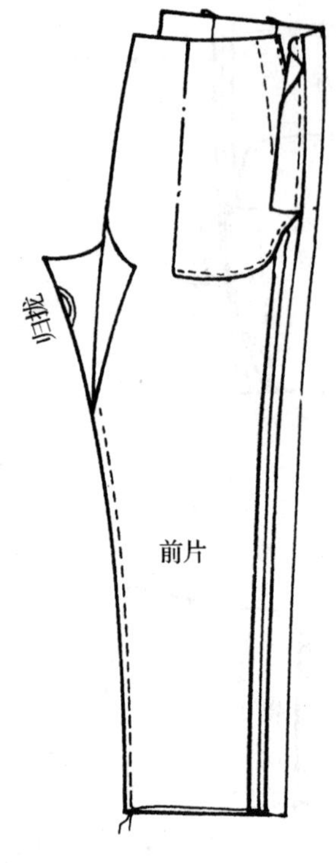

图 2.4.10　缝合下裆缝

图 2.4.11　左脚管套入右脚管内缝合前、后裆缝

图 2.4.12　装　腰

(10) 整烫。

A. 把所有的分开缝，一律分开烫平，采用喷水烫，将后省、后缝烫平。

B. 把裤子翻过来烫平前褶裥、袋口、腰口。要盖水布烫，直接烫易起极光。

C. 将下裆缝和侧缝对准摆平，盖上水布，先烫平下裆缝，在臀围处一定要把臀部推出烫平(图 2.4.13)。烫平下裆缝后，将两只裤管合拢摆平盖上水布烫平侧缝和前后挺缝。

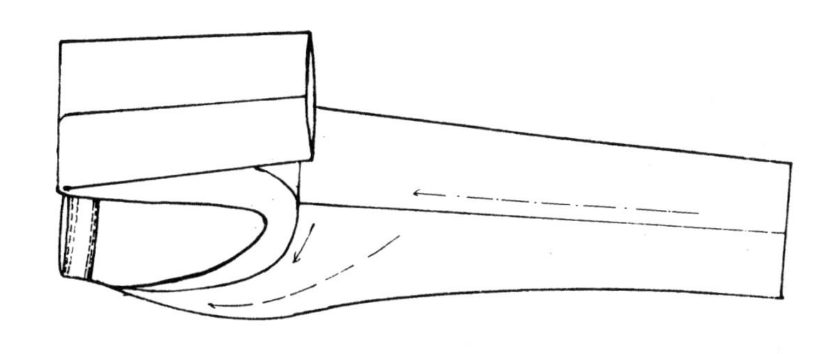

图 2.4.13　烫下裆缝

3. 质量要求

外形要求平整；无褶皱，无污渍，无极光，无线头；左右袋口平服，高低大小一致；腰口宽窄及明缉线宽窄一致；锁眼、钉扣符合要求。内部要求缝线顺直，双线处无双轨线出现，袋布、腰里平服无链形及缉牢腰里等现象。

二、毛料拉链门襟男西裤精做工艺

1. 缝制工艺程序

做准备工作→打线钉→归拔裤片→做门襟、里襟、袋布、裤带襻、袋盖等→做腰及装四件扣→收后省和烫后省→开后袋→装表袋→缝合侧缝及装侧缝袋→缝合与分烫下裆缝→缝合前、后裆缝→装门襟、里襟及缉小裆垫→装腰及裤带襻→缉门襟、腰面止口，钉裤带襻→缲脚口贴边，锁眼，钉扣→整烫。

2. 缝制步骤工艺说明

(1) 做准备工作。除做标记线方法不同外，其余内容与女裤相同。

(2) 打线钉。线钉的作用是定位、做标记，它是毛料等高级服装制作的特定工艺。这是由于毛料质地松软，画上的粉线容易脱落抹掉，钻眼则不起作用，所以不能用画粉线、钻眼的办法做标记。

打线钉的针法及操作内容请参见“缝纫工艺”一节中手缝的基本针法部分。

裤子中需要打线钉的部位有：前裤片褶裥、袋位、小裆封口、脚口贴边、前挺缝线、后裤片的省位、后袋位、后裆缝、脚口贴边、后挺缝线等。

(3) 归拔裤片。它俗称拔脚，是用热处理的方法进行归、推、拔定型工艺的简称。人们利用原料的伸缩性，通过喷水、高温熨烫和归(缩短)、推(移位)、拔(伸长)变型工艺，使平面的衣料改变原有的结构组织，符合人体曲线(图 2.4.14)。现将后裤片的归拔定型工艺分三步说明：

A. 归拔下裆部位。归拔时先给裤片喷上水，熨斗从后缝腰口下起，以挺缝线为界，按箭头方向作S形伸拔，烫至中裆线下为止。其中程序包括：拔开臀部，归缩后缝斜线，形成臀部丝绺推进移位；拔开下裆缝中部，归缩横裆线下的挺缝线，形成中裆部位丝绺推出移位，从而使下裆缝成近似直线。

为了利用上述移位定型现象来达到定型目的，需往返多次，甚至使下裆缝呈微胖形，还原后成直线。同时后窿门横丝要拔开，后窿门下 10 cm 处宜归缩，不使后窿门角翘上(图 2.4.15)。

B. 归拔侧缝部位。如图 2.4.16 所示，熨斗从侧缝腰口下起，以挺缝线为界，按箭头方向作S

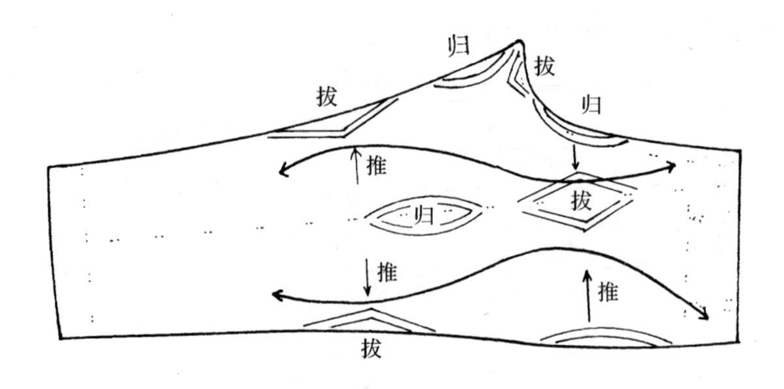

图 2.4.14　归拔裤片

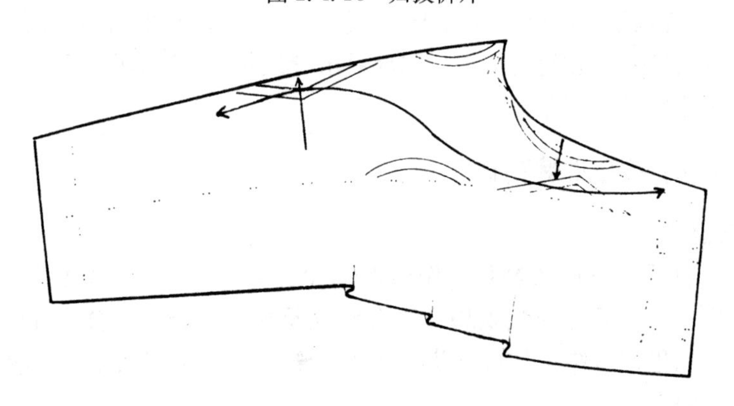

图 2.4.15　归拔下裆部位

形伸拔，烫至中裆线下为止。程序包括：拔开臀部，归缩臀部侧缝线，形成臀部丝绺推进移位；拔开侧缝中裆处，归缩横裆线下的挺缝线，形成中裆部位丝绺推出移位，使侧缝成近似直线。

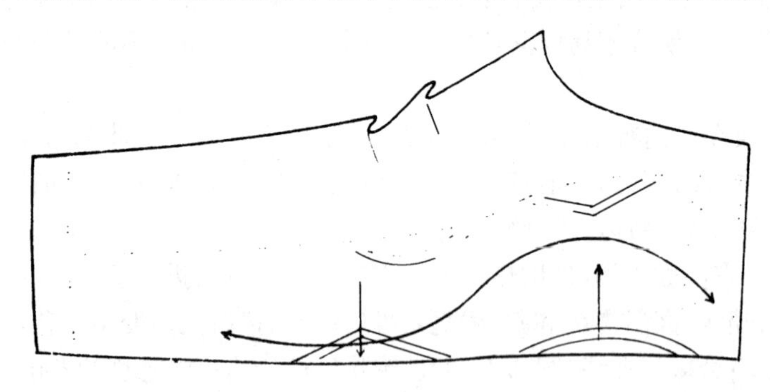

图 2.4.16　归拔侧缝部位

同样，为了利用移位变型现象达到不变形目的，上述过程需往返多次，可将侧缝烫至呈微胖形，这样还原后即成直线。

C. 复烫定型。先将裤片正面对折叠合，观察下裆缝与侧缝是否一致，后挺缝线是否与人体臀部形状相似，后裤片左右折叠后是否平整无褶皱。如有差异，可按 A、B 步骤复烫裤片直至其符合要求，再将裤片翻转呈反面叠合后，盖水布熨烫，将后挺缝线烫定型(图 2.4.17)。

前裤片的归拔定型工艺内容与后裤片基本相同，但有如下不同之处：

A. 当遇到前脚口呈凹形时，脚口贴边外口要拔开，同时将丝绺由内向外推出(图2.4.18)。

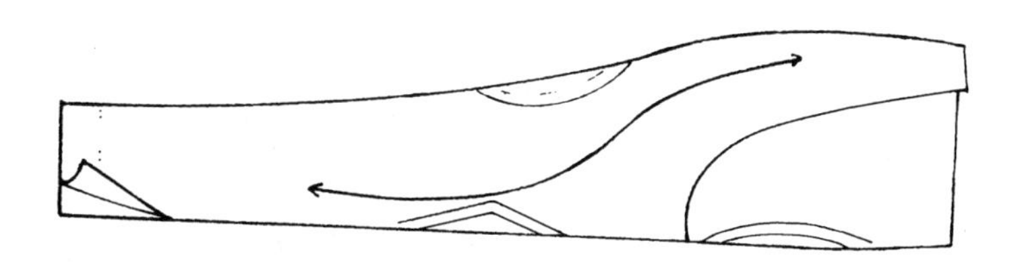

图 2.4.17　复烫定型

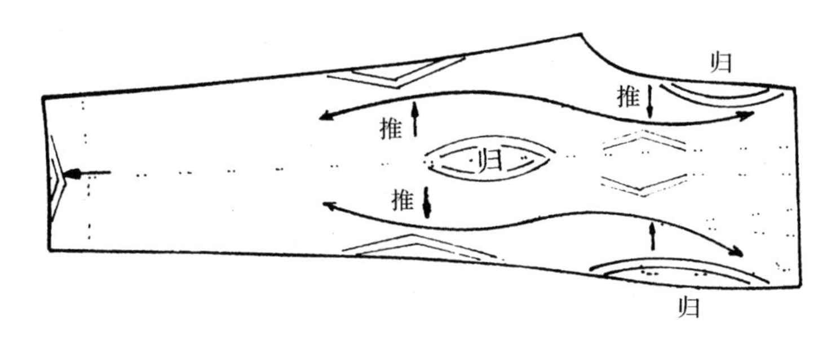

图 2.4.18　归拔前裤片脚口

B. 其归拔程度上明显小于后裤片，前挺缝线的弯曲度也明显较小(图 2.4.19)。

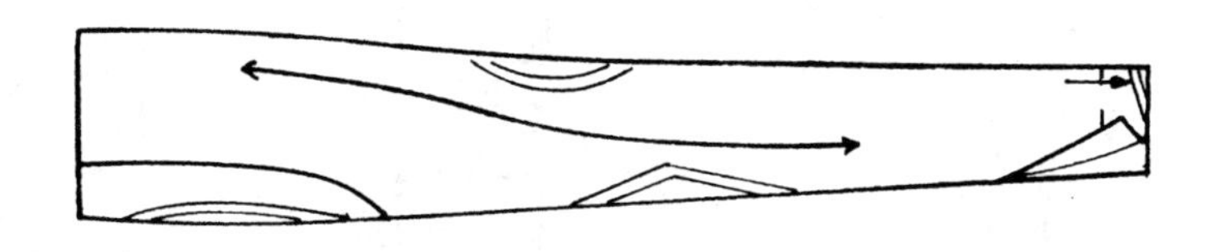

图 2.4.19　归拔前裤片

(4) 做门襟、里襟、袋布、裤带襻、袋盖等。

A. 做门襟。门襟衬用白漂布，或用黏合衬贴在反面。装拉链之前，必须将拉链边缘的码带拔长烫弯。缉拉链时需注意：拉链头应朝下放置；拉链应旋置在门襟下口 2 cm 处，使拉链码带正好与门襟边缘相齐；缉时拉链上口离门襟边缘进 0.7 cm，距门襟上口 1 cm，由下而上或由上而下将拉链里口码带缉牢(图 2.4.20)。

B. 做里襟(图 2.4.21)。里襟衬同门襟一样，夹里用斜料羽纱，按里襟面子宽度放出 1.5 cm，下端长度放出 6 cm 用作小裆垫，并与里襟黏合。

把里子向衬头方向扣倒 1.5 cm，烫平，下端弯势处打上刀眼，然后与里襟面子正面叠合在外口缝缉 0.7 cm 处。

在里襟上口剪小刀眼(不可剪断缝缉线，以防脱线毛出)，把里襟毛缝扣倒翻出，里襟下口也顺势扣光，随即盖水布烫平。

C. 做侧缝袋布。先在前袋口处拉牵带，后在后袋口外装袋垫，袋垫距后袋口 0.7 cm。袋垫拷边线缉线与袋布缉牢，并将袋布正面叠合(前后袋口相距 1.5 cm)，最后缉袋底及把袋布翻出压缉止口。这些操作内容均与做女裤左袋布相同(图 2.4.22)。

D. 做表袋布。在表袋布上先缉上本色袋垫，然后按图示将袋布对折，在袋布边沿缉 0.7 cm缝份(图 2.4.23)。

E. 做后袋布。在后袋布上，距袋布下 6 cm 装后袋垫，并按袋垫拷边线缉线。

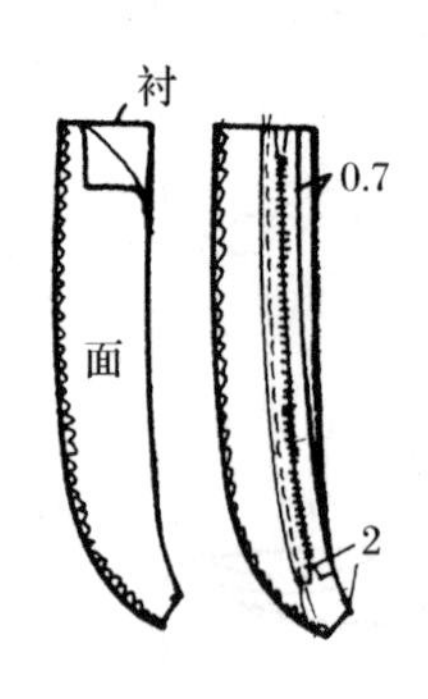

图 2.4.20　绱拉链

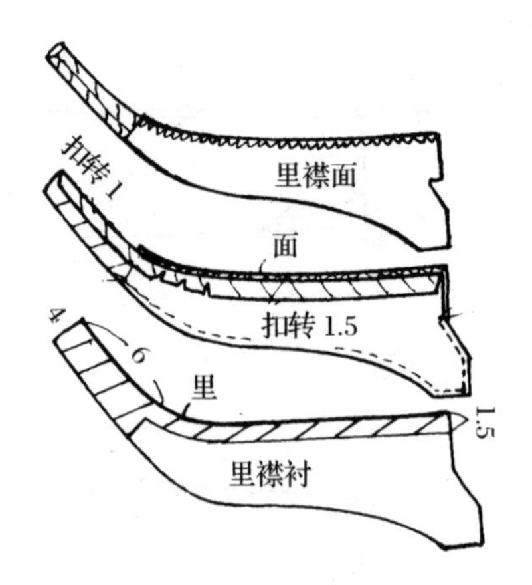

图 2.4.21　做里襟

F. 做后袋盖。后袋盖放在下面，后袋夹里放在上面，正面叠合沿外口绱 0.7 cm 缝头。绱时要注意里外均匀，里子以小 0.3 cm 为宜。最后，扣倒毛缝翻出袋盖后，盖水布烫平（图 2.4.24）。

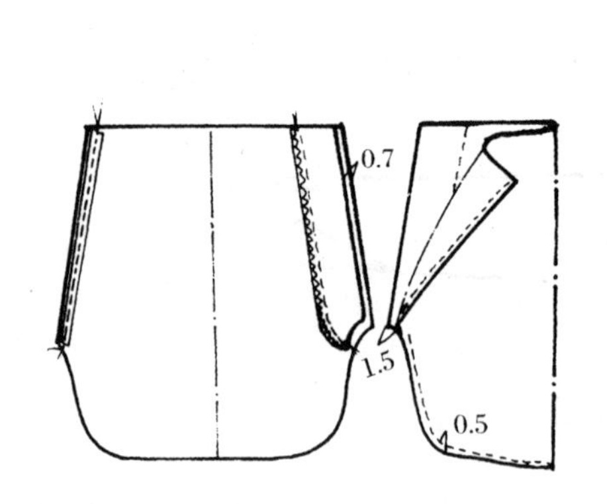

图 2.4.22　做侧缝袋布

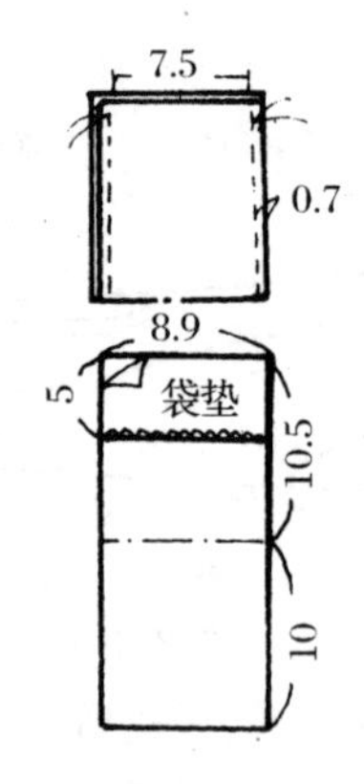

图 2.4.23　做表袋布

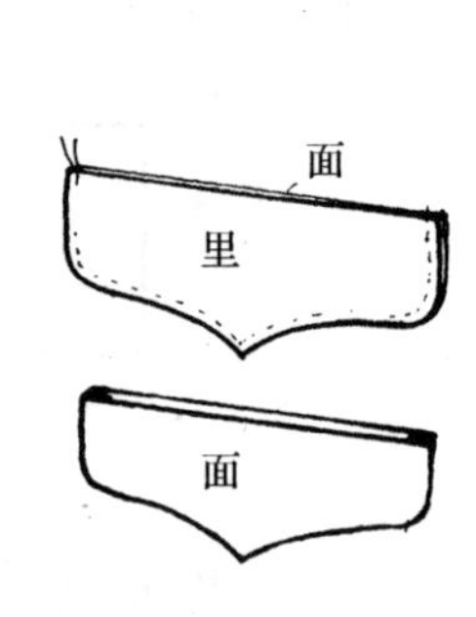

图 2.4.24　做后袋盖

G. 做裤带襻。将裤带襻毛缝对折，绱 0.8 cm 宽，修剪毛边缝头为 0.3～0.4 cm，用熨斗分开并烫平毛边缝头，用镊子、铁丝钩或粗线把裤带襻翻出烫平（图 2.4.25）。

（5）做腰及装四件扣。

A. 将腰面与腰里正面叠合，把腰衬放在腰面上，按图示重叠 1.5 cm 并在重叠部分中间绱线（图 2.4.26①）。

B. 将腰面按衬头、腰里按绱线扣倒（这时腰上口的面与里相距为 0.8 cm 左右），并按腰面将腰衬修齐（图 2.4.26②）。

C. 用腰里下口包住腰衬，并用少许糨糊黏住。分别在里襟处装四件扣中的裤襻，门襟处装裤钩。组装时需在腰面内预放衬垫布，位置在门襟翻折线内 1 cm 处（图 2.4.26③～⑤）。

（6）收后省和烫后省。绱后省方法与女裤相同。烫后省时，要使省尖圆润均匀，熨斗一定要由省尖朝腰口方向推，否则容易将省缝烫呈不平状（图 2.4.27）。

（7）开后袋。

A. 将袋布按袋口线上 2 cm、左右两边预留 2 cm，用扎线或少许糨糊固定。固定时袋布横丝要放松，并注意袋布方向不能搞错（图 2.4.28）。

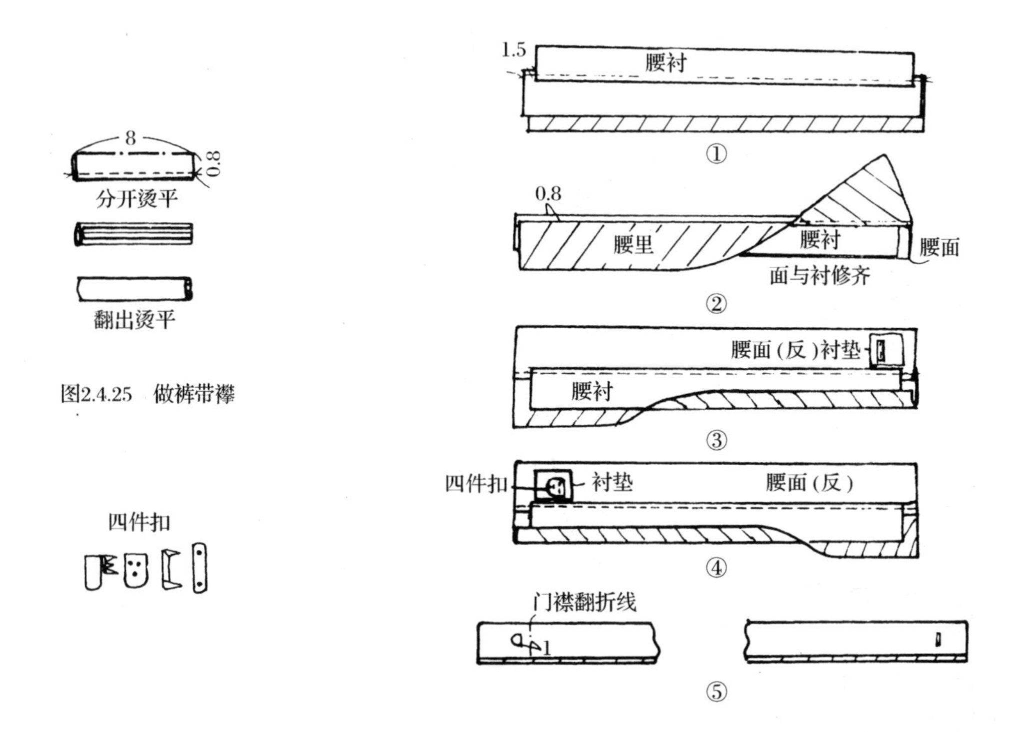

图2.4.25　做裤带襻

图 2.4.26　做腰和装四件扣

B. 在裤片正面按袋位线钉先缉袋盖（袋盖不宜缉紧），后缉袋口嵌线，嵌线上如敷有牵带要一起缉牢，袋角两边丝绺要直并打回针，缉线间距为 0.8 cm。然后，把袋口剪开，两端剪成三角形（不能剪断缉线），防止袋角毛出（图 2.4.29）。

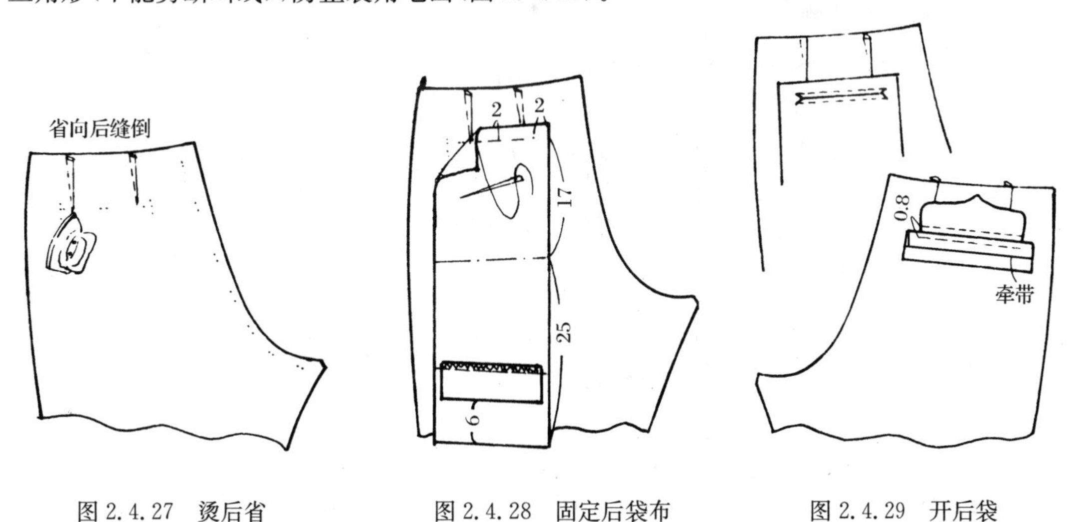

图 2.4.27　烫后省　　图 2.4.28　固定后袋布　　图 2.4.29　开后袋

C. 把袋口嵌线分开，嵌线按 0.8 cm 宽度扎线或熨斗烫煞，并在正面缉漏落针或反面缉暗针。随即将大身翻转，把嵌线下口与袋布缉牢，并将袋布正面叠合缝缉后袋底（图 2.4.30）。

封袋口也有明、暗两种方法：

暗封口　将大身掀起，将袋盖、袋角内缝与袋垫、袋布一起缉牢。袋口封口要缉 5 道（图 2.4.31①）

明封口　直接在正面沿袋角、袋口边沿缉线。（图2.4.31 ②）

无论采用哪一种方法，封口后还需将翻出的袋布沿边缘缉 0.8 cm 止口，并在腰口处与袋布一起缉牢(图 2.4.31②)。

(8) 装表袋。在右前裤片上，将前褶裥缉好或用扎线扎牢(表袋距侧缝 1.5 cm，表袋宽 7.5 cm)，再将里层袋布与前裤片叠合缉 0.7 cm(两头要打回针，剪刀眼不超过缉线)，把表袋向内翻折后，沿腰口正面缉 0.1 cm 狭止口线(图 2.4.32)。

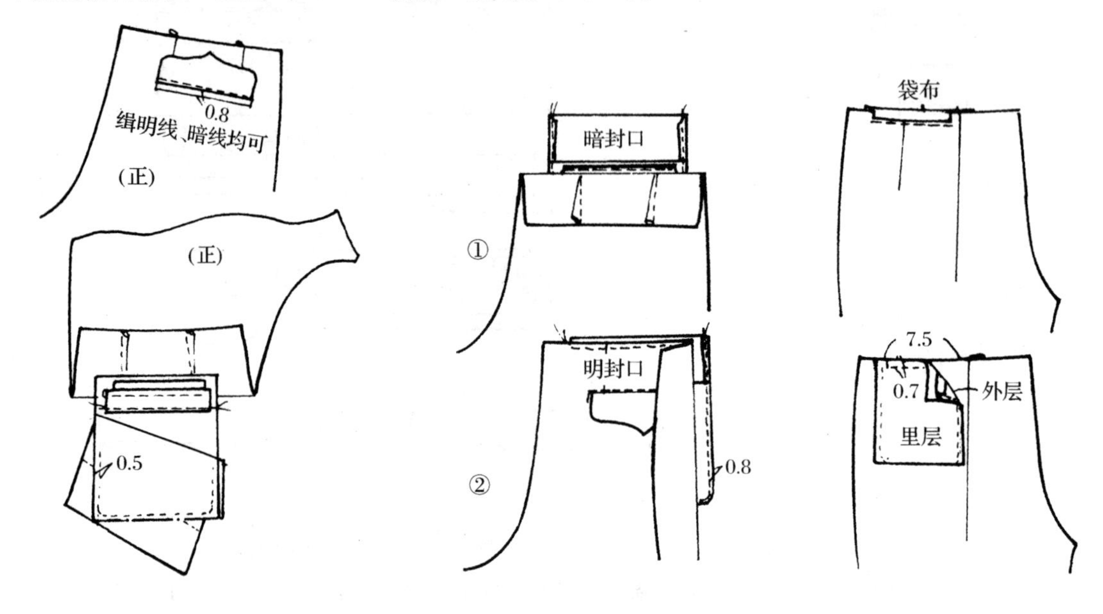

图 2.4.30　缉袋口嵌线　　图 2.4.31　封袋口　　图 2.4.32　装表袋

(9) 缝合侧缝及装侧缝袋(图 2.4.33)。

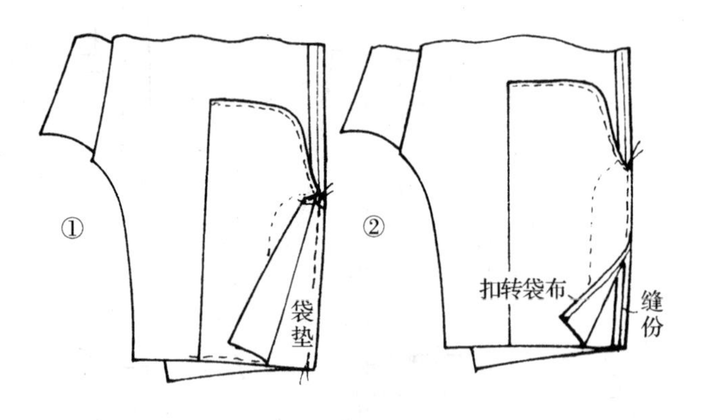

图 2.4.33　装侧缝袋

A. 缝合侧缝的方法与女裤相同。由于毛料质地松软，缉缝时除了要求缉线顺直，不能有弯曲、松紧现象外，要特别注意归拔部位的内容与作用。袋口高低要按线钉标记缉，然后将侧缝分开烫平。

装侧缝袋布时，前部分袋布与前袋口组合及缉袋口止口程序及方法相同。

B. 缝合后身侧缝与袋垫。应注意不能将臀部侧缝拉还，缝缉线与侧缝线相接要吻合(图 2.4.33①)

C. 把袋垫与侧缝分开烫平，将袋布扣转，在拷边线边缘缉牢后裤片缝份(图 2.4.33②)。

D. 在裤片正面将上、下封口缉牢。封口内容与女裤左袋相同。

(10) 缝合与分烫下裆缝。缝合下裆缝时，将前后片下裆缝摆齐缉 1 cm 的缝头。缉缝要顺直并注意归拔部位的内容。分烫缝头时要把臀部推出，然后烫好脚口贴边，画出贴脚后跟部位(图 2.4.34)。

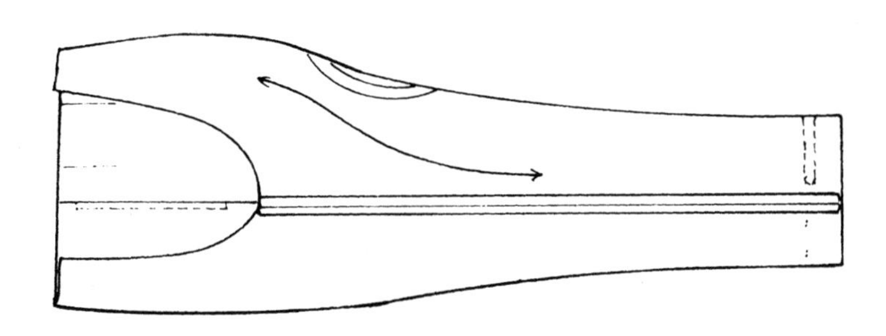

图 2.4.34 缝合、分烫下裆缝

(11) 缝合前、后裆缝。缉前后裆缝时先要校正腰围规格，缝合时前裆缝不超过 5 cm，缉线要顺直。为了后裆缝具有一定的牢度，可缉双线，或者手工在后缝凹势处用粗丝线倒钩针缝一道(图 2.4.35)。

(12) 装门襟、里襟及缉小裆垫。

A. 门襟贴边距前裆缝 4 cm，沿门襟边沿缉 0.7 cm 缝份(图 2.4.36①)。再把门襟贴边翻折烫平后，先将拉链与里襟缉线固定，然后按图示由下而上缉明线(或者缉暗线)，将里襟缝合在大身上。装拉链时，需采用特制的窄压脚，或采用由上而下的缉线方法(图 2.4.36②)。

B. 在裤子反面把前裆缝分开，将小裆垫沿前裆缝边沿缉牢(图 2.4.36③)。

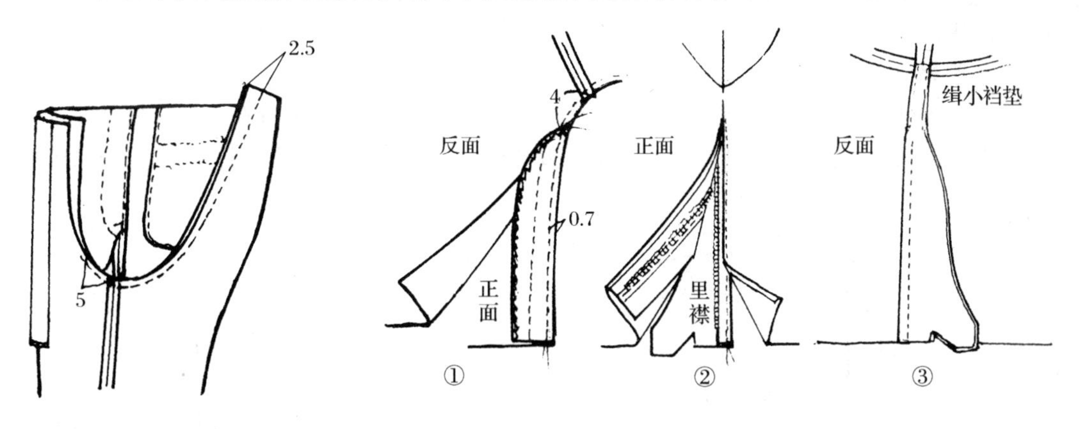

图 2.4.35 缝合前、后裆缝

图 2.4.36 装门襟、里襟及缉小裆垫

(13) 装腰及裤带襻。

A. 把腰面按规格对接并做好对裆标记线。装腰时将门襟翻出，腰面伸出 1 cm(翻折缝头)，正面叠合后缉 0.7 cm 缝份。凡缉至前褶裥、侧缝、后缝及侧缝与后缝中间处，应将裤带襻塞进腰面内一起缝牢(图 2.4.37)。

B. 将腰面按图 2.4.38 所示翻折门襟贴边，在腰上口横缉一道线为封前门襟腰口。同时，在里襟处将腰里按腰上口翻折，沿里襟边沿竖缉一道线为封里襟腰口(图 2.4.38)。

(14) 缉门襟、腰面止口，钉裤带襻。

A. 缉门襟时从前裆封口下 1 cm 始，沿着门襟贴边由下而上缉 3.5 cm 止口，再在前裆封口处缉 4～5 道封口线。

B. 门襟缉好后，将门襟、里襟腰口翻转烫平，沿着腰下口缉漏落针。缉时不能把腰面缉牢，应紧靠腰面下口缉线，同时把腰里拉紧以保持腰面平服。

C. 钉裤带襻时，先将腰下口 1 cm 处来回缉 4～5 道，接着把裤带襻翻上折转，在离腰口 0.5 cm处缉明线封口(图 2.4.39)。

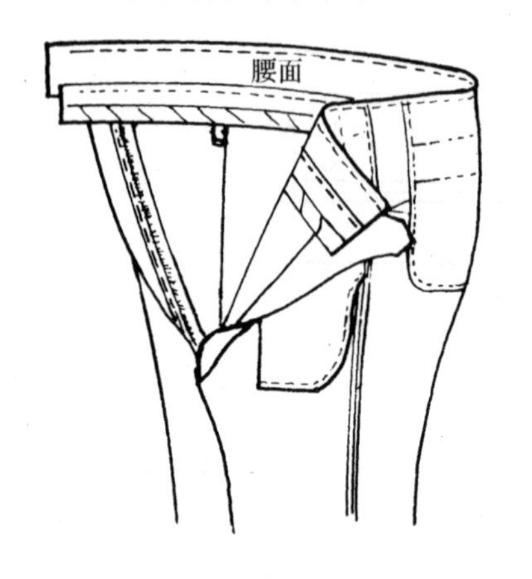

图 2.4.37 装腰(一)

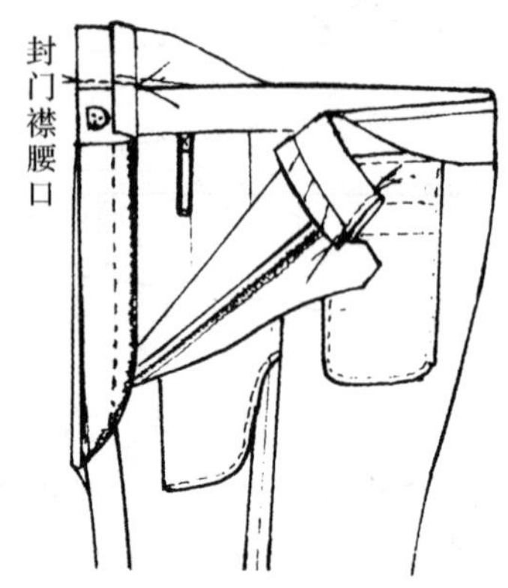

图 2.4.38 装腰(二)

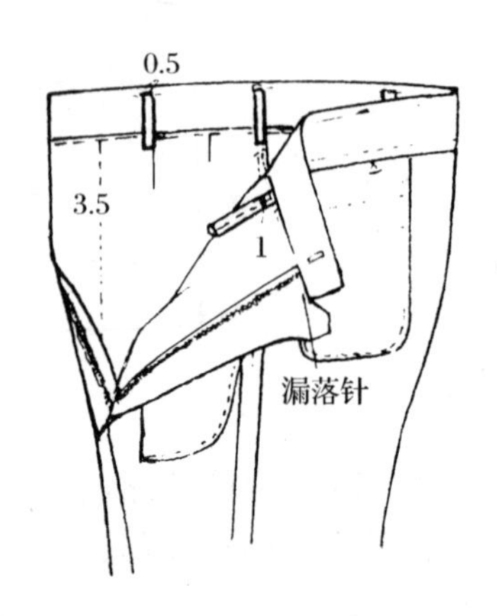

图 2.4.39 钉裤带襻

(15) 缲脚口贴边，锁眼，钉扣。

A. 缲脚口贴边前，先把脚口贴边翻上用扎线固定好，使贴脚后跟贴边露出 0.1 cm。然后，用三角针或缲针缲边。

B. 锁眼、钉扣部位在里襟箭头、后袋盖两处。钉扣时应与纽眼对齐，纽扣要绕脚，绕脚高低根据面料厚度而定。

(16) 整烫。

A. 把裤子反面的分开缝，喷水分开烫平，后缝、侧袋、褶裥等部位可在铁凳上熨烫平服。

B. 把裤子下裆缝和侧缝对齐摆平，盖水布先烫平一只脚管，再翻过身烫平另一只脚管。熨烫要求与女裤相同(图 2.4.40)。

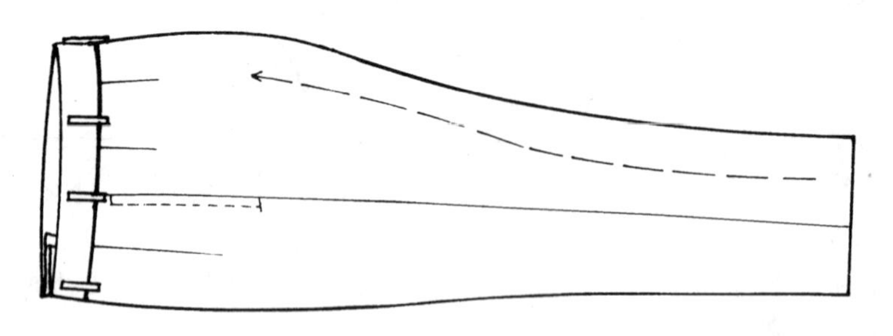

图 2.4.40 整 烫

3. 质量要求

(1) 规格尺寸正确无误，外形整洁美观，缉线顺直。

(2) 腰面方正无链形，裤带襻左右对称。

(3) 门襟、里襟拉链不露底，侧袋封口左右一致。

(4) 熨烫后无污渍、无极光、无线头。

(5) 没有双轨出线，后窿门钩针针脚整齐，用力拉伸时不断线；前小裆垫平服。

习　　题

1. 为什么要打线钉？打线钉时应注意哪些方面？
2. 裤片的归拔起什么作用？哪些部位需要归拔？写出归拔的步骤。
3. 开后袋时应注意哪些方面？
4. 装拉链时应注意哪几点？
5. 怎样装好腰口？压缉腰时应注意什么？

第三章　女衬衫制图

第一节　女衬衫制图基本知识

女衬衫属于内衣品种，它具有保护和修饰人体等作用。学习女衬衫结构制图，最好从了解女衬衫的穿着状况和女衬衫的平面展开特点开始。

从女衬衫穿着状况剖视图中可以看到：上衣具有前贴胸、后贴背，肩线紧贴人体为着力点，胸背以下呈空荡不合体状（图 3.1.1）。

后背突出的肩胛骨形成肩省，前胸隆起的乳房形成胸省。它们是平面的布覆盖在凹凸不平的人体上，合体时产生褶皱和采用省略及缝去褶皱的内容，简称为省缝（图 3.1.2）。省缝是可以转换的，如肩部的省称为肩省，腋部的省称为腋省，腰部的省称为腰省。除了省缝外，还存在着领口、袖窿及肩斜、摆缝、底边起翘等形态与体型的关系。总之，人的体型是塑造服装外形的依据。在考虑满足人体活动需要的前提下制定的有关领口、肩部、袖窿及袖子结构形状及基本公式内容，需要牢牢掌握。女衬衫结构部位线条名称见图 3.1.3。

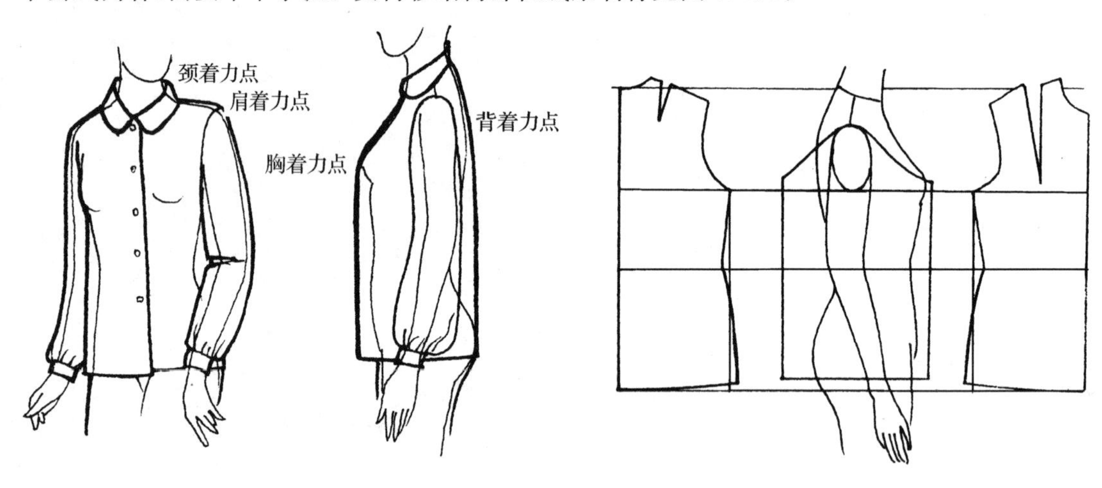

图 3.1.1　女衬衫穿着状况剖视图　　　图 3.1.2　省缝的产生

在测量上衣中，衣长和袖长是长度部位数据，肩阔为横度部位数据，领围、胸围、臀围是围度部位数据。其中胸围为主要计算数据，它将包括衬衫与人体的间隙和人体活动所需放松量等内容。下面以女衬衫的量体与加放内容说明如下：

衣长　颈侧点量至手腕（不超过手腕下 2 cm）。

袖长　肩骨端点量至手腕。短袖至肘关节上 8 cm 左右。

颈围　颈中部围量一周加放 2 cm。

胸围　胸围丰满处围量一周，其中贴体造型胸围加放 4～10 cm，较合体造型胸围加放

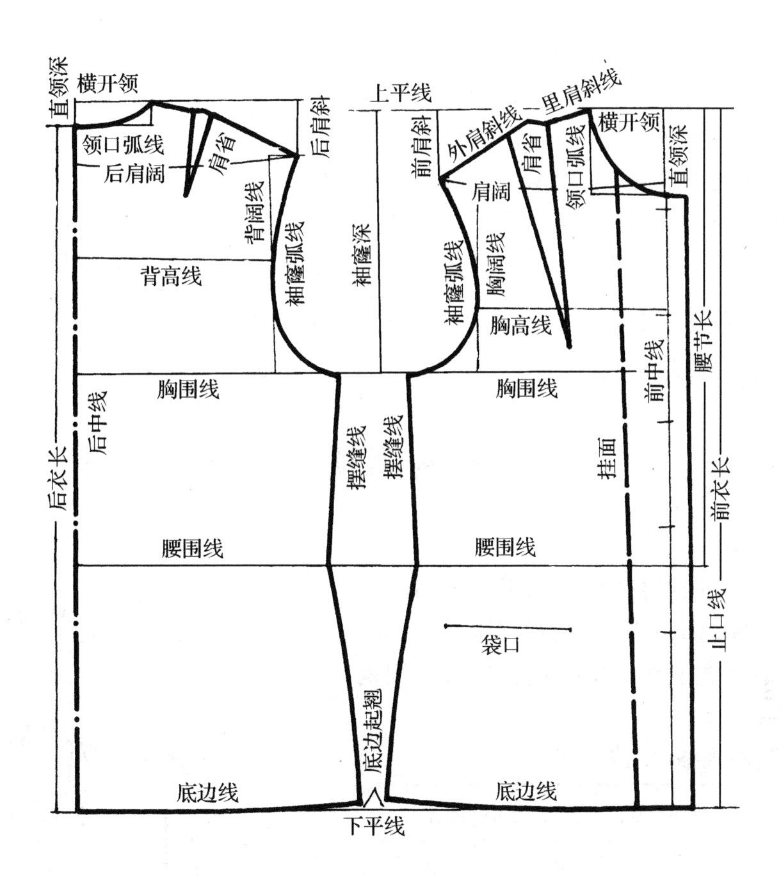

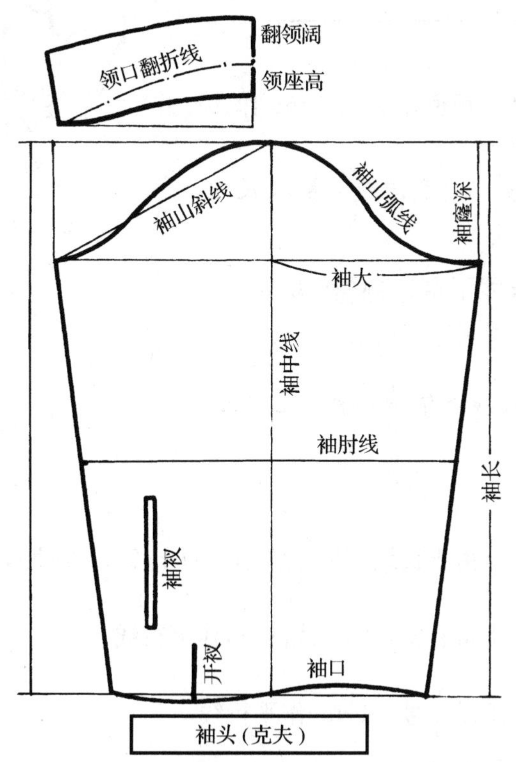

图 3.1.3 女衬衫结构部位线条名称

10～16 cm，松身造型胸围加放 16 cm 以上。

臀围　臀围丰满处围量一周，可按胸围放松量×0.8 进行加放。

肩阔　左、右肩骨两端点的长度。

松值　是原袖系松量的计算数值，专用于计算袖窿弧长，如内衣松值取 2 cm 时，其袖窿弧长为该成品胸围的 46%（无后缝、后腰省）；凡有后缝、后腰省款式，占胸围的 47%。

体型　是采用简易分数来表达各种体型的专用数据，其中分子表示背厚状况，分母表示挺胸状况。如$\frac{1}{2}$表示正常平胸体，$\frac{1}{3}$为标准体，$\frac{0.7}{2}$为薄背平胸体。其中，体型与服装合体的省量关系，我们将在实例应用中详细说明。

第二节　直省两用领长袖衬衫制图

1. 款型特点

直省两用领长袖衬衫的外形见图 3.2.1。其款型特点为：开闭两用尖翻领；门襟锁眼 5 粒；前、后片收肩省；曲腰宽下摆；前片开袋；袖口收细裥装袖头（克夫）。

图 3.2.1　直省两用领长袖衬衫外形

2. 净缝制图规格（单位：cm）

号/型	衣长	胸围	肩阔	领围	袖长	松值	体型
165/82	64	96	39	37	56	2	1/3

3. 前衣片制图（图 3.2.2）

底边线（下平线）①　预留贴边 2.5 cm，作纬向直线。

衣长线（上平线）②　由底边线上量衣长规格，平行于底边线。

直领深③　由衣长线下量$\frac{2}{10}$领围－0.3 cm，作平行线。

肩斜线④　由衣长线下量$\frac{1}{20}$胸围＋2.3 cm（$\frac{1}{2}$省量），作平行线。

胸围线（袖窿深）⑤　由衣长线下量$\frac{2}{10}$胸围＋6 cm（2 cm 松值），作平行线。

胸高线⑥　胸围线上量肩斜至胸围线的$\frac{1}{3}$，作平行线。

腰节线⑦　衣长线下量$\frac{1}{4}$号－1 cm，作平行线。

底边起翘⑧　底边线上量 1 cm。

止口线⑨　距布边 6 cm，作经向直线。

叠门线(前中线)⑩　止口线量进 1.7 cm,平行于止口线。

横领大⑪　由前中线量进$\frac{2}{10}$领围−0.6 cm,作平行线与直领深线相交。

前肩阔⑫　由前中线量进$\frac{1}{2}$肩阔+2 cm,作平行线与肩斜线相交。相交点为肩斜点。

前胸阔⑬　由前中线量进$\frac{1.5}{10}$胸围+3.5 cm,作平行线与胸高线相交。

胸围大⑭　由前中线量进$\frac{1}{4}$胸围+0.5 cm,作平行线交于底边线。

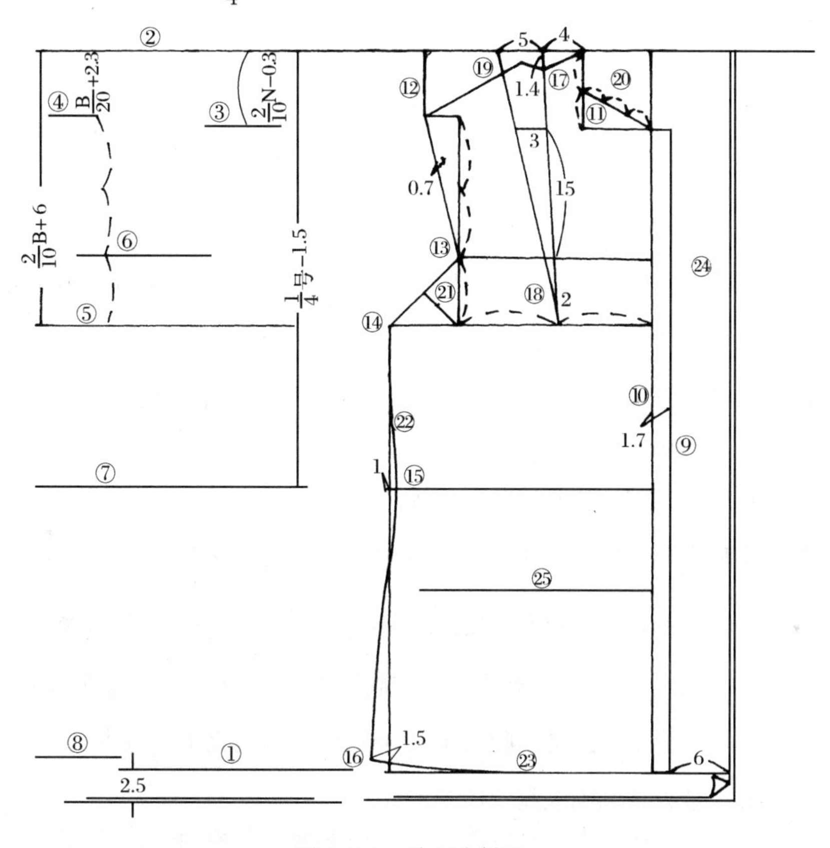

图 3.2.2　前衣片制图

腰围大⑮　在腰节处按胸围大直线量进 1 cm。

下摆大⑯　在底边处按胸围大直线放出 1.5 cm 与底边起翘相交。

肩省位⑰　距横开领 4 cm。向下 1.4 cm 为里肩省位,按胸围线上量 2 cm,距前中线 9 cm。

肩省止点⑱　先连接里肩省缝线,并按图示取 15 : 3 为省大,作外肩省缝,使外肩省缝等于里肩省缝。

肩缝线⑲　横领大与里肩省点相连的直线为里肩缝线,外肩省点与肩斜点相连的直线为外肩缝线。

领口弧线⑳　先取$\frac{1}{2}$直领深作与直领深点的辅助线,再取横领大作与辅助线$\frac{1}{3}$处的连线(连线至夹角的中点)。连接各点,弧线画顺。

袖窿弧线㉑　由肩斜点至胸高点作线并凹进 0.7 cm 取点;在胸高点至胸围大连线的$\frac{1}{2}$处

作对角线，取对角线的中点。连接各点，弧线画顺。

摆缝线㉒　作胸围大至腰围大、腰围至下摆大的直线，至中段凸出 0.3 cm 取点，弧线画顺。

底边线㉓　由$\frac{1}{2}$摆大处向底边起翘，弧线画顺。

扣位㉔　第一扣位在直领深下 1.4 cm，下扣位可设于腰节线下 8 cm 处，其余 3 个扣位按四等份排列。扣眼距止口线为 1.4 cm。

袋位㉕　距前中线$\frac{1}{10}$胸围－0.7 cm，高度同扣位。袋大为$\frac{1}{10}$胸围＋3.5 cm。

4. 后衣片制图(图 3.2.3)

底边线①　预留 2.5 cm 贴边，作纬向直线。

衣长线②　从底边线上量衣长规格－3 cm，平行于底边线。

直领深(上平线)③　衣长线上量 2.5 cm，作平行线(即上平线)。

肩斜线④　上平线下量$\frac{1}{20}$胸围－0.5 cm，或以横领大点取 15∶5.2＝19°，作后肩斜线。

胸围线(袖窿深)⑤　由衣长线下量$\frac{2}{10}$胸围＋3 cm(2 cm 松值，1 cm 后体型数)，作平行线。

背高线⑥　由胸围线上量，取肩斜至胸围线的中点，作平行线。

腰节线⑦　衣长线下量$\frac{1}{4}$号－3.5 cm，或按前腰节延长，作平行线。

底边起翘⑧　底边线上量 1 cm。

后中线⑨　取织物经向(门幅)的对折直线。

横领大⑩　由后中线量进$\frac{2}{10}$领围－0.3 cm，作平行线与直领深线相接。

肩阔线⑪　由后中线量进$\frac{1}{2}$肩阔＋1 cm，作平行线与肩斜线相交，为肩阔点。

背阔线⑫　按肩阔点量进 2 cm，作平行线与胸围线相交(无肩省时量进 1.5 cm)。

胸围大直线⑬　由后中线量进$\frac{1}{4}$胸围－0.5 cm，作平行线交于底边线。

腰围大⑭　在腰节处按胸围大直线量进 1 cm。

下摆大⑮　在底边处按胸围大直线放出 1.5 cm 与底边起翘相交。

肩省位⑯　距横开领 4 cm。省大为上平线上量 2 cm，实际 1.5 cm。

肩省止点⑰　里肩省位至背阔中点连线的$\frac{1}{2}$处。应分别连接肩省位，使外肩省缝等于里肩省缝。

领口弧线⑱　作横领大$\frac{1}{3}$的对角线，取对角线的中点。连接各点，弧线画顺。

肩缝线⑲　横领大与里肩省点的连直线为里肩缝线，外肩省点与肩斜点的连直线为外肩缝线。

袖窿弧线⑳　连接肩斜点至背阔点作直线并凹进 0.5 cm 取点；在背阔点至胸围大连线的$\frac{1}{2}$处作对角线，取对角线的中点。连接各点，弧线画顺。

摆缝线㉑　连接胸围大至腰围大；腰围至下摆大作直线，在中段凸出 0.3 cm 处作点，弧线画顺。

底边线㉒　由$\frac{1}{2}$摆大处向底边起翘，弧线画顺。

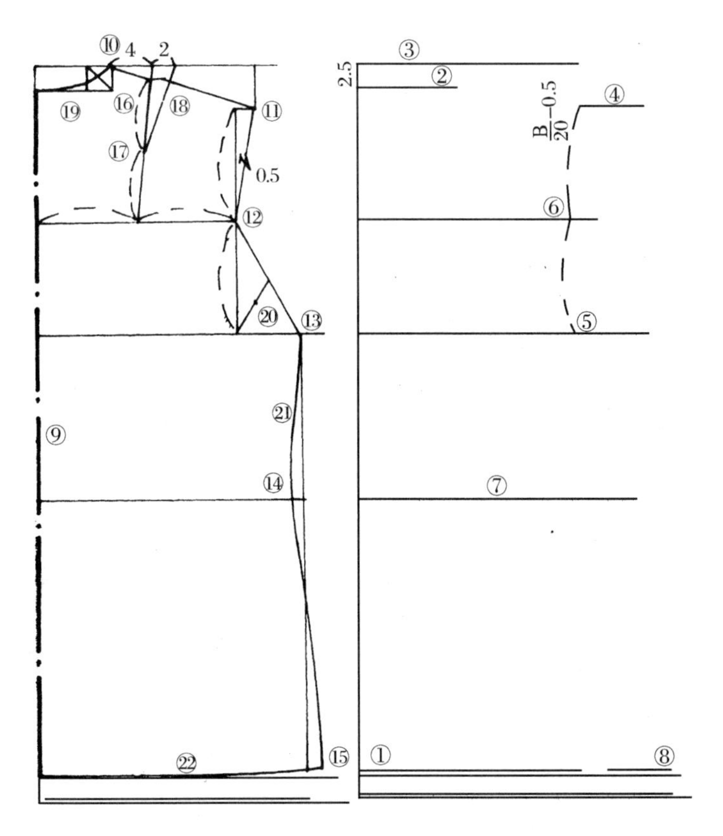

图 3.2.3　后衣片制图

5. 袖片制图(图 3.2.4)

袖口线①　预留 1.5 cm 缝份，作纬向直线。

袖长线②　由袖口线上量袖长规格－3 cm(克夫)，作平行线。

袖山深③　袖长线下量$\frac{1}{2}$袖窿弧长×0.6，作平行线为较合体袖的袖山深线。

袖中线④　垂直于袖长线，距布边约$\frac{2}{10}$胸围与袖口线相交。

前袖肥大⑤　袖山中点向前斜量前袖窿弧长－0.5 cm 长度，交袖山深线为前袖肥大点。

后袖肥大⑥　袖中点向后斜量后袖窿弧长＋0.5 cm 长度，交袖山深线为后袖肥大点。

袖口大⑦　先过前、后袖肥大点作垂线，为前、后袖肥大直线，然后按前、后袖肥大直线分别量进 5 cm，分别与前、后袖肥大点作连线。

袖山弧线⑧　先按图示取前袖山斜线的中点(凡袖山浅或胖体可取中点向外 0.5～1 cm)，再取前袖山上段凸出 1.3 cm(为袖山深的$\frac{1}{10}$)，取后袖山上段凸出 1.5 cm。其中，前、后袖底弧与前、后袖窿底弧线相似吻合为宜，连接各点，弧线画顺。

袖口线⑨　以前袖口大中点凹进 1 cm、后袖口大中点凸出 0.5 cm，连接各点画顺。

袖衩位⑩　后袖口大的$\frac{1}{2}$处。衩长 6 cm。

图 3.2.5 为省直两用领长袖衬衫制图的完整图样。

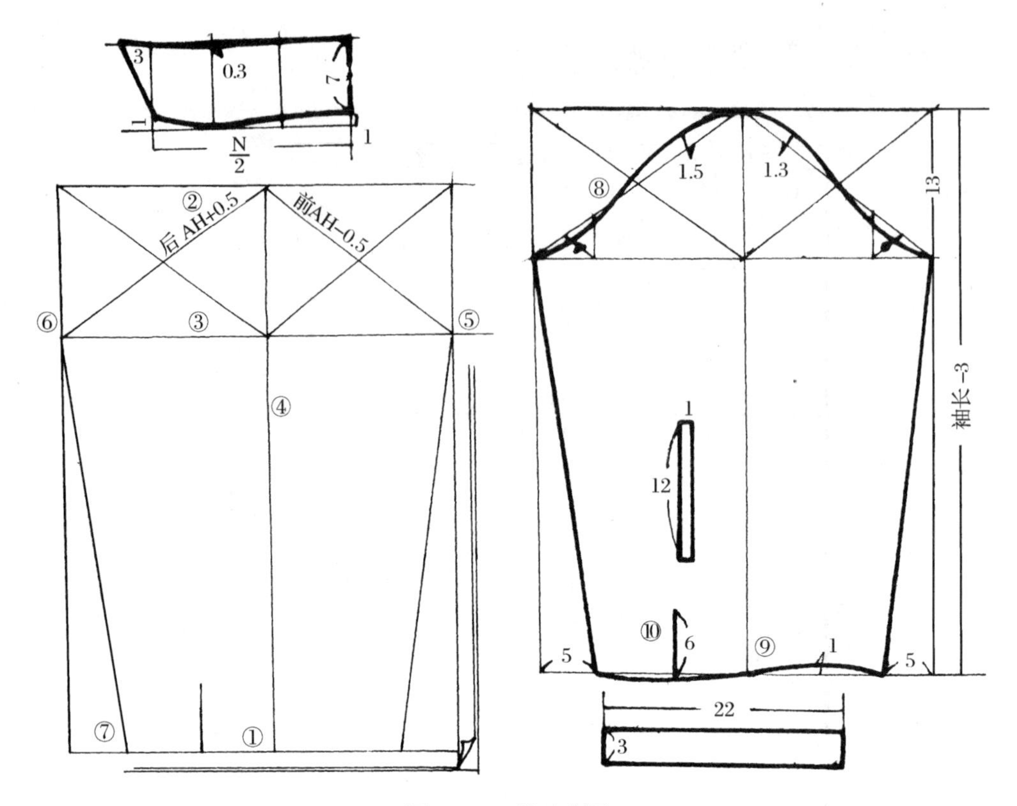

图 3.2.4 袖片制图

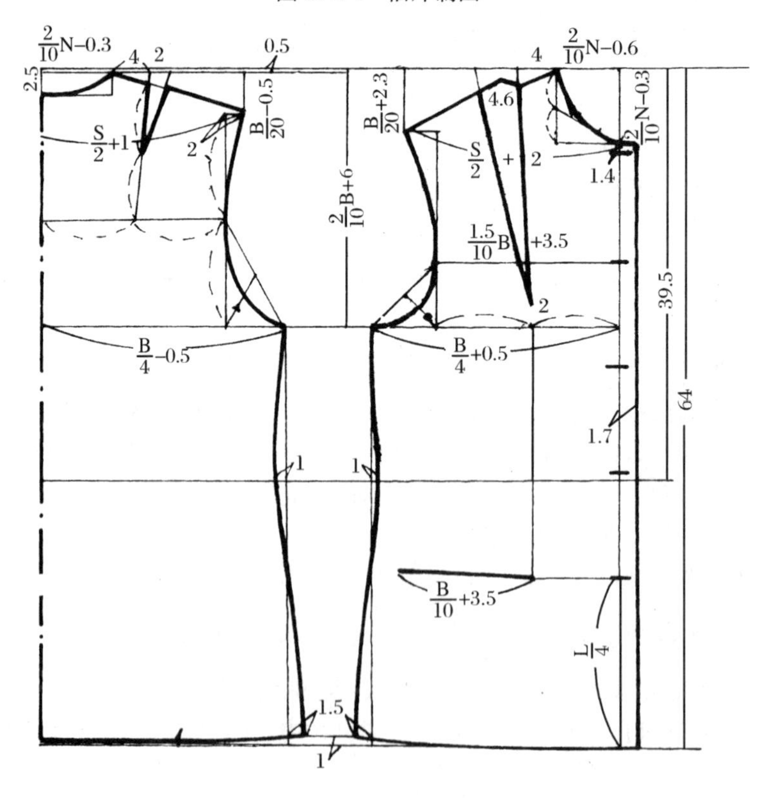

图 3.2.5 直省两用领长袖衬衫制图

6. 零部件制图

女衬衫零部件有领面、领里、克夫(袖头)、袖衩、嵌线、袋布等。

领面和领里　采用斜料。领里较领面四周窄 0.1 cm。领的形状可以任意变化。

克夫　采用直料,可取双层对折和单层分里、面两种配制法。

嵌线和袋垫　嵌线可采用直料或斜料。双嵌线袋用两层嵌线,单嵌线袋用一层嵌线。袋垫采用横料或直料,袋布用同色料时,袋垫可省略。袋垫的长短、宽窄同嵌线。

袋布　采用直料,袋口呈起翘状。

7. 放缝和排料(图 3.2.6)

内做缝　包括领口、领面、领里、袖口等。缝合在内层的缝份为 0.7 cm。

外做缝　包括肩缝、摆缝、袖窿、袖底缝等。锁边或分开缝为 1 cm。

贴边　包括前、后底边。放缝为 2.5 cm。

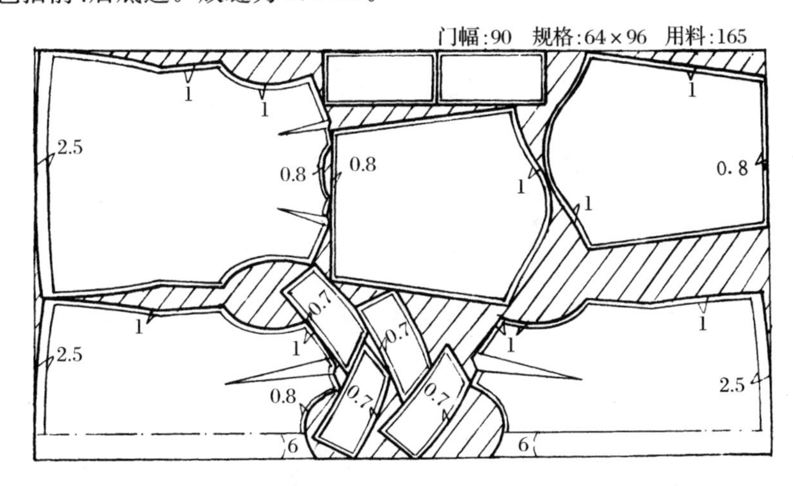

图 3.2.6　女衬衫排料图

习　　题

1. 女式服装为什么要收省?省缝是怎样产生的?
2. 测量衬衣时,需测量哪几个部位?
3. 女衬衫袖窿深公式由哪几个部分组成?
4. 在制图中怎样确定前、后肩省位及肩省止点?
5. 女衬衫的零部件有哪些?写出各部位用料的丝绺特点。
6. 对照制图顺序,归纳出女衬衫制图步骤中的三大内容。
7. 制大图 2 张、缩小图 1 张。
8. 写出女衬衫放缝的依据。

第三节　女衬衫的变化

一、合体横省关门领短袖衬衫

1. 款型特点

合体横省关门领短袖衬衫的外形如图 3.3.1 所示。其款型特点为:关门尖领;右襟开 5 只纽眼；合体收腰造型；前片收横省，后片无肩省；平袖口短袖。

2. 净缝制图规格（单位：cm）

号/型	衣长	胸围	肩阔	领围	袖长	松值	体型
165/82	64	92	38	35	20	2	1/3

3. 制图变化说明（图 3.3.2、图 3.3.3）

（1）关门领与两用领在穿着功能上明显不同，因此其制图也存在着明显差异。主要表现在领口形状不同和翻领下口起翘量不同两方面。

（2）横省可由直省变化而来，它是服装制图中经常应用的基本形式之一。凡合体横省基本型的袖窿深公式由$\frac{2}{10}$胸围＋2 cm 松值＋4 cm 总体型数组成，其横省量不宜过大，取 3 cm 为宜，余下的 1 cm 为归聚平衡内容，起到舒适、合体的作用。

（3）合体短袖造型，袖窿深为$\frac{1}{2}$袖窿弧长×0.65，袖口呈起翘状。但遇到柔软衣料时，袖口可呈直形状。

图 3.3.1　合体横省关门领短袖衬衫外形

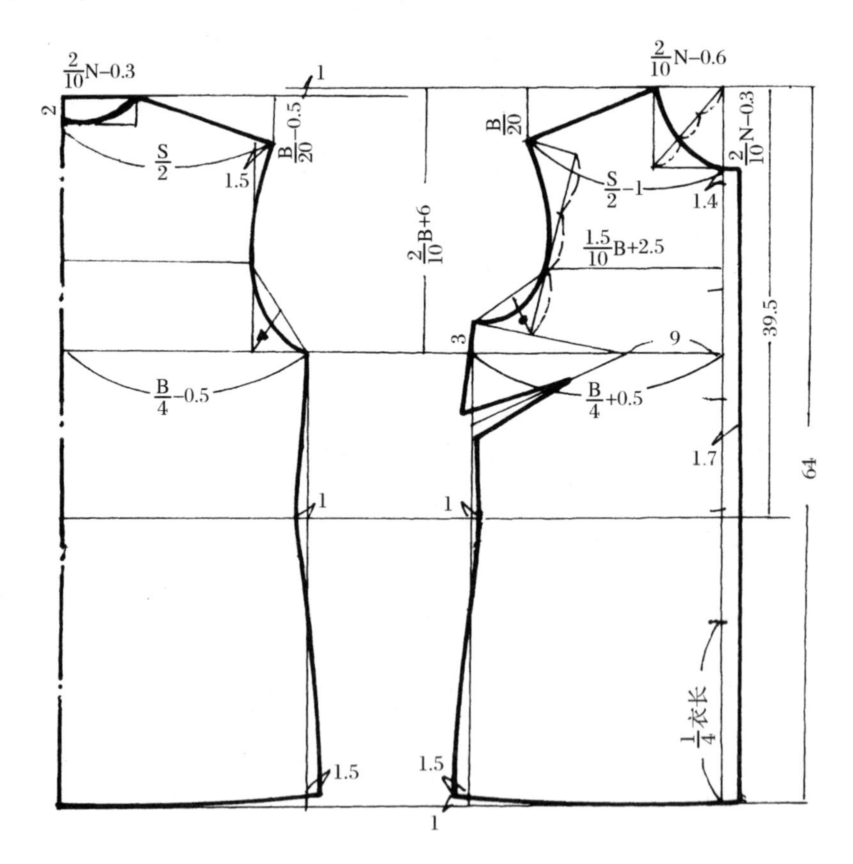

图 3.3.2　合体横省关门领短袖衬衫制图

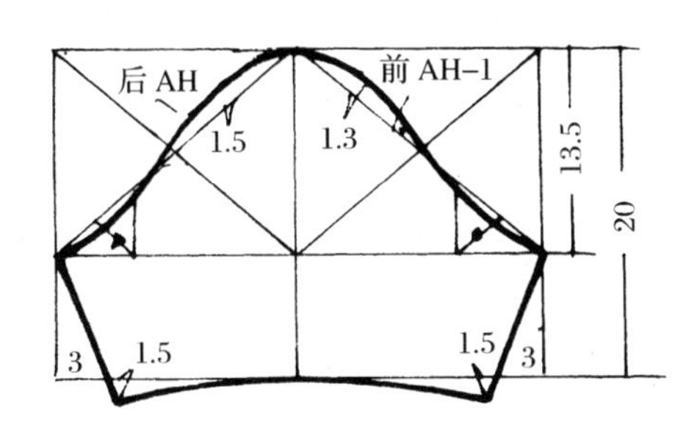

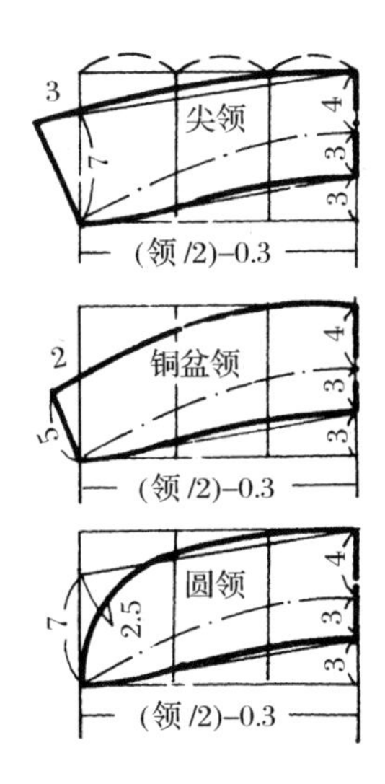

图 3.3.3　女式衬衫领制图

当袖山斜线公式为前袖窿弧长－1 cm、后袖窿弧长时，该袖山绢势较少，约占该袖窿弧长的3%。适合薄料及绢势量较小的款式。

(4) 领的形状在一定条件下是可以任意变化的。如尖领、铜盆领、圆领等，都是前领形状的变化形式。

二、较合体领褶式立领长袖衬衫

1. 款型特点

较合体领褶式立领长袖衬衫的外形如图 3.3.4 所示。其款型特点为：关门立领；前、后领口收细褶，起到装饰和合体的双重作用；右襟无叠门装布扣襻 7 只，左襟装里襟；火腿形长袖，袖口收细褶；装合体型阔克夫。

图 3.3.4　较合体领褶式立领长袖衬衫外形

2. 净缝制图规格(单位：cm)

号/型	衣长	胸围	肩阔	领围	袖长	松值	体型
165/82	64	96	39	37	54	2	1/3

3. 制图变化说明(图 3.3.5)

(1) 立领又称竖领，是根据其造型而命名的。在配制时应注意以下两点：A. 立领下口起翘量与穿着时立领的合体倾斜造型有关，从考虑穿着舒适性出发，立领的起翘量不宜超过 2 cm。B. 立领的底领口公式是针对立领穿着时避免较高领型产生不舒适感和测量方法上的特殊性来制定的。

(2) 前、后领部收细褶可以理解为在直省基础上的变化和修正的内容。图中采用展示图(即剪开领中部，折叠直省的方法)，有利于直观地了解省的移位及修正内容，如：前领口线画顺时需要削高补低、修整平顺；后领口省量移位量较小时，

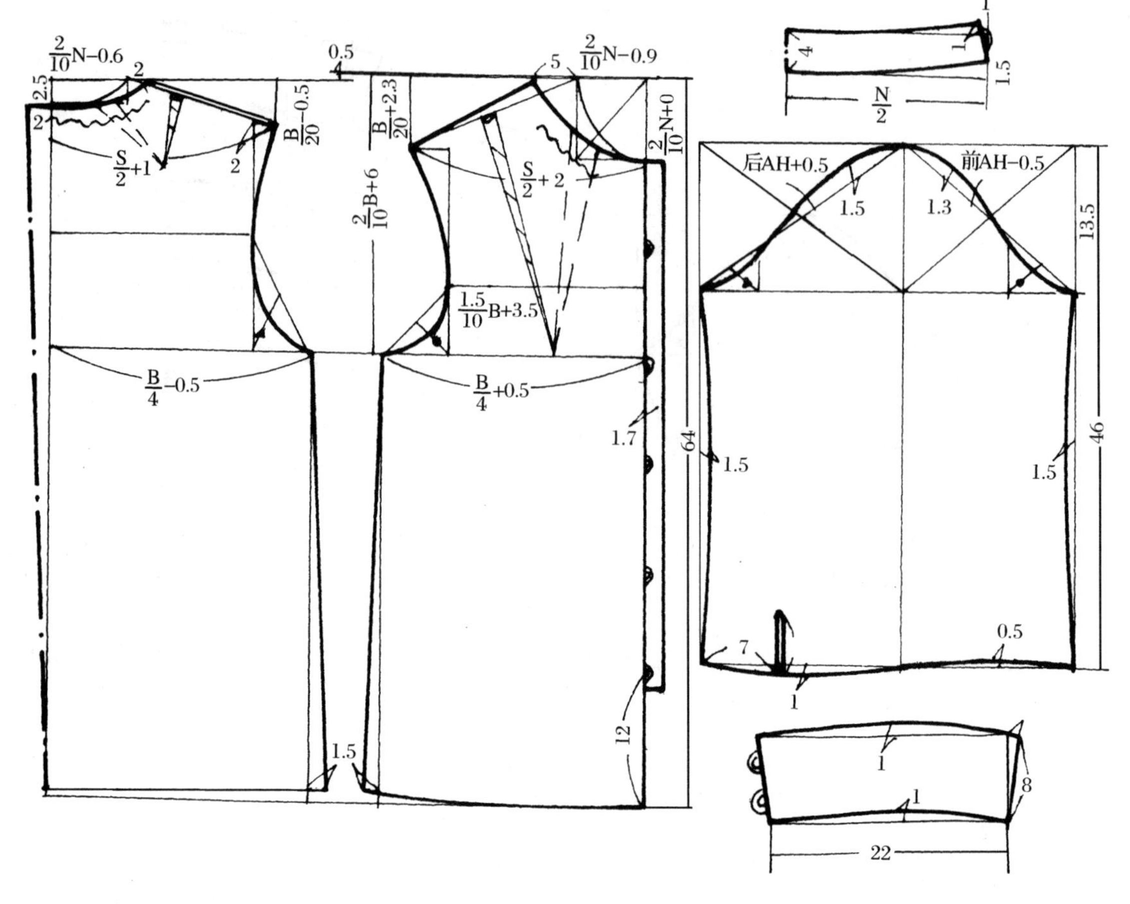

图 3.3.5　较合体领褶式立领长袖衬衫制图

可采取后中线向外倾斜 2 cm 等。这些都是收细褶中常用的修正技术。

(3) 无叠门布扣襻是指对襟款型中采用斜布料缝制而成的扣襻组合件。

(4) 火腿形袖即袖中部较小、袖口收裥成蓬松状袖。

(5) 合体型阔克夫是一种上口大、下口小，呈拱形的克夫。

三、较合体分割式登翻领中袖衬衫

1. 款型特点

较合体分割式登翻领中袖衬衫外形如图 3.3.6 所示。其款型特点为：领前后衣片分割组合成肩复司(过肩)，前衣片复司下收细褶；明门襟锁直纽眼 5 粒；袖为肘省中袖。

2. 净缝制图规格(单位：cm)

号/型	衣长	胸围	肩阔	领围	袖长	松值	体型
165/82	65	96	39	37	44	2	1/3

图 3.3.6　较合体分割式登翻领中袖衬衫外形

3. 制图变化说明(图 3.3.7)

(1) 此领型可看作是在立领基础上,增加翻领部分的变化形式。配制时,应从穿着舒适性出发,以前直开领加深为宜。

(2) 复司是前、后衣片分割后的组合形式,对于分割、折叠前后省所形成的种种变化现象及变化数据应对照基本型进行理解。

(3) 前衣片收细褶原理与领褶式相同,也存在着削高补低的修正内容。后衣片为无细褶款型,如需收细褶,可参照领褶式后片采取向外倾斜的方法。

(4) 肘省中袖属于袖型变化中的美观合体型袖,在制图中应掌握其作图方法及肘省的定位方法。详见第五章第四节中肘省长袖制图步骤说明。

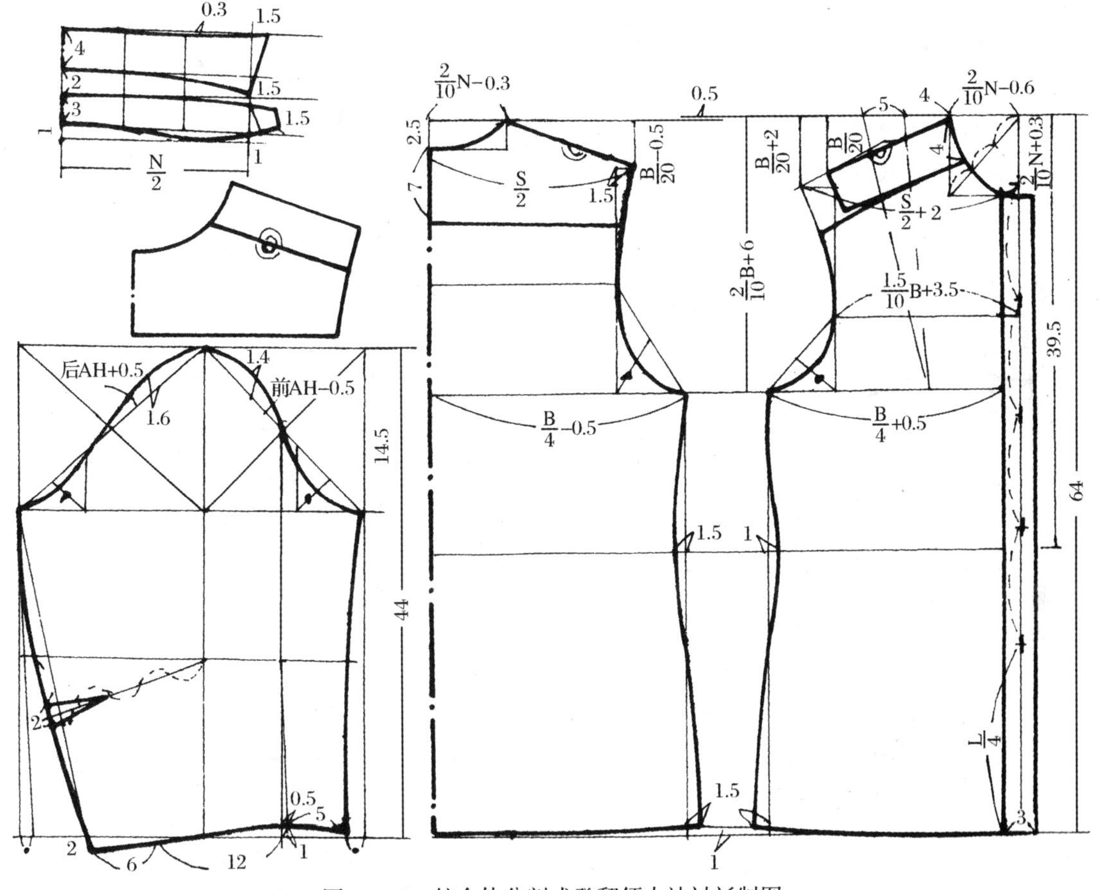

图 3.3.7　较合体分割式登翻领中袖衬衫制图

四、松身低翻领活褶灯笼袖衬衫

1. 款型特点

松身低翻领活褶灯笼袖衬衫外形如图 3.3.8 所示。其款型特点为:关门低翻领;门襟双排10 粒扣;前、后身腰部收活褶裥;圆形下摆;灯笼形短袖。

2. 净缝制图规格(单位:cm)

号/型	衣长	胸围	肩阔	袖长	松值	体型
165/82	64	96	39	27	2	1/3

3. 制图变化说明(图 3.3.9)

(1) 关门低翻领是一种前直开领较深的 V 形松身关门领。在配制时，横开领大应以胸围来计算，直开领深可根据款式需要决定。

(2) 腰部收活褶裥。该裥俗称炮仗裥，它属腰省的变化形式。其中，前片为折叠 2 cm 横省，后片为折叠肩省展开前、后下摆的变化形式。因此后胸围明显增大，袖窿深公式为$\frac{2}{10}$胸围＋6 cm－1 cm 起翘－2 cm(松身基型的横省量为 2 cm)。

(3) 有意减狭前、后肩阔，是为了加强灯笼袖的效果。

(4) 灯笼形短袖是泡袖和束袖口型袖的一种组合形式。泡袖的变化原理可由图示加以理解。在了解原理基础上掌握直接制图法是非常必要的。

图 3.3.8 松身低翻领活褶灯笼袖衬衫外形

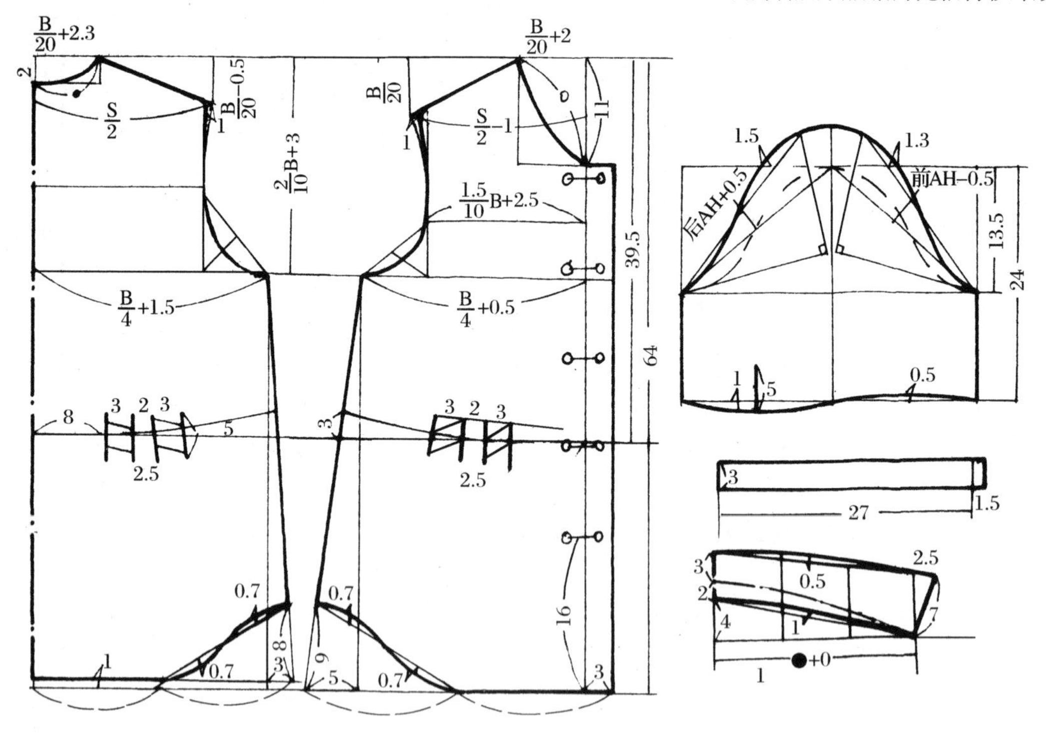

图 3.3.9 松身低翻领活褶灯笼袖衬衫制图

五、松身无省倒装领中袖套衫

1. 款型特点

松身无省倒装领中袖套衫的外形见图3.3.10。其款型特点为：倒装领；前、后衣片无省，后衣片开襟锁眼钉扣 5 粒；紧袖口，中袖。

2. 净缝制图规格(单位:cm)

号/型	衣　长	胸　围	肩　阔	袖　长	松　值	体　型
165/82	64	96	39	47	2	1/3

图 3.3.10　松身无省倒装领中袖套衫外形

3. 制图变化说明(图 3.3.11)

(1) 倒装领属于后开口围颈领型。配制时从穿着舒适性出发,可有意加深前直领深,横开领也可以用胸围来计算,并适当放大为宜。

(2) 无省不是简单地把省抹去,而应将其看作“有省”,即在横省基础上,利用原料的柔软性、伸缩性,通过起翘增加前肩斜和胸围互借,达到无省目的。为此,袖窿深公式中$\frac{2}{10}$胸围+6 cm−1 cm起翘+0.5 cm胸围互借−0.5 cm前肩斜就是保证袖窿弧长不变的重要变化内容。

(3) 其中有意增大后底边起翘量(上升后片)和增加前肩斜内容,这是针对面料特性,利用面料柔软性、悬垂性减少省量达到无省合体的常用方法。前、后胸围互借 0.5 cm 是保证前后袖窿配合的重要技术内容。

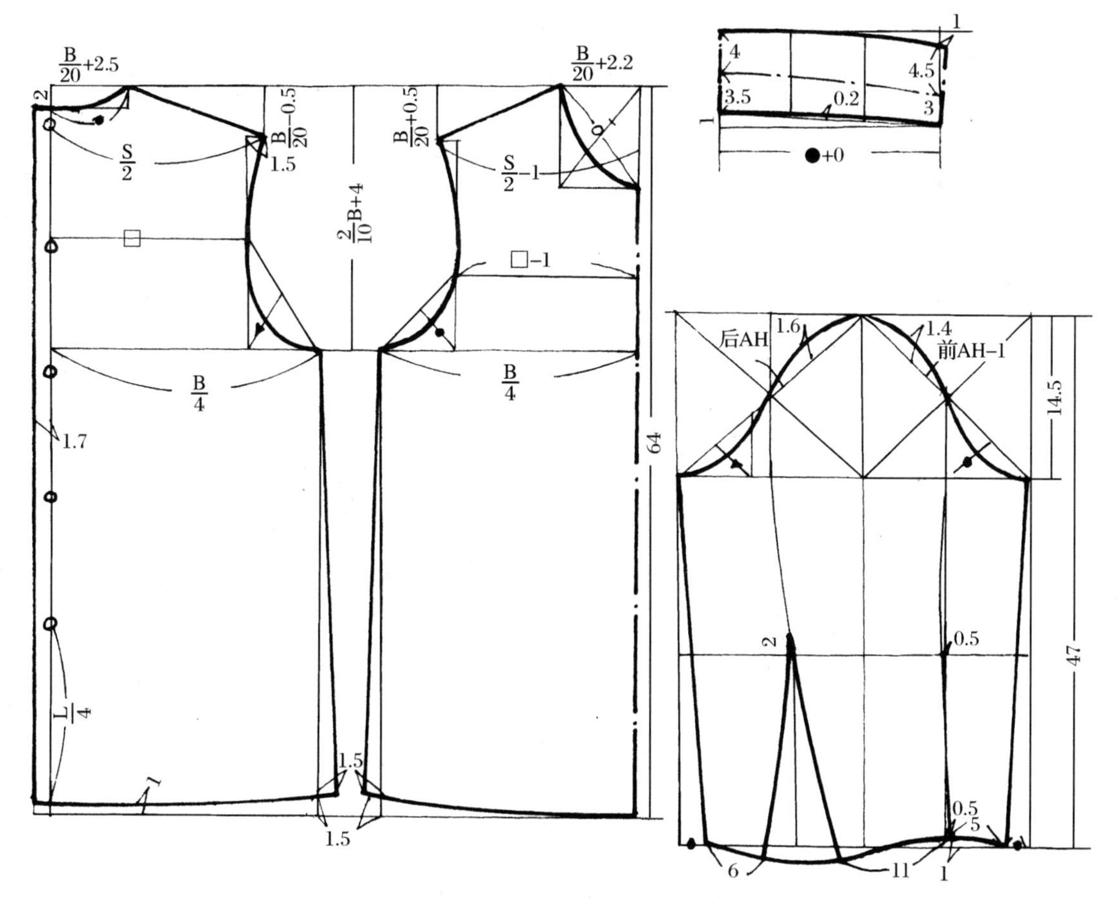

图 3.3.11　松身无省倒装领中袖套衫制图

（4）紧袖口中袖，可以通过袖口收省和打褶裥来完成，其中袖口偏前 0.5 cm，属于造型需要。

图 3.3.12 松身无省阔领长袖女衬衫外形

六、松身无省阔领长袖女衬衫

1. 款型特点

松身无省阔领长袖女衬衫外形如图 3.3.12 所示。其款型特点为：阔女式衬衫领，松身无省造型；门襟锁眼钉扣 5 粒，下摆开衩；长袖、袖口开衩褶裥 3 只，双翻克夫配连线双扣装饰。

2. 净缝制图规格（单位：cm）

号/型	衣长	胸围	肩阔	袖长	领围	松值	体型
165/82	70	100	40	55	38	2.5	1/3

3. 制图变化说明（图 3.3.13）

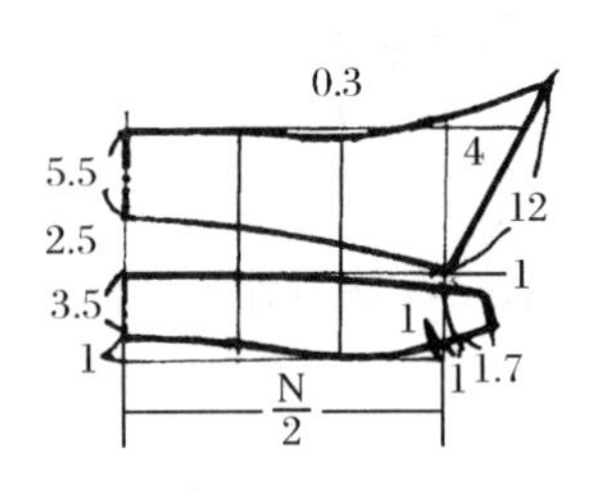

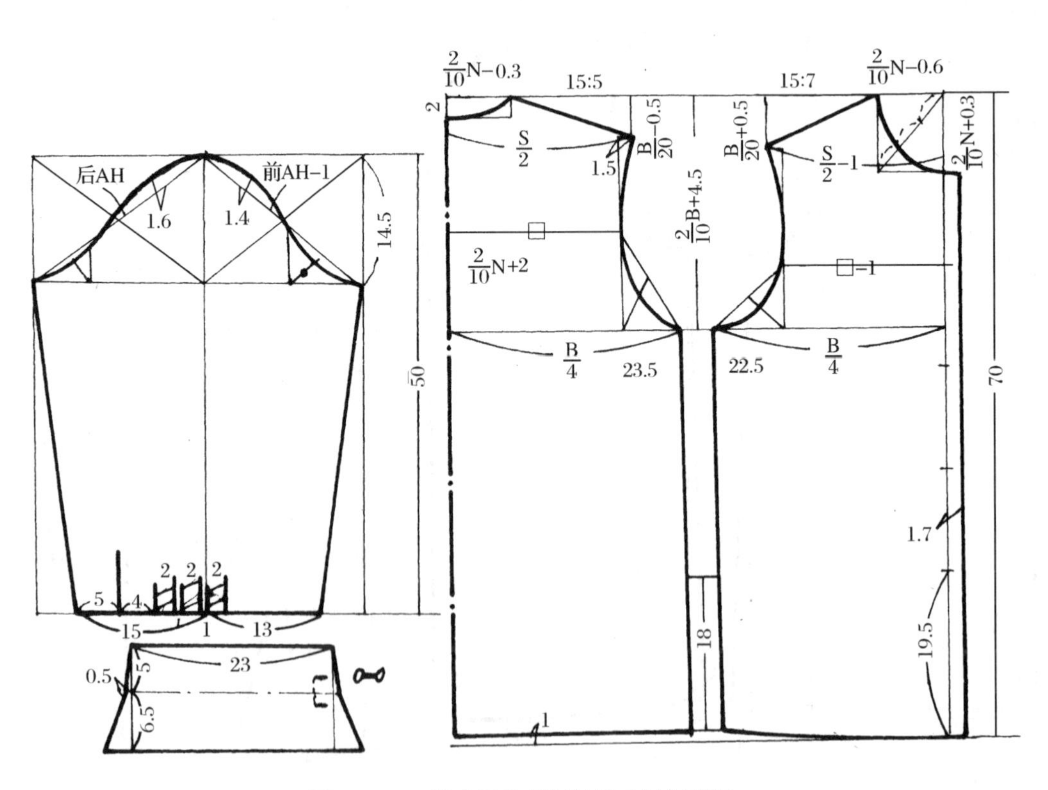

图 3.3.13 松身无省阔领长袖女衬衫制图

（1）阔女式衬衫领中，领座与翻领增宽后，翻领起翘量应相应增大。

（2）双克夫又称双翻克夫，其内外、左右共锁眼 4 只，由连线双扣固定和装饰。

（3）松身无省是通过后片起翘、增加前肩斜和前后胸围互借技术来达到合体目的。其袖窿深公式与前款相同。其中，松值 2.5 cm 增大 0.5 cm 后，该袖窿弧长约占胸围的 47%（松值 2 cm，该袖窿弧长约占胸围的 46%）。

（4）袖山斜线公式为前袖窿弧长－1 cm、后袖窿弧长时，表明适用于薄料和袖山吃势较少的款式（约占该袖窿弧长的 3%）。

七、松身宽肩驳领短袖女衬衫

1. 款型特点

松身宽肩驳领短袖女衬衫外形如图 3.3.14 所示。其款型特点为：蟹钳形驳领；门襟双排 6 粒扣；松身式宽肩造型；倒装无吃势结构短袖。

2. 净缝制图规格（单位：cm）

号/型	衣长	胸围	肩阔	袖长	松值	体型
165/82	70	108	42	30	2.5	1/3

3. 制图变化说明（图 3.3.15）

（1）蟹钳形驳领的配制方法，请参阅蟹钳领圆分割两用衫制图内容。其中，领座 $a=2$ cm，翻领 $b=4$ cm，驳

图 3.3.14　松身宽肩驳领短袖女衬衫外形

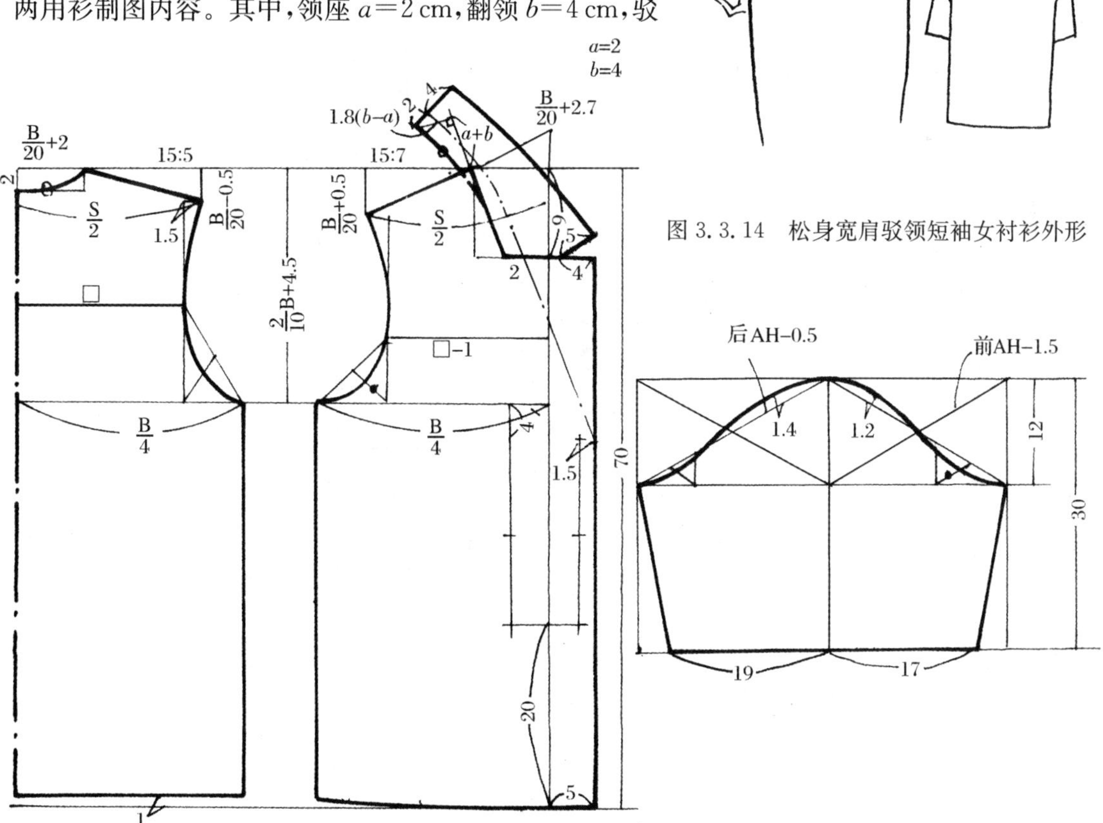

图 3.3.15　松身宽肩驳领短袖女衬衫制图

口基点 $AF=0.8a$。

(2) 本款松身无省是通过前片劈门 1 cm 后片起翘和前、后胸围互借技术来达到合体目的。其中应用劈门工艺后，前肩阔、前肩斜、前横开领公式均相应变化。

图 3.3.16 西装领分割式短连袖女衬衫外形

(3) 倒装无吃势结构，是指袖与袖窿间配合中，采用了袖山吃势最小的缝合工艺。因此，在袖山斜线公式为前袖窿弧长－1.5 cm、后袖窿弧长－0.5 cm 时，其袖山吃势约占该袖窿弧长的 1%。

(4) 缝制倒装结构衣袖时，要将袖山中点左右 5 cm处各拔开 0.3 cm，使有限的吃势放在袖山中段。这是使倒装结构袖达到平缝圆顺的重要技术。

八、西装领分割式短连袖女衬衫

1. 款型特点

西装领分割式短连袖女衬衫外形如图3.3.16所示。其款型特点为：西装驳领；门襟锁眼钉扣 4 粒；松身连袖造型，前、后育克分割，前育克下装饰袋盖及定型褶裥。

2. 净缝制图规格(单位：cm)

号/型	衣长	胸围	肩阔	袖长	体型
165/82	66	102	40	20	1/3

3. 制图变化说明(图 3.3.17)

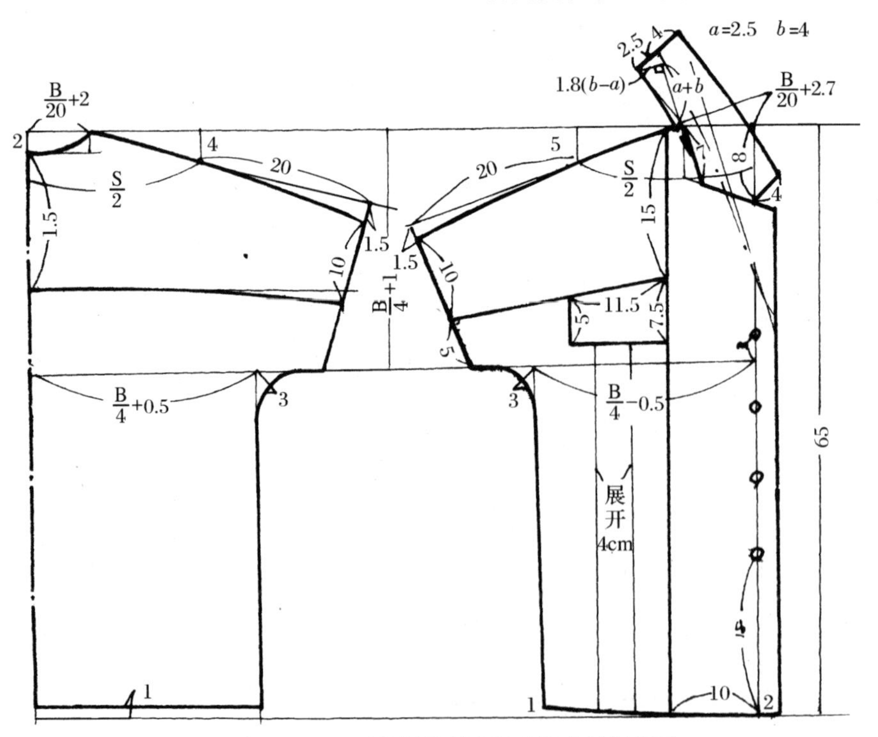

图 3.3.17 西装领分割式短连袖女衬衫制图

(1) 连袖属于袖与大身组合形式，这里不存在两者间的吻合问题，因此连袖制图中的袖窿深公式可以采用简化公式。

(2) 制图中的分割与褶裥应用是由款型要求而定的，其中褶裥量还必须通过展示图中的各展开线平移放大 4 cm。

(3) 连袖款式适合柔软衣料。在制图中有意将前、后肩斜放平 0.5～1 cm，是满足人体活动需要；前胸围减小，后胸围放大，是解决前、后袖底缝等长的好方法。

习　　题

1. 横省是直省的变化形式，在制图中哪些部位的数据起了变化？
2. 关门领与两用领的区别在哪里？制图中有哪些变化？
3. 舒适性袖与美观性袖在制图中有什么差异？怎样调整？
4. 配制立领时底领口公式应作哪些修正？为什么要修正？
5. 前、后大身收细裥款式中，褶裥可以用哪两种方法？是否还有第三种方法？
6. 服装中前、后复司是怎样形成的？
7. 制作灯笼袖时，大身应作哪些调整？
8. 无省衬衫在制图中常采用哪些方法？
9. 配制男衬衫领时，底领口应作哪些调整？

第四节　女衬衫缝制

横省女衬衫缝制工艺如下。

1. 缝制工艺程序

做准备工作→收前后省→烫省、门襟、里襟→做领→做袖→合肩缝→装领→装袖→合摆缝→卷底边→锁眼、钉扣→整烫。

2. 缝制步骤工艺说明

(1) 做准备工作。应先检查裁好的衣片零部件是否配齐，检查标记线、刀眼、钻眼是否遗漏。

(2) 收前后省。收省时将正面相叠合，丝绺较直一面应放在上面，斜丝一边应在下面，这种缉省方法可避免省缝起链形。

(3) 烫省、门襟、里襟。应注意前片腋下横省反面向上倒，后片肩省往领口方向倒。熨斗从省尖往上推移的熨烫方法，可有效地避免省缝烫还(伸长)和省尖不平服(图 3.4.1)。烫门襟、里襟时，门襟、里襟宽窄按刀眼翻折。如门襟上端与领口不一致，则一定要先修齐。

(4) 做领。

A. 领面、领里后缝拼接 0.7 cm，分开缝烫平。领衬用搭缝拼接(图 3.4.2①)。如领衬改用黏合衬时，可与领面先黏合。

B. 把领面放下层，领里放中间，领里与领面正面叠合，领衬为上层，3 层后中缝对准，在领面的两端领角处稍有归拢，使缝缉合领角里外匀称。合领时缉 0.7 cm 缝头，起针与落针都要打回针(图 3.4.2②)。

C. 翻尖领时，先将领角扣倒，再将两边按缉线扣倒，用手和镊子钳压翻出领角(图

3.4.2③)。

D. 将领角挑出后，熨斗从领角往里烫平，使领里止口不外露，待烫平服后校正领角两端的长短，使领面中部比领里阔 0.3 cm(图 3.4.2)。

图 3.4.1 熨烫省及门里襟

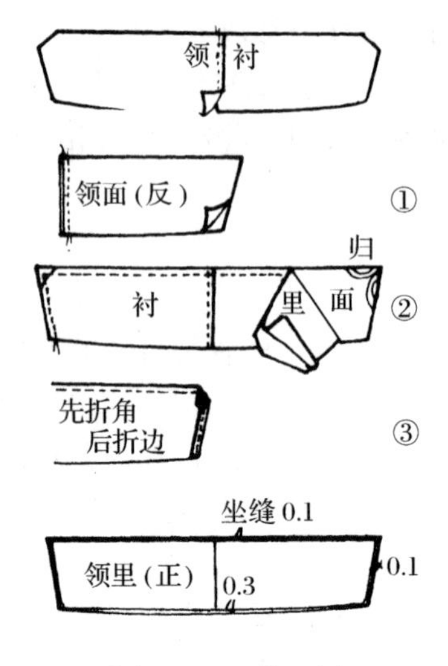

图 3.4.2 做 领

(5) 做袖。

A. 袖口贴边用横料，贴边与袖子正面叠合后缉 0.7 cm 缝份，将贴边翻转烫平，贴边上口扣转 0.7 cm 后，缉一道狭止口。

B. 从袖山前的$\frac{1}{2}$起，至袖山后的$\frac{1}{2}$止，开大针距沿边缘 0.5 cm 缝处缉一道线，并把底线抽紧使袖山呈层势(吃势)归缩状(图 3.4.3)。

(6) 合肩缝。采用来去缝时，应将前后身反面叠合，对齐肩端和领口缉第一道缝份 0.4 cm，这时肩省要向领口方向倒，后衣片外肩要归拢 0.5 cm，接着将缝份修齐后翻转缉第二道缝份 0.7 cm(图 3.4.4)。

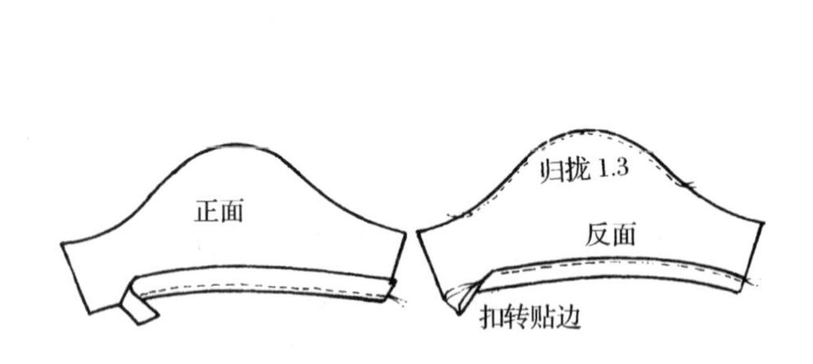

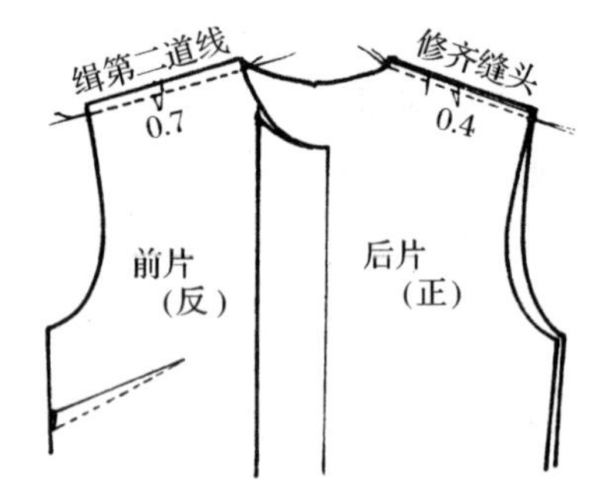

图 3.4.3 做 袖

图 3.4.4 合肩缝

(7) 装领。

A. 从左襟开始装。前领对准叠门刀眼，挂面按止口线翻折，把领头夹在中间，领座下口与底领口放齐缉 0.7 cm，缉至挂面边缘 1 cm 处，上、下 5 层一起剪刀眼 0.6 cm 深。不可把缉线剪断。

B. 把挂面和领面两层掀起，继续缉至右襟，两端相同，顺序相反。装领中肩缝向后身倒，后领中缝与背中线对准，左、右肩缝的刀眼距离一致，是达到装领不歪要求的主要条件（图 3.4.5）。

C. 压缉领座下口时，先把挂面叠门翻出，领面下口扣转 0.7 cm 缝头，挂面按刀眼塞进，领面盖没缉线，从刀眼部位开始缉狭止口。这里两端要打回针，缉线最好不要将领里缉牢，左、右肩缝和背中点都要对准，防止领面不平起链（图 3.4.6）。

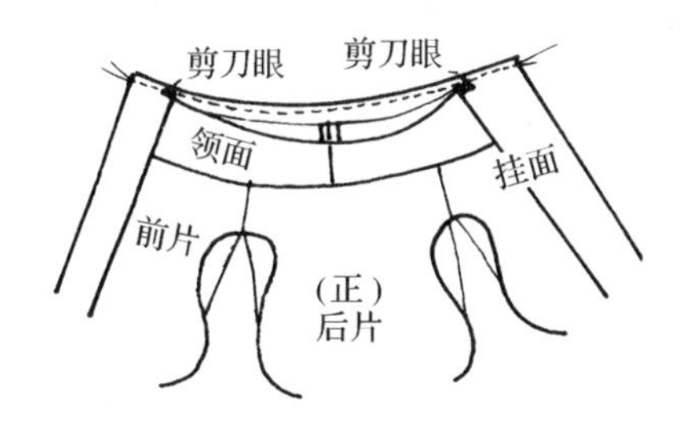

图 3.4.5　装领（一）

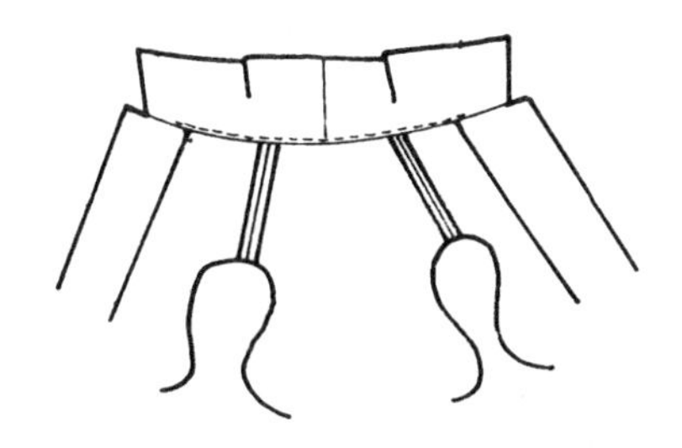

图 3.4.6　装领（二）

（8）装袖。

A. 将袖子与大身反面叠合，以袖底缝对摆缝开始缉第一道缝（0.4 cm）。要求袖山刀眼对准肩缝，肩缝往后身倒。若袖子与袖窿稍有长短，应在袖窿凹势处拉伸或缩拢，肩缝部位切不可拉还（伸长）（图 3.4.7）。

B. 将缝份修齐剪除毛梢，翻转缉第二道线（0.7 cm），起针和落针都应打回针。

（9）合摆缝。将前、后衣片反面叠合，沿边缘缉第一道线（0.4 cm）。要求袖缝对准并朝袖口方向倒。修齐和剪除毛梢后，翻转大身正面叠合，缝缉第二道线（0.7 cm）（图 3.4.8）。

（10）卷底边。

A. 将挂面向正面折转，沿底边线缝一道，仍见图 3.4.8。

B. 将挂面翻出，折转底边内缝 0.7 cm，从挂面外缉起，底边阔 1.8 cm，缉 0.1 cm 止口。卷缉底边时大身稍拉紧，防止链形，做到宽窄一致，不毛出，不漏落（图 3.4.9）。

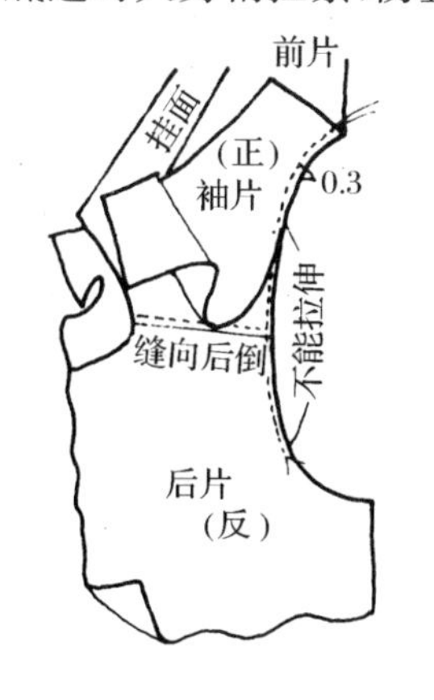

图 3.4.7　装　袖

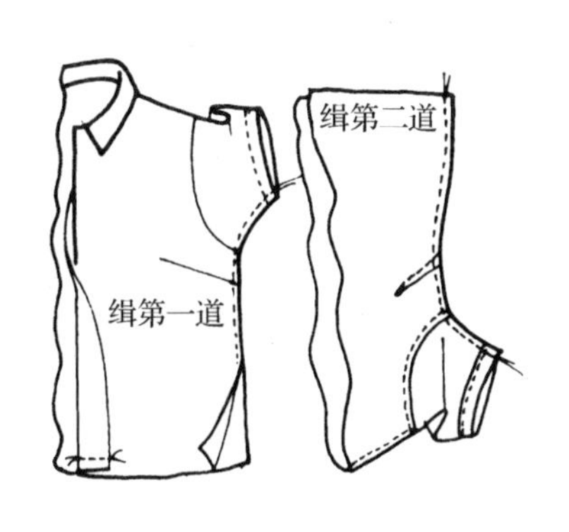

图 3.4.8　合摆缝

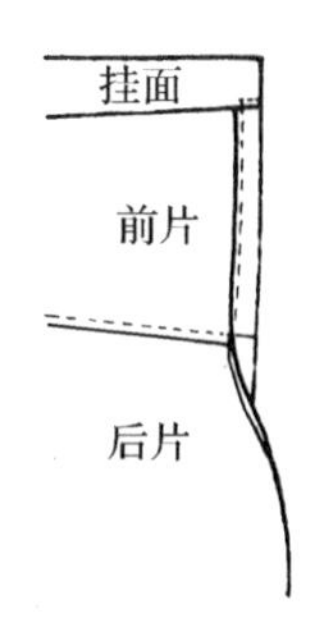

图 3.4.9　卷底边

（11）锁眼、钉扣。门襟锁横眼 5 只，纽眼离门襟边为 1.4 cm，纽眼大按扣的直径＋厚度计算。扣位在叠门线上，上下距离同纽眼位。

（12）整烫。整烫时一定要根据面料特点，掌握熨斗的温度。喷水要均匀，整烫时先烫里面，缝份贴边烫平服，再烫外面，并按包装要求进行折叠。

3. 质量要求

(1) 领型左右对称,呈里外匀窝势。

(2) 装袖吃势均匀,无起皱绷紧现象。

(3) 门襟纽眼平服;底边、袖口边缉线顺直,宽窄一致;无线头,无污渍。

习　　题

1. 女衬衫收省不起链应注意哪些方面?
2. 什么样的领子才符合要求?
3. 装领时要注意哪些?
4. 缉来去缝时要注意哪两大步骤?
5. 请说出装袖前和装袖过程中的要点。

第四章　男衬衫制图

第一节　男衬衫制图基本知识

男式衬衫原是穿在西装、中山装里面的服装，属内衣类，而实际上，夏季也常常作为外衣穿着。它是一种不完全合体的特殊的服装品种。从图 4.1.1 及图 4.1.2 中可以看出，男衬衫的款式造型有着以下的特点：

(1) 为了修饰美化服装，采取横向分割的过肩(复司)形式。

(2) 穿着时男衬衫后背显长，有利于平面包装装潢的平整造型。

(3) 复司下后背左右打褶，满足体型需要。

男衬衫结构部位线条名称见图 4.1.3。

男衬衫量体和加放说明如下：

衣长　颈侧点至手腕下 2～3.5 cm。

袖长　肩骨端点至手腕下 1 cm，短袖至肘关节上 6 cm 左右。

领围　颈中部围量一周加放 3 cm。

胸围　腋下围量一周加放 20 cm。

肩阔　左、右肩骨两端点的距离。

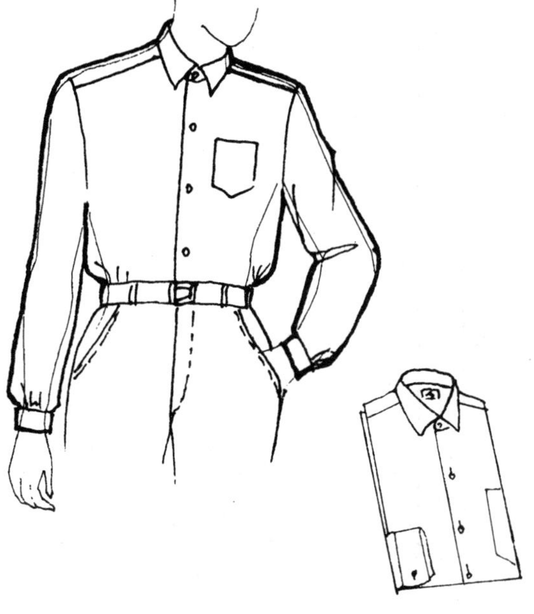

图 4.1.1　男式衬衫外形

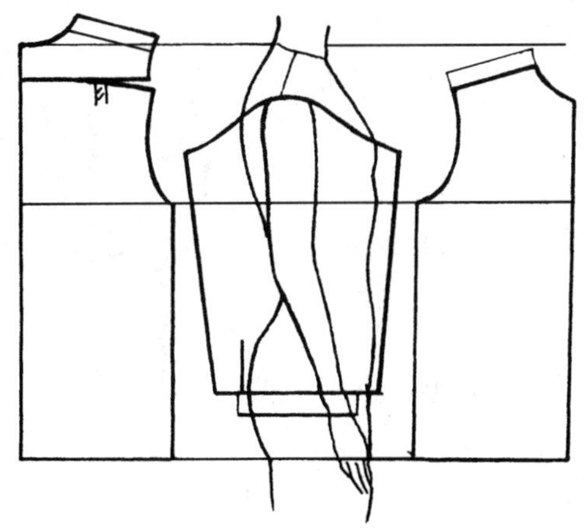

图 4.1.2　男衬衫穿着剖视图

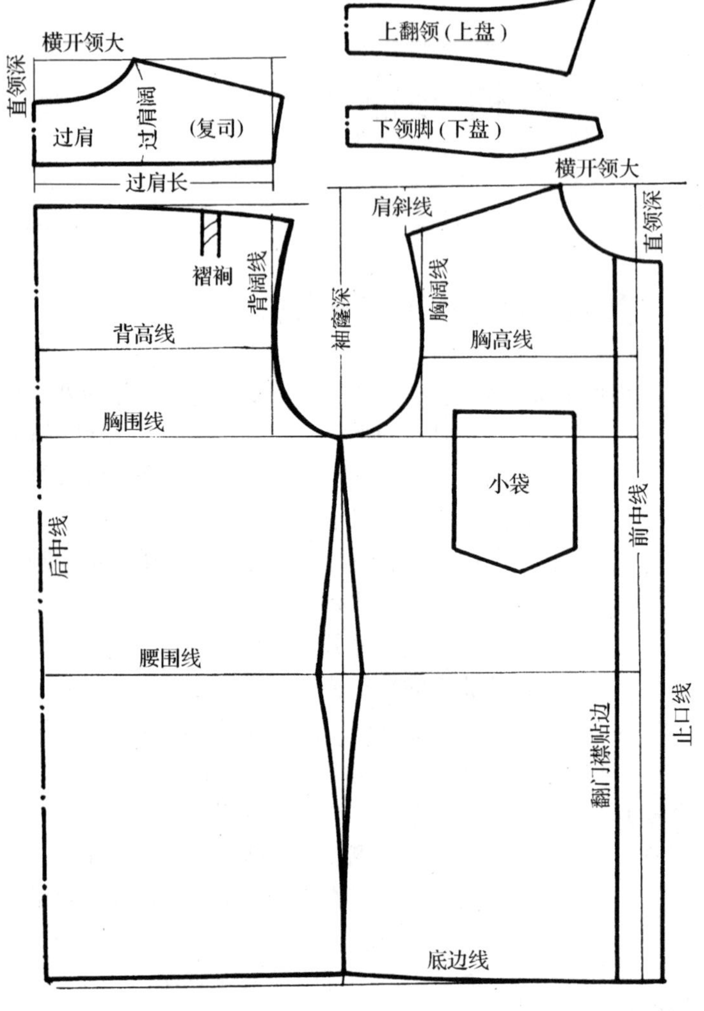

图 4.1.3　男衬衫结构部位线条名称

松值　凡松值取 2 cm 时，袖窿弧长占胸围的 46%左右；松值取3 cm时，袖窿弧长占胸围的 48%左右。

体型　男子体型中，1/1 为正常体，1/0 为平胸体，1/2 为挺胸体。

第二节　男长袖衬衫制图

1. 款型特点

男长袖衬衫外形如图 4.2.1 所示。其款型特点为：分割式登翻领；前后过肩(复司)；门襟锁眼钉扣 6 粒；钉小袋 1 只；后片左右褶裥各 1 只；长袖，袖头开口装琵琶形袖衩，打褶裥 3 只。

图 4.2.1　男长袖衬衫外形

2. 净缝制图规格(单位:cm)

号/型	衣 长	胸 围	肩 阔	领 围	袖 长	松 值	体 型
170/90	72	110	46	39	58	2	1/1

3. 前衣片制图(图 4.2.2)

底边线(下平线)① 预留贴边 2.5 cm,作纬向直线。

衣长线(上平线)② 底边线向上量衣长规格－3 cm,平行于底边线。

直领深③ 衣长线下量$\frac{2}{10}$领围－1 cm(＝6.8 cm),作平行线。

肩斜线④ 衣长线下量$\frac{1}{20}$胸围－1 cm(＝4.5 cm),作平行线。

胸围线(袖窿深)⑤ 衣长线下量$\frac{2}{10}$胸围(＝22 cm),作平行线。

胸高线⑥ 胸围线上量$\frac{1}{3}$袖窿深,作平行线。

底边起翘⑦ 底边线上量 1 cm。

止口线⑧ 距布边 4 cm,作经向直线。

叠门线(前中线)⑨ 止口线量进 2 cm,平行于止口线。

横领大⑩ 前中线量进$\frac{2}{10}$领围－2 cm(＝5.8 cm),与直领深线相交。

前肩阔⑪ 前中线量进$\frac{1}{2}$肩宽－1.7 cm(＝21.3 cm),与肩斜线相交。

前胸阔⑫ 前中线量进$\frac{1.5}{10}$胸围＋3.5 cm(＝20 cm)。

胸围大⑬ 前中线量进$\frac{1}{4}$胸围－1 cm(＝26.5 cm)。

下摆大⑭ 同胸围大。

领口弧线⑮ 过横直开领对角线下的$\frac{1}{3}$作点,弧线画顺。

肩缝线⑯ 横领大与肩斜点连接线。

袖窿弧线⑰ 连接肩斜点至胸高点作直线并凹进 0.5 cm 取点,胸高点至胸围大连线的$\frac{1}{2}$处作对角线,取其中点。连接各点,弧线画顺。

摆缝线⑱ 连接胸围大与下摆大点作直线。

底边弧线⑲ 由摆大$\frac{2}{3}$处向下作摆,弧线画顺。

小袋位⑳(图略) 距前中线$\frac{1}{20}$胸围,距胸围线上 2 cm。袋口大为$\frac{1}{10}$胸围,袋深为$\frac{1}{10}$胸围＋3 cm,两边斜上 1.5 cm。

扣位㉑(图略) 上扣位在下领中间,下扣位按$\frac{1}{4}$衣长＋1 cm 计算,中间 4 只按五等份画出。除上扣位为横开纽洞外,其余 5 个扣位均为竖开纽洞。

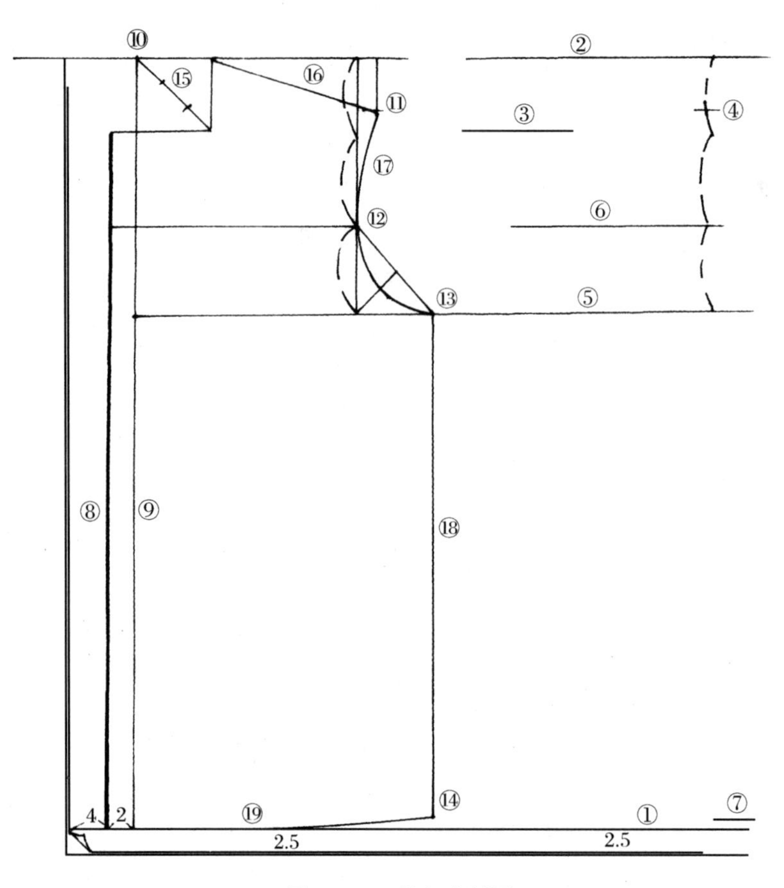

图 4.2.2　前衣片制图

4. 后衣片制图(图 4.2.3,图中省略各部位顺序号)

底边线①　预留贴边 2.5 cm,作纬向直线。

衣长线②　底边线向上量衣长规格−5.5 cm(=66.5 cm),平行于底边线。

肩斜线③　衣长线下量 1.3 cm。

胸围线(袖窿深)④　衣长线下量$\frac{2}{10}$胸围−1.5 cm(=20.5 cm),作平行线。

背高线⑤　胸围线上量在后袖窿深的$\frac{2}{5}$处,作平行线。

后中线⑥　取织物的纬向(门幅)对折直线。

后肩阔⑦　由后中线量出$\frac{1}{2}$肩阔+2 cm(=25 cm)。

后背阔⑧　按肩阔点量进 1.5 cm,作平行线。

胸围大⑨　后中线量出$\frac{1}{4}$胸围+1 cm(=28.5 cm)。

下摆大⑩　同胸围大。

肩斜弧线⑪　连接$\frac{1}{2}$肩阔至肩阔点,弧线画顺。

袖窿弧线⑫　连接肩阔点至背高点作直线并凹进 0.3 cm 取点,在背高点至胸围大点连线的$\frac{1}{2}$处作对角线,取对角线的中点。连接各点,弧线画顺。

摆缝线⑬　连接胸围大与下摆大作直线。

底边线⑭　连接后中线至下摆大作直线。

后褶裥⑮　自后肩阔的外端$\frac{1}{3}$处，向背中线移 2 cm 为褶裥大。

5. 过肩(复司)制图(图 4.2.3，图中省略各部位顺序号)

过肩中线①　取织物的经向对折线。

过肩长②　过肩中线量出$\frac{1}{2}$肩阔(=23 cm)，作平行线。

过肩阔线③　按过肩长放出 0.7 cm。

横领大④　过肩中线量出$\frac{2}{10}$领围+0.7 cm(=8.5 cm)，作平行线。

过肩下口线⑤　预留 1 cm 缝份，垂直于过肩中线。

过肩阔⑥　过肩下口线上量 9.5 cm，作平行线。

直领深⑦　过肩阔线下量 4 cm，作平行线与横领大线相交。

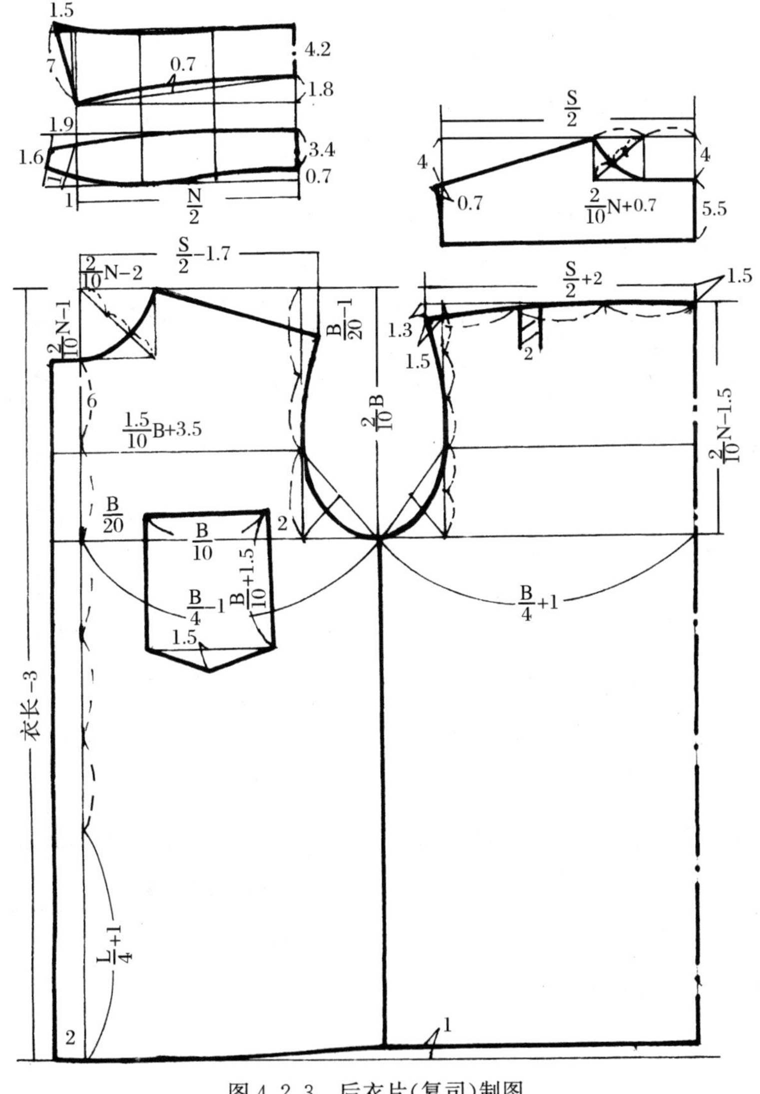

图 4.2.3　后衣片(复司)制图

过肩斜⑧　过肩阔线下量 4 cm，作平行线与肩阔线相交，并与横领大相连。

领口弧线⑨　过横领大的$\frac{1}{2}$与横直领的交点作对角线，取对角线的$\frac{1}{3}$作点。连接各点，弧线画顺。

6. 袖片制图(图 4.2.4)

已知该条件下的袖窿弧长约占成品胸围的 46%。衬衫袖窿为包缝结构需要少量袖山绢势时，前后袖弦公式为$\frac{1}{2}$袖窿弧长－0.5 cm，而且袖山浅、袖肥大，具有活动量大的特点。

袖口线①　预留缝份 1 cm，作纬向直线。

袖长线②　袖口线向上量袖长规格－6 cm(＝52 cm)，作平行线。

袖山深③　袖长线下量$\frac{1}{10}$胸围－2 cm(＝9 cm)，作平行线。

袖中线④　距布边$\frac{2}{10}$胸围＋3 cm，作经向直线，垂直于袖口线。

袖肥大⑤　以袖山中点分别向左、右两边斜向量出$\frac{1}{2}$袖窿弧长－0.5 cm，与袖山深线相交为袖肥大。

袖口大⑥　以袖山中线分别向左、右两边量出 15 cm，与袖肥大相连。

袖山弧线⑦　分别连接前、后袖山斜线，弧线画顺。

袖衩位⑧　距后袖口大 6 cm。袖衩长 12 cm。

褶裥位⑨　距袖衩 4 cm。褶裥大 2 cm，共 3 只，间距 1 cm。

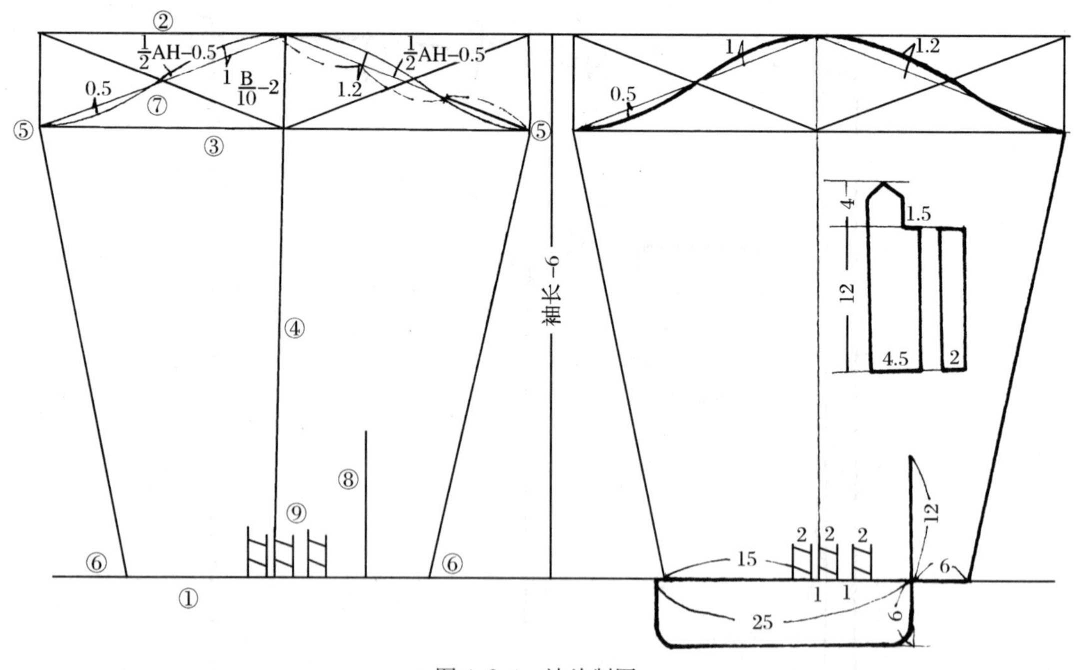

图 4.2.4　袖片制图

7. 领片制图(图 4.2.3)

领中线　取直料的对折线。

上领长(上盘)　为$\frac{1}{2}$领围。

上翻领阔　后领阔 4.2 cm，前领阔 7 cm。

下领长（下盘）　$\frac{1}{2}$领围＋2.9 cm。

下领阔　后领阔 3.4 cm，前领阔 1.6 cm。

8. 放缝和排料（图 4.2.5）

外做缝　袖窿、袖长、过肩长、摆缝等部位暴露在外的缝份均加放 1 cm。

内做缝　领口、过肩、肩缝、袖头与袖口、袖衩、上翻领、上领脚等部位缝合在内的缝份均加放 0.7 cm。

贴边　底边放 2.5 cm，门襟贴边放 4 cm，袋口双翻贴边放 6 cm。

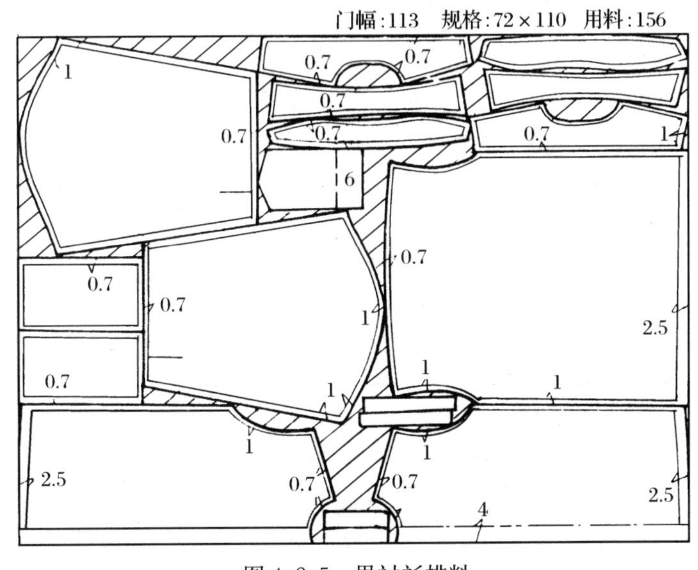

图 4.2.5　男衬衫排料

习　　题

1. 男衬衫中前、后复司及后背打褶裥的目的是什么？
2. 在量体中为什么男衬衫的放松量比女衬衫大？
3. 男衬衫制图中前、后胸围不同的原因是什么？
4. 男衬衫的袖山浅、袖肥大有什么作用？
5. 制大图 2 张、缩小图 1 张。

第三节　男衬衫的变化

一、两用领短袖衬衫

1. 款型特点

两用领短袖衬衫外形见图 4.3.1。其款型特点为：可敞开、关闭两用平翻领；前后过肩（复司）；左襟锁眼 4 只；前衣片左右各装圆角贴袋 1 只，后衣片左右褶裥各 1 只；平袖口

图 4.3.1　两用领短袖衬衫外形

短袖。

2. 净缝制图规格(单位:cm)

号/型	衣　长	胸　围	肩　阔	领　围	袖　长	松　值	体　型
170/90	72	110	46	39	22.5	2	1/1

3. 制图变化说明(图 4.3.2)

(1) 两用领的底领口宜直,不宜凹;前直开领深较衬衫领短 1 cm,横开领须大 0.5 cm。

(2) 两用领衬衫中的前后衣片分配均为$\frac{1}{4}$胸围。

(3) 有意加大短袖的袖山深,减小袖肥大是出于美观的需要。

(4) 该款为不完全合体型,穿着时呈松身,后片显长,有利于活动需要。

(5) 凡肩阔为 0.3 胸围+13 cm 条件下,其袖窿弧长约占成品胸围的 46%。

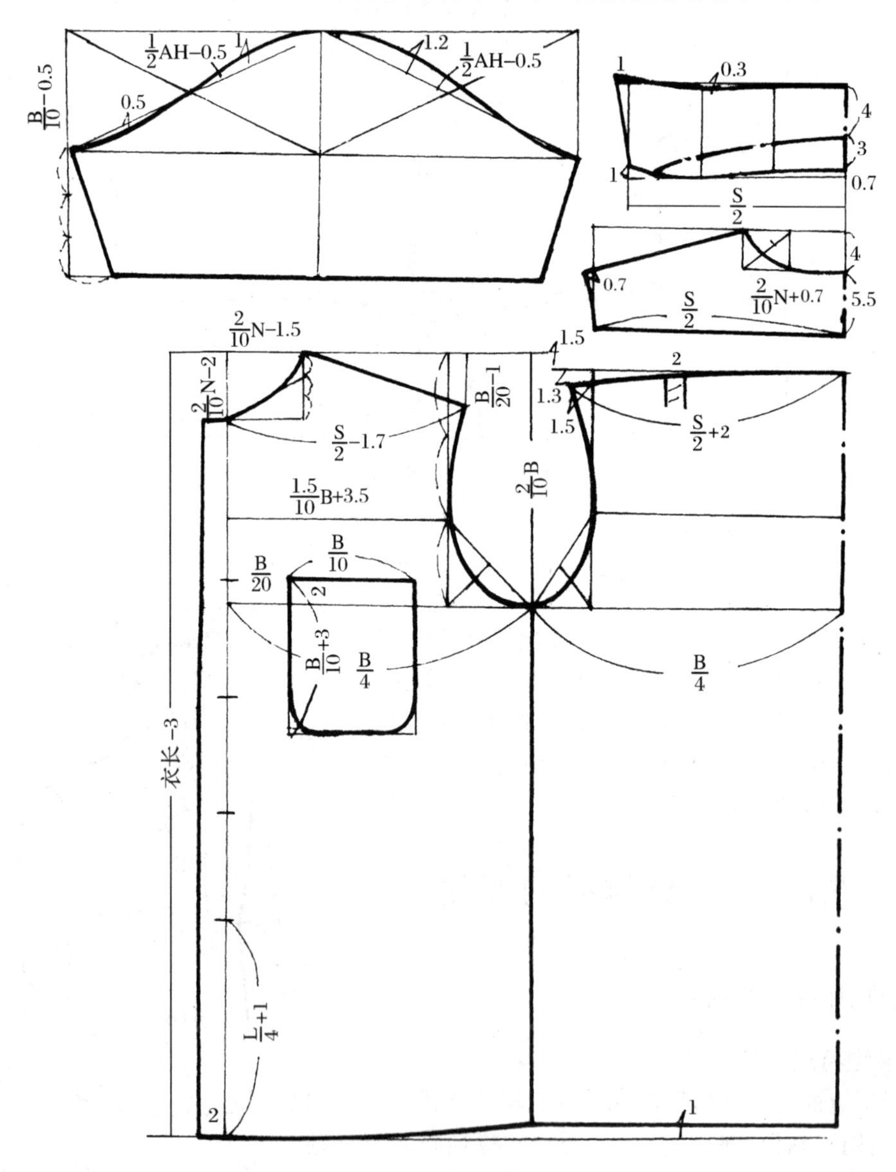

图 4.3.2　两用领短袖衬衫制图

二、尖领圆摆吸腰衬衫

1. 款型特点

尖领圆摆吸腰衬衫外形如图 4.3.3 所示。其款型特点为：尖角装领角登翻领；前后过肩（复司）；衣身较长，腰部略小，圆弧状下摆；前衣片左襟翻门襟，锁眼 6 只，贴小袋 1 只；后衣片无褶裥；长袖，袖头开口装一字袖衩，打褶裥 1 只。

2. 净缝制图规格（单位：cm）

号/型	衣长	胸围	肩阔	袖长	领围	松值	体型
170/86	75	106	45	58	39	2	1/1

3. 制图变化说明（图 4.3.4）

（1）尖角领的长度不宜太长，以不增加翻领中部宽度和画顺连接为宜。

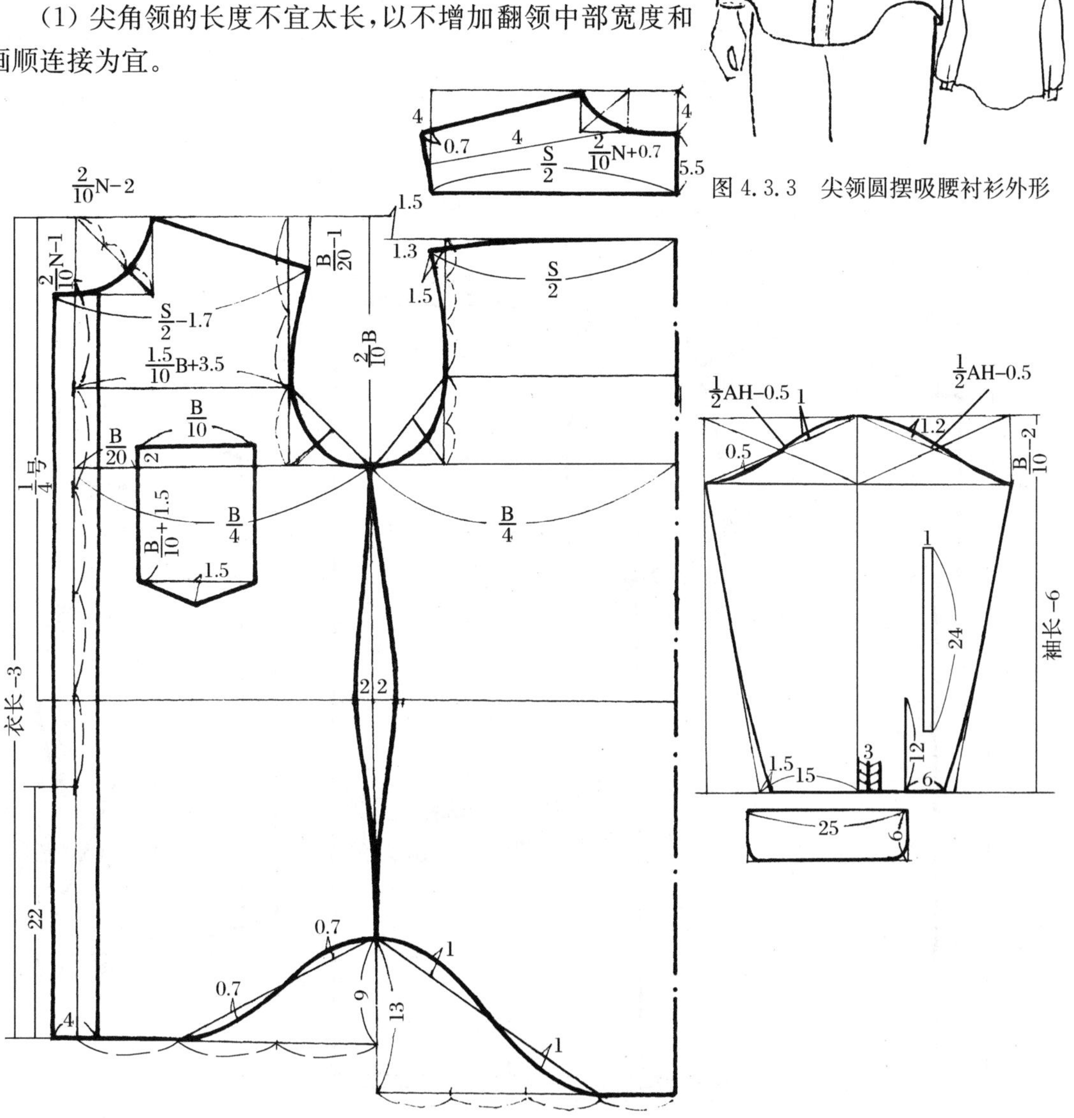

图 4.3.3　尖领圆摆吸腰衬衫外形

图 4.3.4　尖领圆摆吸腰衬衫制图

(2) 后衣片无褶裥，衬衫中的前后衣片分配均为$\frac{1}{4}$胸围。

(3) 衬衫吸腰量不宜盲目增大，应根据衣料性能适当增加。

(4) 后衣片明显较前衣片长，为不完全合体型衬衫。

(5) 圆摆放缝为 1.5 cm。

图 4.3.5　立领短袖 T 恤外形

三、立领短袖 T 恤衫

1. 款型特点

立领短袖 T 恤衫如图 4.3.5 所示。其款型特点为：叠门立领；半开襟套头穿着，前后横开刀左襟装爿锁眼；钉扣 3 粒，暗开袋 1 只；短袖袖口翻边。

2. 净缝制图规格(单位：cm)

号/型	衣长	胸围	肩阔	袖长	领围	松值	体型
170/86	72	110	46	22	39	2	1/1

3. 制图变化说明(图 4.3.6)

(1) 立领的起翘量不宜过高，计算叠门立

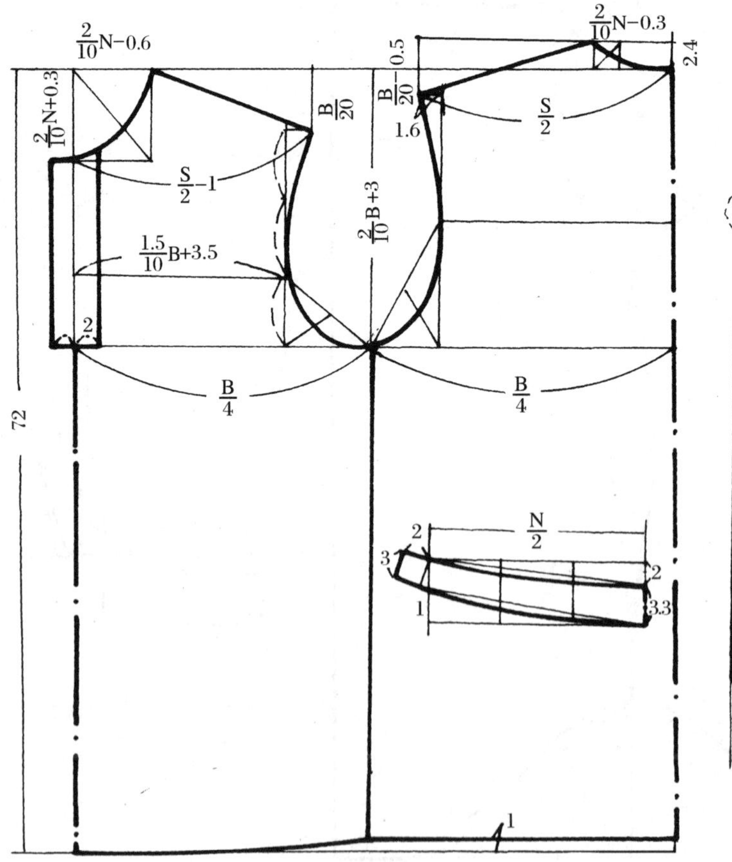

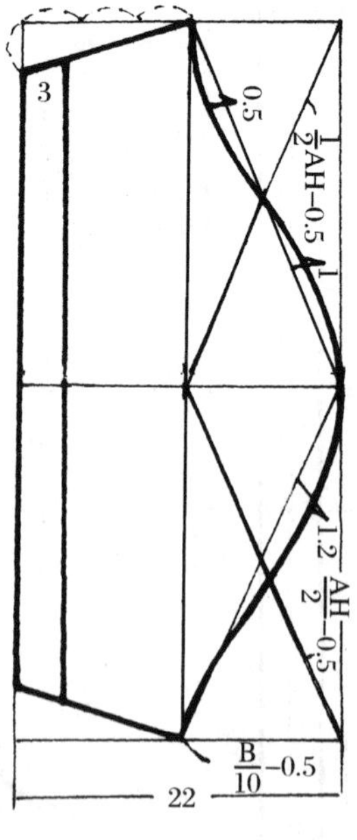

图 4.3.6　立领短袖 T 恤衫制图

领起翘量时应除去叠门量。考虑穿着舒适性，在配制立领底领口时，直开领应比翻领类（基本型）深 0.6 cm 以上。

（2）对套头衫之类品种，应注意开襟长度满足头围需要，掌握宜大不宜小的原则。

（3）本款式属男衬衫类合体基本型，不适宜平面包装。其基本公式如下：

前肩斜：$\frac{1}{20}$胸围（15∶6），后肩斜：$\frac{1}{20}$胸围－0.5 cm（15∶5.2）。

袖窿深：$\frac{2}{10}$胸围＋2 cm 松值＋1 cm 体型数，该袖窿弧长约占成品胸围的 46%。

袖山斜线（袖弦）：$\frac{1}{2}$袖窿弧长－0.5 cm 时，适合包缝和平缝袖结构，袖山缉势为 1% 袖窿弧长。

四、夹克式短衬衫

1. 款型特点

夹克式短衬衫外形如图 4.3.7 所示。其款型特点为：狭方形装领角登翻领，前后过肩（复司）；衣身较短，衣摆装登闩；前后片打褶裥 4 只，前衣片左右有胖裥袋各 1 只并有袋盖；暗襟上下明扣 2 粒，暗扣 4 粒；后片无褶裥；长袖，袖口装克夫。

图 4.3.7　夹克式短衬衫外形

2. 净缝制图规格（单位：cm）

号/型	衣长	胸围	臀围	肩阔	领围	袖长	松值	体型
170/86	53	106	94	45	39	58	2	1/1

3. 制图变化说明（图 4.3.8）

（1）狭方领，只需将前翻领改窄即可。

（2）本款式属合体型变化品种，其中前后肩斜放平，前后育克分割和重新组合成过肩（复司）；前后大身改短，则组合成登闩等出样内容。应注重于理解，出样方法请参阅女式两用衫章节。

（3）无褶裥衬衫袖，亦称夹克衫长袖，其变化在于开衩形式的改变。即利用袖头（克夫）间留有的间隙量，来调节穿着的需要。

（4）暗襟是指左门襟无明扣形式，在制作时，左襟挂面一般由三层组成，门襟外缉明线。

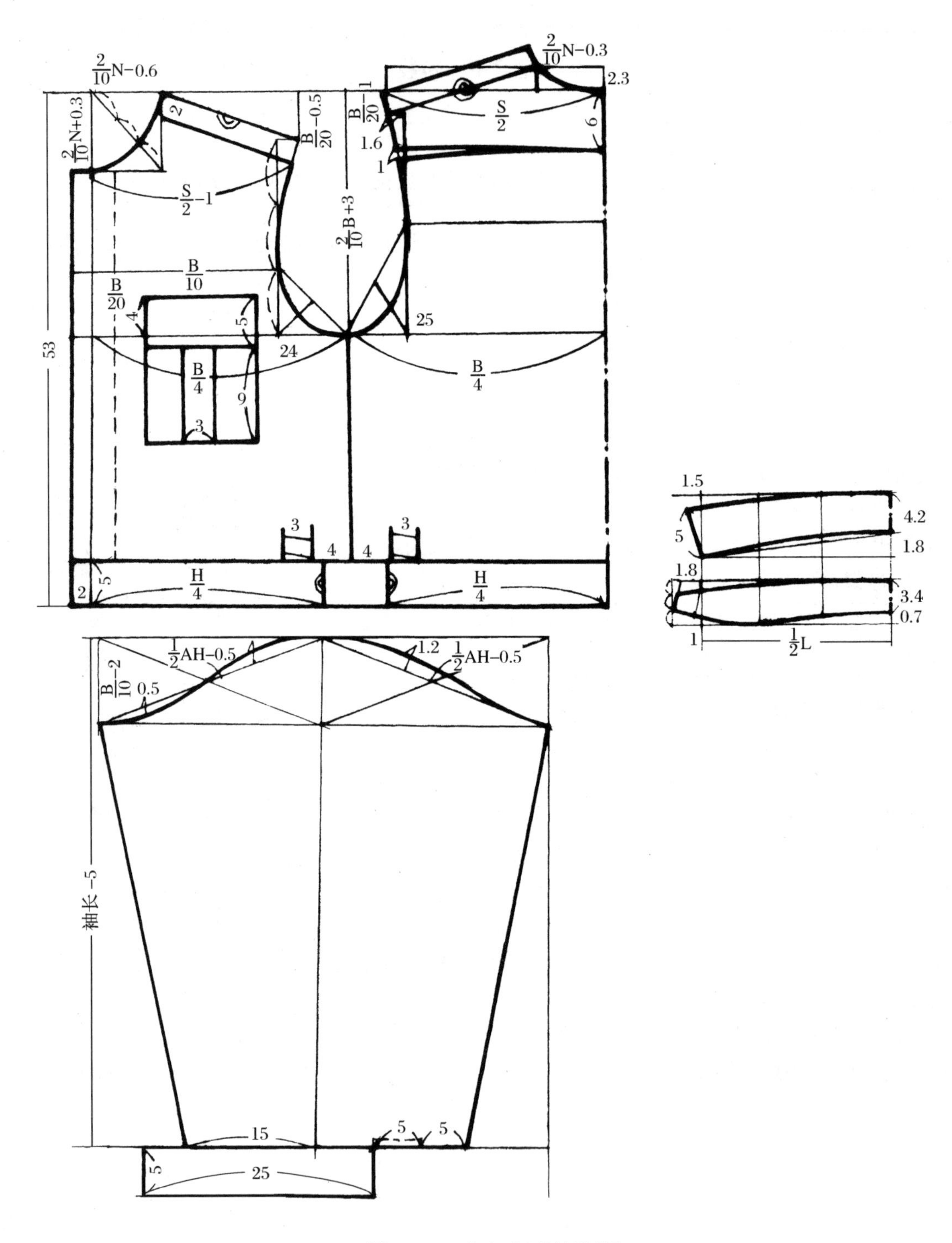

图 4.3.8　夹克式短衬衫制图

五、驳领短袖猎装

1. 款型特点

驳领短袖猎装外形如图 4.3.9 所示。其款型特点为：斜驳翻领；右襟 3 粒扣；前衣片斜形分割(开刀)；四贴袋型，为装爿隐裥袋；后衣片 V 形分割(开刀)；腰部装爿，腰节上为隐裥，腰节下开后衩；两片型西装短袖。

图 4.3.9　驳领短袖猎装外形

2. 净缝制图规格(单位：cm)

号/型	衣长	胸围	肩阔	袖长	松值	体型
170/86	72	106	45	26	2.5	1/1

3. 制图变化说明(图 4.3.10)

(1) 斜驳翻领属于驳领类中的变化品种。配制驳领一般都采用以胸围计算为宜，其中前横开领大于后横开领属于劈门技术应用内容，它具有消除和减少省量，达到服装合体平衡的作用。

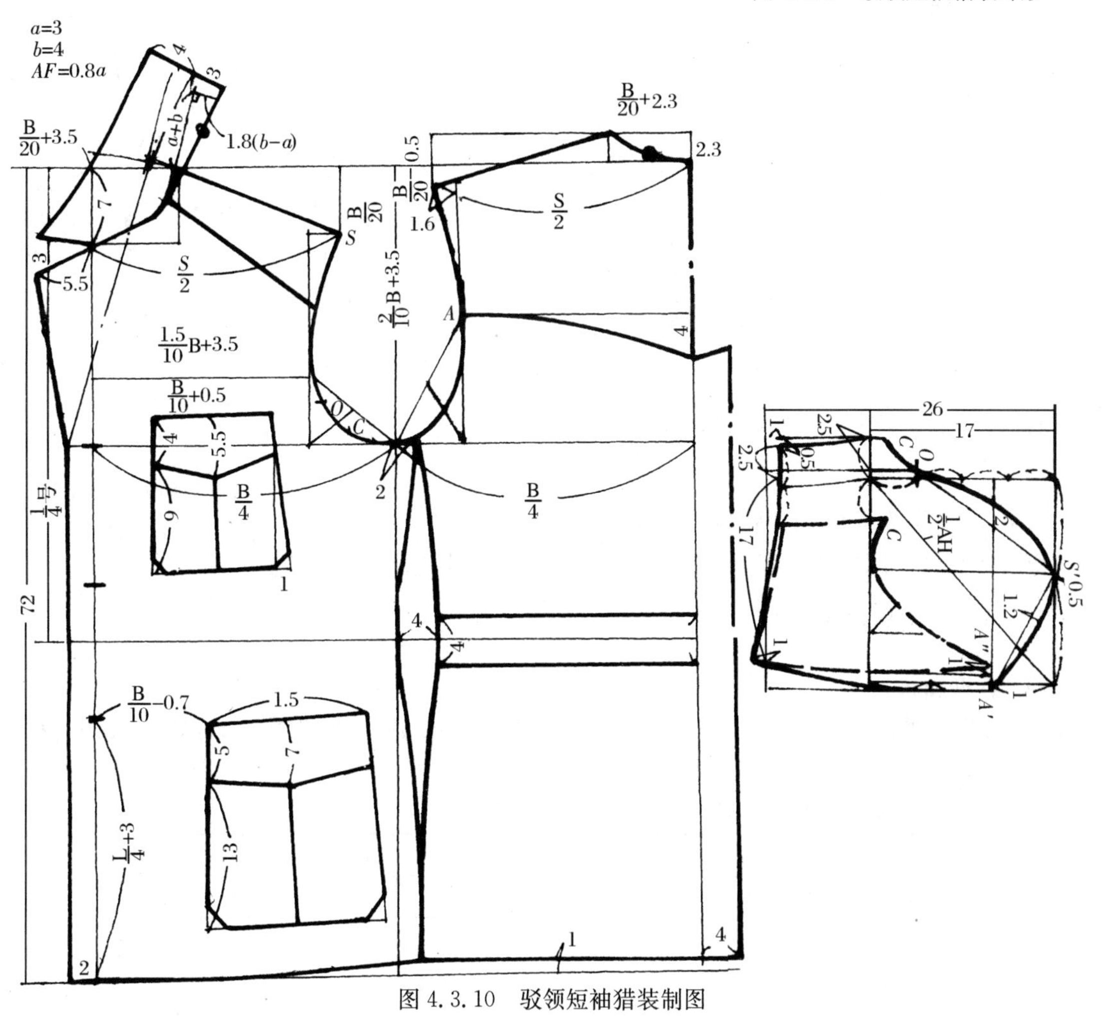

图 4.3.10　驳领短袖猎装制图

(2) 前后衣片分配中有意增大前片和减小后片 2 cm，这是贴袋款型中常见的方法。

(3) 根据后背隐裥及开衩的需要，平行放出 4 cm，出样时需注意隐裥部分的实际需要内容。

(4) 在配制美观型西装短袖时，已知松值 2.5 cm，其袖窿弧长约占成品胸围的 47%。为此，先以袖山斜线$\frac{1}{2}$袖窿弧长和袖山$\frac{1}{3}$袖窿弧长＋0.5 cm 条件，绘制出该袖山基型。其中后袖山高取$\frac{1}{3}$袖山，前袖标取$\frac{1}{4}$袖山，以及肩缝对档点为袖肥中点偏前 0.5 cm，前袖口缝偏进 0.5 cm等内容，都是根据款式特点而定。具体配袖步骤及技术内容请参考女外衣配袖部分内容。

六、休闲松身宽落肩长袖男衬衫

1. 款型特点

休闲松身宽落肩长袖男衬衫外形如图4.3.11所示。其款型特点为：分割式登翻尖领，领尖锁眼钉扣各 1 粒；前门襟锁眼钉扣 6 粒，前胸钉小袋各 1 只；松身圆摆造型，前后过肩(复司)，后过肩下对裥 1 只；长袖装克夫，袖口开衩，褶裥 3 只。

2. 净缝制图规格(单位：cm)

号/型	衣长	胸围	肩阔	袖长	领围	松值	体型
175/86	75	124	52	57	41	3	1/1

3. 制图变化说明(图 4.3.12)

(1) 休闲合体衬衫为大袖窿衬衫，当松值取 3 cm时，其袖窿弧长＝0.48 胸围，适合立体包装。

(2) 凡宽落肩袖，当肩宽数大于 0.3 胸围＋13 cm 时，为了保持肩宽后袖窿弧长不变特点，必须在袖窿深公式中增加其肩宽量，即：$\frac{2}{10}$胸围＋4 cm＋1.8 cm 内容。

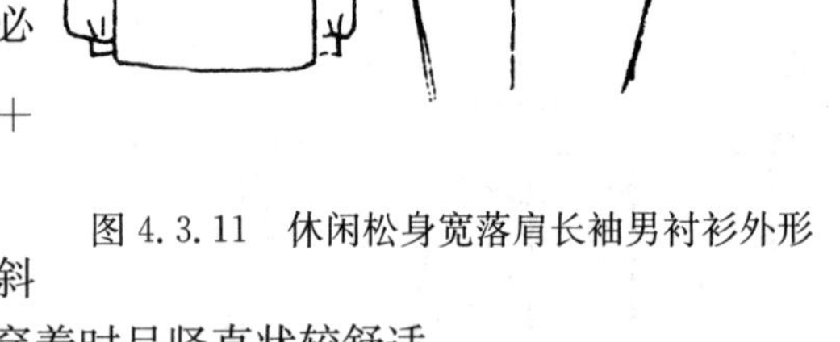

图 4.3.11 休闲松身宽落肩长袖男衬衫外形

(3) 该领脚为合体状领脚，即穿着时呈倾斜状，穿着较合体。原衬衫领脚为舒适状领脚，在穿着时呈竖直状较舒适。

七、两用领男睡衣

1. 款型特点

两用领男睡衣外形如图 4.3.13 所示。其款型特点为：开、闭两用领；门襟锁眼钉扣 5 粒；左前胸钉小袋；一片袖，袖口外翻贴边。

2. 净缝制图规格(单位：cm)

号/型	衣 长	胸 围	肩 阔	袖 长	领 围	松 值	体 型
170/86	72	110	46	58	40	2	1/1

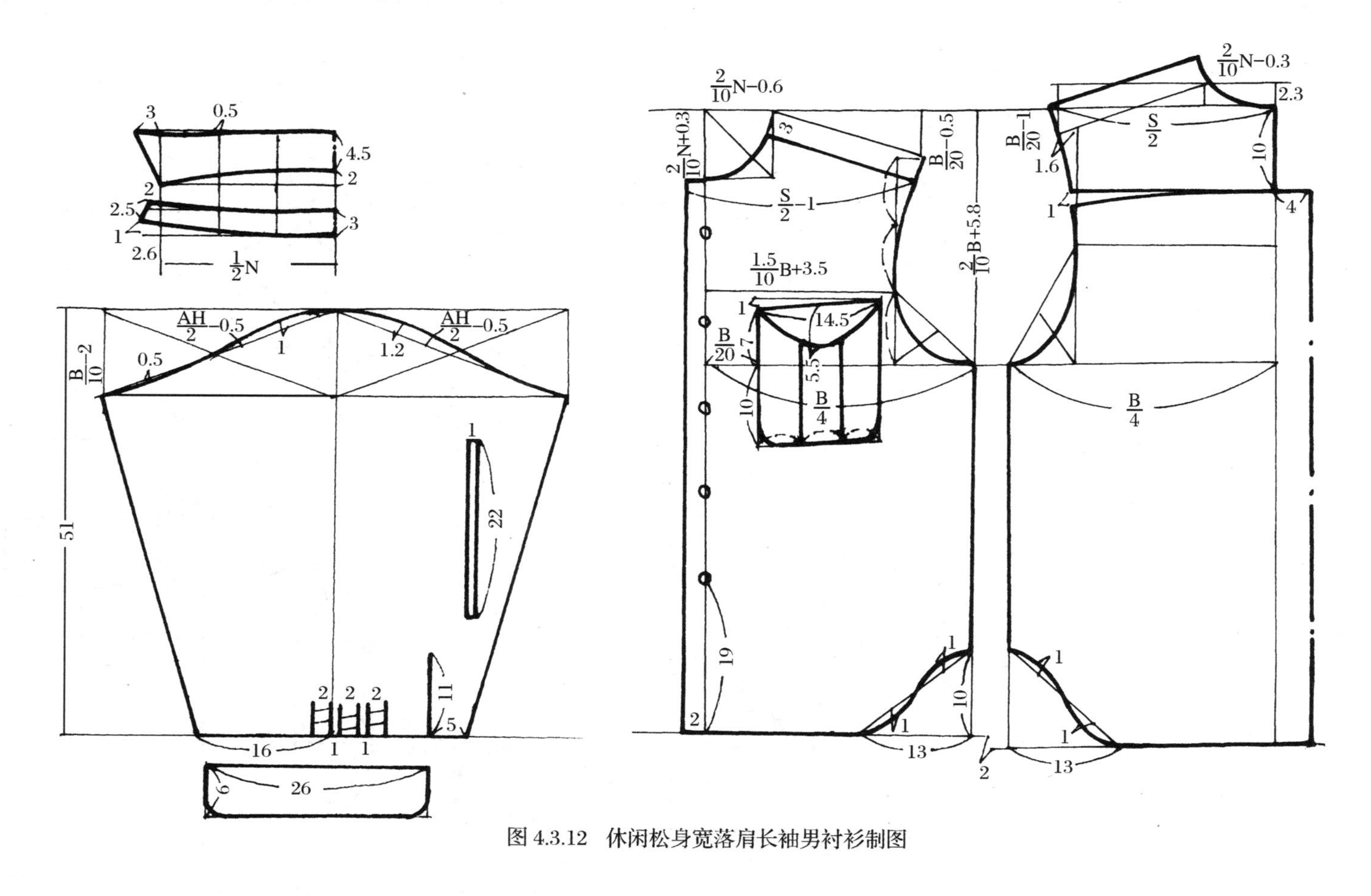

图 4.3.12　休闲松身宽落肩长袖男衬衫制图

3. 制图变化说明(图 4.3.14)

(1) 睡衣属室内服,其胸围放松量宜大不宜小,以满足穿着条件变化及活动等需要。

(2) 袖缝结构为圆袖有缉势时,袖山斜线分别为:$\frac{1}{2}$袖窿弧长和$\frac{1}{2}$袖窿弧长-0.5 cm两种。由于男衬衫袖的袖山深都小于$\frac{1}{4}$袖窿弧长,袖山斜线为$\frac{1}{2}$袖窿弧长时,其袖山缉势量占袖窿弧长的3%;当袖山斜线为$\frac{1}{2}$袖窿弧长-0.5 cm时,其袖山缉势量占袖窿弧长的1%。具体可根据款型、面料特性而决定。

(3) 在一片袖中,有意将袖山肩缝对档点按袖肥中点向前偏1 cm(两片袖向前偏0.5 cm)。这是保证和适应衣袖动态和静态均平衡合体的重要技术内容。

(4) 袖口贴边和袋口贴边可采用直料外翻贴边,这样能起到装饰作用。

图 4.3.13　两用领男睡衣外形

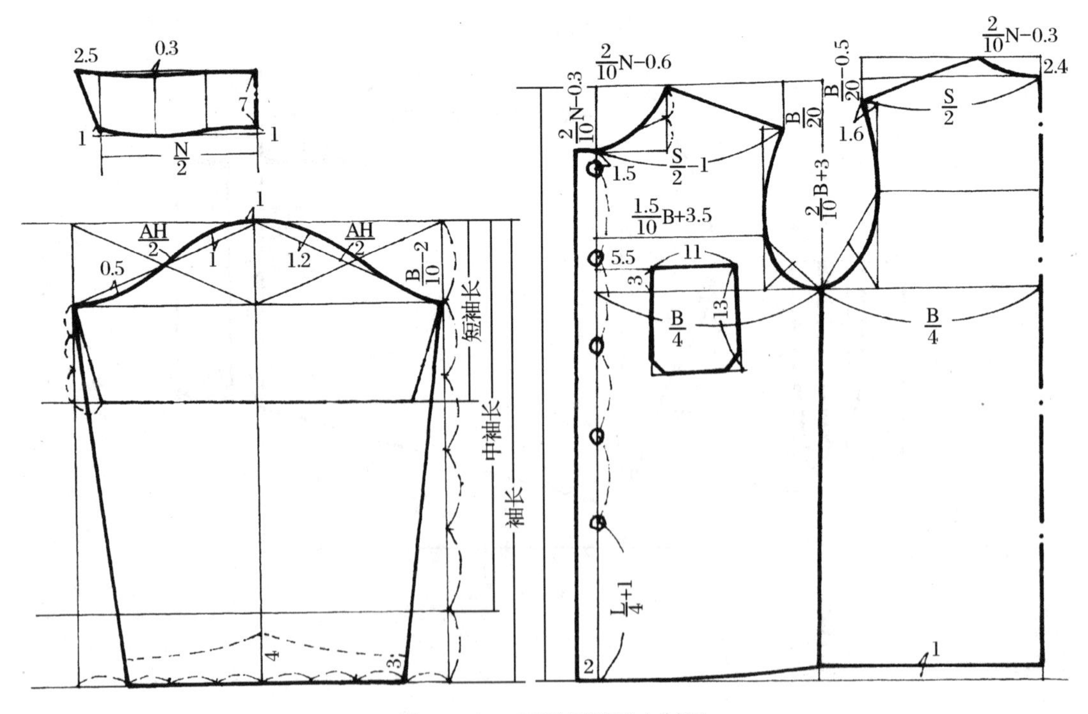

图 4.3.14　两用领男睡衣制图

八、镶拼松身宽肩大袖窿男衬衫

1. 款型特点

镶拼松身宽肩大袖窿男衬衫外形如图 4.3.15 所示。其款型特点为：分割式登翻方领；前后 V 形育克分割；门襟外翻贴边，锁眼钉扣 6 粒，前胸小袋各 1 只；短袖，平袖口。

图 4.3.15　镶拼松身宽肩大袖窿男衬衫外形

2. 净缝制图规格(单位：cm)

号/型	衣长	胸围	肩阔	领围	袖长	松值	体型
175/86	76	116	49	41	23	3	1/1

3. 制图变化说明(图 4.3.16)

(1) 制图中的前、后育克分割，凡较宽时允许不组合。

(2) 袖窿深公式：$\frac{2}{10}$胸围＋5 cm 中，包括 1 cm 宽肩的调整数据。

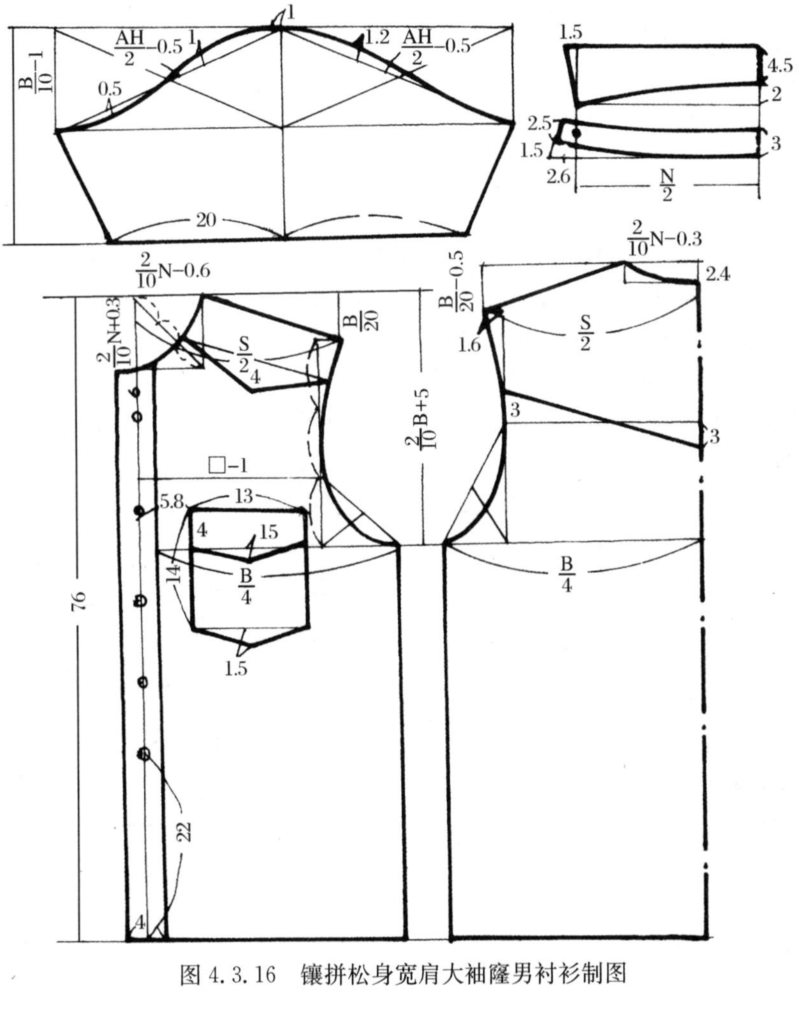

(3) 宽肩大袖窿结构，为休闲服装的主要特征。其中袖窿较深，窿距与窿深的比值为 0.64左右。在现代商品化服装设计中，成功地应用肩宽数据能起到调整衣袖结构，达到谁都可穿，而且谁穿着都合体的目的。

(4) 下摆无起翘内容，属制图中的简化形式。在穿着时后衣片显长。

(5) 肩宽计算公式，请见休闲松身宽落肩长袖男衬衫中的相应内容。

图 4.3.16　镶拼松身宽肩大袖窿男衬衫制图

习 题

1. 与衬衫领相比，两用领在制图中有哪些改变？
2. 男衬衫后背无褶裥时，前后衣片在分配上有哪些变化？
3. 套头衬衫中，开襟应注意哪两个原则？
4. 男式合体型衬衫中的袖窿深公式，由哪两个部分组成？
5. 登闩是怎样形成的？
6. 驳领制图中，前后横开领大以什么部位计算为宜？为什么？
7. 两片袖与一片袖相比，袖山斜线公式有哪些不同？

第四节 男衬衫缝制

长袖男衬衫缝制工艺如下。

1. 缝制工艺程序

做准备工作→预缩领面、领衬→做下领→做上领→缝合上、下领→做、装袖衩→做克夫(袖头)→烫门襟、里襟、胸袋→钉胸袋→装复司(过肩)→驳缉前肩缝→装领→装袖→缝合摆缝→装克夫→卷底边→锁眼，钉扣→整烫。

2. 缝制步骤工艺说明

(1) 做准备工作。检查衣片零部件，检查领衬、袖口衬等是否配齐。领衬一般用树脂衬，袖口衬用细布衬。

(2) 预缩领面、领衬。

A. 将领面料和领衬放在140℃的压领机内进行热缩处理，时间为10～15秒。一般生产时亦可用电熨斗来回熨烫进行预缩，同时检查面料。面料上不能有任何疵点、污渍存在。

B. 按图示放出上、下领衬的缝份，剪去翻领角，加烫薄膜领角衬(图4.4.1)。

(3) 做下领。衬衫领由上领(翻领)与下领(领座)组成。

A. 做下领时，将涂刷浆后的下领衬放在下领面上(注意领衬下口距面料0.8 cm)，烫平、烫干后再将下领口黏浆扣转0.8 cm烫牢。

B. 沿着领下口边缘缉0.7 cm止口线。要求缉线顺直，无凹凸现象出现(图4.4.2①)。

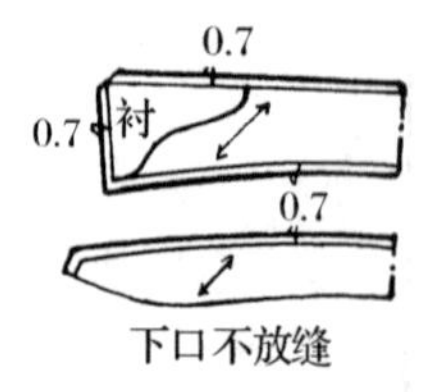

图4.4.1 预缩领面、领衬

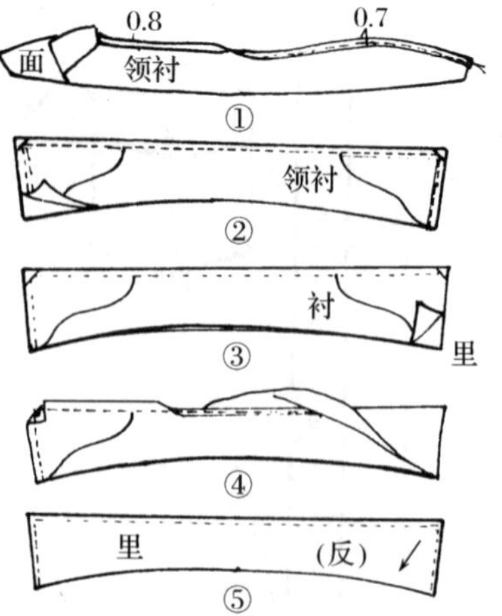

图4.4.2 做 领

(4) 做上领。

A. 将领面摊平，将刷浆后的领衬放在领面上，注意凡有条格的原件，左右领尖格要对称。熨烫时先烫领的中部，然后向两头移动。考虑到领面里外须均匀的要求，熨烫时可拎起一端，使领面呈窝状(图 4.4.2②)。

B. 将领里放在下层，领衬和领里在上层，按净缝线缉合上领。缉时夹里略紧，起落处打回针(图 4.4.2③)。

C. 修领角并翻出上领。修领角时剪去领角处的面料缝头，呈剑形。尖角处缝份不得小于 0.3 cm。用手指压住领角缝份翻出领角，先折角尖，后折两边，再用镊子轻轻将领角挑尖(图 4.4.2④)。

D. 朝领里一面，自领角向内将领里烫平，使领止口不外吐。领横端要顺直，左右角要对称。为了使领里和领衬固定，可蘸浆黏合烫干(图 4.4.2⑤)。

E. 对折上领，修剪上领下口，打出中间刀眼。

F. 沿正面按工艺要求缉止口。缉线过程中为防止领面起皱，可把缝纫机压脚的压力适当放松。领面不应往后移动，必须往前推。要求领面止口线整齐无接线，领角不缺针或过针(图 4.4.2⑤)。

(5) 缝合上、下领。

A. 上领夹在下领的面与里中间，三层刀眼对准，按下领净线缝合。起落处要缉回针。

B. 将下领圆头内缝修至 0.4 cm 左右，用大拇指顶住翻出下领，烫平缝合处(做到中间无坐缝，下领角圆顺)，并沿领里边缘放出 0.5 cm 缝份，修剪下领里(图 4.4.3)。

(6) 做、装袖衩。

A. 把袖衩两面扣折 0.6 cm，再对折使袖衩净阔为 1 cm(图 4.4.4①)。

B. 把袖衩骑缝装在袖开衩处，沿袖衩边缝缉 0.1 cm 止口，缉至开衩上端时应将布料拉直，即既要缉牢袖子，又不能缉缝过多使开衩上端有褶裥(图 4.4.4②)。

C. 将大袖一面的袖衩折向里面，放平袖衩，沿袖衩上端下 0.8 cm 处明线封缉 3 道。封衩线宽度以不超过袖衩宽为宜(图 4.4.4③)。

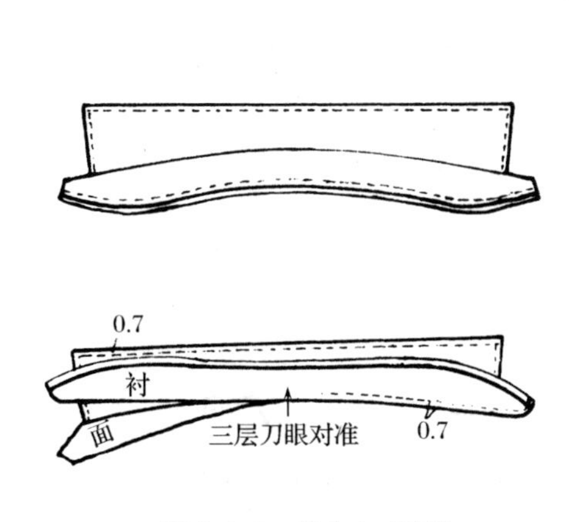

图 4.4.3　缝合上、下领

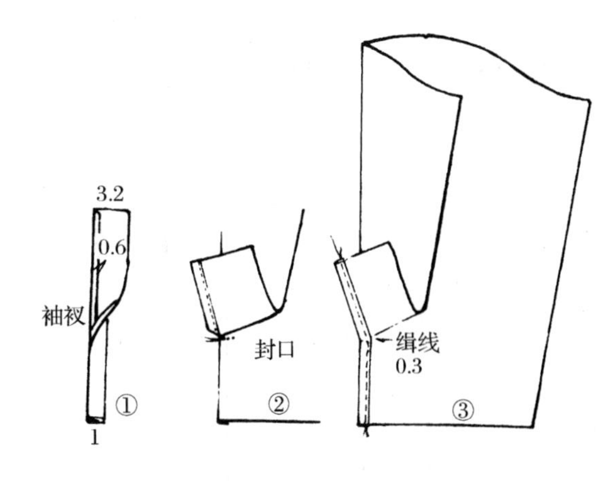

图 4.4.4　做、装袖衩

(7) 做克夫(袖头)。

A. 把克夫放在下层、衬布放在上层，重叠 0.8 cm，中间缉线(图 4.4.5①)。

B. 将袖口衬沿边缘折倒烫平，再将克夫正面叠合折转，使夹里下口比面子长出 1 cm。为了使克夫里略紧，可把克夫边缘用浆黏合起来，再画出克夫净线(图 4.4.5②)。

C. 按克夫净线缝合，并把克夫圆角修窄后用定型样板将克夫翻转烫平，使圆角两头对称、不吐止口，并把克夫下口夹里塞进去，包住两边缝头后烫平。这里，夹里可比面子阔0.1 cm(图 4.4.5③、④)。

(8) 烫门襟、里襟、胸袋。

A. 按刀眼把门襟、里襟翻折烫平，门襟阔 4 cm，里襟阔 2.4 cm，并按领口线修齐门襟、里襟贴边(图 4.4.6)。

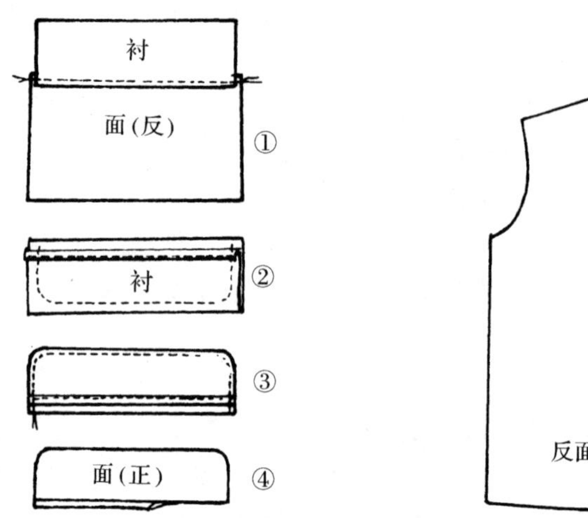

图 4.4.5 做克夫

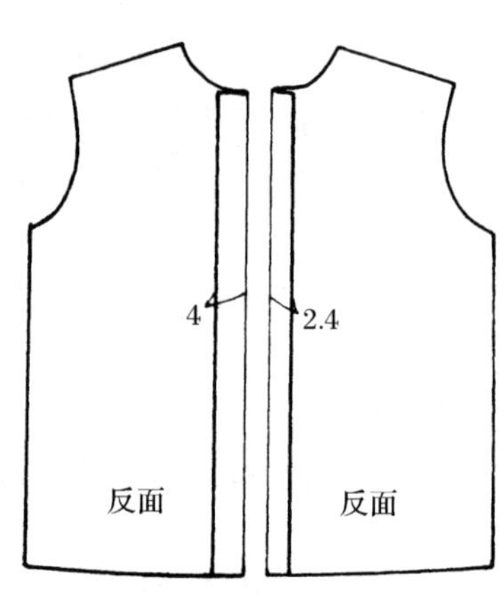

图 4.4.6 烫门襟、里襟

B. 凡袋口皆为不缉线胸袋，先把袋口贴边按图 4.4.7 所示三折。要求翻折时里袋口贴边不可虚空，然后把袋口三边缝头各扣转 0.7 cm。袋角要居中，斜度要一致。

(9) 钉胸袋。钉胸袋高低和进出必须盖没钻眼 0.3 cm，位置要放正。钉时从左袋口起针(按图 4.4.8 所示封袋口成直角三角形)，长为贴边宽，宽约 0.5 cm。袋口边缘缉 0.1 cm 止口。操作时左手按袋布，右手按住大身稍拉紧，使胸袋平整，大身不起皱。

(10) 装复司(过肩)。装复司前如遇到复司夹里是拼接的情况，应先将拼接处烫平，使下口呈直线，并将复司上口扣转 0.7 cm(前复司如为暗线可以省略)(图 4.4.9)。

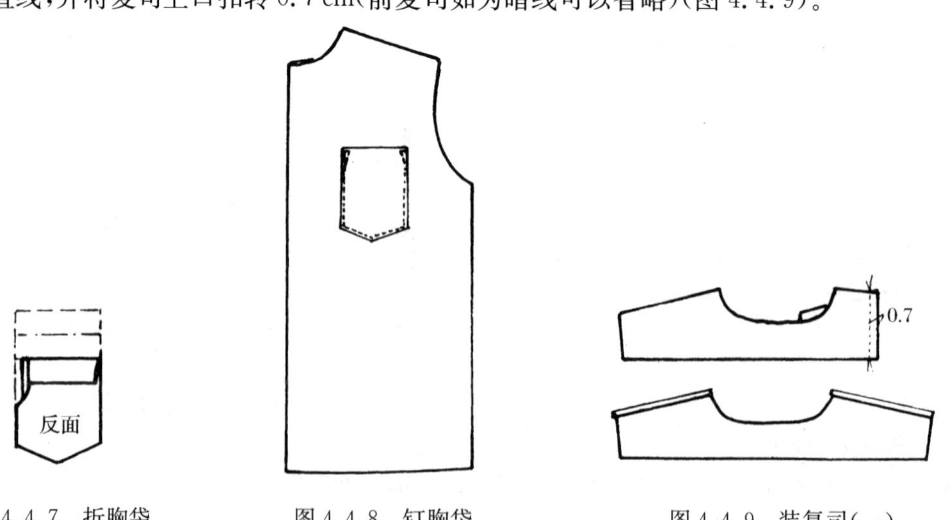

图 4.4.7 折胸袋　　图 4.4.8 钉胸袋　　图 4.4.9 装复司(一)

装复司时，后衣片夹在复司面、里中间，三层中间刀眼对齐缉 0.7 cm 缝份。上手时大身裥按刀眼向前折，下手时按刀眼向后折。缝合时复司夹里稍拉紧(图 4.4.10)。

(11) 驳缉前肩缝。

A. 把复司面、里翻转烫平，并按复司面放出 0.5 cm 修剪复司里，后领中间打刀眼 0.3 cm 深。

B. 缉前肩缝时，把前衣片放在下层(反面向上)，后复司夹里放在上层(反面向上)，两层放齐缉 0.7 cm 暗线后，随即将大身翻转，使前复司盖没缉线后，沿前复司边缘驳缉明线 0.1 cm。两端要缉回针(图 4.4.11)。

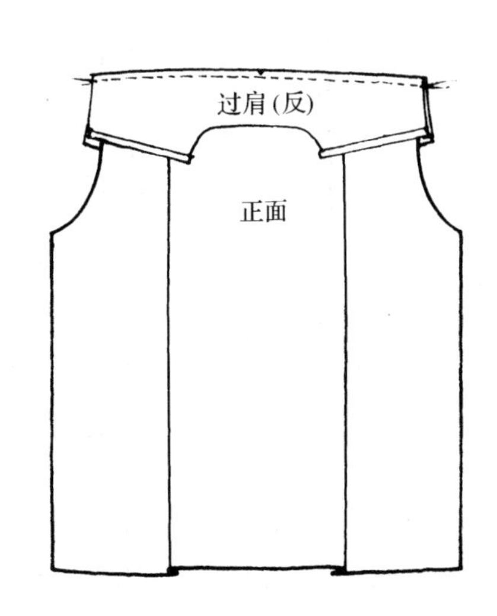

图 4.4.10 装复司(二)

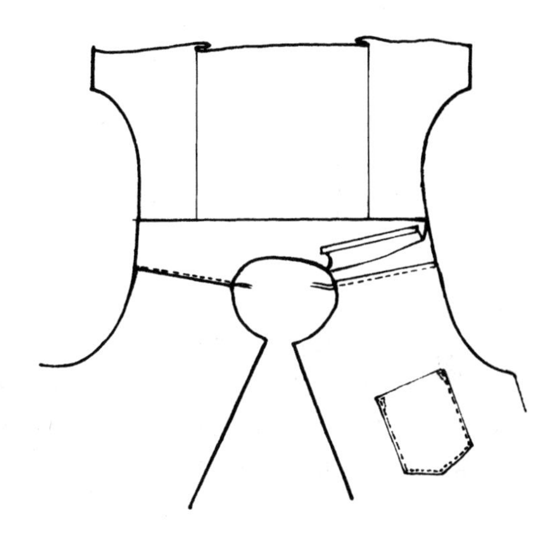

图 4.4.11 驳缉前肩缝

(12) 装领。

A. 将大身正面平放，下领与大身正面叠合(下领端可缩进 0.1 cm，缝份为 0.7 cm)，两头缉回针，中间刀眼对齐(图 4.4.12)。

B. 翻转大身，将下领包紧门襟，沿边缘四周压缉 0.1 cm 止口。要求领与大身门襟平齐，无凸出现象(装领时缩进 0.1 cm)，压缉线盖没第一道缉线，领子不歪斜(图 4.4.13)。

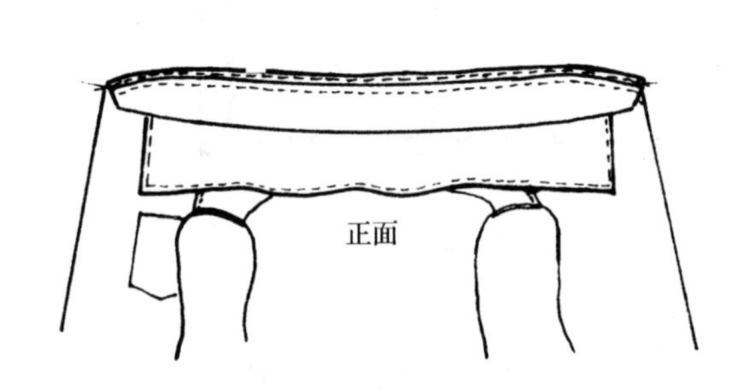

图 4.4.12 装 领(一)

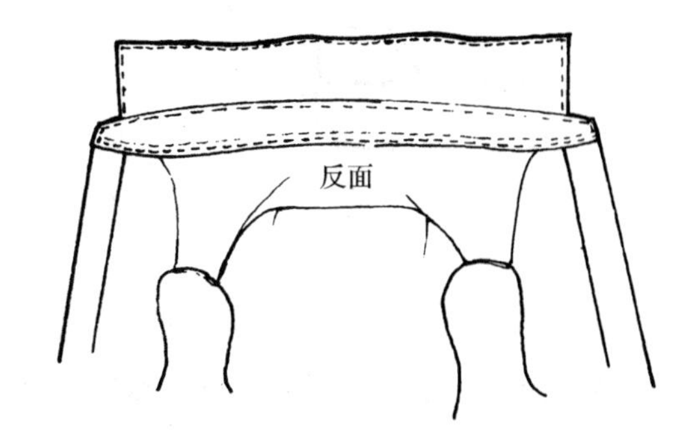

图 4.4.13 装 领(二)

(13) 装袖。把袖子放在下层，大身放上层，由袖底缉起(缝份为 1 cm，袖山处可略归缩 0.7 cm 左右)，按袖缝边缘拷边。缉袖时应保持前后袖松紧一致、起落针回针缉牢(图 4.4.14)。

(14) 缝合摆缝。沿袖底、摆缝缉 1 cm 缝份。要求袖底前后袖缝对齐，上下层缉线顺直无吃势现象。最后将摆缝边缘拷边(图 4.4.15)。

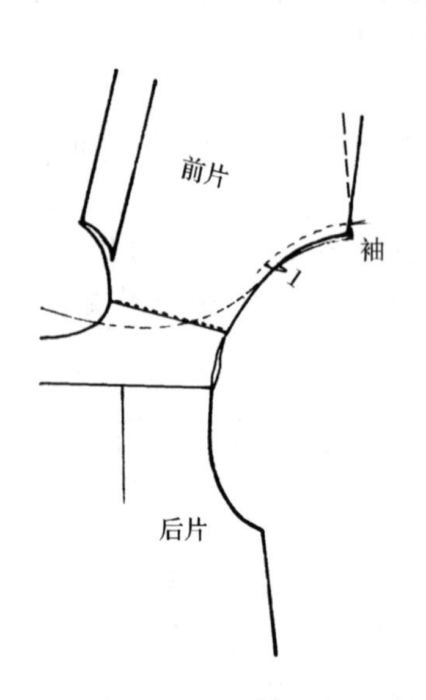

图 4.4.14 装 袖

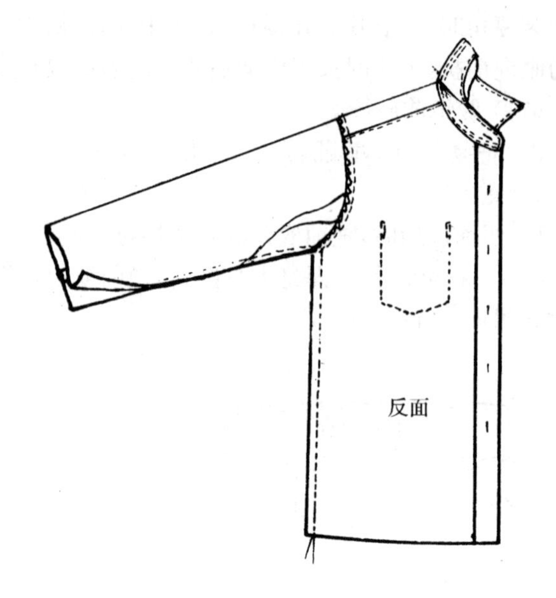

图 4.4.15 缝合摆缝

(15) 装克夫。袖缝为 0.7 cm,克夫包紧袖衩缉止口 0.1 cm。装克夫时应注意夹里应稍拉紧些,线迹要顺直,3 只褶裥间的距离为 1 cm,褶裥向大袖衩方向倒;起落手克夫与袖衩要平齐,袖衩长短要一致,克夫止口宽窄同领止口相一致(图 4.4.16)。

(16) 卷底边。先检查门襟、里襟是否有长短。卷贴边时,从门襟开始,其底边阔 1.5 cm,贴边内缝为 0.7 cm,起落处缉回针。要求内缝宽窄均匀,底边缉线顺直平服,无链形(图 4.4.17)。

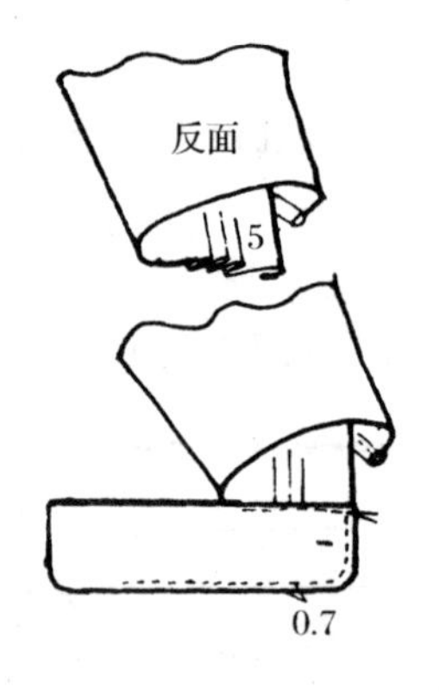

图 4.4.16 装克夫

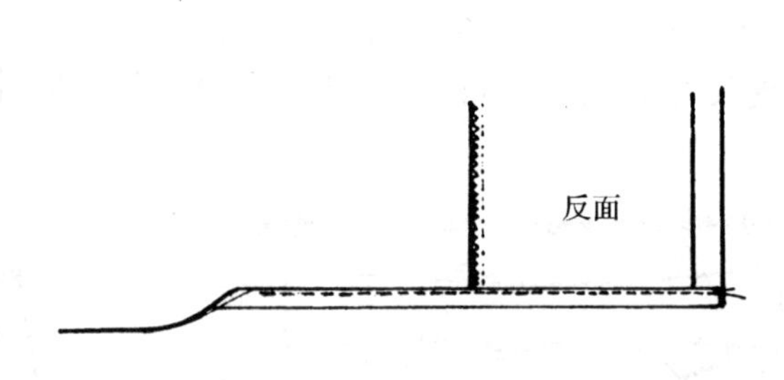

图 4.4.17 卷底边

(17) 锁眼,钉扣。

A. 上纽眼在下领中间,进出按翻领位向外偏出纽眼的$\frac{2}{3}$定位。下门襟开直纽眼 5 只,距门襟边 1.9 cm;纽眼大 1.3 cm。克夫纽眼在大袖衩处(折转一边),高低为克夫宽的$\frac{1}{2}$,进出离边缘 1 cm。

B. 钉扣时,先对齐门襟、里襟,沿纽眼位中点画出上下位置(进出离里襟边 1.7 cm)。克夫的扣位按外口偏进 1.5 cm 定位。

(18) 整烫。先把衬衫检查一遍,修净线头后,将衬衣喷水整烫。先烫领(前领应呈窝势),

其次烫袖子及克夫，褶裥应理顺烫平，然后把领放在左边，下摆朝右，摆平衣服将后背复司、褶裥理顺烫平。最后烫前身里襟、门襟，并扣好纽扣，将衬衣折叠好后包装。

3. 质量要求

(1) 外领平挺无皱，无起壳现象，领角长短一致，缉线一致，无链形；装领准确，不歪斜，底领口平服。

(2) 克夫圆头一致，褶裥均匀，袖衩无毛出、细裥，装袖吃势均匀。

(3) 门襟长短一致；纽平齐；底边宽窄一致，无链形；整烫无污渍、无烫黄现象。

习　　题

1. 怎样做好上领？装领时应注意哪几点？
2. 钉胸袋怎样才能做到平整服帖？
3. 说出装复司和驳缉前肩缝的要点。
4. 怎样装袖衩？如何装好整个袖子？
5. 装克夫应注意哪些要点？

第五章　裙(连衣裙)制图

第一节　裙(连衣裙)制图基本知识

裙子最早是人类用以遮蔽下半身而形成的服饰。随着社会的进步和发展,继而出现了一种新的服装品种——连衣裙。

图 5.1.1 为裙(连衣裙)的穿着状况剖视图,从中可了解到裙的造型与人体之间的关系,以

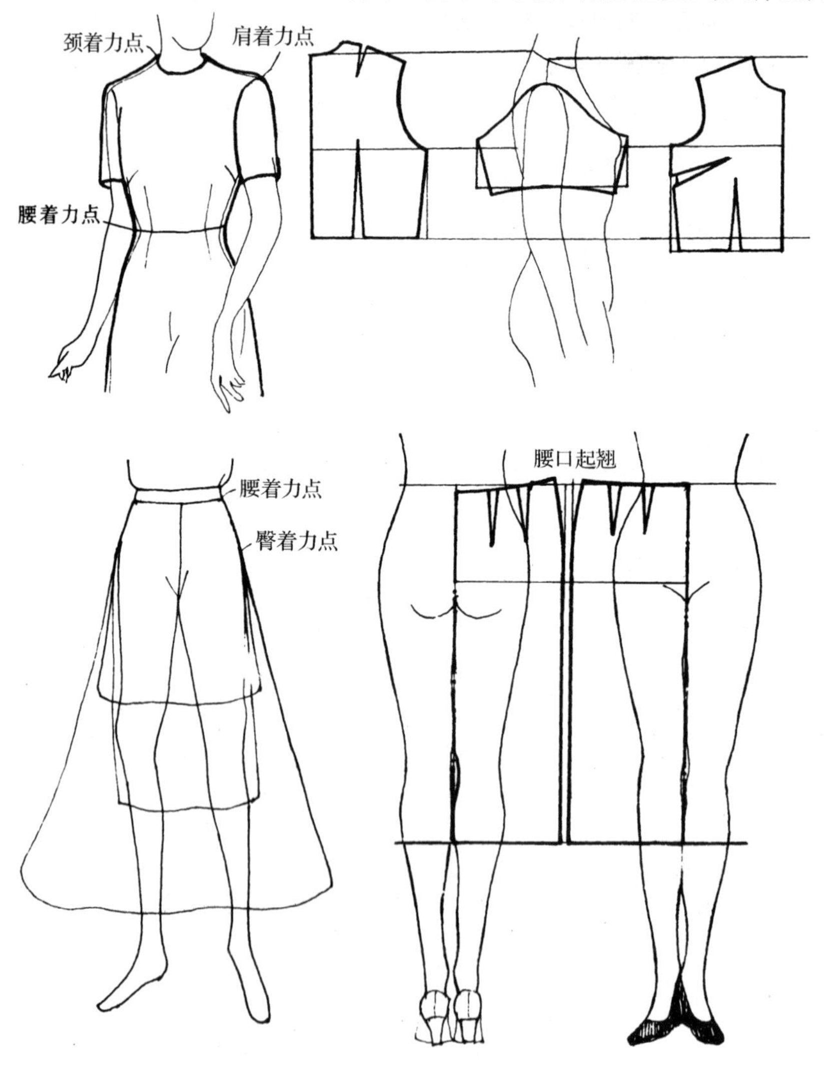

图 5.1.1　裙(连衣裙)的剖视图

及裙的平面展开技术方面的内容。

从连衣裙剖视图可以看到，在合体整身上除了颈、肩、胸、背着力点外，连衣裙中增加了腰、臀着力点内容。在连衣裙平面展开图中，由胸腰差或臀腰差合体而产生腰省以及采用腋下省平面展开形式，表明了服装平展技术应用中的“省缝”形式的变化丰富多彩。

省缝平面展开的特点：

(1) 省是可以转换的。以乳高点为中心，省缝可以转换成肩省、袖窿省、腋下省、前胸省、腰省、领省……(图 5.1.2)。在实际应用中，胸省是以减量形式来表现的，尤其在横省基型中，省量一般控制在 15：3 以下为宜，并将余下的省量放在袖窿之内。

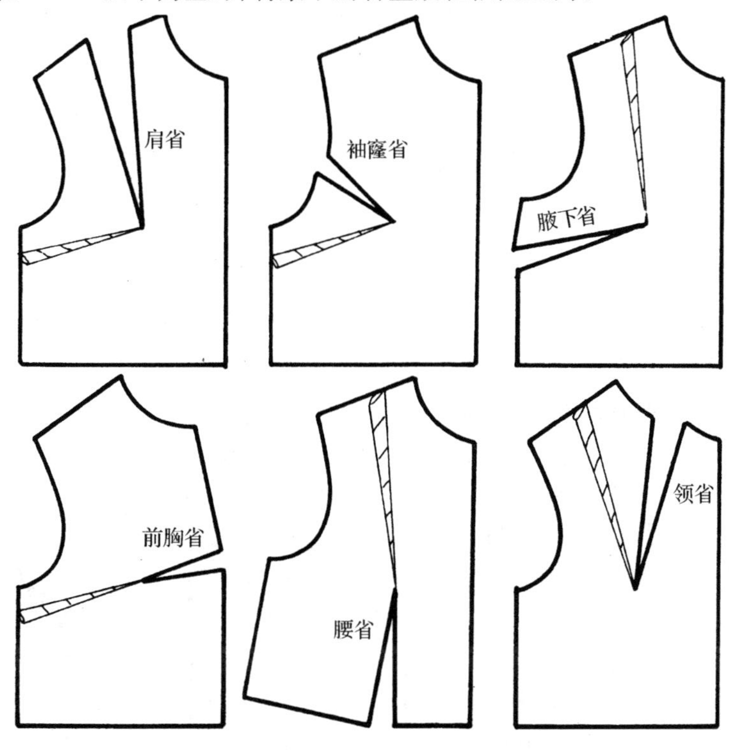

图 5.1.2　省的各种变化形式

(2) 省具有分散的特性。这是指可将胸省或腰省分成 2 个或 2 个以上的省。如图 5.1.3 所示：图①中省分散成袖窿省和腋下省；图②中领省分成了 3 个；图③中腰省分成了 2 个。

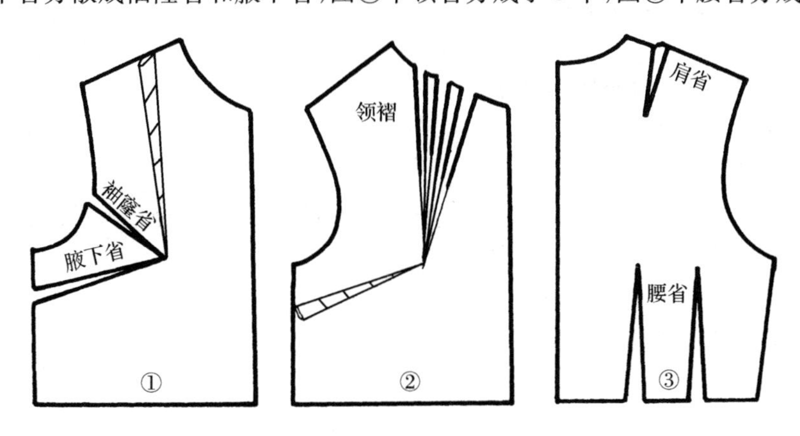

图 5.1.3　省的分散性

(3) 省具有集中的特性。即将胸省与腰省合并，达到增大省量的目的。如图 5.1.4 中腰省的集中形式(图①)，肩省的集中形式(图②)，领省的集中形式(图③)，用于褶裥之中。

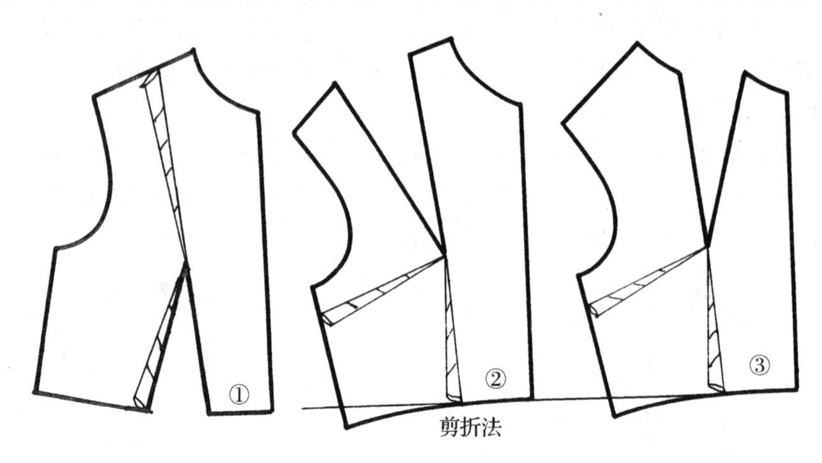

图 5.1.4　省的集中性

(4) 省的转换方法有剪折法和转移法两种。

剪折法——在基本型的基础上，将所需省缝剪开，然后折叠省缝，见图 5.1.4。

转移法——用铅笔或尖状物压住基本型乳高点，在所需省缝处开始，画出无需转移部位的基本型轮廓，然后转移基本型，边消除基本型中的省缝，边画出转移后的基本型轮廓。图 5.1.5①是将腋下省转移成肩省，②是将肩省转移成腋下省。

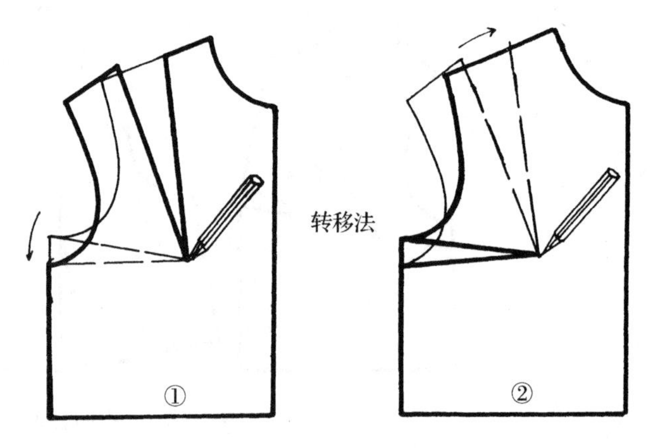

图 5.1.5　省的转移法

连衣裙结构线条名称见图 5.1.6。

连衣裙的量体和加放说明如下：

前腰节长　由颈侧点，经过乳峰量至腰部最细处(可在腰部系一带子)。

后腰节长　由第七颈椎骨量至腰部最细处。前后腰节差是确定挺胸状况的重要数据。

裙长　由腰部最细处量至所需长度。

袖长　与女衬衫相同。

领围　与女衬衫相同。

头围　自额头经过耳上，通过后颅骨突出处围绕颅骨一周。这是套头式服装的领口规格。

胸围　与女衬衫相同。

腰围　腰部围量一周，加放 8 cm 左右。

臀围　臀部围量一周，加放 4 cm 以上。

测量短裙需注意的内容：

裙长　从胯骨上 4 cm 量至所需长度。这里有两种测量估算方法：①测量长裙时，以与地面的距离来估算，如离地面 20 cm 或者长至地面等；②测量短裙时，常以与膝盖骨的距离来估

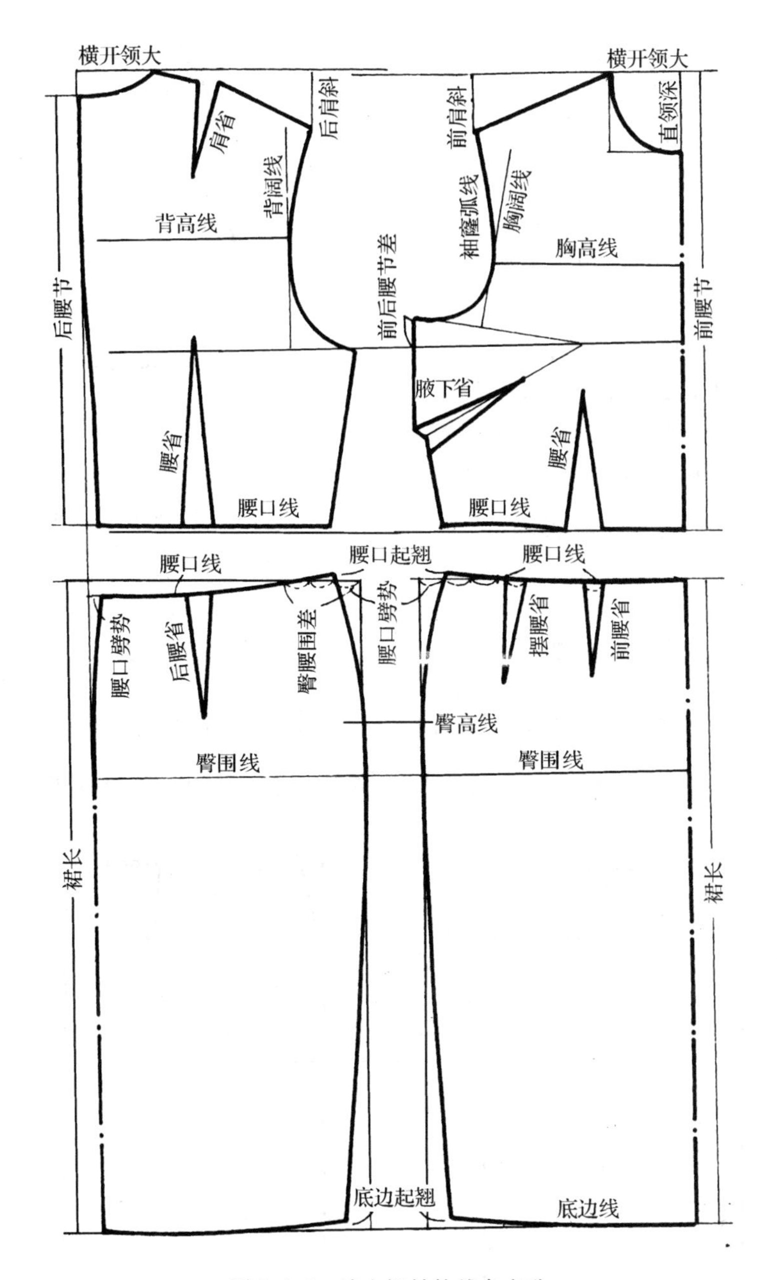

图 5.1.6　连衣裙结构线条名称

算，如膝盖上 10 cm 的短裙，膝盖下 10 cm 的较长短裙等内容。

腰围　在腰部最细处围量一周，加放 4～8 cm 即可。

臀围　与连衣裙相同。

第二节　摆褶直身裙制图

1. 款型特点

摆褶直身裙外形如图 5.2.1 所示。其款型特点为：呈筒形；裙摆边左右褶裥；右侧腰开口装拉链，前后身收省各 4 只；宝剑形狭腰。

2. 净缝制图规格(单位:cm)

号/型	裙　长	腰　围	臀　围
165/62	68	64	92

3. 前裙片制图(图 5.2.2、图 5.2.3)

底边线(下平线)①　预留贴边 2.5 cm,作纬向直线。

裙长线(上平线)②　底边线上量(裙长规格－3 cm 腰阔),作平行线。

腰口起翘③　裙长线上量 0.7 cm,作平行短线。

臀围线④　裙长线下量 18 cm,作平行线。

臀高线⑤　臀围线上量 5 cm,作平行短线。

前中线⑥　取织物经向(门幅)对折直线。

臀围大⑦　前中线量进$\frac{1}{4}$臀围,作平行线交上、下平线。

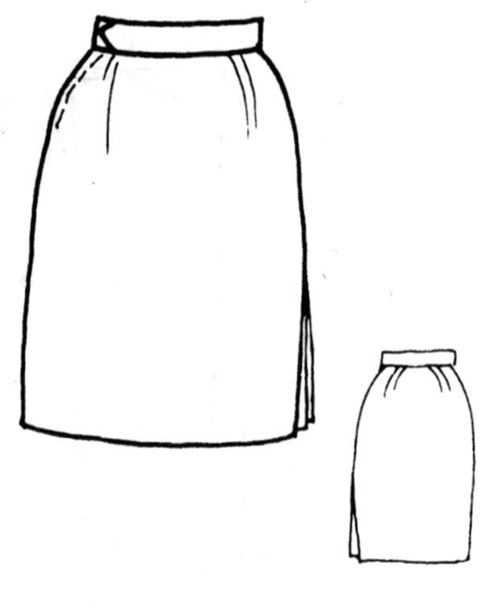

图 5.2.1　摆裥直身裙外形

腰围大⑧　前中线量进$\frac{1}{4}$腰围,作平行线,把余下的腰臀围差分成三等份。

腰口劈势⑨　在裙长线上,以臀围大线量进$\frac{1}{3}$腰臀围差,作平行线与腰口起翘相交。

摆缝线⑩　连接腰口劈势与臀高线交点作直线,在中间凸出 0.3 cm 处取点,弧线画顺,下

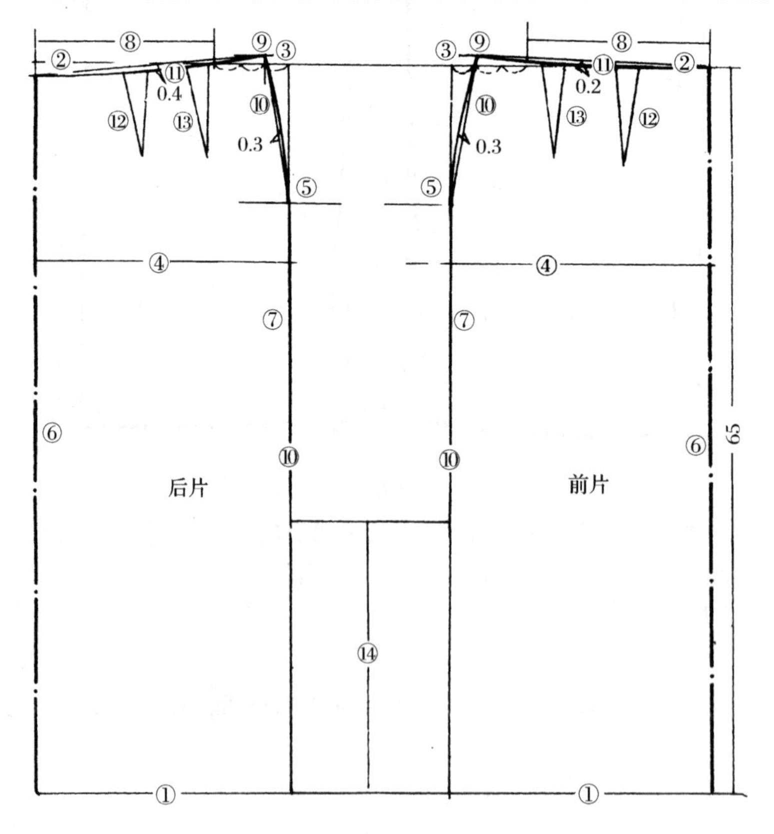

图 5.2.2　裙片制图(一)

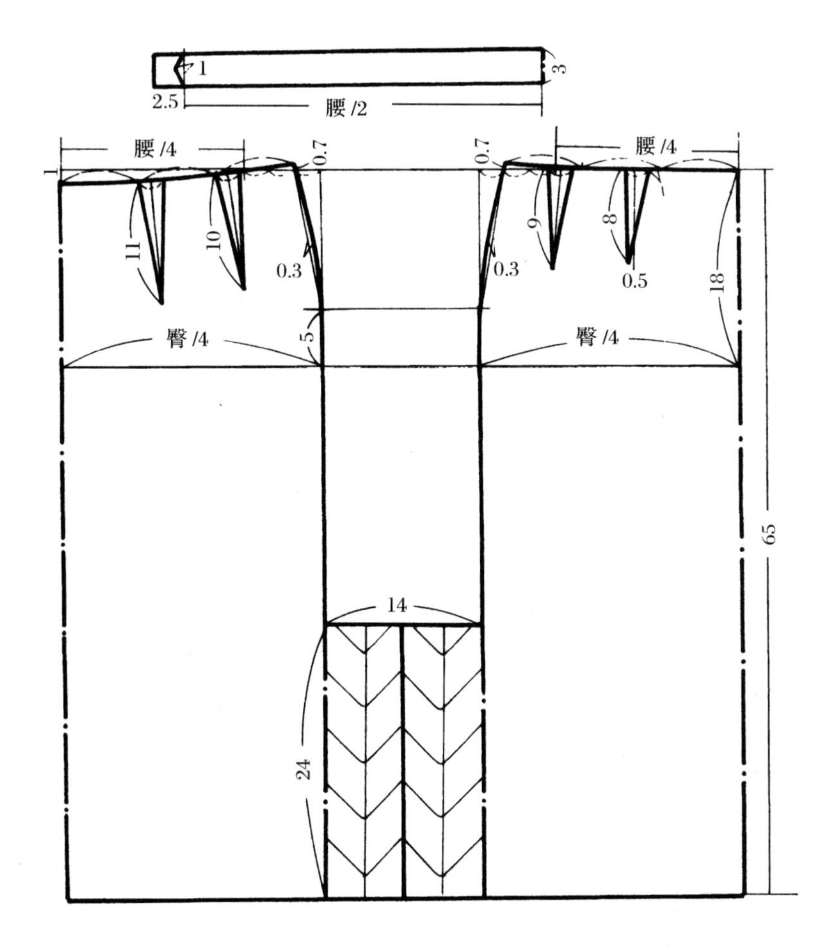

图 5.2.3　裙片制图(二)

直线画至底边。

腰口线⑪　连接腰口起翘与前中线交点作直线,在中间凹进 0.2 cm 处取点,弧线画顺。

前腰省⑫　省位自前中线量进$\frac{1}{3}$腰口线+1 cm;省大为$\frac{1}{3}$腰臀围差;省长为 8 cm;省尖按$\frac{1}{2}$省大的腰口垂线,向摆缝处偏移 0.5 cm。

摆腰省⑬　取前腰省至腰口劈势连接线的垂直平分线,作为省中线;省长为 9 cm;省大是$\frac{1}{3}$腰臀围差,平分于省中线。

底摆褶裥⑭　底边线上量 24 cm,褶裥大 7 cm。

4. 后裙片制图(图 5.2.2、图 5.2.3)

底边线①　预留贴边 2.5 cm,作纬向直线。

裙长线②　底边线上量裙长规格−3 cm 腰阔,作平行线。

腰口起翘③　在摆边处按裙长线上量 0.7 cm,在后中线处比裙长线低 1 cm。

臀围线④　裙长线下量 18 cm,作平行线。

臀高线⑤　臀围线上量 5 cm,作平行短线。

后中线⑥　取织物经向(门幅)对折直线。

臀围大⑦　前中线量进$\frac{1}{4}$臀围，作平行线交上、下平线。

腰围大⑧　前中线量进$\frac{1}{4}$腰围，作平行线，余下的腰臀围差分成三等份。

腰口劈势⑨　在裙长线上，从臀围大线量进$\frac{1}{3}$腰臀围差，作平行线与腰口起翘相交。

摆缝线⑩　连接腰口劈势与臀高线交点作直线，在中间凸出 0.3 cm 处取点，弧线画顺，下直线画至底边。

腰口线⑪　连接腰口起翘与前中线交点作直线，在中间凹进 0.4 cm 处取点，弧线画顺。

后腰省⑫　省位自后中线量进$\frac{1}{3}$腰口线；省大为$\frac{1}{3}$腰臀围差；省长为 11 cm；省尖为$\frac{1}{2}$省大的腰口垂线。

摆腰省⑬　取后腰省至腰口劈势连接线的垂直平分线作为省中线；省长为 10 cm；省大是$\frac{1}{3}$腰臀围差，平分于省中线。

底摆褶裥⑭　底边线上量 24 cm，褶裥大为 7 cm。

5. 腰面、里襟制图

腰面　腰围规格＋里襟阔 2.5 cm＋尖角 1 cm，阔为 3 cm。

里襟　长 16 cm，阔 2.5 cm(一般省略)。

6. 放缝和排料(排料图见图 5.2.4)

内做缝　指腰口缝。放 0.7 cm 缝份。

外做缝　指摆缝。放 1 cm 缝份。

贴边　指前、后底边。放缝 2.5 cm。

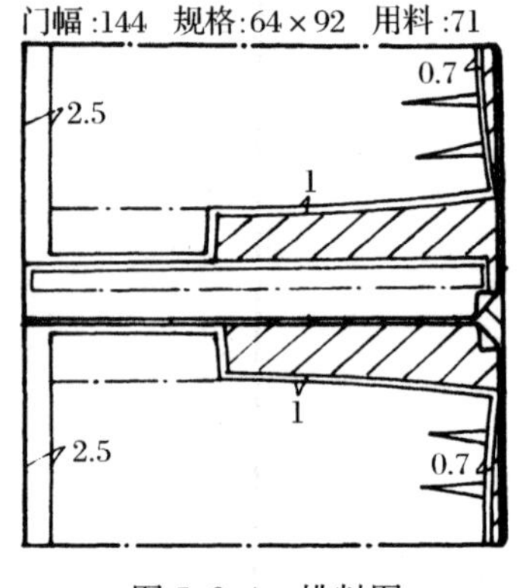

图 5.2.4　排料图

习　　题

1. 连衣裙在人体的着力点表现在哪几个部位？
2. 省缝的平面展开特点有哪些？
3. 常见的省缝转换方法有哪两种？
4. 测量裙长可采用哪两种估算方法？
5. 在裙制图中，前后省缝安排有哪些区别？
6. 裙的放缝依据有哪些？
7. 制大图和缩小图各 1 张。

第三节　裙的变化

一、宽腰一步裙

1. 款型特点

宽腰一步裙外形如图 5.3.1 所示。其款型特点为：宽阔形直腰；后开襟钉扣 2 粒；窄摆形短裙；前裙片收腰省 4

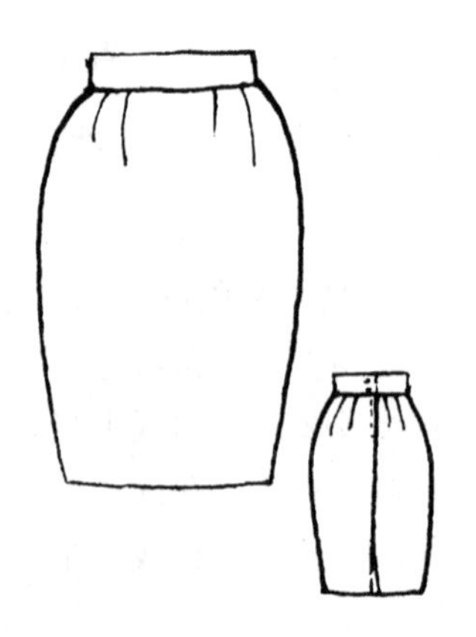

图 5.3.1　宽腰一步裙外形

只，后裙片做缝收腰省 2 只；后开口装拉链；下开后衩。

2. 净缝制图规格(单位：cm)

号/型	裙 长	臀 围	腰 围
165/62	54	92	65

3. 制图变化说明(图 5.3.2)

(1) 窄摆形裙的缩小量，以臀围线下 10 cm 至下平线距离的$\frac{1}{10}$为宜。过大不符合造型要求，过小不利于活动。

(2) 出于活动的需要，窄摆裙一般都开衩，开衩的高度应掌握在臀围线下 15～20 cm 处。其中，15 cm 指有里襟的开衩形式，20 cm指没有里襟的开衩形式。

(3) 前裙片 4 只省与基本裙相同，后裙片因省缝减少，可采用：A. 利用后缝劈势除去 1 cm；B. 增大省量为 2.5 cm；C. 装腰时利用缩缝，归缩大身，使其合体。

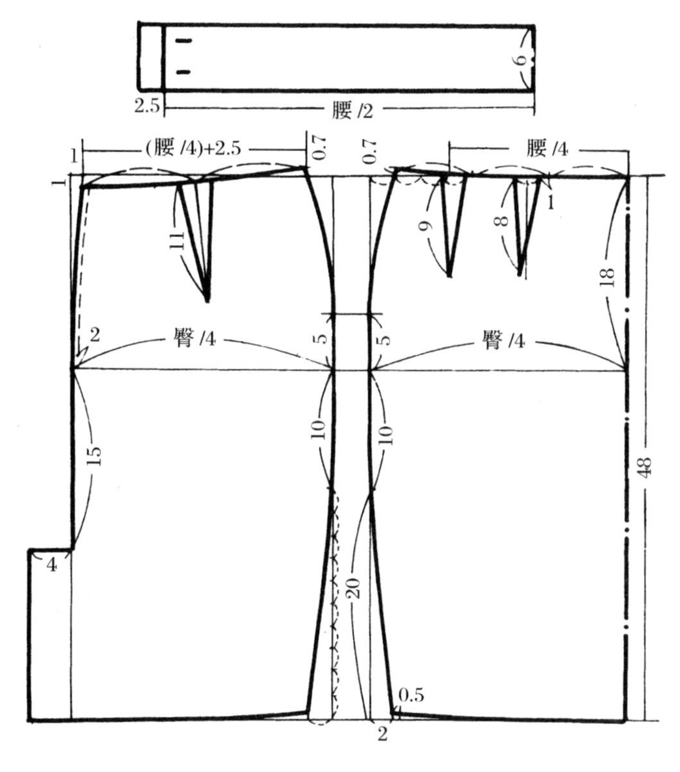

图 5.3.2　宽腰一步裙制图

(4) 宽腰指宽阔形直腰，量体时，放松量应大些。

(5) 制图中底边起翘 0.5 cm，属于原料下垂性起翘。

二、高腰宽摆裙

1. 款型特点

高腰宽摆裙外形见图 5.3.3。其款型特点为：V 形高腰；宽大形下摆；前后裙片均收腰省 2 只；前后斜插袋 2 只；右侧腰开口装拉链，腰头钉扣 3 粒。

2. 净缝制图规格(单位：cm)

号/型	裙 长	臀 围	腰 围
165/62	68	92	66

3. 制图变化说明(图 5.3.4)

(1) 在宽摆裙中，放大下摆，可以起到减少腰臀围差和减少省量等作用。

(2) 放大下摆的做法是在臀围线下 10 cm 处放出 1～1.5 cm，与臀围线交点作直线(腰口起翘不变)。下摆起翘量应相应加大。

(3) 需要重新分配腰口省量，即把腰臀围差分成三等份，$\frac{2}{3}$为省量，$\frac{1}{3}$为腰口劈势，这时腰口劈势明显增大。腰省量减

图 5.3.3　高腰宽摆裙外形

小后可改为收单省。

(4) 高腰和宽腰明显不同。高腰呈拱形,穿着时处在腰部以上;宽腰则为长方形,穿着时处在腰部中间。

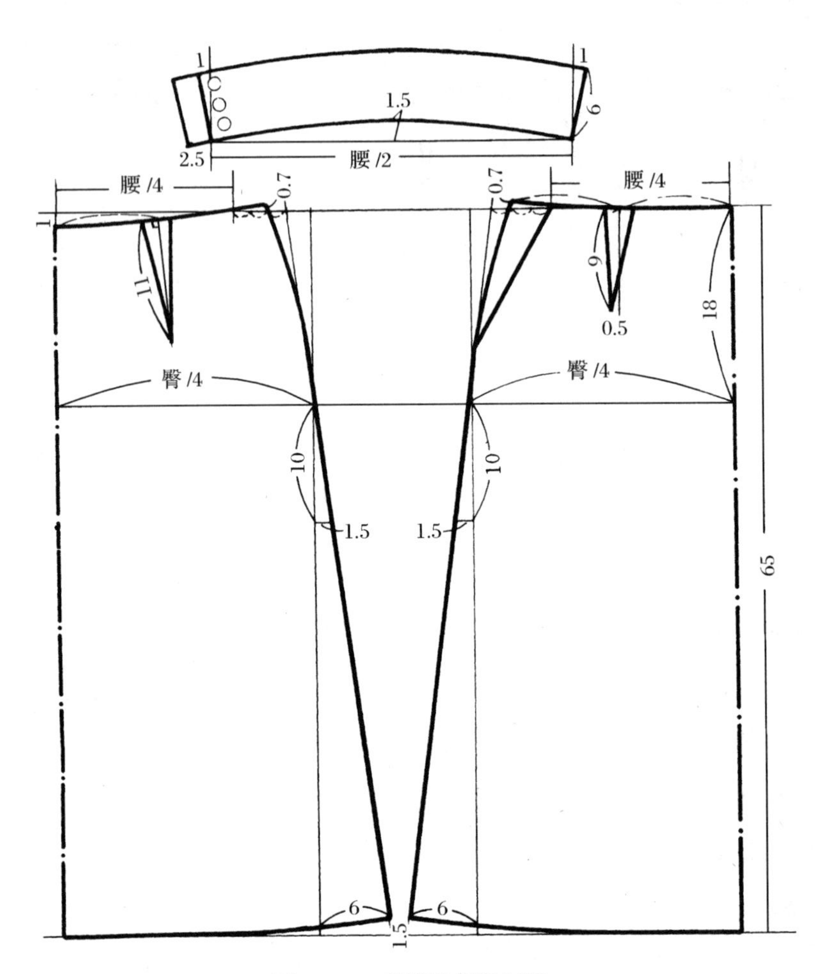

图 5.3.4 高腰宽摆裙制图

三、前褶裥西装裙

1. 款型特点

前褶裥西装裙外形见图 5.3.5。其款型特点为:方形直腰;直筒形长裙;前裙片为月亮形插袋,无省,前中缝褶裥;后裙片做后缝,上开口装拉链,下开衩;腰部收省 2 只。

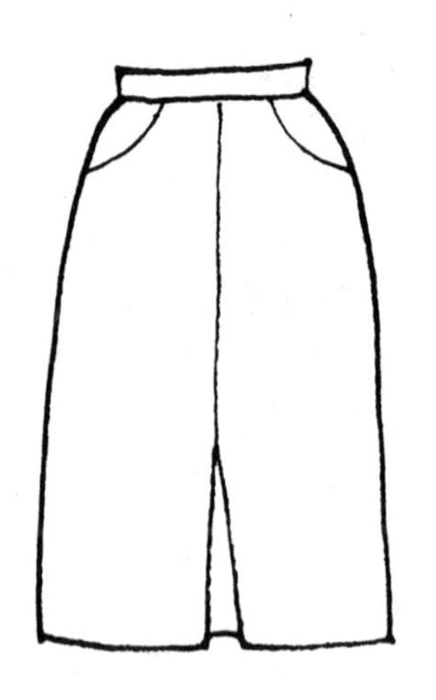

图 5.3.5 前褶裥西装裙外形

2. 净缝制图规格(单位:cm)

号/型	裙 长	臀 围	腰 围
165/62	68	92	66

3. 制图变化说明(图 5.3.6)

(1) 裙摆稍偏大,前中褶裥及后中缝开衩等是为了活动方便。

(2) 前后中缝处劈进 1 cm。这是常见的除省方法。

(3) 前后腰口都采用$\frac{1}{4}$腰围+0.5 松量+2cm。其中,后片 2cm 为腰省,前片 2cm 为暗裥内容。

(4) 暗裥内容也是为了除去省的数量。暗裥属无形的裥,它采用了插袋口重叠“省量”的方法,因而袋口制成后显长,呈松身状态。

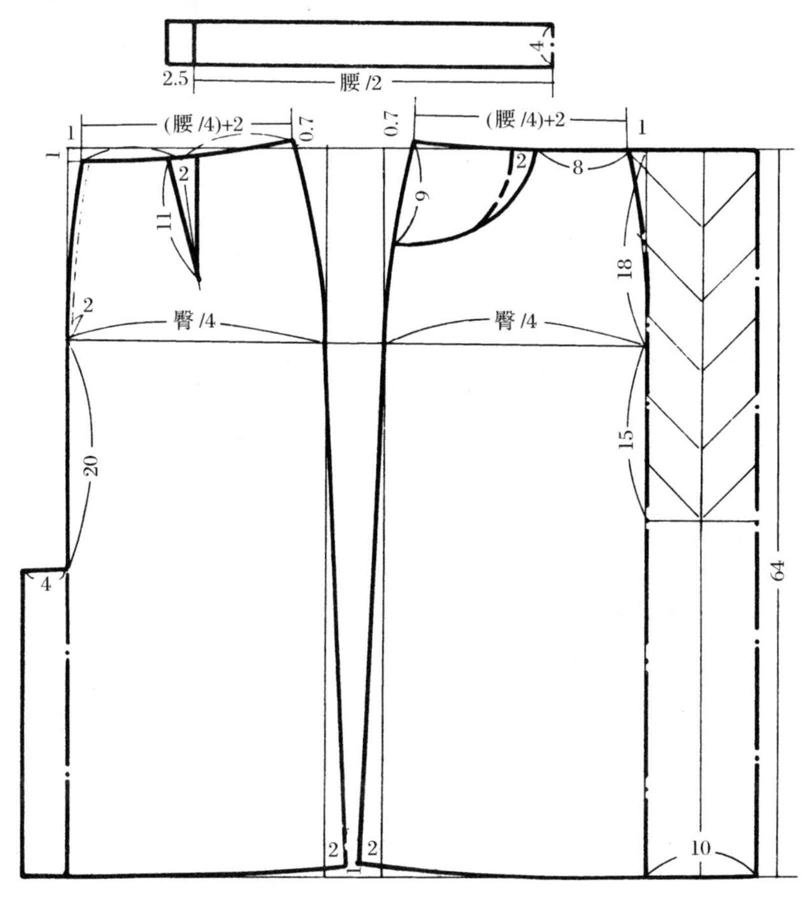

图 5.3.6　前褶裥西装裙制图

四、低阔腰喇叭裙

1. 款型特点

低阔腰喇叭裙外形如图 5.3.7 所示。其款型特点为:V 形低阔腰;前腰口为 V 形缺角,钉装饰扣 3 粒;后腰开口装拉链,钉扣 3 粒;喇叭裙左右侧缝大贴袋。

2. 净缝制图规格(单位:cm)

号/型	裙　长	腰　围
165/64	77	65

图 5.3.7　低阔腰喇叭裙外形

3. 制图变化说明(图 5.3.8)

(1) 喇叭裙可看作是基本裙展开下摆、折叠腰省的变形形式。如图中虚细线所示,腰口起翘明显增高,下摆增大呈喇叭状。

(2) 如果出于直接制图的需要,也可利用圆周公式进行计算。

计算时将喇叭裙的下摆看作是由 144°扇形组成,则裙的腰围是圆周的$\frac{2}{5}$。

$$腰围=\frac{2\,圆周}{5}=\frac{4\pi r}{5}$$

$$r=\frac{5\,腰围}{4\pi}=25.8(\text{cm})$$

即制图时以半径 $r=25.8\,\text{cm}$ 作圆,并取$\frac{1}{4}$腰围$-1\,\text{cm}$ 为腰口尺寸。由此可见,喇叭裙的腰口尺寸必须小于$\frac{1}{4}$腰围。

(3) 低阔腰具有上下口大、中间小的特点。该腰采用分割型腰,其中前腰阔与前裙片互补,腰口取$\frac{1}{4}$腰围公式是由$\frac{1}{4}$腰围$-1\,\text{cm}+1\,\text{cm}$(腰下口放大量)来决定的。

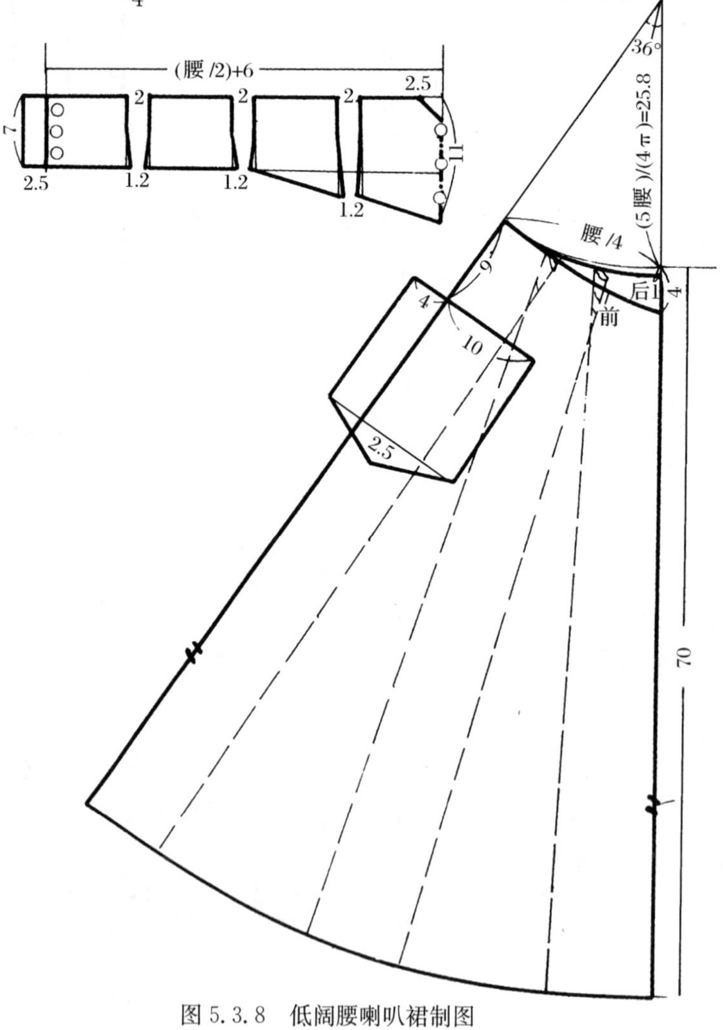

图 5.3.8 低阔腰喇叭裙制图

五、连腰风尾扣子裙

1. 款型特点

连腰风尾扣子裙外形如图 5.3.9 所示。其款型特点为:分腰式长裙;连身阔腰;裙摆较大,呈风尾状;前片横斜开袋;前门襟钉扣 7 粒;前后腰侧装饰调节襻。

图 5.3.9 连腰风尾扣子裙外形

2. 净缝制图规格(单位:cm)

号/型	裙 长	臀 围	腰 围
165/62	75	92	64

3. 制图变化说明(图 5.3.10)

(1) 风尾裙属于分割型喇叭裙,其下摆放大量可任意增大。

(2) 该制图为展示图。裙的摆边相互重叠,需要经

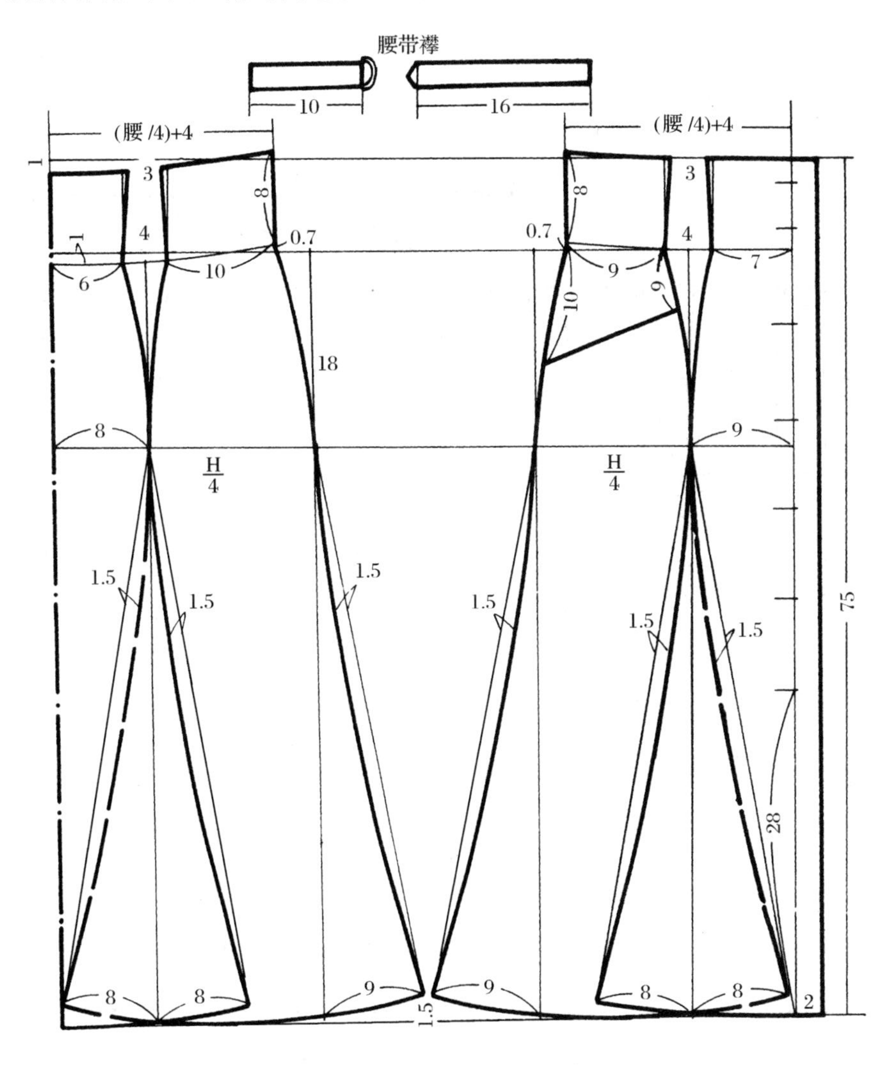

图 5.3.10 连腰风尾扣子裙制图

过出样逐块展开。

(3) 摆长不宜超过中线长度。摆长凹势应相互一致,做到拼接时等长。

(4) 连腰是指腰与大身相连的形式,其中腰口起翘、分割线缝起翘都是出于合体的需要。

六、双门定型褶裥裙

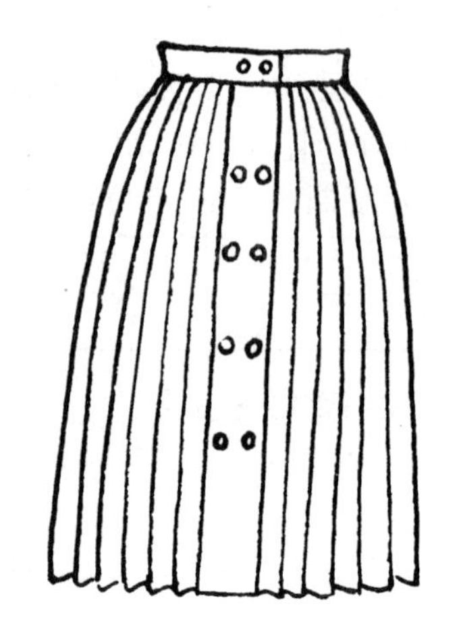

图 5.3.11　双门定型褶裥裙外形

1. 款型特点

双门定型褶裥裙外形见图 5.3.11。其款型特点为:前开襟双排扣 10 粒;前后裙片均有规则定型褶裥,褶面大 4 cm。

2. 净缝制图规格(单位:cm)

号/型	裙　长	臀　围	腰　围
165/62	73	92	68

3. 制图变化说明(图 5.3.12)

(1) 褶裥裙可看作为基本裙的平移放大形式。由于其褶裥为分散形式,所以该裙腰口不需要起翘,直形即可。

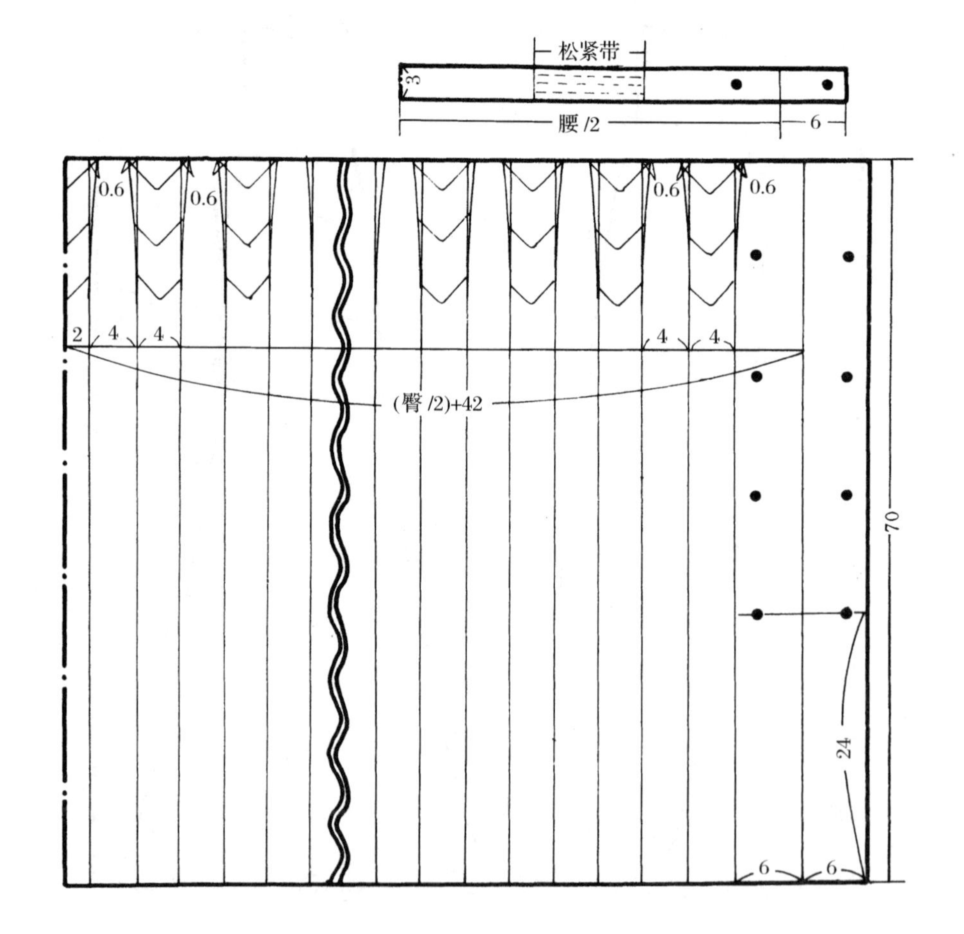

图 5.3.12　双门定型褶裥裙制图

(2) 确定褶裥数应根据款型特点采用臀围计算方法。即褶裥数=(臀围−叠门×2)÷褶裥阔 4=20。

(3) 褶裥底数=褶裥数+1=21(指开门款式。凡围圈型褶裥裙,褶裥底数与褶裥数相等。)

(4) 褶裥底量=褶裥底数×4(裥底)=84 cm。由于制图为$\frac{1}{2}$,故采取$\frac{1}{2}$臀围+42 cm。

(5) 腰褶裥折叠量=(臀围−腰围)÷(褶裥底数×2)=0.6 cm,即制图中腰口褶裥两边需要叠 0.6 cm 内容。这是以分散褶裥形式解决腰臀围差的有效方法。

七、底摆波浪裙

1. 款型特点

底摆波浪裙外形如图 5.3.13 所示。其款型特点为:两节斜形分割;上为直筒基本型,前后收省各 4 只;下为波浪形;剑形直腰;后片开口装拉链。

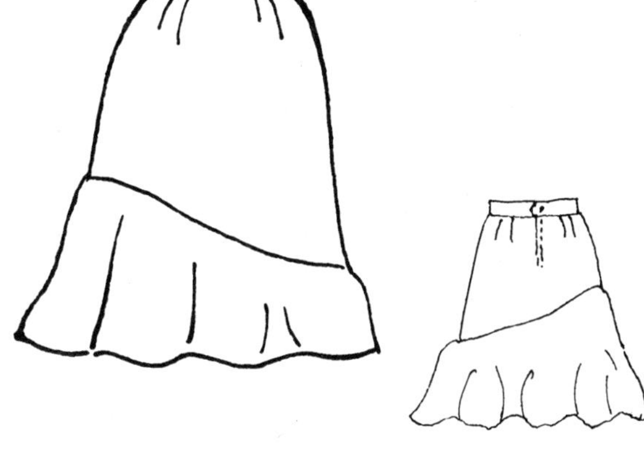

图 5.3.13 底摆波浪裙外形

2. 净缝制图规格(单位:cm)

号/型	裙 长	臀 围	腰 围
165/62	63	92	64

3. 制图变化说明(图 5.3.14)

(1) 该制图为展示图,绘制时先绘制出基本型裙。

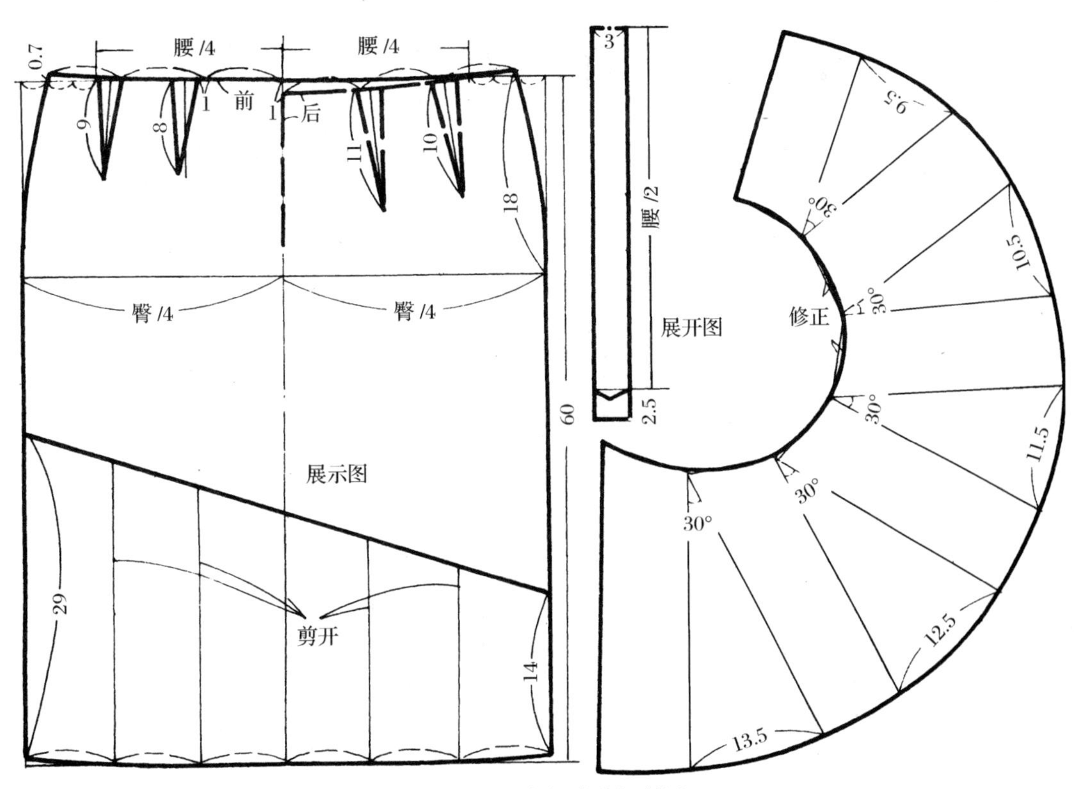

图 5.3.14 底摆波浪裙制图

（2）斜向分割时需注意分割面与裙长的比例。要求比例适当，具有美感。

（3）底摆波浪可理解为底摆边单向放大的变形形式，即按图示剪开底摆边，使其单向扩展。扩展量最好采用度数表示法。

（4）底摆边扩展后，还需进行修正、画顺等步骤。修正的原则为削高补低。

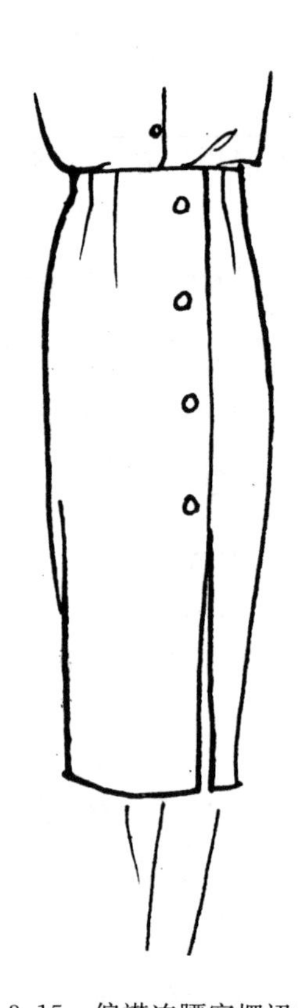
图 5.3.15　偏襟连腰窄摆裙外形

八、偏襟连腰窄摆裙

1. 款型特点

偏襟连腰窄摆裙外形如图 5.3.15 所示。其款型特点为：连腰窄摆造型；前、后腰部收省；前偏襟下开衩，上钉 4 粒装饰扣；右侧腰装拉链。

2. 净缝制图规格（单位：cm）

号/型	裙　长	腰　围	臀　围
165/64	75	66	92

3. 制图变化说明（图 5.3.16）

（1）应根据款型要求先绘出双省窄摆基本裙。

（2）连腰应理解为：在裙基型上增加腰宽尺寸，这时腰

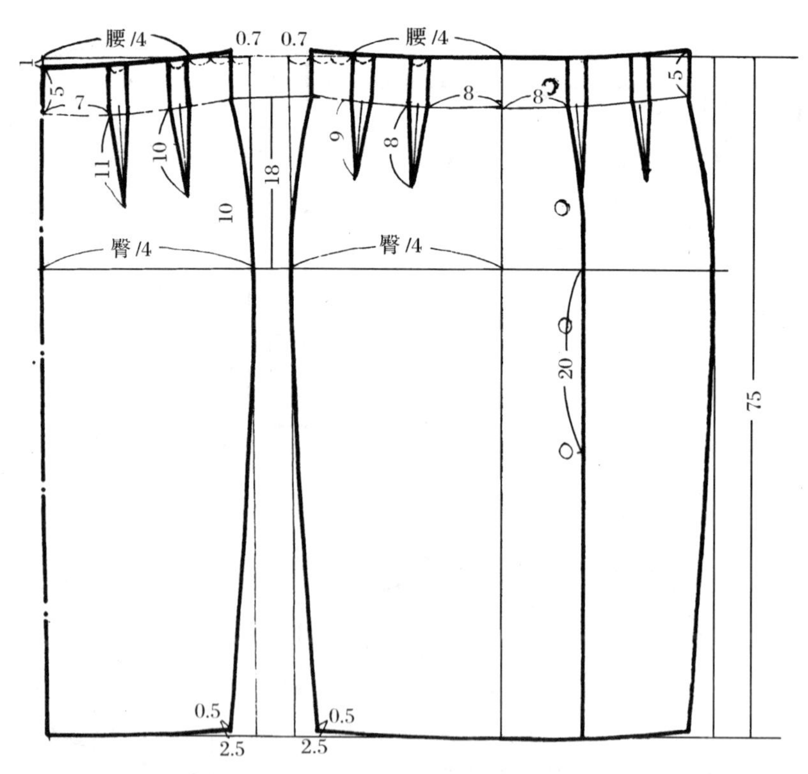

图 5.3.16　偏襟连腰窄摆裙制图

省应呈丁字形。

(3) 偏襟分割可取代腰省。下部有开衩时，需另外放出里襟 4 cm；无开衩时，左右两片相等，穿着时相互重叠。

习　题

1. 窄摆裙中的裙摆缩小量怎样计算为宜？
2. 窄摆裙中的开衩高度怎样掌握？
3. 减少后裙腰省可采用哪三种方法？
4. 宽腰与高腰的区别在哪里？
5. 放大裙摆的限度怎样掌握？放大裙摆可起到哪些作用？
6. 消除前腰省数有哪些方法？
7. 根据喇叭裙计算公式，分别列出 180°、120°喇叭裙计算公式，并算出结果。
8. 制作顺裥定型裙。已知臀围 92 cm、腰围 64 cm、裥面 2 cm、裥底 4 cm，求腰裥每边的重叠量。

第四节　较合体披肩领肘省长袖连衣裙制图

1. 款型特点

较合体披肩领肘省长袖连衣裙外形如图 5.4.1 所示。其款型特点为：后开襟披肩领；前衣片左右收腋下省和腰省，后衣片左右收肩省和腰省；肘省小袖口长袖；宽摆；前后裙片收腰省。

图 5.4.1　较合体披肩领肘省长袖连衣裙外形

2. 净缝制图规格(单位：cm)

号/型	裙总长	胸围	肩阔	腰围	臀围	袖长	腰节前/后	松值	体型
165/82	100	92	38	74	94	52	40/37	2	1/3

3. 前衣片制图(图 5.4.2、图 5.4.3)

腰口线(下平线)①　预留 1 cm 缝份，作纬向直线。

衣长线(上平线)②　腰口线上量前腰节长规格，且平行于腰口线。

直领深③　衣长线下量$\frac{1}{20}$胸围+2.3 cm。

肩斜线④　衣长线下量$\frac{1}{20}$胸围，作平行线(或以 15∶6 取肩斜量)。

胸围线(袖窿深)⑤　衣长线下量$\frac{2}{10}$胸围+6 cm(2 cm 松值+4 cm 总体型数)，作平行线。

腋下省提高⑥　胸围线上量 3 cm。

腰口起翘⑦　腰口线上量 0.5 cm。

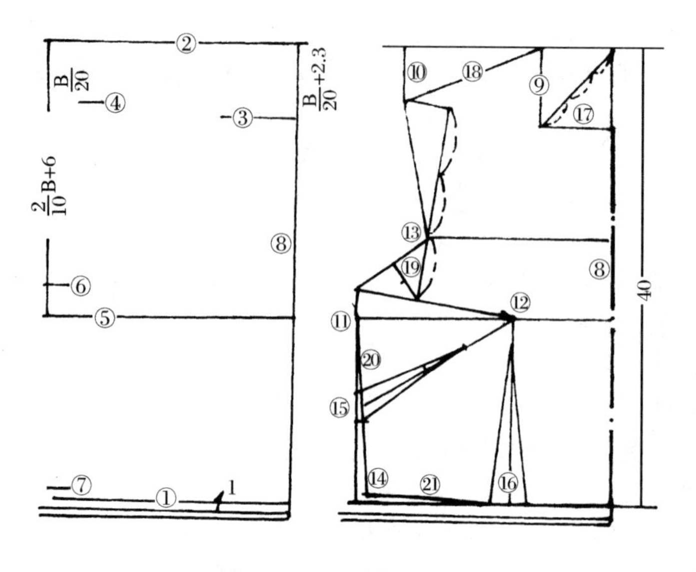

图 5.4.2　衣片制图(一)

前中线⑧　取织物经向(门幅)对折直线。

横领大⑨　从前中线量进$\frac{1}{20}$胸围+2 cm,作平行线与直领深线相交。

肩阔线⑩　从前中线量进$\frac{1}{2}$肩阔−1 cm,作平行线与肩斜线相交。

胸围大⑪　前中线量进$\frac{1}{4}$胸围+0.5 cm,作平行线与腰口线相交。

省距点⑫　在胸围线上,以前中线量进 9 cm 为省距点。该点与腋下省摆高点所连直线为袖窿移位斜线。

前胸阔⑬　前中线量进$\frac{1.5}{10}$胸围+2.5 cm,位于垂直于袖窿移位斜线至肩斜的$\frac{1}{3}$处。

腰围大⑭　前中线量进$\frac{1}{4}$腰围+3 cm 腰省,与腰口起翘相交。与胸围大直线连接则为摆缝斜线。

腋下省位⑮　胸围线下 8 cm 处与省距点的连接线为省中线,省大 2.5 cm;平分于省中线作短横线,取下横线与摆缝斜线交点至$\frac{2}{3}$省中线为下省缝长。上省缝应与下省缝等长。

腰省位⑯　省尖位于胸围线下 4 cm,以省距点直线向下为省中线,省大 3 cm。

领口弧线⑰　取横直开领对角线的$\frac{1}{3}$作点,弧线画顺。

肩缝线⑱　横领大点至肩斜点的连接直线。

袖窿弧线⑲　连接肩斜点至胸阔点作直线,在中间凹进 0.7 cm 处取点;在胸阔点至腋下省摆高点连线的$\frac{1}{2}$处作对角线,取对角线中点。连接各点,弧线画顺。

摆缝线⑳　在摆缝斜线上,自腰口起翘交点至下省大横线的线段为下端摆缝线,上省缝长外端与腋下省摆高点连直线为上端摆缝线。

腰口线㉑　分别作前中线至前腰省缝处腰省大缝至腰口起翘的连线,在中间凹进 0.2 cm 处取点,弧线画顺。

4. 后衣片制图(图 5.4.3、图 5.4.4)

腰口线(下平线)①　预留 1 cm 缝份,作纬向直线。

衣长线②　腰口线上量后腰节长规格,平行于腰口线。

直领深(上平线)③　衣长线上量 2 cm(0.022 胸围),作平行线。

肩斜线④　上平线下量$\frac{1}{20}$胸围−0.5 cm,作平行线(或以 15∶5.2 取肩斜量)。

胸围线(袖窿深)⑤　衣长线下量$\frac{2}{10}$胸围+3 cm(2 cm 松值+1 cm 后体型数),作平行线。

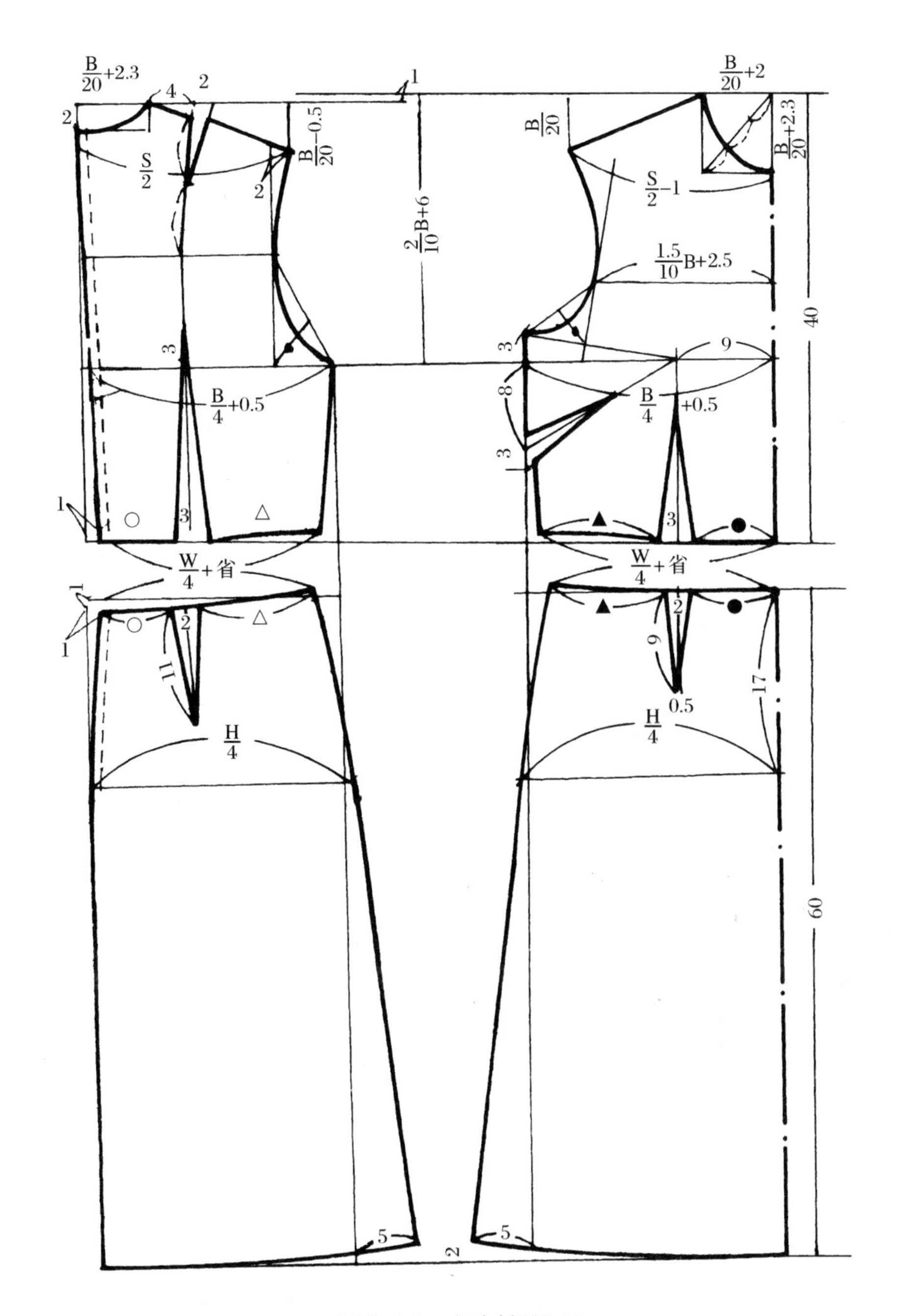

图 5.4.3　衣片制图(二)

背高线⑥　胸围线上量,取肩斜线至胸围线的中点,作平行线。

腰口起翘⑦　腰口线上翘 0.5 cm。

后中线⑧　距布边 1 cm,作经向直线。做背缝者,吸腰 1 cm,弧线画顺。

横领大⑨　后中线量进$\frac{1}{20}$胸围＋2.3 cm,作平行线与直领深线相交。

肩阔线⑩　后中线量进$\frac{1}{2}$肩阔＋1 cm(此为$\frac{1}{2}$后肩省量,无肩省时取$\frac{1}{2}$肩阔),作平行线与肩斜线相交。

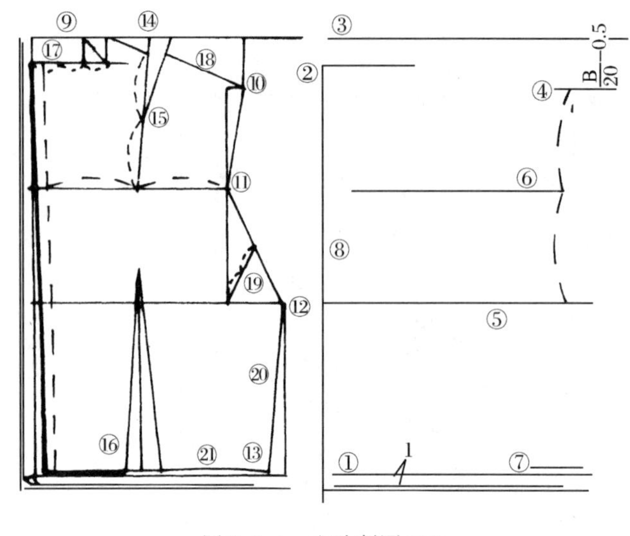

图 5.4.4　衣片制图(三)

背阔线⑪　按后肩阔量进 2 cm(无肩省时量进 1.5 cm),作平行线与胸围线相交。

胸围大⑫　背缝线(后中线)量进$\frac{1}{4}$胸围+0.5 cm,作胸围大直线交于腰口线。($\frac{1}{4}$胸围−0.5 cm+1 cm省量)

腰围大⑬　背缝线(后中线)量进$\frac{1}{4}$胸围+3 cm腰省,与腰口起翘相交。

肩省位⑭　在距横领大 4 cm、省大为上平线上量 3 cm。

肩省止点⑮　位于里肩省位至背阔中点连线的$\frac{1}{2}$处。制图时将肩省止点与肩省位相连,使外肩省缝长等于里肩省缝长。

腰省位⑯　背阔线中点垂直线为省中线。省大 3 cm,平分于省中线;省尖在胸围线上2 cm处。

领口弧线⑰　过横领大$\frac{1}{3}$的对角线中点,弧线画顺。

肩缝线⑱　横领大与里肩省点连接直线为里肩缝线,外肩省点与肩斜点连接直线为外肩缝线。

袖窿弧线⑲　连接肩斜点至背阔点作直线,在中间凹进 0.5 cm 处取点;在背阔点至胸围大连线的$\frac{1}{2}$处作对角线,取对角线的中点。连接各点,弧线画顺。

摆缝线⑳　连接腰围大与胸围大作直线。

腰口线㉑　分别连接背中线至后腰省缝作直线,腰省大缝至腰口起翘作直线,在中间凹进 0.2 cm 处作点。连接各点,弧线画顺。

5. 肘省袖制图(图 5.4.5)

肘省袖属合体型袖,其袖山较深,袖肥显小,配袖方法有所不同。

袖口线①　预留贴边(2.5 cm+起翘 2 cm=4.5 cm),作纬向直线。

袖长线②　袖口线上量袖长规格数,平行于袖口线作平行线。

袖山深③　袖长线下量 14 cm($\frac{1}{2}$袖窿弧长×0.65),作平行线为袖山深线。

袖肘线④　袖长线下量$\frac{1}{2}$袖长(指长袖)+2.5 cm,作平行线。

袖中线⑤　距布边$\frac{2}{10}$胸围,作经向直线与袖口线。

袖肥大⑥　由袖山中点斜量前袖窿弧长−0.5 cm 长度,与袖山深线相交作前袖肥大直线;再向后斜量后袖窿弧长+0.5 cm 长度,与袖山深线相交作前袖肥大直线。

前袖直线⑦　取前袖肥大的$\frac{1}{2}$作线。

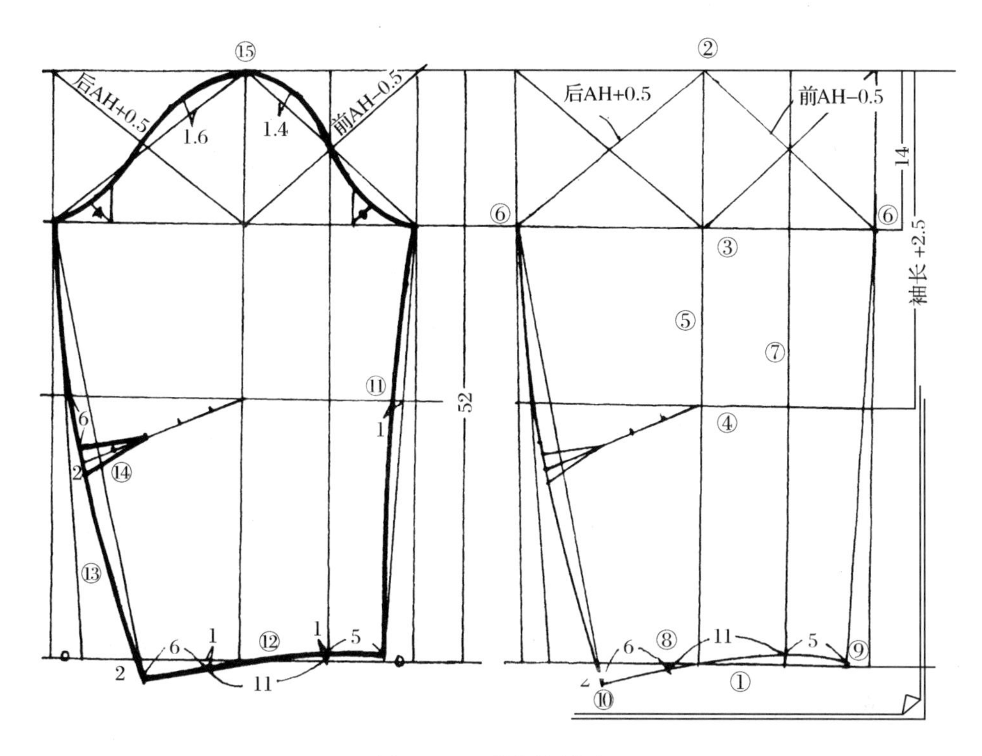

图 5.4.5　肘省袖制图

袖口大⑧　在袖口线上以前袖直线量出 11 cm。

前偏袖口大⑨　前袖直线量进$\frac{1}{2}$(袖口−1 cm),作点。

后偏袖口大⑩　自袖口大量出$\frac{1}{2}$(袖口+1 cm),并在袖口线下 2 cm 作点。

前袖缝弧线⑪　连接前袖肥大与前偏袖口大作直线,在袖肘处凹进 1 cm 处。连接各点,弧线画顺。

袖口弧线⑫　按图示在前袖直线处上量 1 cm 处,在袖口大下 1 cm 作点,在后偏袖口大下 2 cm 处作点。连接各点,弧线画顺。

后袖缝弧线⑬　先在后袖口线上量取前袖肥大至前偏袖口的同等距离,作后袖缝劈势;再连接后袖肥大与后偏袖口大直线,并取该直线与后袖缝劈势线的中点。连接各点,弧线画顺。

肘省位⑭　在后袖缝弧线上,自袖肘线下量 6 cm 作点,同袖肘与袖中线交点连接线为省中线。省大为 2 cm,平分于省中线;省长为该直线的$\frac{2}{5}$。

袖山弧线⑮　按图示分别连接前后袖山斜线中点,前取袖山上段凸出 1.6 cm(为袖山深的$\frac{1}{10}$+0.2 cm),后取袖山上段凸出 1.4 cm,下段弧形应以前后袖窿弧形吻合为宜。连接各点,弧线画顺。

6. 披肩领制图(图 5.4.6)

披肩领是一种低领座翻领,下面介绍的是一种最简易的大身重叠配领法。配制前应先将前后片横开领放大,其中放大量可由款式要求决定。

(1) 将前后衣片肩部如图示重叠 1.5 cm 放置,其中后肩比前肩两端各放出 1 cm。

(2) 在后领口中线处放出 1 cm,前横领大处放出 1 cm,按图示画出领里口弧线。

(3) 前领角长10cm,距前中线2.5cm;领中部阔13cm属款式造型需要。后翻领阔12cm,距后中线2cm,两者间为6∶1关系。如此按图示画出领外口弧线。

7. 放缝和排料(图5.4.7)

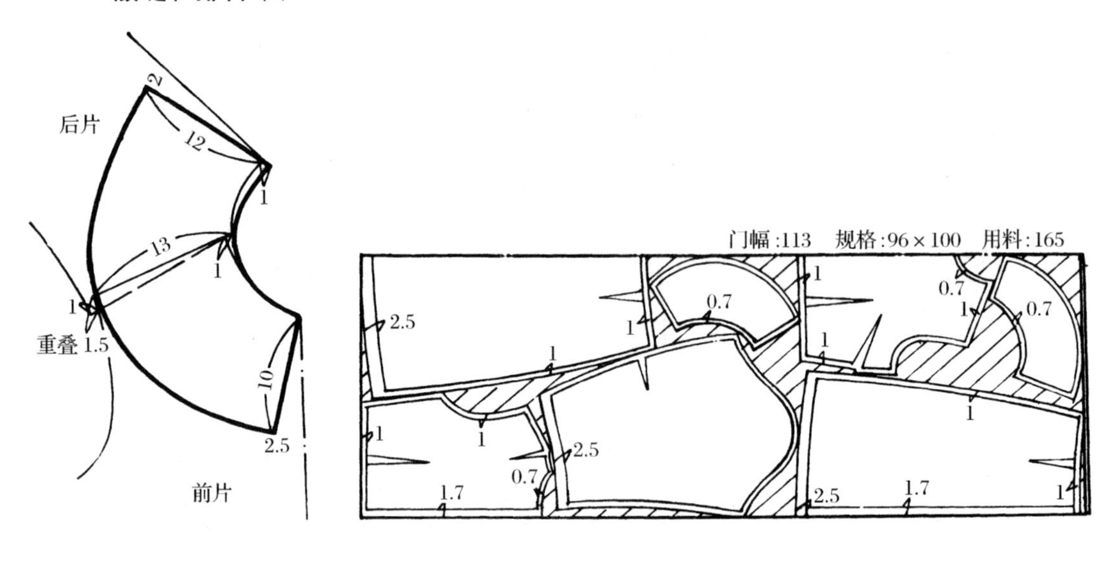

图5.4.6　披肩领制图　　　　图5.4.7　连衣裙排料图

内做缝　指领口缝。放0.7cm缝份。

外做缝　指肩、摆缝、腰节、袖窿、袖底等缝。各放1cm。

贴边　前后底边、袖口边放2.5cm缝份。特殊缝、装拉链处及门、里襟贴边放1.7cm缝份。

习　题

1. 横省制图步骤和公式数据与直省制图相比有较大的变化。请写出横省的变化公式。
2. 披肩领属于哪一类领型?该配领方法属于哪一种配领法?
3. 肘省袖属于哪一类袖型?其袖山深和袖肥大应作哪些调整?
4. 与衬衫袖相比,肘省袖在制图中有哪些不同?
5. 制大图2张、缩小图1张。

第五节　连衣裙的变化

一、U字领无省式连衣裙

1. 款型特点

U字领无省式连衣裙外形如图5.5.1所示。其款型特点为:无领型U字领口;前后片无省;采用腰部装松紧带套头式穿着;袖和裙均为郁金香型,具有上下呼应、自由调节的作用。

2. 净缝制图规格(单位:cm)

号/型	裙总长	胸围	肩阔	臀围	袖长	松值	体型
165/82	99	96	39	96	24	2	1/3

3. 制图变化说明(图 5.5.2)

(1) 无领型领口可采用在基本型基础上进行变化的配制方法。具体变化规律如下:

A. 配制窄型领口可采取前横开领同时放大 1~1.5 cm。

B. 前后直开领深,可根据款型要求任意决定。

C. 宽阔型领口可在基本肩线基础上按比例扩大获得。具体配制方法参照下款制图变化介绍。

D. 如为套头穿着应注意领口尺寸大于头围。

(2) 前后片无省的变化方法:

A. 前片是利用省的转换,以腰省的集中形式及采用腰部装橡皮筋(或收细裥)来达到无胸省效果。

B. 后片是利用原料的柔软性和可缩性,采用归聚平衡形式,即:通过归缩后肩缝,提高后肩点所形成的袖容量(暗技术)来取代后肩省内容。

(3) 凡腰部装松紧带的款型,在裁制时,前后腰节长需放长 2 cm 以上。这将有利于人体自由活动。

图 5.5.1　U 字领无省式连衣裙外形

(4) 对于郁金香裙,窄摆的缩小量应按臀围线下 10 cm 至底边线距离的$\frac{1}{10}$计算。前开衩不宜低于 20 cm。即:门襟重叠量不宜小,圆弧也不能过大。

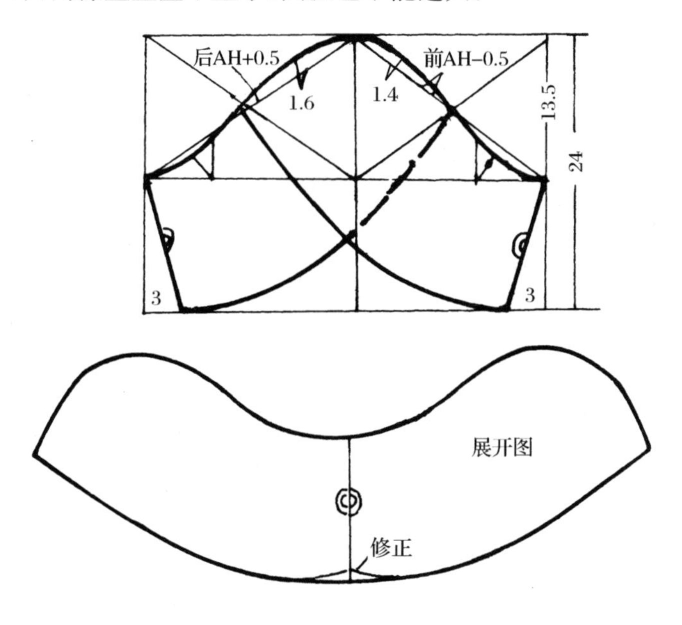

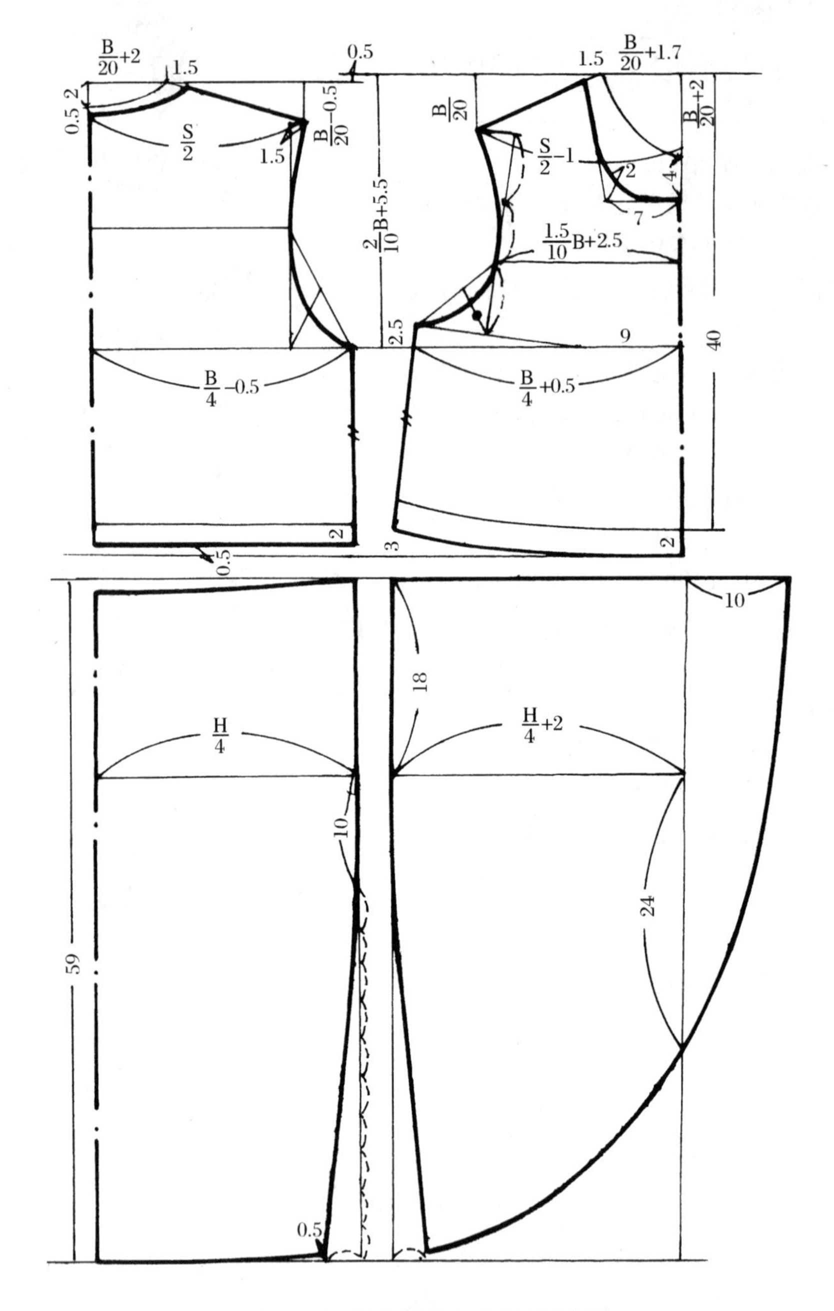

图 5.5.2　U 字领无省式连衣裙制图

(5) 郁金香袖，又称蚌壳袖，其出样原理为：在基本袖基础上，先按展示图分割成前后两片，然后按展示图把前后两片组合，组合时袖底凹势不平状应画顺修正。

二、贴体一字领分割式连衣裙

1. 款型特点

贴体一字领分割式连衣裙外形如图 5.5.3 所示。其款型特点为：无领型一字领口；前后片弧形育克，育克下收细裥；腰部断腰节，无省平坦结合；右侧腰开口装拉链；袖和裙均为喇叭形，相互呼应。

2. 净缝制图规格(单位:cm)

号/型	裙总长	胸围	腰围	肩阔	袖长	松值	体型
165/82	95	92	74	38	26	2	1/3

3. 制图变化说明(图 5.5.4)

(1) 一字领口是一种横开领宽阔、直开领较浅的领型。同是宽阔型领口,所以可采取按比例扩大基本肩线的方法。按比例有意增大后横开领数后,宽阔型领口中则不易出现前领荡开的毛病。

(2) 前后片育克是在基本型基础上分割而成(图5.5.4)。育克下收细裥有三种方法:第一,

图 5.5.3 贴体一字领分割式连衣裙外形

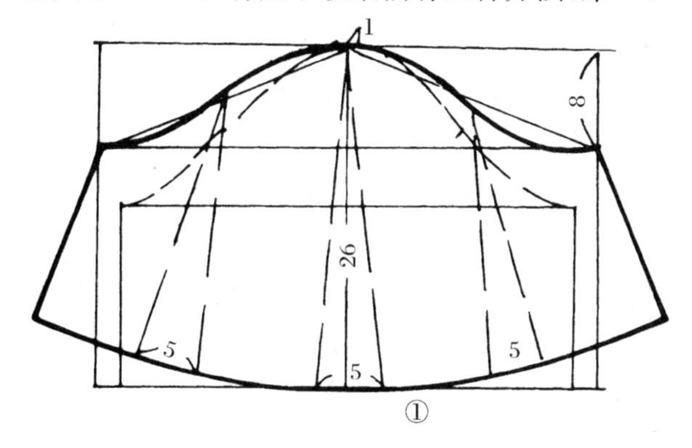

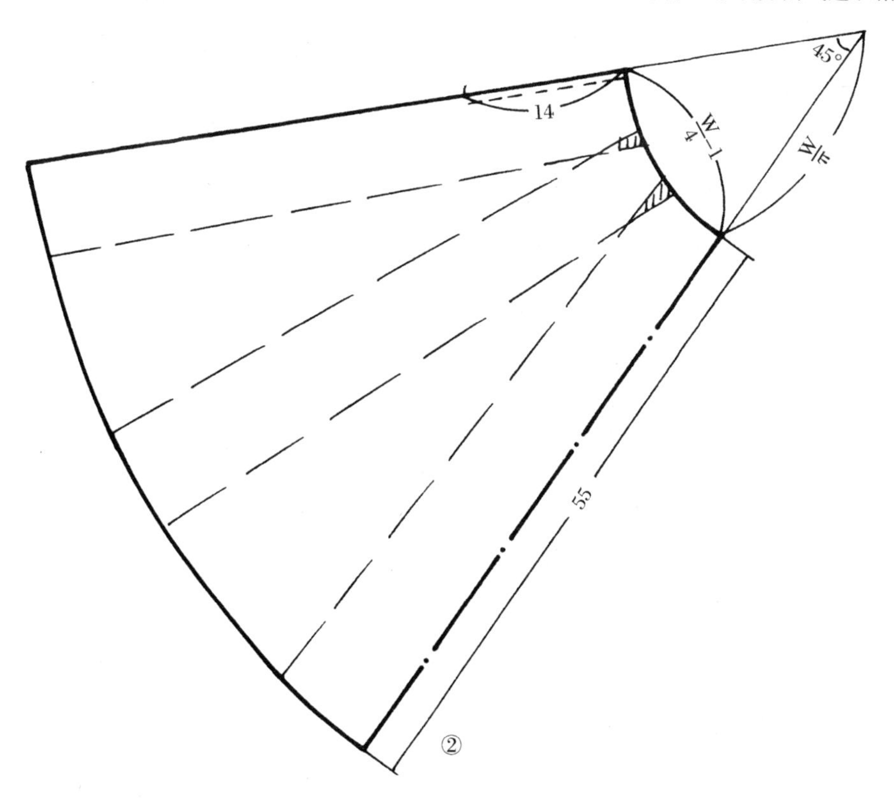

平移扩大。第二,斜移扩大。以上两种在女衬衫变化中已有介绍。第三,利用省的集中特性(图 5.1.4)折叠腰省和胸省,剪开其上端。这种方法既能满足增加褶裥量,又能达到腰部简洁无省。学习时可细致观察一下,了解其平面制图中的变形特征。

(3) 喇叭裙可看作是基本裙展开了下摆、腰省折叠的形式,如图中虚细线所示。为了快速制图,可利用圆周公式进行计算。计算方法如下:

已知 180°喇叭裙的腰围占圆周的$\frac{1}{2}$,则裙腰围$=\frac{1}{2}$圆周$=\frac{2\pi r}{2}$,由此得到半径 $r=\frac{\text{腰围}}{\pi}=22.5$ cm。以 22.5 cm 为半径作圆,截取腰口时应减少 1 cm。

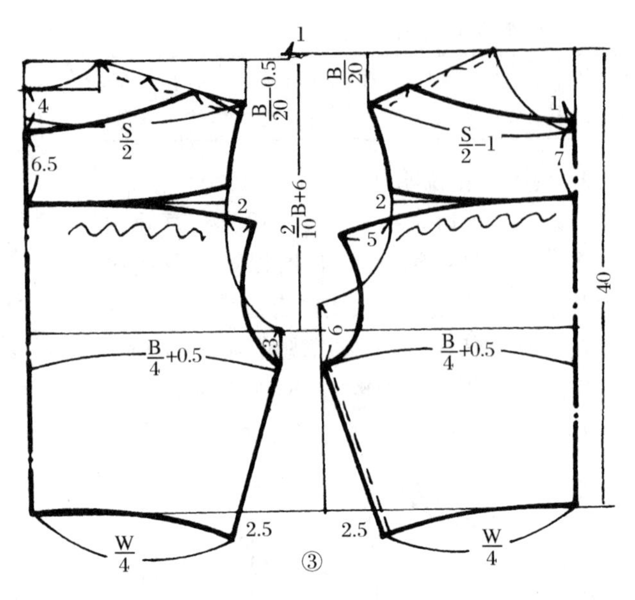

图 5.5.4 贴体一字领分割式连衣裙制图

(4) 合体腰在穿着时,右侧需开口装拉链,拉链长上至袖窿下 1 cm,下至裙腰下 14 cm。

(5) 喇叭袖也是在基本袖基础上作单向展开袖口的变形形式。展开后的袖山深变浅,袖肥增大,袖口呈起翘状,袖山斜线长度则不变。

三、合体立领露背马甲式直身裙

1. 款型特点

合体立领露背马甲式直身裙外形见图 5.5.5。其款型特点为:直形倒装叠门立领,钉扣 1 粒;前领下收细裥,后领下呈 U 形露背状;无袖马甲式直身袖。

2. 净缝制图规格(单位:cm)

号/型	裙总长	胸围	肩阔	松值	体型
165/82	96	96	31/39	2	1/3

3. 制图变化说明(图 5.5.6)

(1) 马甲式直身裙是马甲、裙的组合形式。马甲属于无袖类,因而配制时袖窿深需提高 2 cm。肩部改狭量可根据款型需要而定。裙一般为宽摆裙,以利于人体活动。

(2) 配制立领时,直开领深要比基本型加深 0.6 cm 以上。

图 5.5.5 合体立领露背马甲式直身裙外形

(3) 前领下所收细裥,可利用领省的转换形式修正画顺。

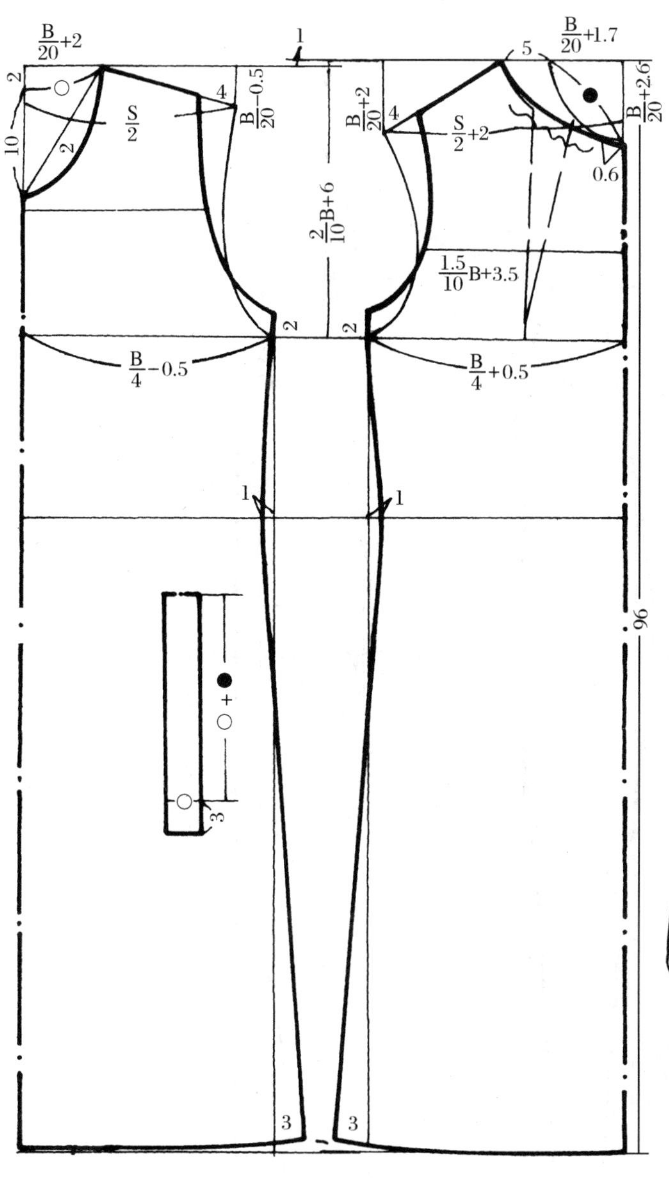

图 5.5.6 合体立领露背马甲式直身裙制图

(4) 后底领形状属于露背随意型领口,配制时只要掌握住横开领,其余直领深及形状可随意变化。

(5) 倒装叠门立领属于新颖不完全合体领,所以其平面为直形爿条状。

四、U 形驳口翻领连袖直身裙

1. 款型特点

U 形驳口翻领连袖直身裙外形见图 5.5.7。其款型特点为:U 形驳口翻领;前开襟锁眼钉扣 6 粒;前后身曲腰,收腰省各 2 只;原身出袖类连袖。

图 5.5.7 U 形驳口翻领连袖直身裙外形

2. 净缝制图规格(单位:cm)

号/型	裙总长	胸　围	肩　阔	袖　长	松　值	体　型
165/82	96	96	39	8	2	1/3

3. 制图变化说明(图 5.5.8)

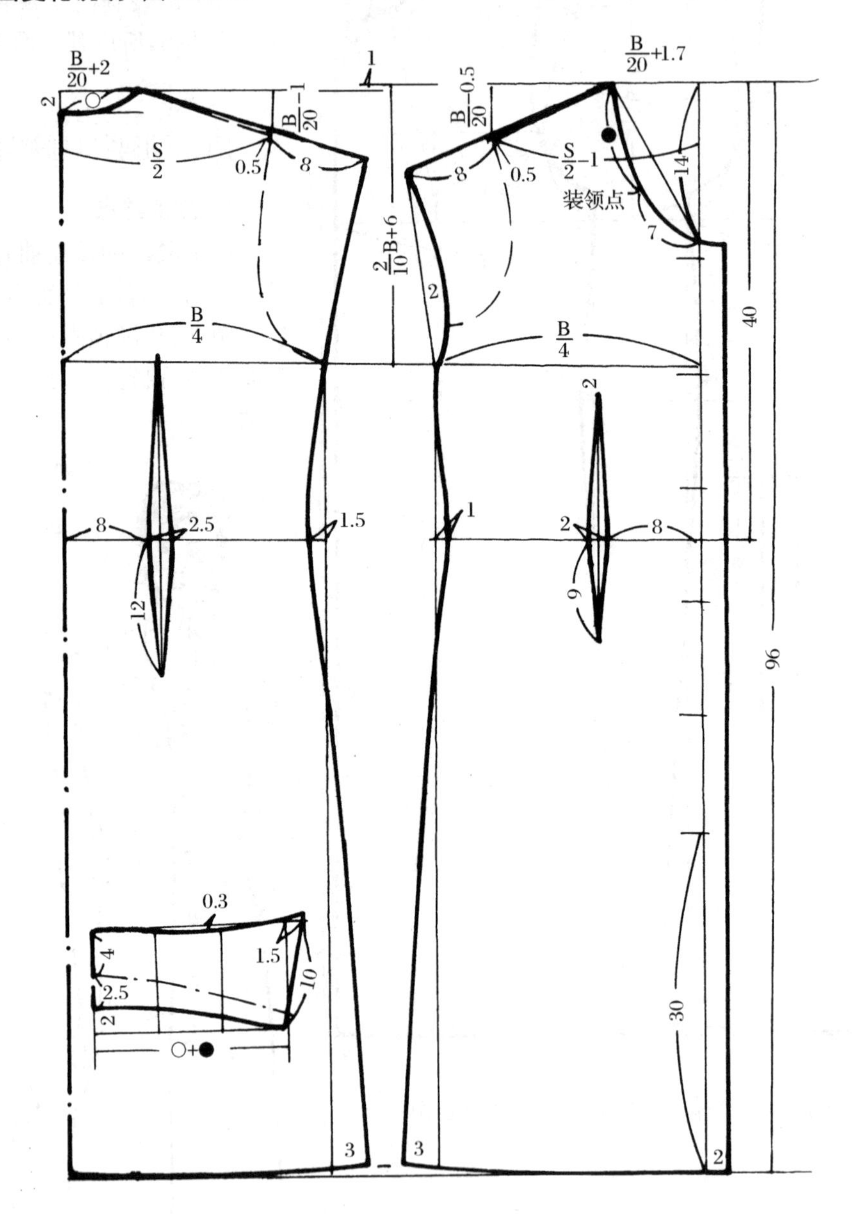

图 5.5.8　U 形驳口翻领连袖直身裙制图

(1) U 形驳口翻领属翻领中的露颈款式,衣领应装在距领口线上 7 cm 处。

(2) 连袖可看作在基本型基础上放平肩斜、延长肩线为袖长的变化款式,其中放平肩斜线将有利于上举活动。在放长袖长的同时,一定要注意连袖袖口满足人体臂围的活动要求,即连袖袖口应不小于基本袖窿深。

(3) 本款根据款型、原料特点,利用归聚平衡形式,如降低前袖窿、提高后袖窿(见图中虚线），以及前、后胸围互借 0.5 cm，达到了不收胸省的目的。

（4）直身裙中摆缝吸腰量及前后衣片中的收腰省量不宜过大，也不宜过长，应根据体型、面料性能酌情变化。

五、松身双门西装领连衣裙

1. 款型特点

松身双门西装领连衣裙外形如图 5.5.9 所示。其款型特点为：双叠门低驳西装领；前片左右开小袋各 1 只；断腰节，腰部收活褶；窄摆裙，褶裥短袖。

2. 净缝制图规格（单位：cm）

号/型	裙总长	胸围	腰围	臀围	肩阔	袖长
165/82	98	96	78	96	39	23

3. 制图变化说明（图 5.5.10）

（1）西装领的配领请参照图示，配领步骤可参照第六章第二节内容。

（2）本款也属于无胸省款式。根据款型、原料特点，已分别采用了劈门、腰节起翘 1 cm 及归聚平衡形式。其中增大前横开领属于劈门形式，具体请参阅第七章第一节内容。归聚平衡内容如前款 U 形驳口翻领连袖直身裙所述。

（3）腰部活裥也是为了合体。活裥量的分配方法与裙省分配法相同。

（4）窄摆裙由于不开衩，所以窄摆收缩量可相应减小。

图 5.5.9　松身双门西装领连衣裙外形

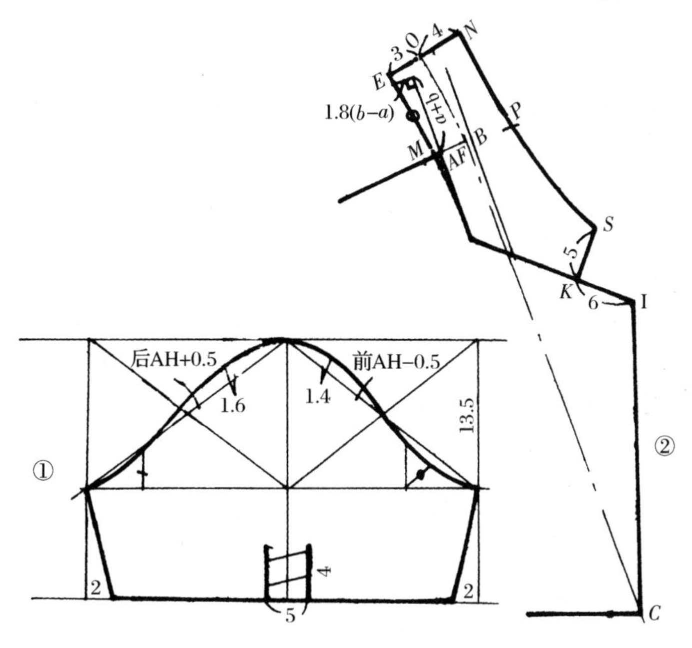

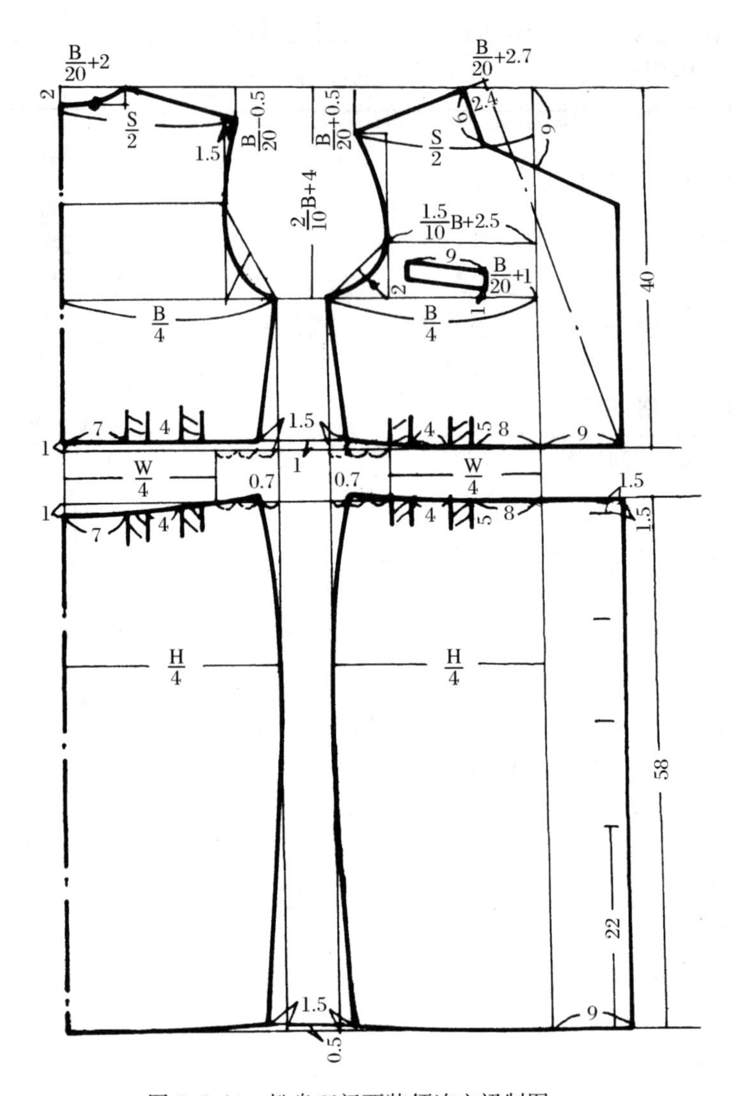

图 5.5.10　松身双门西装领连衣裙制图

（5）袖口褶裥是合体袖的变化形式。由于该袖口的缩小量较均匀（袖口边及中间褶裥），所以该袖袖口无须起翘，就能达到合体效果。

六、合体马甲式低腰连衣裙

1. 款型特点

合体马甲式低腰连衣裙外形如图 5.5.11 所示。其款型特点为：无袖；前 U 形领口，后 V 形领口；吸腰合体宽摆造型，腰部前后片收腰省 4 道；后开襟锁眼钉扣 3 粒；低腰节下细裥喇叭裙。

2. 净缝制图规格（单位：cm）

号/型	裙总长	胸　围	肩　阔	前腰节	松值	体型
165/82	110	90	38/35	40	0	1/3

3. 制图变化说明（图 5.5.12）

（1）该制图为展示图，应先根据款型及面料特性，绘出后肩省宽摆裙基型。

（2）该无省是利用衣料柔软性、伸长性有意减低前袖窿 1 cm，以及增加前肩斜和前、后胸围互借等工艺消除胸省内容而定，其公式为：$\frac{2}{10}$胸围＋0＋4 cm－1 cm。

(3) 无袖款式的袖窿提高 2 cm，即：袖系松值为 0 内容。

(4) 横开领较大的无领款式中，后片最好采用在肩省基础上按比例放大横开领，这是达到平衡合体的有效方法。

(5) 细裥喇叭裙应理解为：展开放大原裙幅的$\frac{1}{2}$。这时起翘量增大，属于斜移放大。

图 5.5.11　合体马甲式低腰连衣裙外形

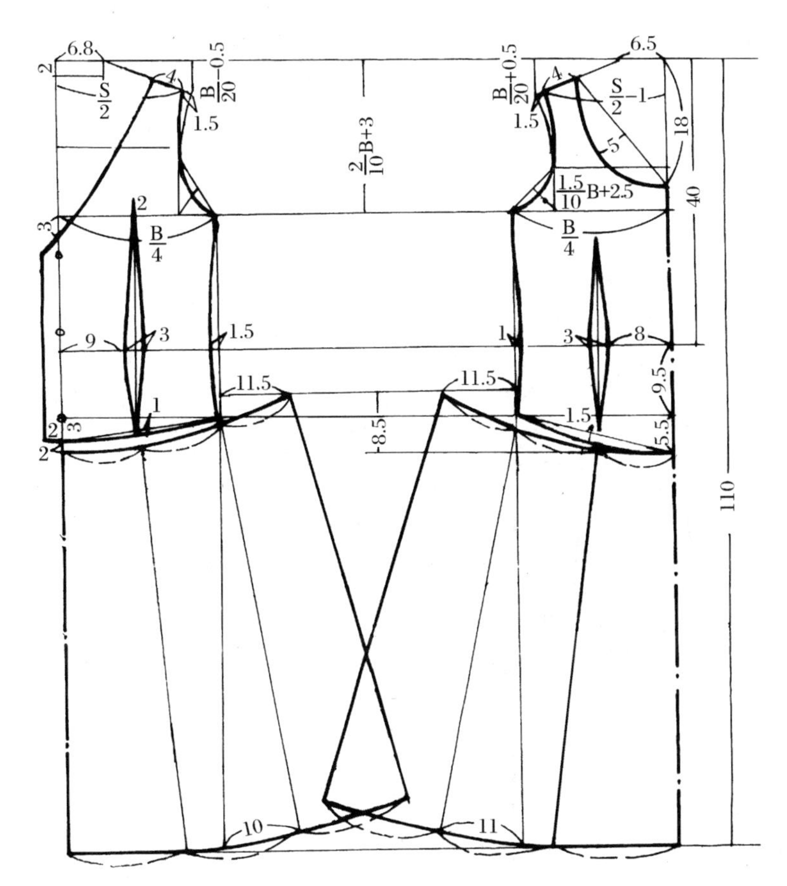

图 5.5.12　合体马甲式低腰连衣裙制图

七、合体无领泡袖宽摆连衣裙

1. 款型特点

贴体无领泡袖宽摆连衣裙外形如图 5.5.13 所示。其款型特点为：梯形领口；平肩吸腰宽摆造型；断腰节，腰部前后收省 4 道，侧腰开襟装拉链；裙为细裥喇叭裙；袖为细裥短泡袖。

2. 净缝制图规格(单位：cm)

号/型	裙总长	胸围	腰围	肩阔	前腰节	松值	体型
165/82	112	90	72	38	40	2	1/3

3. 制图变化说明(图 5.5.14)

图 5.5.13　合体无领泡袖宽摆连衣裙外形

(1) 该制图为展开图,根据款型、面料特点可以直接绘制腰省基型,其中腰省内移 2 cm 胸省,故有后片起翘 1 cm 内容,属相对平衡版型。

(2) 凡横开领较小的无领款式,可以直接采取增大前、后横开领公式数据的方法。

(3) 细裥喇叭裙为直接绘制法。注意后片中线比前片中线要低 1 cm。

(4) 该泡袖为展示图,可先绘出基本袖(注意袖山不宜浅),然后按图示展开基型放出褶裥量而形成泡袖。

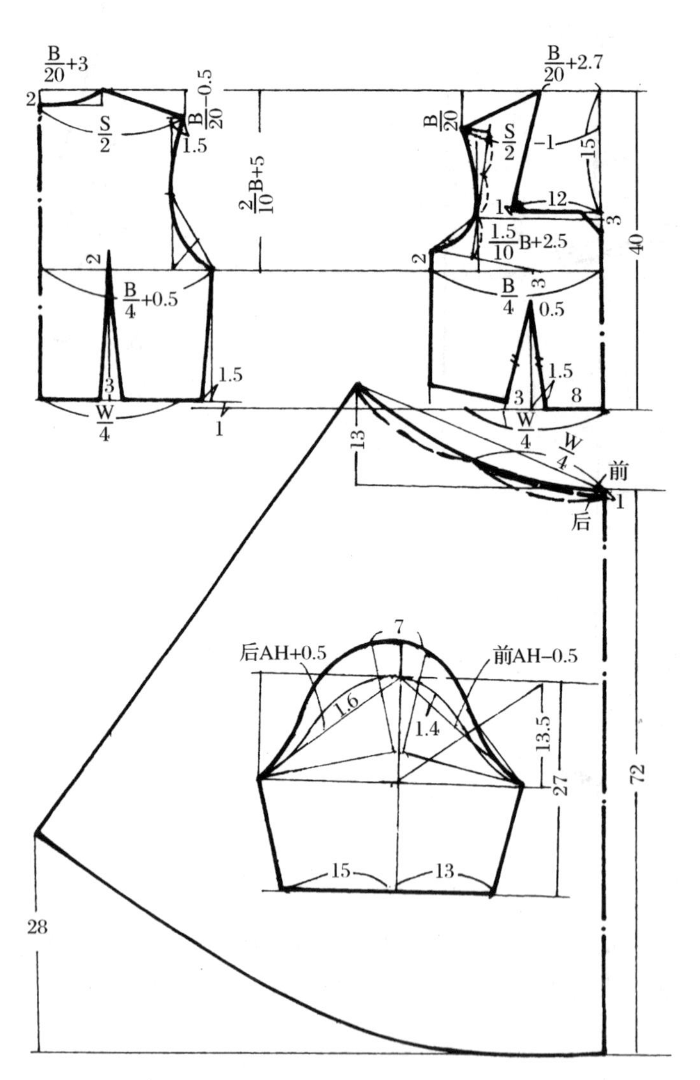

图 5.5.14　合体无领泡袖宽摆连衣裙制图

八、松身V形领腰爿式连衣裙

图5.5.15　松身V形领腰爿式连衣裙外形

1. 款型特点

松身V形领腰爿式连衣裙外形如图5.5.15所示。其款型特点为:平肩吸腰宽摆造型;V形领口,门襟双排6粒扣;鼓形腰爿上下收细裥;短袖平袖口。

2. 净缝制图规格(单位:cm)

号/型	裙总长	胸围	肩阔	腰围	袖长	松值	体型
165/82	108	96	39	72	28	2	1/3

3. 制图变化说明(图5.5.16)

(1) 该制图为展开图,可根据款型、面料特性,直接绘出腰省基型(与前款相似)。

(2) 腰爿形态允许变化,但需注意:侧腰爿的吸腰量往往与腰爿的宽窄有关。

(3) 上身细裥量是依靠胸腰差(腰省)来获取的,这时它与侧腰爿上端点水平线相齐。

(4) 下裙细裥量,应理解为宽摆裙的展开、斜移的结果,因此裙起翘明显增高。

(5) 袖弦公式分别为前袖窿弧长－1 cm、后袖窿弧长时,其袖山绀势量约为3%袖窿弧长,适合于薄料和绀势量少的款式。

习　　题

1. 在无领型领配制中,窄领口线与宽阔领口线的配制方法有哪些差异?请详细说明。
2. 制作腰部装橡皮筋款型时,腰部应作哪些调整?
3. 在连衣裙上身育克下收细裥时,裙裥量有哪三种展开方法?
4. 请简单地列举出喇叭袖、泡袖、灯笼袖、褶裥袖、郁金香袖的出样原理。
5. 制作连袖时,在基本型基础上变化中具体应该注意哪两方面?
6. 合体连衣裙中,腰部装拉链开口应注意什么?
7. 无省连衣裙制图中可采用哪几种造型技术形式?

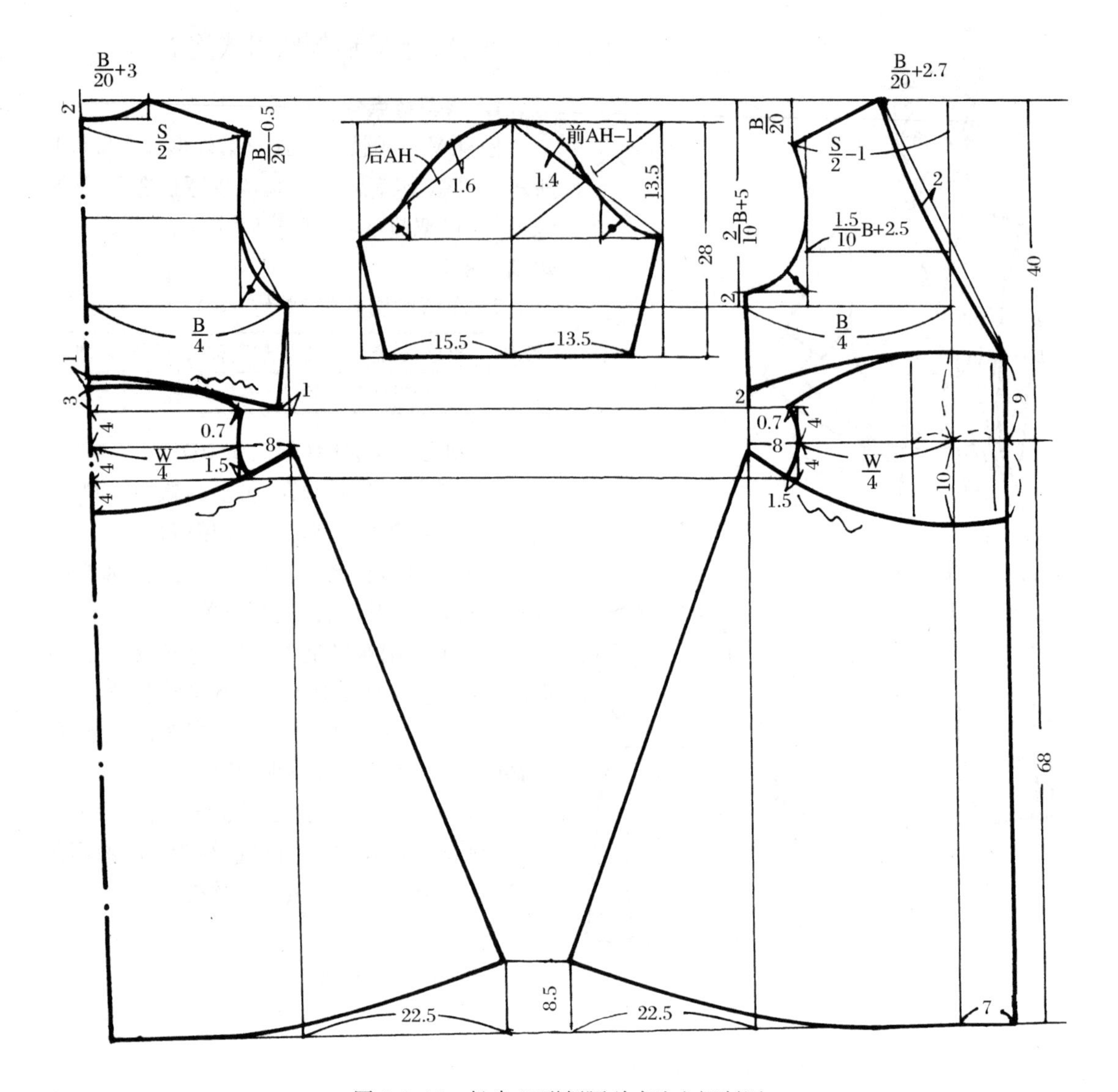

图 5.5.16　松身 V 形领腰片式连衣裙制图

第六节　裙 的 缝 制

一、一步裙缝制工艺

1. 缝制工艺程序

做准备工作→收前、后腰省→归烫前、后裙片和敷牵带→缝缉后缝，做后衩→装拉链→缝合摆缝和扣烫底边→做腰→装腰→钉腰襻，缲底边→整烫。

2. 缝制步骤工艺说明

(1) 做准备工作。裙的零部件较少，但是裙的变化较大。因此，要注意根据款式要求核对各部位的钻眼、刀眼或标记线是否清楚。对毛料裙，所有标记线都需要打线钉，不可遗漏(图 5.6.1)。

(2) 收前、后腰省。收腰省的方法与裤子相同。

(3) 归烫前、后裙片和敷牵带。在后缝上端臀围处将弧状纹归缩烫直，并敷上牵带固定(黏合衬亦可)。在前、后摆缝上端臀围处作弧形状归缩烫直，将布纹丝绺推向中部，并在后缝下端开衩处敷上后衩衬(黏合衬)(图 5.6.2)。

(4) 缝缉后缝，做后衩。缝缉后缝时上段留出拉链长度，下段留出衩长位置(缝份阔 1.5 cm)，将后缝分开缝烫平。在后衩里襟(右片)上端剪一斜形刀口，使里襟反转折叠后盖住门襟(图 5.6.3)。

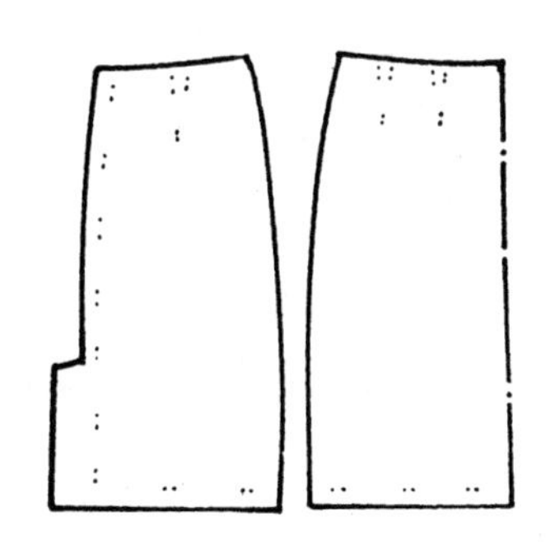

图 5.6.1 打线钉

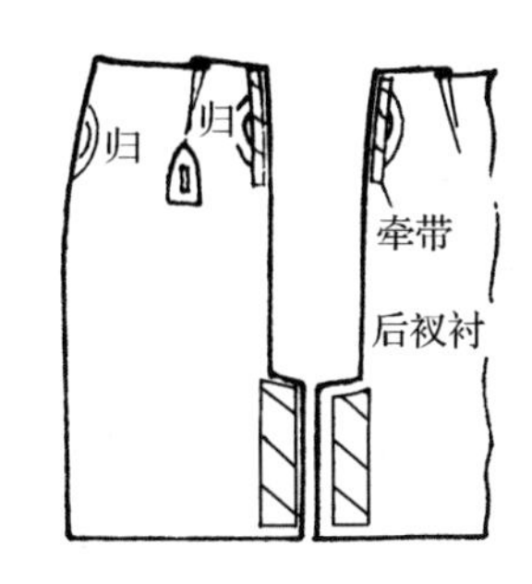

图 5.6.2 归烫前、后裙片和敷牵带

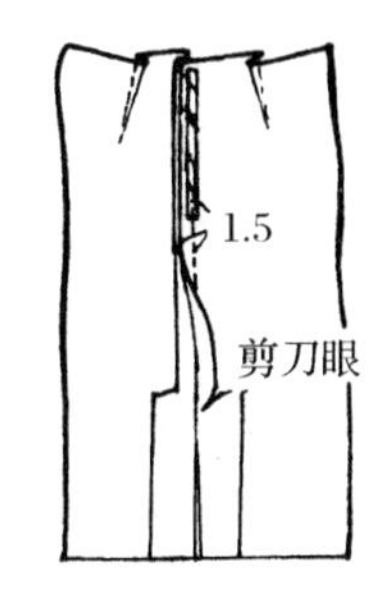

图 5.6.3 缝缉后缝

(5) 装拉链。先将装拉链边缘用熨斗伸烫一下(防止拉链码带过紧)。装拉链时由上向下，先缉左面一边，拉链紧靠边缘缉 0.2 cm 止口，然后由下至上缉右面一边，使右片门襟盖住拉链后缉 1.4 cm 止口(装拉链的压脚要改窄)(图 5.6.4)。

(6) 缝合摆缝和扣烫底边。前、后摆缝叠合缉 1 cm 缝份，再分开烫平，并把底边翻上 2.5 cm扣倒压平，用线固定(图 5.6.5)。

(7) 做腰(图 5.6.6)。

A. 将腰衬黏贴在腰面一边，并将外口扣倒烫平(图 5.6.6①)。凡连腰口面需翻折腰面，使里子边缘留出 0.5 cm，以后再封住两头(图 5.6.6②)。

B. 翻出腰面并烫平，按图 5.6.6③所示画出装腰用的标记线或刀眼。

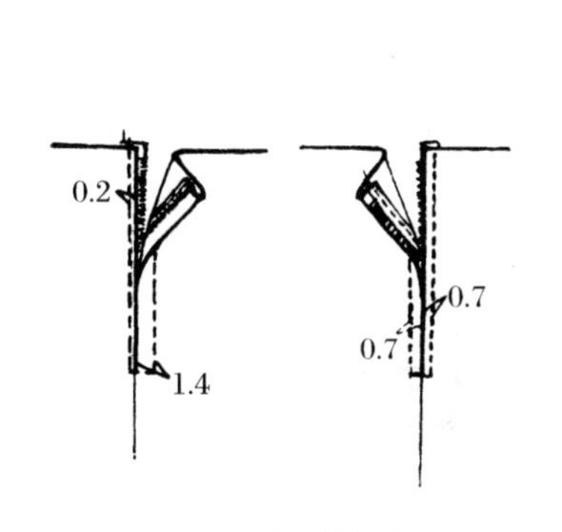

图 5.6.4 装拉链

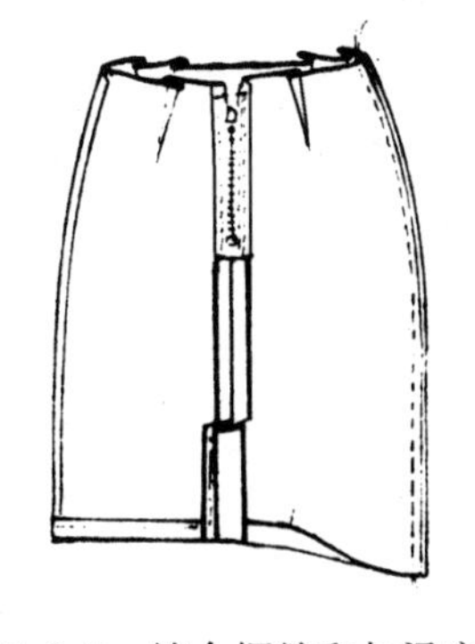

图 5.6.5 缝合摆缝和扣烫底边

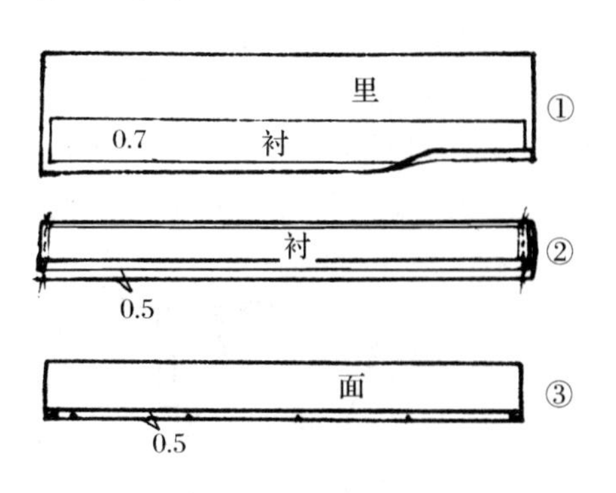

图 5.6.6 做 腰

(8) 装腰。

A. 由里襟开始，腰里正面与裙腰口反面叠合，缝缉 0.7 cm。腰省一律倒向前、后中线方向。并要注意两边拉链长度的一致，以及腰端距门襟、里襟边缘缩进 0.1～0.3 cm。

B. 翻转裙身，包紧腰面，使门襟与腰端呈直线后，沿腰面下口缉 0.1 cm 止口，最后四周缝缉 0.1 cm 止口(图 5.6.7)。

(9) 钉腰襻,缲底边。女用腰襻的钩子装在门襟一面,襻装在里襟一面;用锁针将腰襻上的洞逐一缝牢。缲底边时应采用三角针,缝线宜松不宜紧,正面应无针迹(图 5.6.8)。

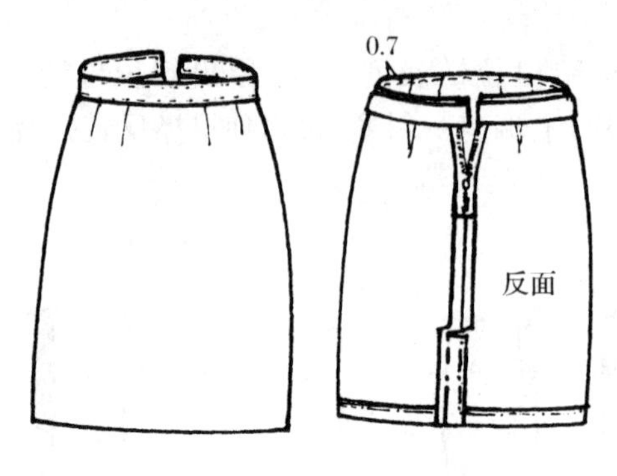

图 5.6.7 装 腰

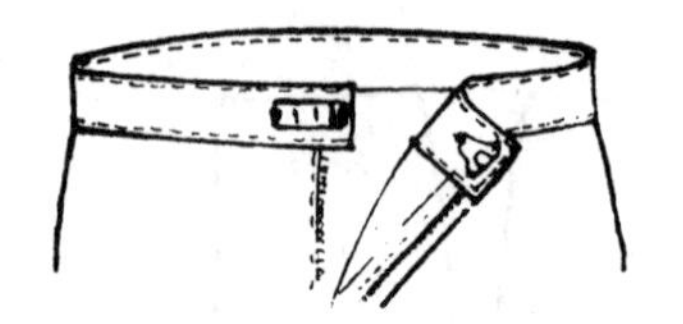

图 5.6.8 钉腰襻

(10) 整烫。把裙子喷上水,先烫底边、省缝及内缝、后衩,然后在裙的正面盖上水布,喷水后将整身及腰面烫平烫煞。

二、底摆波浪裙缝制工艺

1. 缝制工艺程序

做准备工作→收前、后腰省→归烫前后裙片→装拉链→缝合摆缝→装底摆→做腰和装腰→卷底边→整烫。

2. 缝制步骤工艺说明

(1) 做准备工作。同前。

(2) 收前、后腰省。同前。

(3) 归烫前、后裙片。摆缝、臀围处归烫内容同前。

(4) 装拉链。凡属后片不做缝而装拉链时,需在后中线上端开口装贴边。其操作方法如下:取直料贴边正面与大身叠合,贴边放在后中线下层中间,按大身中线左右缉线各 0.6 cm 宽,视拉链长度缉线长为 15 cm 左右;下端缉线距中线各 0.3 cm 宽,呈上宽下窄状。然后,按中线剪开,注意下端剪丫字形刀口,不要剪断缉线。最后,把贴边翻出烫平(图 5.6.9)。

装拉链时缉线左右各缉 0.7 cm 止口。使用该方法,制作中不必改窄压脚。为了不使拉链下端露牙,在缉拉链下端时,一般有意将面料归缩并拢(图 5.6.10)。

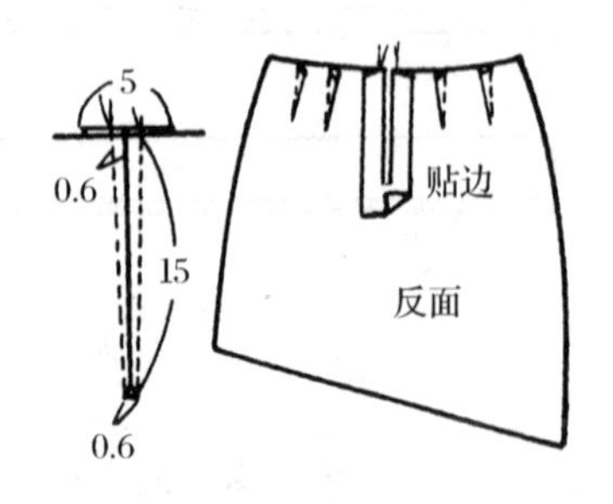

图 5.6.9 装拉链(一)

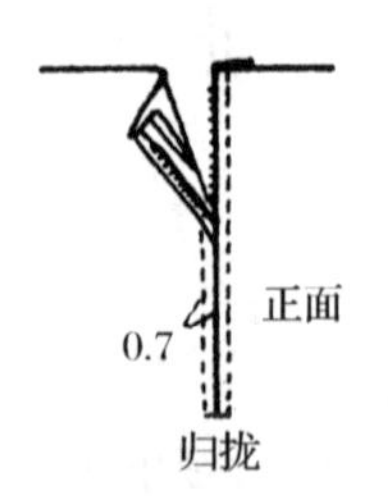

图 5.6.10 装拉链(二)

(5) 缝合摆缝。裙上身和裙摆下段都缉 1 cm 缝份,缉后分开缝烫平(图 5.6.11)。

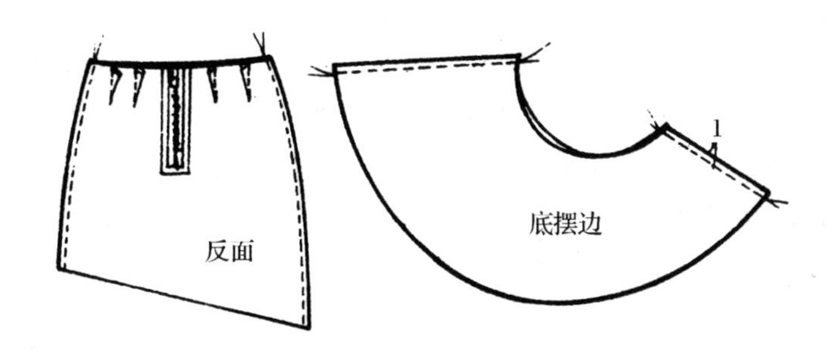

图 5.6.11　缝合摆缝

(6) 装底摆。为了避免接缝处斜分割伸长(还口),操作中可将底摆套在裙上身内,即底摆在上层、大身斜线在下层,做到长短和左右摆缝线对接准确,沿边缘缉 1 cm 缝份(图5.6.12)。

(7) 做腰和装腰。均可参照一步裙。

(8) 卷底边。卷底边的方法除了采用拷边后绷三角针外,还可以采用缉狭粒卷底边的方法。即:先扣烫弧形底边(扣烫时要防止伸长),并沿边缘缉 0.2 cm 止口兜一周,沿缉线修剪去多余的缝份,再用熨斗沿边缘扣倒烫平,缉 0.3 cm 止口兜一周。该方法一般用在制作较高级的裙子中(图 5.6.13)。

图 5.6.12　装底摆

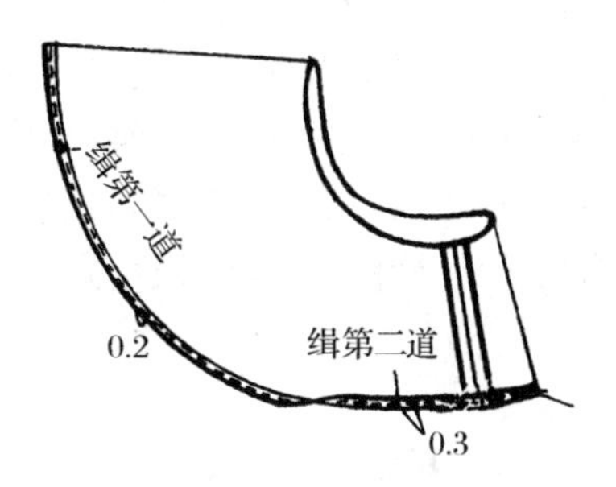

图 5.6.13　卷底边

(9) 整烫。先喷水把底边、拼接线、省缝等内缝烫平整,然后在正面盖上水布并喷水,将整身及腰面烫平烫煞。

3. 质量要求

(1) 腰头宽窄一致,腰面、腰里无链形,腰与门襟结合处平直不伸出,腰面缉线顺直。

(2) 拉链牙齿不外露,拉链长短一致,不松不紧,缉线整齐顺直。

(3) 裙身平服,无极光,无褶皱。

三、披肩领肘省长袖连衣裙缝制工艺

1. 缝制工艺程序

做准备工作→收前、后衣片省→缝合和分烫肩、摆缝→收前、后裙片省→缝合和分烫裙后缝、摆缝→做领→做袖→缝合腰节缝→装后开襟拉链→装领→装袖→钉风纪钩,缲袖口、底边→整烫。

2. 缝制步骤工艺说明

(1) 做准备工作。在检查连衣裙各部位钻眼、刀眼标记线时,要注意核对上衣与下裙间省位及摆缝的拼接距离是否一致,以免上下不一致影响外观的统一。除此以外,还要检查后开襟拉链位置。该位置一般掌握在腰节线下 15 cm 左右处。

（2）收前、后衣片省。有关收省的方法可参照女衬衫内容。在烫倒省缝时，肩省和腰省反面都倒向前后中线，腋下省有向上和向下两种，一般倾向于反面向上倒。本款为后开襟装拉链，故在烫省时将门襟、里襟贴边扣烫 1.7 cm（图 5.6.14）。

（3）缝合和分烫肩、摆缝。缝合时，后片放下层，前片放上层，使后肩缝略有归缩。肩缝和摆缝均缉 1 cm 缝份后，用熨斗分开烫平（图 5.6.15）。

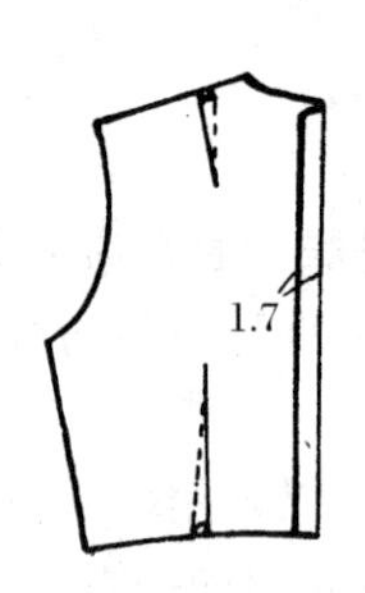

图 5.6.14　烫　省

图 5.6.15　分烫上衣肩缝

（4）收前、后裙片省。与女裤收腰省相同。

（5）缝合和分烫裙后缝、摆缝。裙后缝上端留出装拉链位置，缝份为 1.7 cm；摆缝缉 1 cm 缝份。分烫后缝、摆缝及扣烫底边 2.5 cm（图 5.6.16）。

（6）做领。双片翻领在缝合前，两片领要对称，领里比领面四周小 0.2 cm。缝合时将领面放下层，领里放上层，领角稍带紧，做到里外匀称（起落要缉来回针，缉线宽 0.6 cm）。向领面方向扣倒 0.7 cm 缝份后，按住领角翻出领面，使领里止口坐倒 0.1 cm。领尖角必须方正，见图 5.6.17。

图 5.6.16　缝合和分烫裙后摆、摆缝

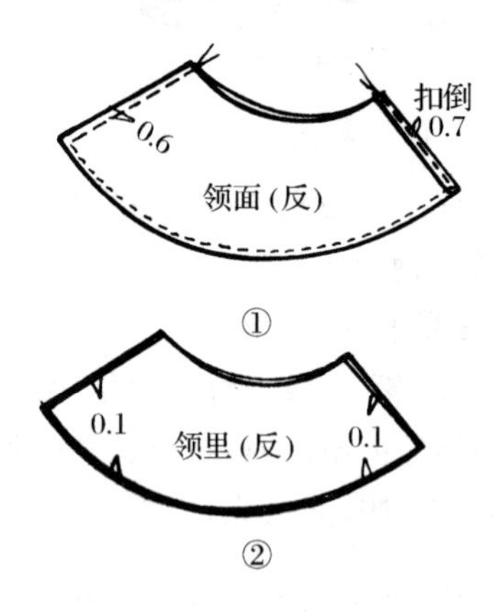

图 5.6.17　做　领

（7）做袖。收好袖肘省，并将其向上倒烫平，然后缝合袖底（缉 1 cm 缝份），分开并烫平袖底缝，将袖口贴边翻上 2.5 cm 烫平，用线钉牢，最后收袖山吃势。方法参照女衬衫缝制（图 5.6.18）。

（8）缝合腰节缝。把上衣套在裙子内，正面叠合；翻开门襟贴边，对准上下省缝和摆缝，沿腰口线缉 1 cm 缝份。为了不使腰部横向伸长拉断缉线，在缝腰节时可拉一条牵带（图 5.6.19）。

（9）装后开襟拉链（图 5.6.20）。拉链边缘用熨斗应预先伸烫一下，然后装拉链时由上向

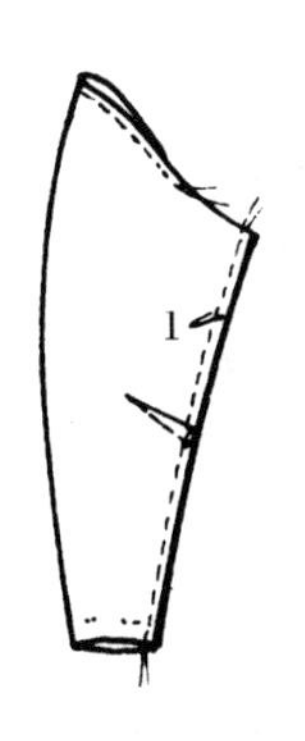

图 5.6.18　做　袖

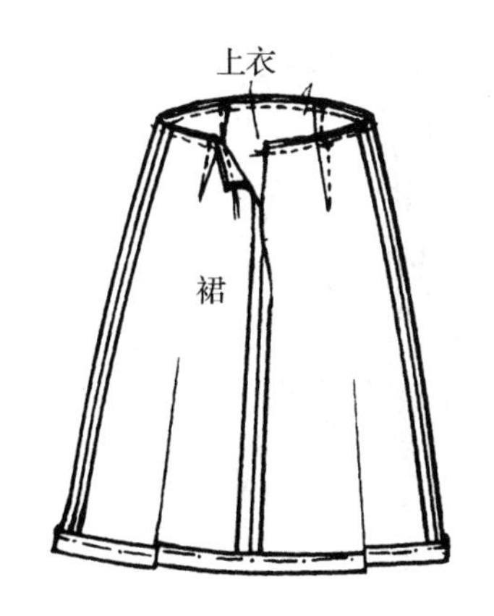

图 5.6.19　缝合腰节缝

下先缉里襟一边，让拉链紧靠里襟边缘缉 0.2 cm 止口，缉至腰节下 15 cm 处转弯横缉 1.4 cm 止口，再由下至上缉门襟一边宽止口。缉时要注意左右松紧一致，腰节线对齐。该方法适合于改窄的压脚，否则可采取两边都缉 0.7 cm 止口的方法。

（10）装领（图 5.6.21）。

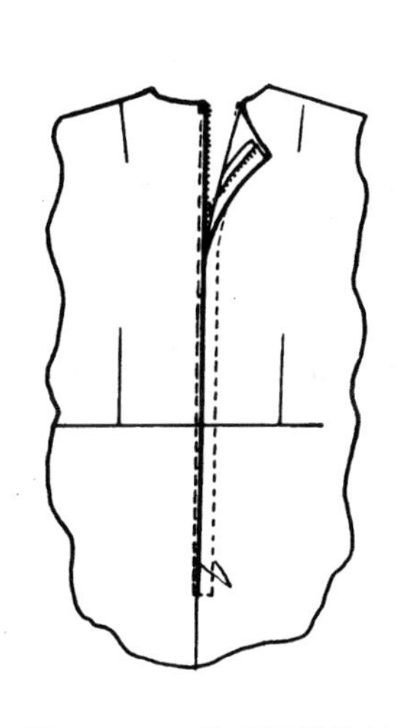

图 5.6.20　装后开襟拉链

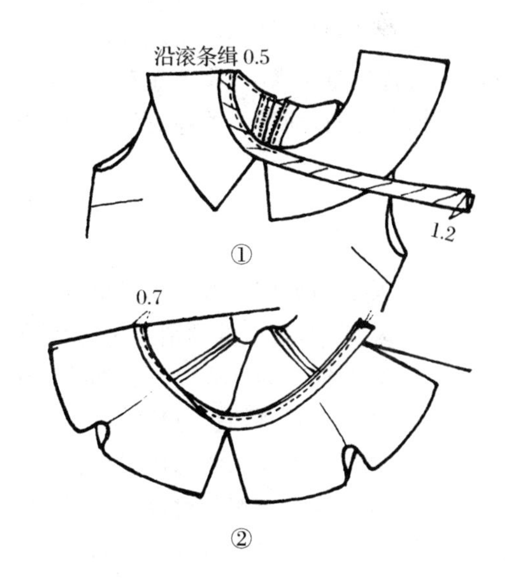

图 5.6.21　装　领

A. 平放大身，领放在大身上，后领对准门襟边缘，前领对准中线（左右领角可重叠 0.3 cm），领滚条（采用对折斜料）放在最上层并伸出 0.5 cm，一起缉 0.5 cm 缝份。领滚条对折阔为 1.2 cm，从直料一边上手，可避免滚条起链。前领滚条宜放松，以防滚条外露（图 5.6.21①）。

B. 把领口修齐到有 0.5 cm 缝份，包紧领滚条两头，倒下滚条沿边缘缉 0.1 cm 止口。这时，要求滚条宽窄一致，里层毛头不外露，不起链形，线迹顺直（图 5.6.21②）。

（11）装袖。装圆筒袖子时，必须使袖山头刀眼对准肩缝，前后袖山吃势均匀，无明显褶皱，袖窿缉线阔为 1 cm，四周兜转接线处重叠 3 cm 以上（图 5.6.22）。

（12）钉风纪钩，缲袖口、底边。门襟滚条内嵌钉女式风纪钩，与门襟相齐；里襟滚条内嵌钉风纪钩襻，伸出 0.2 cm，用手工缲牢（图 5.6.23）。

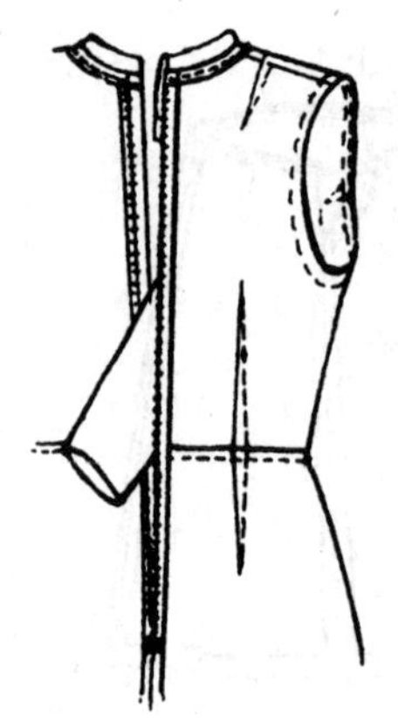

图 5.6.22　装　袖

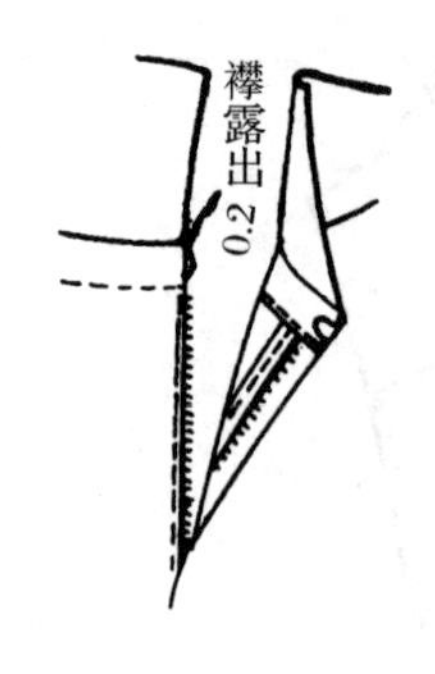

图 5.6.23　钉风纪钩襻

袖口边和底边用三角针绷牢和车缉均可。

(13) 整烫。先在连衣裙反面喷水把省缝、摆缝、肩缝、腰节缝、袖底缝等内缝烫平，然后翻出大身，逐一烫平整领、袖、上身和裙，最后将连衣裙用衣架挂起来。

3. 质量要求

(1) 省缝平整无链形，腰省对齐无偏差。

(2) 左右领对称，平整服帖，呈自然窝势。

(3) 后背拉链不露牙，腰节左右对齐，缉线整齐无链形。

(4) 袖子左右、前后一致，吃势均匀；袖山圆顺。

习　　题

1. 装腰时如何使腰与门襟呈直线？
2. 装腰中，腰里的预留缝份与装腰中的缝份不一样，你能否讲出其中的道理？
3. 装拉链时为什么要预先伸拔拉链边缘？
4. 装拉链有哪两种方法？讲出各自的特点。
5. 做裙时为什么要归烫裙片？归烫部位在哪儿？
6. 缝合连衣裙腰节时，放牵带是为了什么？
7. 做好翻领要注意哪些方面？

第六章　女外衣制图

第一节　女外衣制图基本知识

外衣是相对于内衣而言的。女式外衣与人体关系可以从女装中的结构比例、穿着状况、服装放松量及其常用的平面展开技术特点几方面来认识。

一、女外衣的结构特点

女外衣的结构具有以下特点：

1. 从学习女衬衫裁制的过程中，可以了解到女性的挺胸、臀部较大等特征是形成女装制图中后衣片比前衣片短 2 cm，服装下摆明显大于胸围，形成上小下大梯形状框架结构的因素。

2. 女装采用肩省和腋下省时，除省缝变化中前胸阔和肩斜量的加放数随省缝相应变化外，其基本结构公式、比例均统一不变。

二、女外衣的放松量

服装放松量一般是指服装围度的宽放量，往往受人的体型（生理）、习惯爱好（心理）、穿着状况（地理、气候环境）等条件所影响。由于它是服装条件中最活跃和最复杂的数据，加上我国长期推行成品胸围计算法（成品胸围中包含放松量），所以人们并不能透彻地了解它的概念和掌握它的处理方法。

本书在此对确定女式内衣、外衣的放松量制定依据特作以下说明：

内衣放松量　又称作基本放松量，它由人体胸部呼吸活动量、结构间活动量、廓体风格和面料特性等条件因素组成。因此，女衬衫、连衣裙中的基本放松量具体应根据贴体、合体、松身造型而定（见女衬衫内容）。

外衣放松量　在内衣基本放松量加外衣内穿着状况所需间隙松量基础上，再加面料厚度松量。

现以女式两用衫为例：如该两用衫内穿毛线衣、羊毛衫各一件时，通过测量可知毛线衣厚度为 0.55 cm，羊毛衫厚度为 0.3 cm，求毛线衣、羊毛衫厚度所需间隙松量。这时可用圆周公式计算。设 P 为放松量，R 为厚度，则 P（毛线衣）$=2\pi R=2\times3.14\times0.55=3.45$ cm，四舍五入，毛线衣间隙放松量为 3.5 cm。P（羊毛衫）$=2\pi R=2\times3.14\times0.3=1.88$ cm，羊毛衫间隙放松量为 1.9 cm。

两用衫面料较薄时，面料厚度可以忽略不算，该两用衫的放松量为 $14+3.5+1.9=19.4$ cm，如果该两用衫面料较厚又需加衬里，那么放松量应包括以上材料总厚度的间隙松量，这时该两用衫的放松量将在 19.4 cm 以上。

总之，根据外衣的实际穿着状况确定该服装的放松量是达到合体适穿的重要原则。

三、分割的平面展开特点

分割在服装行业中俗称“开刀”或“刀背缝”，分割可以理解为肩省和腰省的连接形式，所以具有取代省和达到服装合体的主要特点。它通过分割、镶拼形式起到了修饰体型、美化服装的作用。

分割在服装穿着上的表现形式较多，如直形分割、横形分割、斜形分割、曲形分割等。各种分割形式虽有着各自的特性，但从分割的平面展开特点来看，分割可以概括为下列三种形式：

装饰性分割　指在平面制图中单纯为装饰和镶拼而实行的分割形式。该方法在童装、男装中应用较广泛（图 6.1.1）。

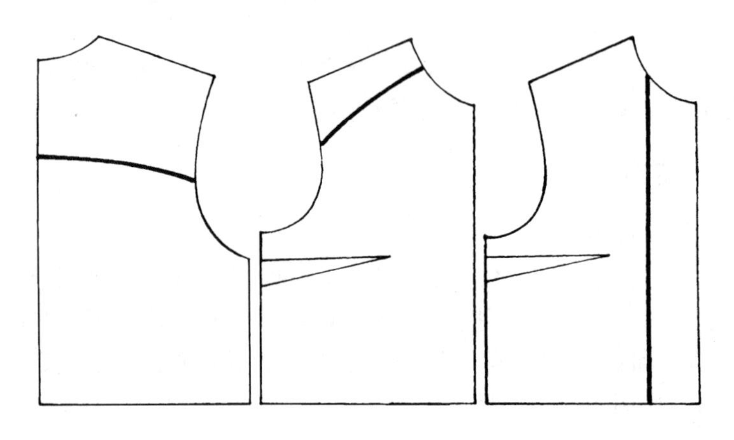

图 6.1.1　装饰性分割

通过作用点的合体性分割　指通过乳高点或肩胛骨点（即作用点）的各种分割形式，它可以取代省缝、简化工艺，能起到装饰美化和合体舒适的双重作用。如图 6.1.2 所示，分割的线条长度相同，形态完全吻合。该方法适合于没有伸缩性的面料，是最简便易行的一种方法。

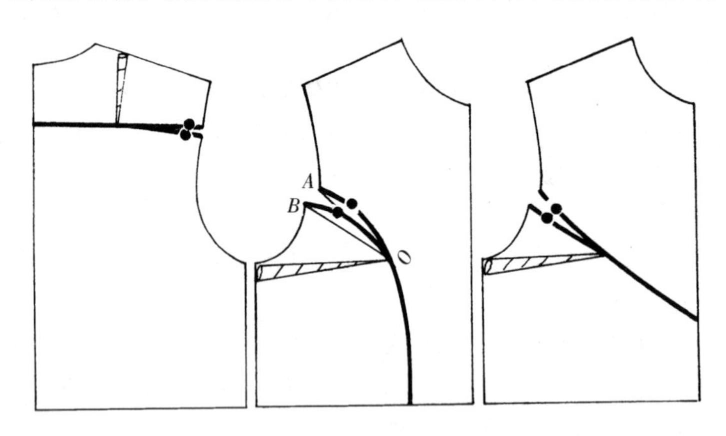

图 6.1.2　通过作用点的合体性分割

不经过作用点的合体性分割　指没有通过乳高点、肩胛骨点的各种分割形式，其作用同前者。这一种分割形式在平面展开过程中又分以下三种情况（图 6.1.3）。

（1）分割线离作用点近。这时留有的省缝短，省量小，$AO=BO$（图 6.1.3①）。

（2）分割线离作用点远。这时，留有的省缝长，省量大，但 $AO=BO$（图 6.1.3②）。

（3）分割线不经过省缝。这时，在省的反方向，仍然存在着省缝，$AO\neq BO$（图 6.1.3③）。

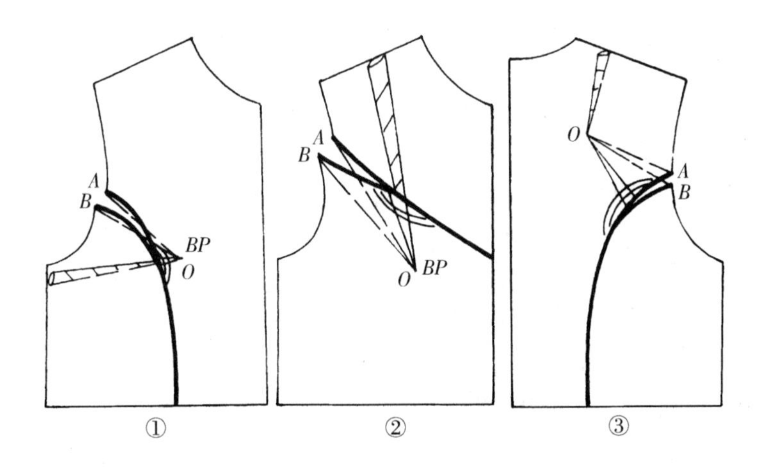

图 6.1.3　不经过作用点的合体性分割

由上可见，由于分割线的不同，缝制省缝需利用归缩的方法，将较长的省缝归缩后再进行缝合，因而在工艺上较前两种分割形式复杂。需仔细地考虑面料的可缩性及款型在工艺上的可行性。

四、归聚平衡的平面展开

归聚平衡工艺是一种以开落前袖窿、提高后袖窿和放宽前胸后，以竖向隐势代替横向省缝的常见工艺方法，是人们有意识利用面料柔软性、自然归缩性和合体造型中的特殊性能起到消除部分省量和使前、后袖窿处留有松量(袖容量)等特点，是商品化服装设计中不可忽视的技术内容。具体有以下三种展开形式(图 6.1.4)。

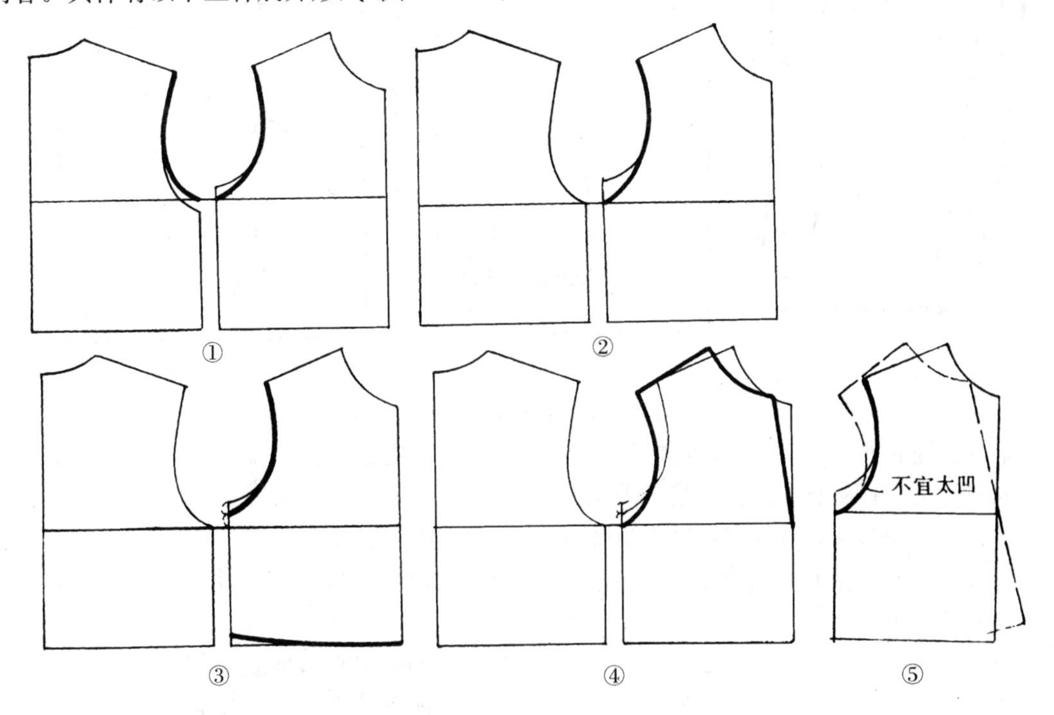

图 6.1.4　归聚平衡工艺平面展开形式

(1) 开落前袖窿,提高后袖窿。该方法适用于较合体款型及质地性能适中的衣料(图 6.1.4①)。

(2) 全部开落前袖窿。它适合于松身款型及柔软性强的衣料(图 6.1.4②)。

(3) 开落前袖窿与其他工艺形式相配合。图 6.1.4③所示为归聚平衡与起翘的配合形式,图 6.1.4④为归聚平衡与劈门的配合形式。其中归缩后肩缝所形成的后袖窿松余量和前袖窿松余量的平衡状况是形成松袖窿造型达到舒适合体的暗技术内容,应该引起大家的重视。

归聚平衡工艺虽比较简易,但要将开落前袖窿理解为省的转移变形形式,因而前袖窿不宜太凹(图 6.1.4⑤)。凡应用该工艺的女装,其前袖窿凹势和袖窿深公式都有了一定的变化,应在理解的基础上,掌握其平面展开特点。

女外衣结构部位线条名称见图 6.1.5。

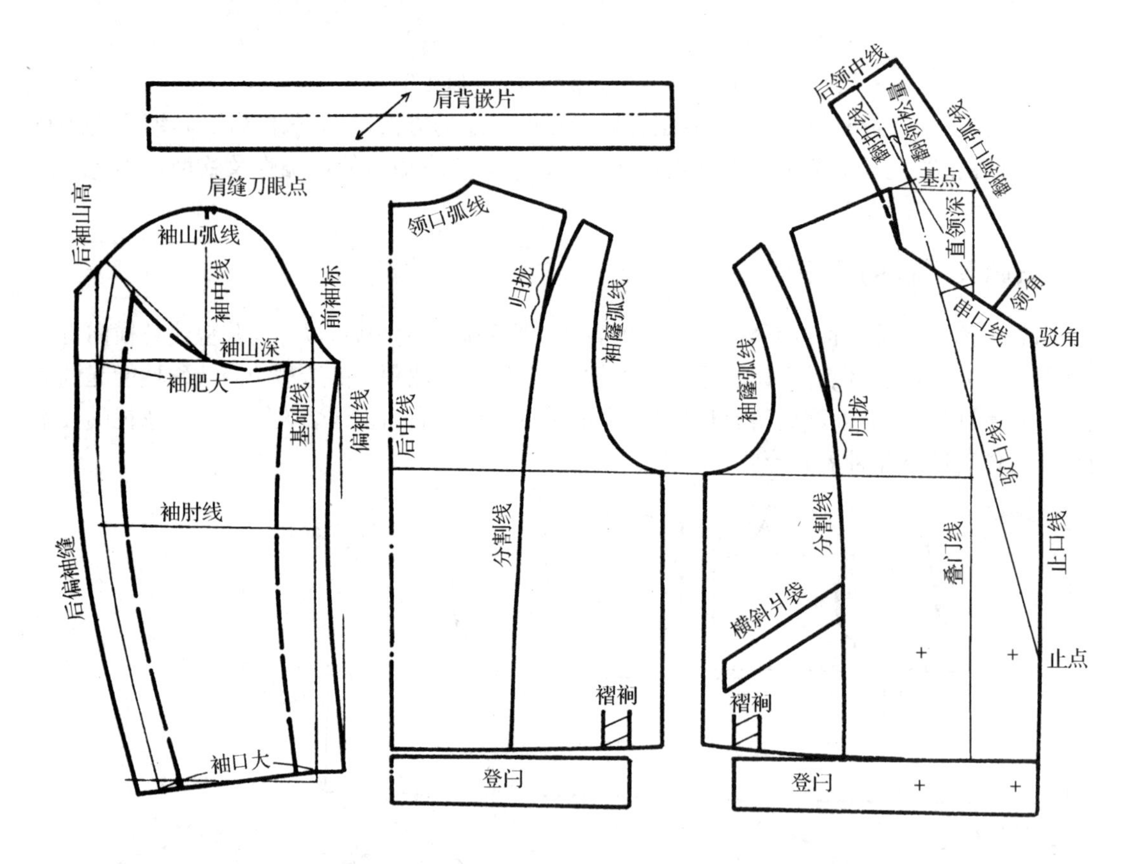

图 6.1.5 女外衣结构部位线条名称

根据女外衣的穿着条件,现具体说明其量体和加放尺度如下:

衣长 两用衫从肩缝颈根处量至手腕骨下 5 cm,夹克衫可短 2~3 cm。

袖长 两用衫从肩骨端点量至手腕骨下 1 cm,夹克衫可长 1 cm。

胸围 女外衣应根据服装品种、造型并结合内容物层次厚度而定。其中两用衫加放12~18 cm,夹克衫加放 16~26 cm。

臀围 两用衫在臀部丰满处围量一周,加放 10~15 cm,夹克衫加放 8~12 cm。

领围 关门领型以颈中部围量一周,加放 4~5 cm,敞开领型以胸围数推算。

肩阔 左右两肩骨端点的距离。

第二节　蟹钳领圆分割两用衫制图

1. 款型特点

蟹钳领圆分割两用衫外形如图 6.2.1 所示。其款型特点为:蟹钳形驳领;门襟锁眼钉扣 3 粒;前后曲腰;圆形分割;前片分割线装横斜贴袋 2 只;两片型两用衫袖。

2. 净缝制图规格(单位:cm)

号/型	衣长	胸围	肩阔	袖长	袖口	松值	体型
165/82	66	100	40	55	13	3	1/3

3. 前衣片制图(图 6.2.2、图 6.2.4)

底边线(下平线)①　预留贴边 2.5 cm,作纬向直线。

衣长线(上平线)②　自底边线上量衣长规格,作平行线。

直领深③　衣长线下量 7.5 cm 为外直领深,里直领深为 5 cm。

肩斜线④　衣长线下量$\frac{1}{20}$胸围(或 15 : 6＝22°),作平行线。

图 6.2.1　蟹钳领圆分割两用衫外形

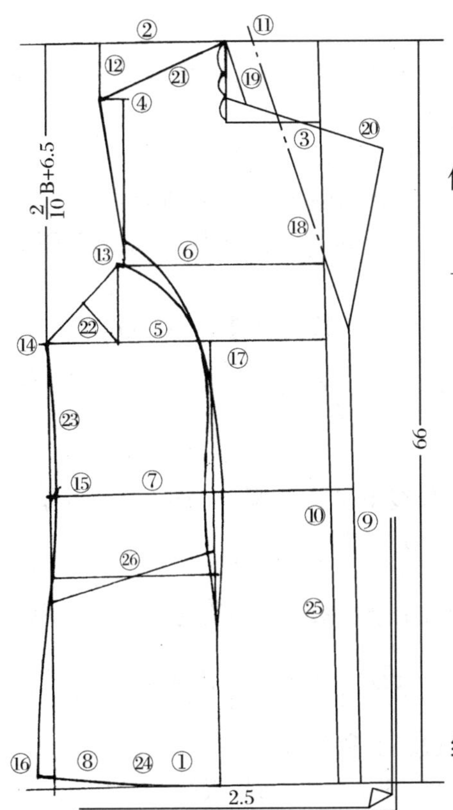

图 6.2.2　前衣片制图

胸围线(袖窿深)⑤　衣长线下量$\frac{2}{10}$胸围＋3 cm(松值)＋3 cm(体型数),作平行线。

胸高线⑥　胸围线上量,在肩斜线至胸围线距离－1.7 cm的$\frac{1}{3}$处,作平行线。

腰节线⑦　上平线下量$\frac{1}{4}$号－1 cm,作平行线。

底边起翘⑧　底边线上量 1 cm。

止口线⑨　距布边 5 cm,作经向直线。

叠门线(前中线)⑩　止口线量进 2.3 cm,作平行线。

横开领⑪　叠门线量进$\frac{1}{20}$胸围＋3 cm,作平行线。

肩阔线⑫　叠门线量进$\frac{1}{2}$肩阔－1 cm,作平行线。

胸阔线⑬　叠门线量进$\frac{1.5}{10}$胸围＋3.5 cm,作平行线与胸高线相交。

胸围大⑭　叠门线量进$\frac{1}{4}$胸围＋0.5 cm,作平行线交于下平线为胸围大直线。

腰围大⑮　在腰节线外，按胸围大直线量进 1 cm。

下摆大⑯　在底边线上，按胸围大直线放出 1.5 cm。

圆分割线⑰　过胸阔中点偏 1 cm 作垂直线，在腰节处腰省大 2 cm 平分于垂直线，并将胸阔线与胸高线的交点作为下分割端点；量进 1 cm，上量 1.7 cm 作为上分割端点。连接上、下各点，弧线画顺。

驳口线⑱　驳口基点和驳口止点的连线。在肩斜延长线上，过横开领点量出 2.4 cm（0.8a）作为驳口基点；胸围线与基本线交点为驳口止点。两点的连接线为驳口线。

底领口⑲　里外直领深的连接线为串口线，过串口线与驳口线交点量进 3 cm 为前领座。

驳头阔⑳　在串口延长线上，自叠门线量出 6 cm。驳头阔与驳口止点相连、画顺，即为驳头轮廓线。

肩缝线㉑　横开领与肩阔点的连接直线。

袖窿弧线㉒　连接肩斜点至上分割端点作直线，在中间凹进 0.7 cm 处取点，下分割端点至胸围大直线的$\frac{1}{2}$处作对角线取其中点。连接各点，弧线画顺。

摆缝线㉓　胸围大至腰围大作直线，腰围大至下摆大作直线，在中间凸出 0.3 cm 处取点，弧线画顺。

底边弧线㉔　取$\frac{1}{2}$摆大和起翘高点，弧线画顺。

扣位㉕　下扣位取下平线上$\frac{3}{10}$衣长－2 cm，上扣位在胸围线上，中间一粒扣居中。

袋位㉖　前袋口位于扣位上 2 cm，后袋口位于扣位下 2 cm。

4. 后衣片制图（图 6.2.3、图 6.2.4）

底边线（下平线）①　预留贴边 2.5 cm，作纬向直线。

衣长线②　自底边线上量衣长规格数－3 cm，作平行线。

直领深（上平线）③　自衣长线上量 2.2 cm，作平行线。

肩斜线④　上平线下量$\frac{1}{20}$胸围－0.5 cm（或 15∶5.2≈19°），作平行线。

胸围线深⑤　衣长线下量$\frac{2}{10}$胸围＋3 cm（松值），作平行线。

背高线⑥　胸围线上量肩斜至胸围线的$\frac{1}{2}$，作平行线。

腰节线⑦　衣长线下量$\frac{1}{4}$号－3.5 cm，作平行线。

底边起翘⑧　底边线上量 1 cm。

后中线⑨　取织物经向（门幅）对折直线。

横领大⑩　后中线量进$\frac{1}{20}$胸围＋3.5 cm，作平行线。

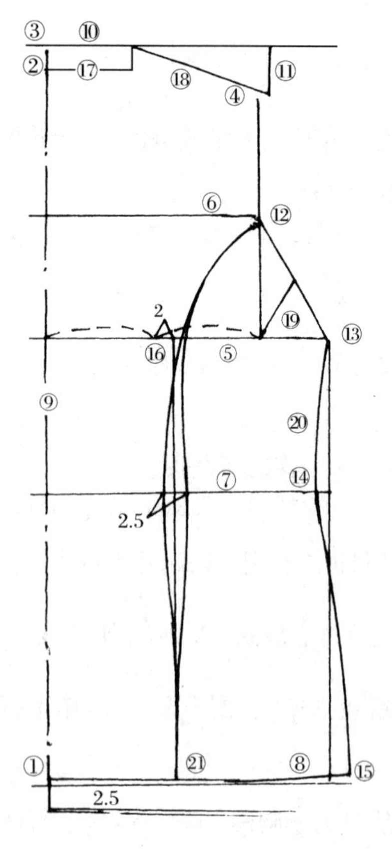

图 6.2.3　后衣片制图

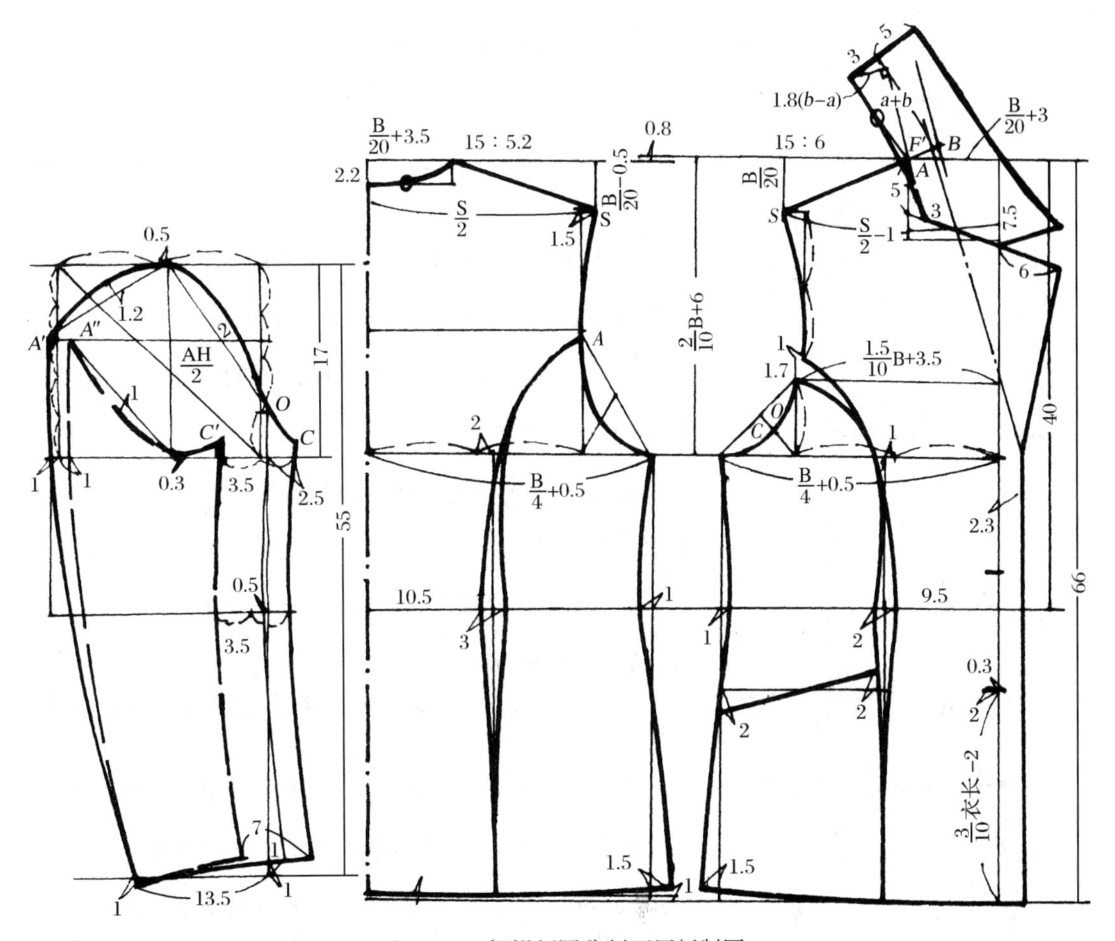

图 6.2.4　蟹钳领圆分割两用衫制图

肩阔线⑪　后中线量进$\frac{1}{2}$肩阔，作平行线。

背阔线⑫　按肩阔量进 1.5 cm，作平行线。

胸围大⑬　后中线量进$\frac{1}{4}$胸围＋0.5 cm（包括腰省量），作平行线，并交下平线。

腰围大⑭　在腰节线上，以腰围大直线量进1 cm。

下摆大⑮　在底边线上，按胸围大直线放出1.5 cm。

圆分割⑯　过背阔的中点偏 2 cm 作垂直线，在腰节处取腰省大 3 cm 平分于垂直线；以背阔线与背高线的交点下 1 cm 为分割点。连接各点，弧线画顺。

领口弧线⑰　以直领深作正方形，按图示取对角线的$\frac{1}{2}$作点。连接各点，弧线画顺。

肩缝线⑱　连接横领点与肩阔点作直线。

袖窿弧线⑲　过肩斜点和上分割端点作直线，在中间凹进 0.5 cm 处取点；过下分割端点至胸围大连线的$\frac{1}{2}$处，作对角线，取其中点。连接各点，弧线画顺。

摆缝线⑳　连接胸围大至腰围大作直线，腰围大至下摆大作直线，在中间凸出 0.3 cm 处取点，弧线画顺。

底边弧㉑　由$\frac{1}{2}$摆大至起翘高点作弧线画顺。

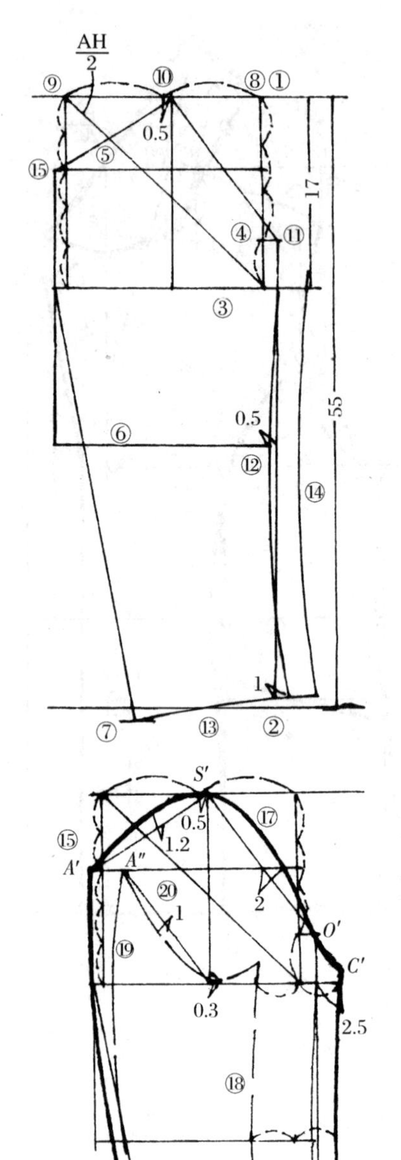

图 6.2.5　袖片制图

5. 袖片制图(图 6.2.5)

袖长线(上平线)①　按前后肩点均高下 3.5 cm,作上平线。

袖口线(下平线)②　自袖长线下量袖长规格,作平行线。

袖山深③　取胸围线作平行线,或以$\frac{1}{2}$袖窿弧长×0.7以下为宜(注意袖窿与袖型条件一致为宜)。

前袖标④　袖山深线上量袖山深的$\frac{1}{4}$,其与前袖窿交点为O,肩点为S。

后袖山高⑤　袖长线下量袖山深的$\frac{2}{5}$作横线,与后袖窿相交为A点。

袖肘线⑥　前袖标至袖口线的$\frac{1}{2}$向上 1.5 cm 或以腰节线延长,作平行线。

袖口起翘⑦　以袖口线为基础,前翘高1 cm,后降低1 cm,作短横线。

前袖基线⑧　作经向直线,与袖长线和袖山深线相交。

后袖基线⑨　取前袖基线和袖山深线交点,斜量$\frac{1}{2}$袖窿弧长,与上平线的交点,作垂线为后袖基线(该条件下的袖山绀势为5%袖窿弧长,适合一般面料)。

袖中点⑩　取前后基线的$\frac{1}{2}$,向前偏 0.5 cm 为袖中点(肩缝对档点)。仅指后袖窿弧长大于前袖窿弧长 1 cm 条件。

前袖直线⑪　以袖中点为圆心,前袖窿SO弧长为半径,作与前袖标线的交点O',过O'点作垂线为前袖直线。其中,该线与前袖基线的间距为衣袖活动量的暗偏袖量内容(其中 1 cm 为贴体袖,1.5 cm 为合体袖,2 cm 为较合体袖条件,如小于 0.5 cm 则为过分合体袖,应避免为宜)。

前袖弧线⑫　上以前袖直线、肘部进 0.5 cm、袖口处放出1 cm,弧线画顺。

袖口大⑬　自前袖弧线与起翘的交点,量进袖口规格与后袖起翘相交。

前袖缝⑭　按前袖弧线放出 1－2.5 cm 偏袖量,作平行弧线。其中,前袖缝上端$O'C'$点的高度与袖窿OC部位对应为宜。

后袖大⑮　以袖中点为圆心,后袖窿SA弧长＋0.5 cm 为半径,作与袖山高线的交点A',过A'点作垂线为后偏袖大直线。凡该线超过后袖基线部分,则为衣袖活动量的后偏袖内容。

其中，凡不超过后袖基线时，则属于过分合体袖。因此需作以下调整：a. 降低袖山，b. 增大绢势，c. 降低后袖山高线。

后袖缝⑯　取后袖肥大与袖山深交点至袖口大连线，并在肘部处取该线与后袖大直线的中点，弧线连接。

袖山弧线⑰　前取 OS' 连线与袖山高线的交点，向前 2 cm 作点 B'，后按 $S'A'$ 连线的中点凸出该线长度的 $\frac{1}{10}$ 作点。连接各点，弧线画顺。

前小袖缝⑱　按前袖缝量进（2.5 cm 偏袖量＋暗偏袖量）×2，作平行弧线与前袖口起翘相交。袖缝上端 C' 点应比 C 点高 0.3 cm 为宜。

后小袖缝⑲　在袖山深线处，按后袖缝量进后偏袖量×2 作直线，并在后袖山高线处按该直线劈进 1 cm，弧线画顺。

袖底弧线⑳　取小袖缝劈势与袖中线的连线，中间凹进 1 cm，按图示弧线画顺。其中袖底弧线与袖窿底弧相似为宜。

袖口线㉑　按图示分别连接大小袖的袖口线。

6. 驳领制图（图 6.2.6）

①$A\sim B$　领座高，是肩斜延长线上的截取线段。

②$B\sim C$　驳口辅助线，连接 BC 并延长以备作平行线。

③$A\sim D$　平行线，$AD /\!/ BC$，使 $AD=a+b$（领座＋翻领），并作 AD 的垂直线，截取 $1.8(b-a)$ 长度作点，取该点与 A 点的连线为该翻领松量夹角边线。

④$A\sim E$　后领弧长，在翻领松量夹角边上截取后横开领的 1.1 倍。

⑤$A\sim F$　驳口基点，取 $AF=0.8a$ 领座。

⑥$F\sim C$　驳口线，连接 F、C 两点作点划线。

⑦$F\sim P$　肩部翻领阔，P 是垂直于驳口线的肩部翻领阔＋0.3 cm 的对应点（加数应视面料厚度而定）。

⑧$F\sim M$　肩部领座高，在肩斜线上作交点。

⑨$E\sim N$　后领中线，EN 垂直于 AE，其中 EO 为领座高，ON 为翻领阔（允许适量调整）。

⑩$K\sim S$　前领宽，是垂直于驳口线效果图的翻领宽对称点。

⑪$J\sim I$　驳头宽，是垂直于驳口线效果图的驳头宽对称点。

⑫连接 N、P、S、I 各点，画顺翻领和驳头外形。

⑬连接 E、M、Q、K 各点，画顺领座下口弧线。

⑭连接 O、F、Q、C 各点，画顺驳领翻折弧线。

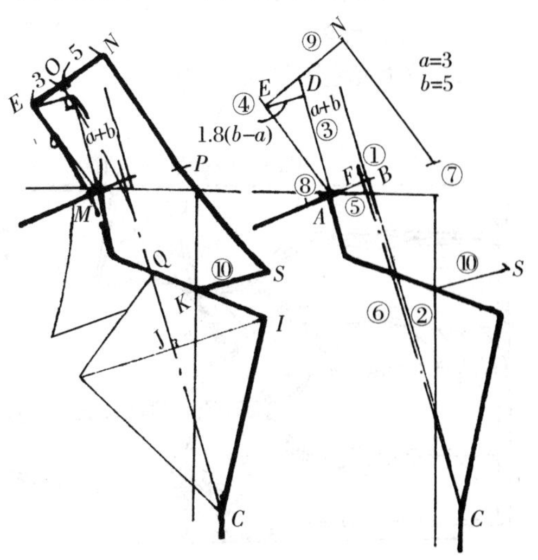

图 6.2.6　驳领制图

7. 出样放缝、配挂面、排料

（1）出样放缝方法。目前出样放缝的方法有两种：一种是直接制图放缝出样的，另一种是间接放缝出样的。前者一般用于较简单的服装款式，后者常见于分割式较复杂款式。现将常见的出样放缝方法介绍如下：

A. 直接出样法。

几何作图推移出样法　根据制图分割部位和放缝要求，确定若干定位点，运用几何作图法平行推移，达到直接出样放缝目的(图 6.2.7)。

B. 间接出样法。

纸样分解展开出样法　根据制图分割部位，将纸样剪开分解成若干部件，然后按放缝要求逐一绘图和放缝(图 6.2.8)。

纸样漏粉展开出样法　根据制图分割部位，在纸样上逐一打洞，利用漏粉画样和根据放缝要求移动纸样，进行出样和放缝(图 6.2.9)。

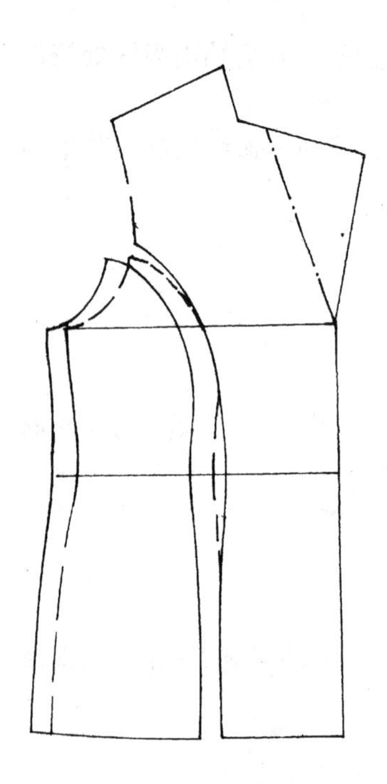

图 6.2.7　几何作图推移出样法

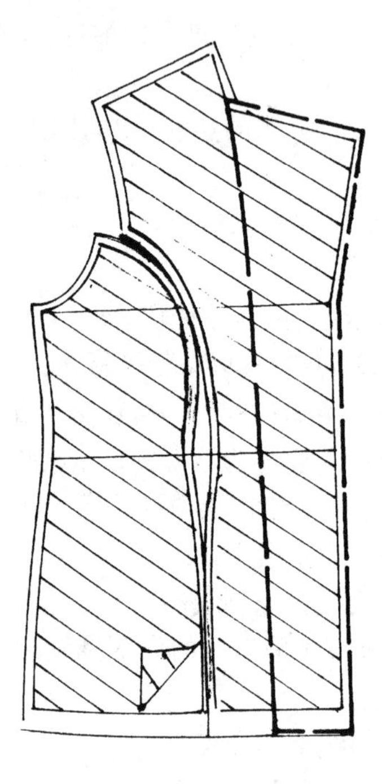

图 6.2.8　纸样分解展开出样法

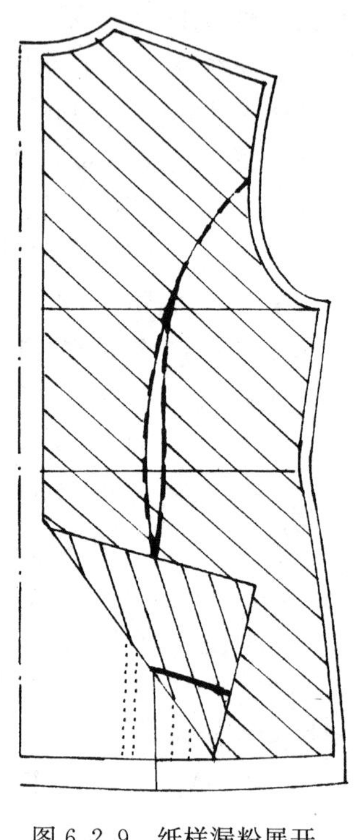

图 6.2.9　纸样漏粉展开出样法

(2) 放缝依据(图 6.2.10)。

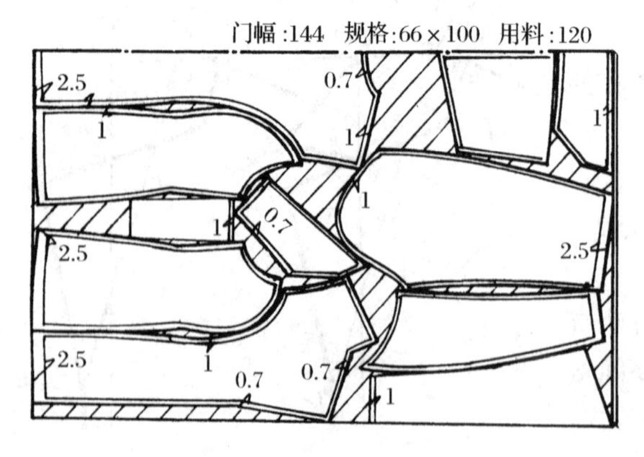

图 6.2.10　蟹钳领圆分割两用衫排料图

分开缝　摆缝、袖底缝、分割缝和锁边袖窿缝加放 1 cm。

内做缝　领口、门襟止口和滚边袖窿缝加放 0.7 cm。

贴边　袖口边、前后底边加放 2.5 cm。

特殊缝　遇到分割缝缉宽止口时，外层需按止口宽＋0.5 cm 计算加放，里层则按内做缝加放。

(3) 配挂面(图 6.2.8)。挂面也就是门襟贴边，习惯上在衣片基础上进行配制，这一方法叫毛样配制法。

A. 挂面外口按衣片驳头和止口画顺。

B. 挂面上段阔按驳口线量进 3 cm。

C. 挂面下段阔 8 cm。

D. 挂面上与串口线平齐，下超过底边线 2 cm。

E. 拼接掌握在上下扣位中间。

(4) 排料图。

排料图见图 6.2.10。

习　题

1. 女式服装的框架结构特点是什么？它是怎样形成的？
2. 什么是服装放松量？书中实例制图中的胸围放松量可以通过什么方法来了解？
3. 女式内衣的胸围基本放松量是多少？内衣胸围放松量大小须考虑哪几方面活动量？
4. 外衣胸围放松量受哪些因素的影响？
5. 分割具有什么特点？它在服装造型中起什么作用？
6. 分割在平面展开中存在哪三种形式？
7. 什么是归聚平衡工艺？它有哪三种表达形式？
8. 女外衣的胸围放松量应掌握在多少？
9. 在圆分割两用衫制图中，前后片袖窿处分割的形状明显不同，为什么？
10. 熟记驳领配制法，并用文字写出来。
11. 服装放缝出样方法有哪几种？
12. 制大图 2 张、小图 1 张，并采用几何作图推移法进行放缝出样练习。

第三节　女外衣的变化

一、合体阔驳领直分割两用衫

1. 款型特点

合体阔驳领直分割两用衫的外形如图 6.3.1 所示。其款型特点为：阔驳领；前后身曲腰，直形分割；肘省一片袖；前片双叠门 6 粒扣；分割线左右装爿袋各 1 只。

2. 净缝制图规格(单位：cm)

号/型	衣　长	胸　围	肩　阔	袖　长	袖　口	松　值	体　型
165/82	66	100	40	55	13.5	3.5	1/3

图 6.3.1　合体阔驳领直分割两用衫外形

3. 制图变化说明(图 6.3.2)

(1) 直分割可以理解为领省(或肩省)与腰省的连接形式，因此，其制图公式基本不变。

(2) 阔驳领的配领方法与狭驳领相同，其翻领松量明显增大。

(3) 为了改变 4 粒扣常见的正方形呆板格局，有意增加 2 粒看扣。

(4) 肘省一片袖是一种多用途袖型，可分别用于衬衫、两用衫、大衣等款型。为了追求美观，外衣袖应用这种袖型时，袖山深可掌握在$\frac{1}{2}$袖窿弧长×0.7 左右。其中，后袖山深有意增加0.7 cm，则具有缩小袖肥和使衣袖向前的作用。

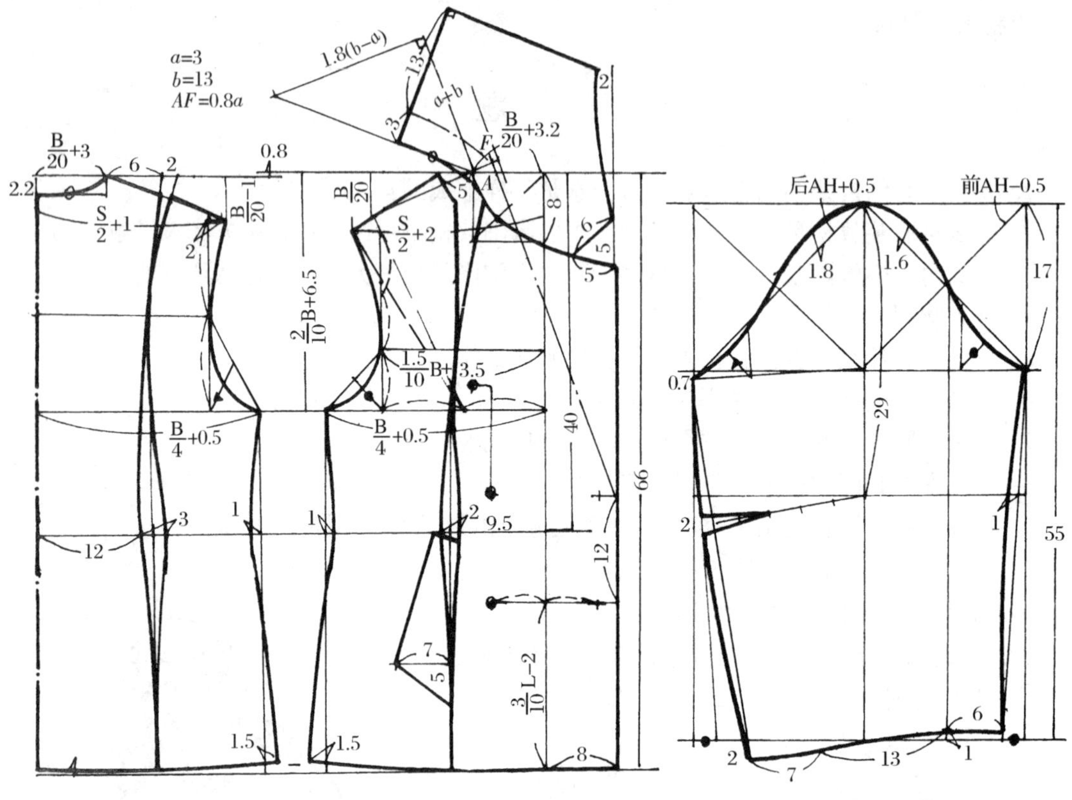

图 6.3.2　合体阔驳领直分割两用衬制图

二、合体长驳西装领飞边短夹克

1. 款型特点

合体长驳西装领飞边短夹克外形如图 6.3.3 所示。其款型特点为：长驳西装领；前后片肩背嵌爿装饰；衣身较短；摆边装登闩，左右摆打褶各 2 只；西装夹克两片袖，袖口装克夫；前片双叠门 4 粒扣；左右横斜爿袋各 1 只。

2. 净缝制图规格(单位：cm)

号/型	衣长	胸围	臀围	肩阔	袖长	松值	体型
165/82	60	104	92	41	54	3	1/3

3. 制图变化说明(图 6.3.4)

(1) 当分割线不经过作用点时，制图中应注意辅助线 $AO=BO$，这时分割线间存在着长短现象，应采用“归

图 6.3.3　合体长驳西装领飞边短夹克外形

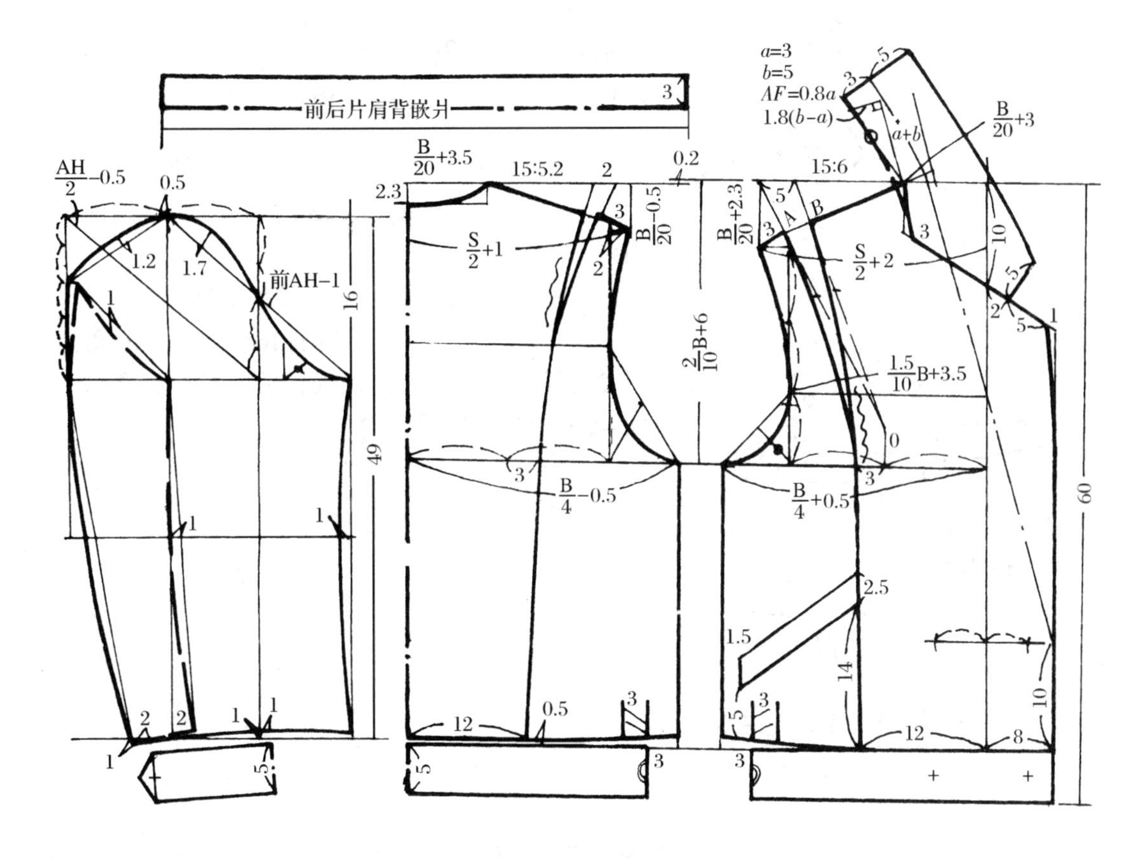

图 6.3.4　合体长驳西装领飞边短夹克制图

缩”的方法加以解决。

(2) 登门可以理解为大身的分割和重新组合形式。登门一般选用直料。

(3) 为使肩背嵌爿具有合体美观的效果，肩背嵌爿最好能采用斜料。

(4) 夹克两片袖，又称为一片半袖，其袖山绢势较少，故袖山斜线为$\frac{1}{2}$袖窿弧长−0.5 cm。

三、松身围颈领横分割夹克

1. 款型特点

松身围颈领横分割夹克外形如图 6.3.5 所示。其款型特点为：围颈关门领翻领，钉扣 1 粒；前后身直筒造型；肩部横形分割；下摆装橡皮筋收缩；一片袖袖口收褶裥 4 只；前片钉扣 5 粒；左右嵌线袋各 1 只。

2. 净缝制图规格(单位：cm)

号/型	衣长	胸围	袖长	肩阔	松值	体型
165/82	64	104	54	41	3	1/3

3. 制图变化说明(图 6.3.6)

(1) 前育克横开分割属装饰性分割，后育克分割属合体性分割，可以理解为折叠肩省后的分割形式。

(2) 本款型为简洁无省款型，分别应用了前、后胸围互借、归聚平衡和起翘技术。其中，前胸围减小和放大后胸围为互借技术内容；根据款型松身和面料柔软性特点，前袖窿降低了 1 cm，后袖窿提高1 cm，属于归聚平衡技术内容；后底边按前下平线提上 1 cm，属于起翘技术内容；故其袖窿深公式为$\frac{2}{10}$胸围＋6 cm－1 cm，属保证袖窿弧长为 0. 48 胸围技术内容。

（3）一片形褶裥袖口为松身舒适性袖。

（4）围颈领属于松身关门扣翻领。从穿着舒适性出发直开领宜深。为使该领在关门时左右领角一样长，配领应外口长，里口短。

图 6. 3. 5　松身围颈领横分割夹克外形

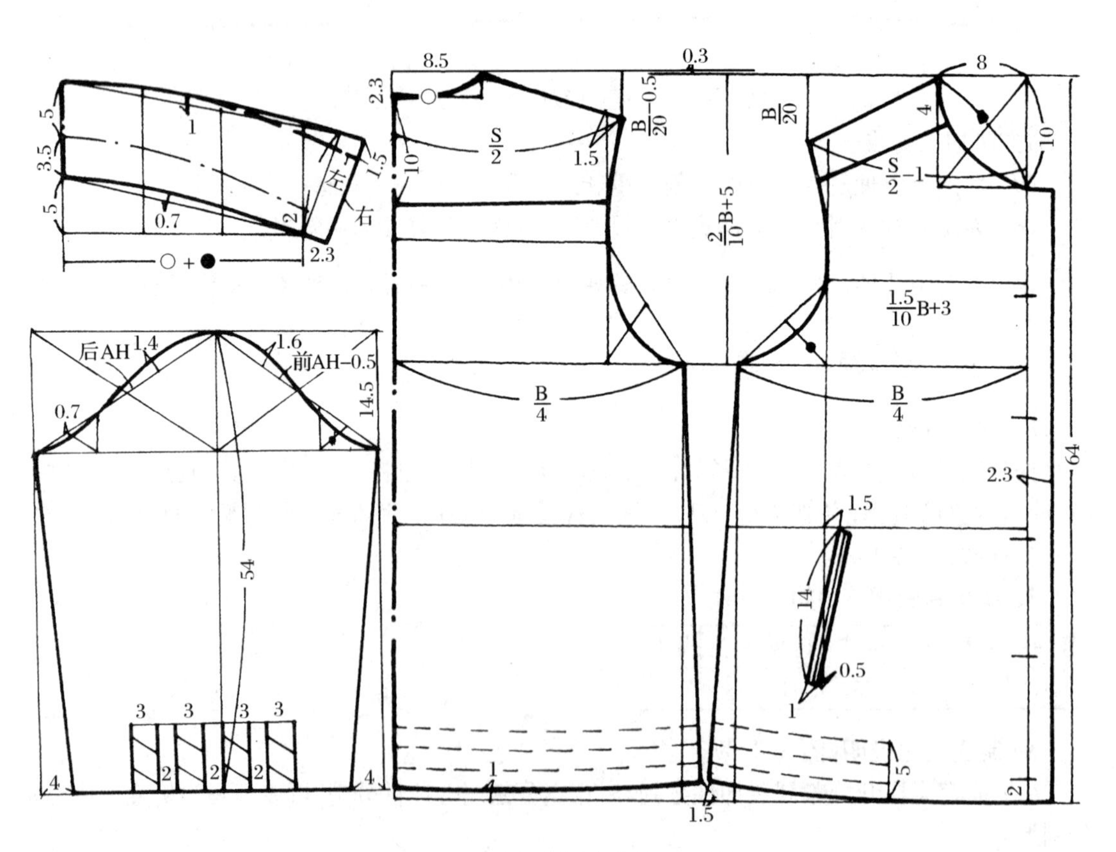

图 6. 3. 6　松身围颈领横分割夹克制图

四、多用立领插肩袖夹克

1. 款型特点

多用立领插肩袖夹克外形如图 6.3.7 所示。其款型特点为：多用松身立领，领部钉扣；前后插肩两片袖，袖口装克夫；前暗门襟，下边钉扣 1 粒；开斜直爿袋左右各 1 只，底摆边两端装螺纹登闩。

图 6.3.7　多用立领插肩袖夹克外形

2. 净缝制图规格(单位:cm)

号/型	衣长	胸围	肩阔	袖长	松值	体型
165/82	64	104	41	57	3	1/3

3. 制图变化说明(图 6.3.8)

(1) 多用立领也称为松身立领，配制时直开领宜深。前横开领放大呈不合体松身状，有利于敞开、关闭及变化组合。配领方法详见展示图。

(2) 插肩袖可看作是袖的组合和重新分割的新颖形式。

(3) 制图时应注意以下要点：A. 后肩放平；B. 前胸和后背减狭；C. 袖的倾斜度不低于 45°；D. 袖窿弧线与袖弧线相等；E. 袖窿宜深不宜浅，袖肥宜大不宜小。

(4) 底摆边装螺纹登闩或装橡皮筋登闩均可。

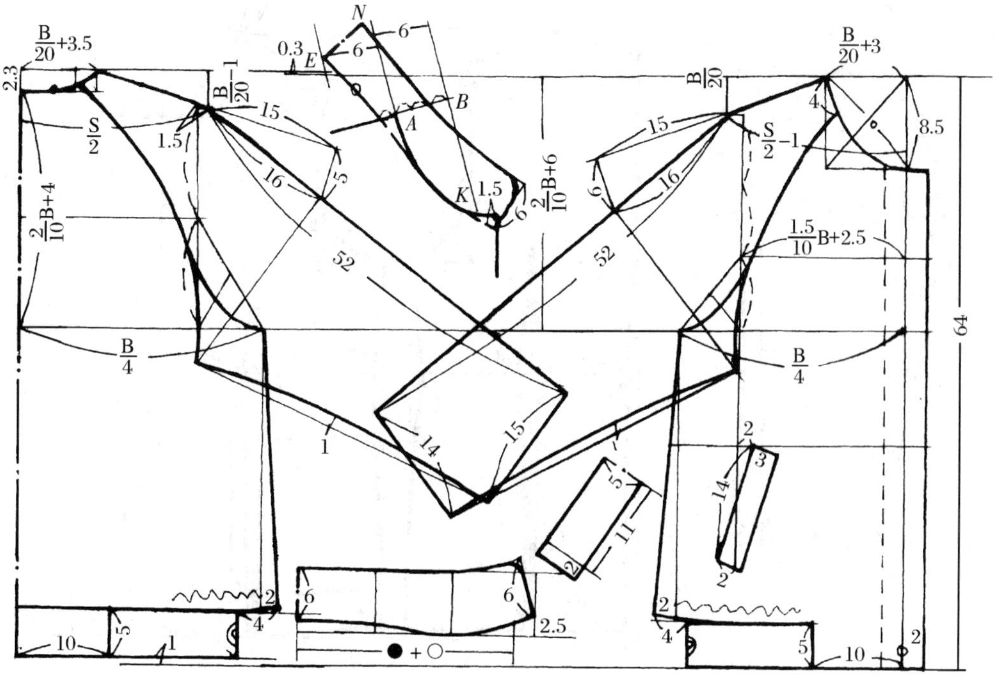

图 6.3.8　多用立领插肩袖夹克制图

五、青果领松身双排扣女西装

1. 款型特点

青果领松身双排扣女西装外形如图 6.3.9 所示。其款型特点为：宽肩松身吸腰造型；青果领双排 2 粒扣；圆门襟贴袋 2 只；前、后衣片收落地腰省，后背做缝；袖为两片式圆袖。

图 6.3.9 青果领松身双排扣女西装外形

2. 净缝制图规格（单位：cm）

号/型	衣长	胸围	肩阔	袖长	松值	体型
165/82	72	108	43	56	3	1/3

3. 制图变化说明（图 6.3.10）

（1）该制图为无省基型的变化形式，其中落地腰省具有减少胸省和缩小下摆尺寸等作用。

（2）驳领中有意缩小前横开领，为反劈门技术内容应用。

（3）宽肩松身无省是现代服装所追求的造型在消除 3 cm 胸省量中，利用腰省转移 0.5 cm 胸省后形成 1.5 cm 起翘内容，是形成后衣片高于上平线 0.8 cm 内容。同时，反劈门能消除省量 0.5 cm，归聚平衡消除省量 1 cm 后，该袖窿深公式

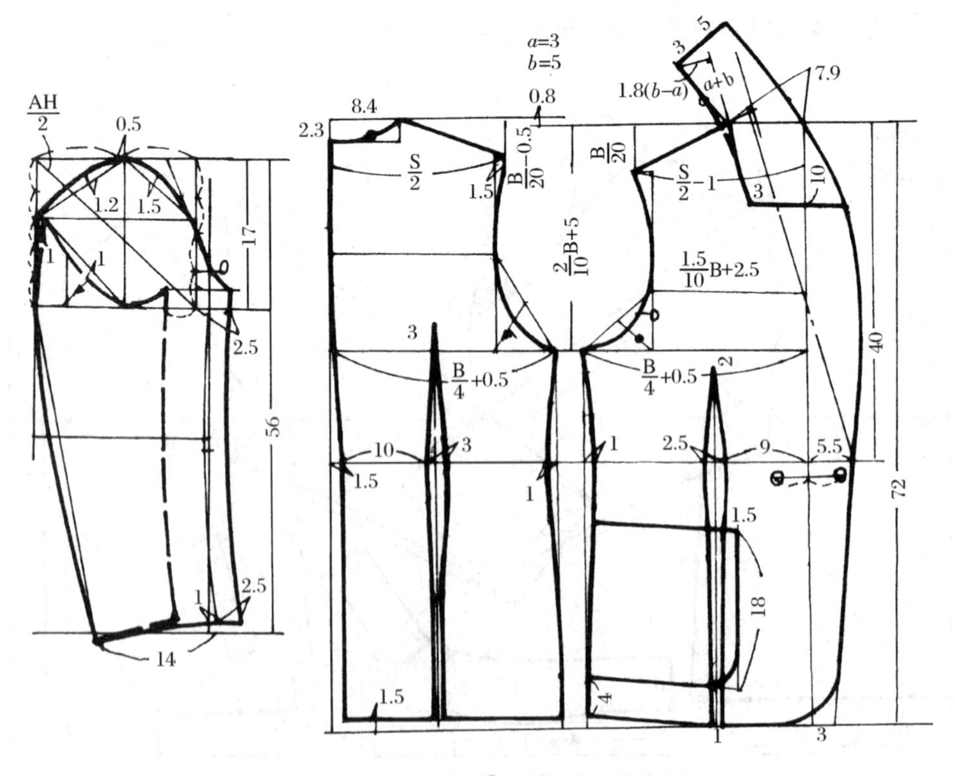

图 6.3.10 青果领松身双排扣女西装制图

为$\frac{2}{10}$胸围＋6 cm－1 cm，使该袖窿弧长约为 0.49 胸围。

六、合体双排扣分割式宽摆女时装

1. 款型特点

合体双排扣分割式宽摆女时装外形如图 6.3.11 所示。其款型特点为：宽驳领；斜门襟双排钉 4 粒扣；前、后衣片分割，呈合体吸腰宽摆造型；袖为两片式女西装袖，袖口开衩各钉 2 粒扣。

图 6.3.11　合体双排扣分割式宽摆女时装外形

2. 净缝制图规格(单位：cm)

号/型	衣长	胸围	肩阔	袖长	松值	体型
165/82	76	92	38	56	3	1/3

3. 制图变化说明(图 6.3.12)

(1) 该制图为合体横省变化形式的展示图，具有展示款型变化规律和解释服装合体中省量的应用规律。例如：剪开肩省，折叠 3 cm 横省的变化内容，已经在肩省制图中一一反映。至于合体基型省量 4 cm中，3 cm 横省，0.5 cm 反劈门，其中余下 0.5 cm

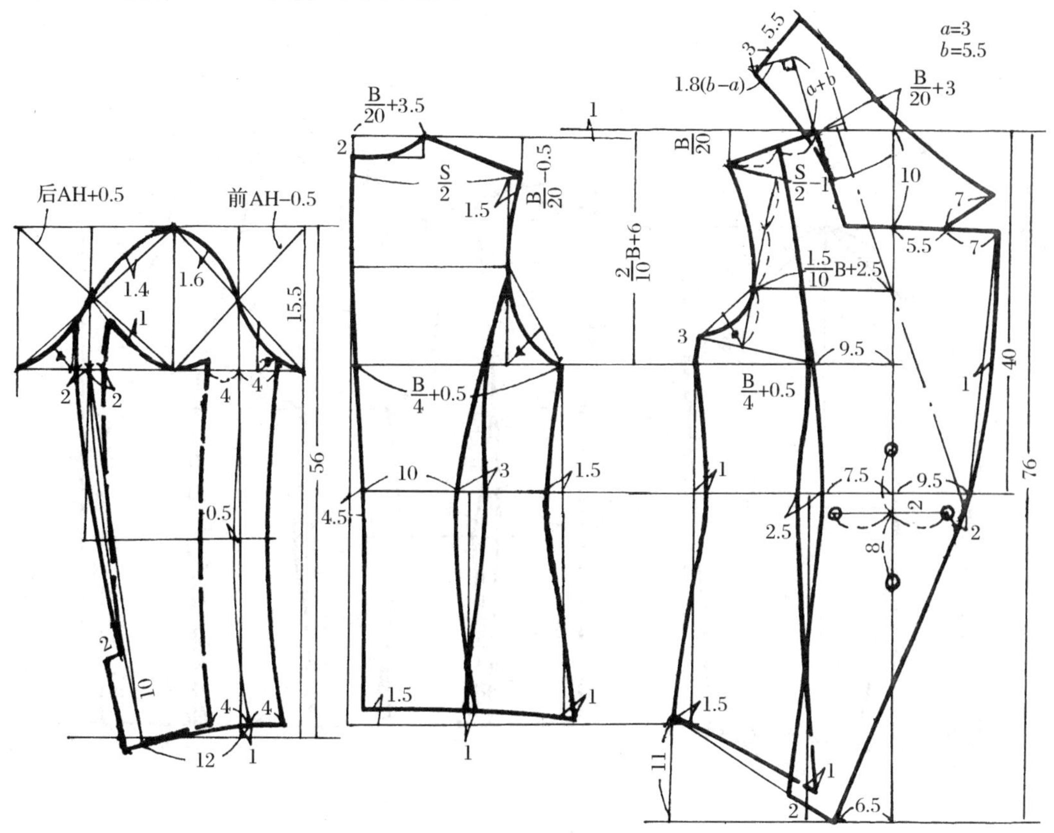

图 6.3.12　合体双排扣分割式宽摆女时装制图

放入袖窿内成为松余量内容，将是商品化合体服装中达到舒适合体和减少副作用的重要技术内容。

(2) 本款为合体横省平衡版型，其前上平线高 1 cm。

(3) 配制西装袖时，也可采用一片袖变两片袖的方法。

七、合体坦驳领直分割女时装

1. 款型特点

合体坦驳领直分割女时装外形如图 6.3.13 所示。其款型特点为：低领座松身驳领；平肩合体造型；门襟锁眼钉扣 5 粒；前胸一字嵌线袋各 1 只；前、后分割，下端开衩；一片袖，袖口开衩钉扣。

2. 净缝制图规格(单位：cm)

号/型	衣长	胸围	肩阔	袖长	松值	体型
165/82	60	92	38	56	3	1/3

3. 制图变化说明(图 6.3.14)

图 6.3.13　合体坦驳领直分割女时装外形

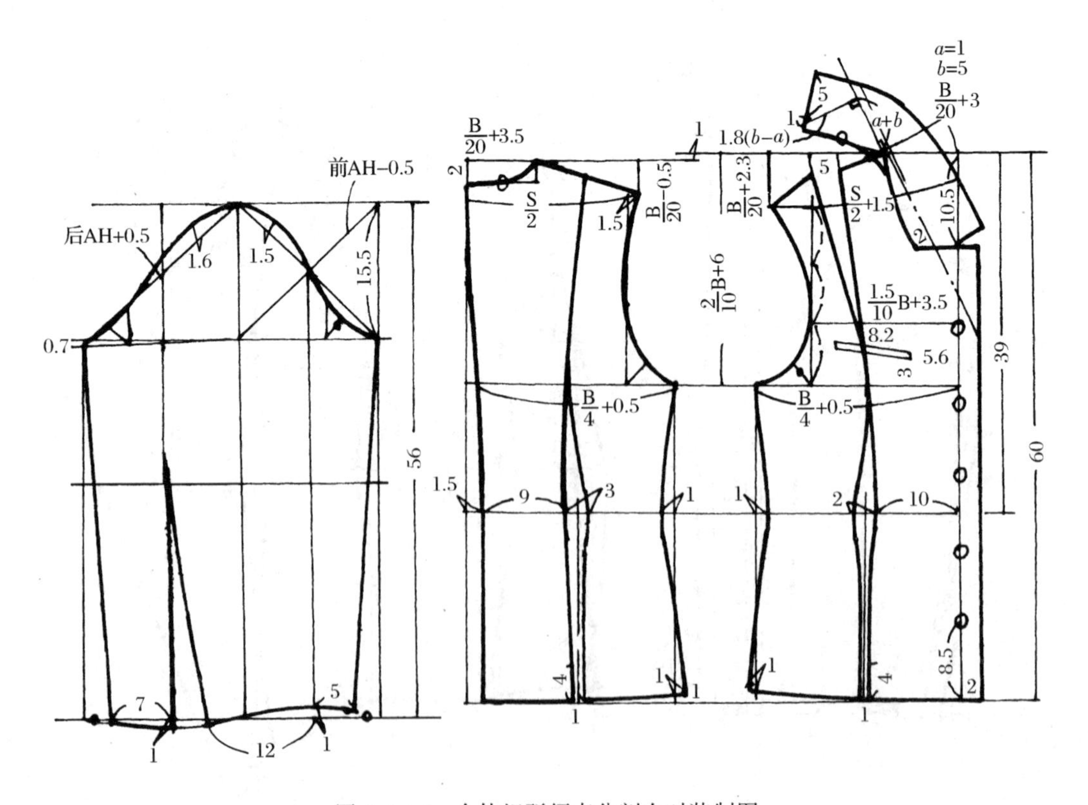

图 6.3.14　合体坦驳领直分割女时装制图

(1) 该制图为贴体肩省基型的展开图，其前上平线高 1 cm。

(2) 低领座坦领的横开领要大。其中前横开领小 0.5 cm，属于反劈门技术内容。

(3) 凡做背缝、收后腰省款式，当松值取 3 cm 时，该袖窿弧长约占该胸围的 48%；当松值取 4 cm 时，该袖窿弧长约占该胸围的 50%……

(4) 美观型袖的袖山深为 $\frac{1}{2}$ 袖窿弧长 × 0.7，其中，后袖山线低下 0.7 cm，具有缩小袖肥和使衣袖向前的功能。

八、分割式插肩镶拼夹克

1. 款型特点

分割式插肩镶拼夹克外形如图 6.3.15 所示。其款型特点为：插角镶拼呈宽肩窄摆造型；三角形驳领；前胸双贴袋，前分割缝插袋，门襟钉 5 粒扣；袖口装克夫。

图 6.3.15　分割式插肩镶拼夹克外形

2. 净缝制图规格(单位：cm)

号/型	衣　长	胸　围	肩　阔	袖　长	体　型
165/82	65	114	43	57	1/3

3. 制图变化说明(图 6.3.16)

(1) 该制图为展示图，它属于无省基型的直连袖形式。

(2) 直连袖形式适合前后镶拼为一体的款式。在配制时需注意以下几点：A. 前肩斜，后肩平；B. 前、后袖山深一致；C. 袖与大身组合

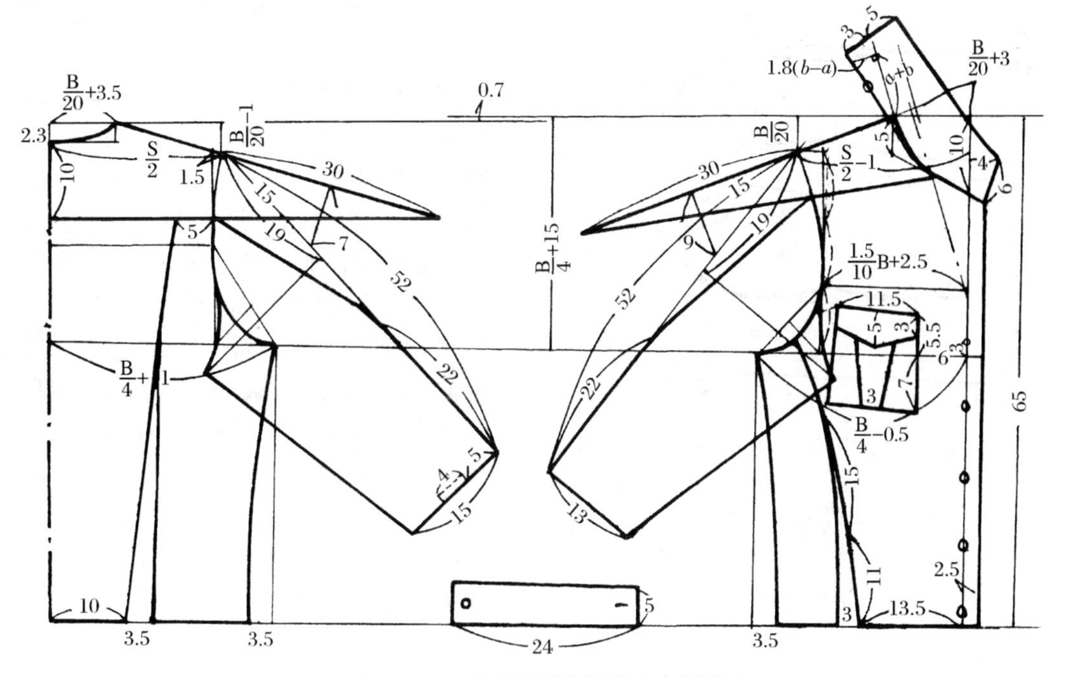

图 6.3.16　分割式插肩镶拼夹克制图

时，以画顺为宜；D. 前、后袖缝镶拼处等长；E. 前胸围减小，后胸围放大。

(3) 前胸围减小，后胸围放大，是减小前袖肥大及保证前后袖底缝等长的有效方法。

习　　题

1. 当分割线不经过作用点时，分割线间会存在什么现象？制作中点应怎样解决？
2. 服装下摆登闩是怎样形成的？
3. 无省外衣在制图中可应用哪些造型技术？这些技术分别根据哪些特性决定？
4. 多用立领属于哪一类领型？配制时底领应作哪些调整？
5. 配制插肩袖时，应注意哪些要点？

第四节　女外衣缝制

一、圆分割两用衫缝制工艺

1. 缝制工艺程序

做准备工作→归拔前、后衣片→烫门襟衬→做袋和钉袋→缝合和分烫前、后片分割缝→开眼→做领→做袖→缝合和分烫肩缝、摆缝→装领和挂面→装袖→缲扣眼，缲贴边，钉扣→整烫。

2. 缝制步骤工艺说明

(1) 做准备工作。检查圆分割服装的钻眼和刀眼。这时要特别注意腰节、圆弧等部位左右两片对档线的准确。如是毛料两用衫时，需按所有对档标记线作出线钉标记(图6.4.1)。

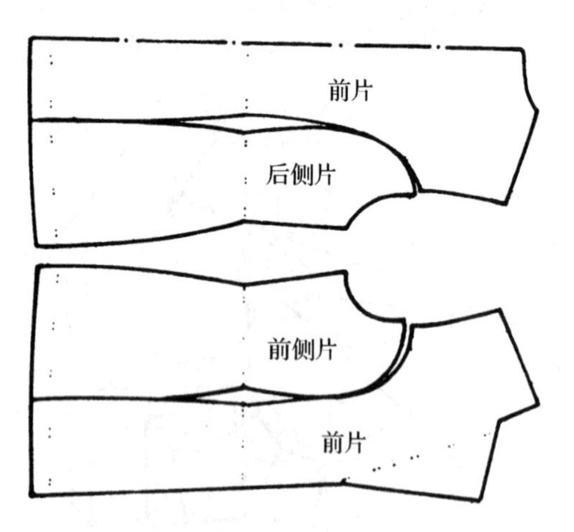

图 6.4.1　腰节等处左右片对档线的准确

(2) 归拔前、后衣片(图 6.4.2)。归拔前、后衣片的目的是使服装更趋于合体。A. 前衣片：驳口线部位需归缩，使丝绺向胸部推移；腰节处应拔开伸长，臀围处归缩。腰侧片中，左右两边腰节部位宜拔开，中部腰节及臀围两边宜归缩。B. 后衣片：除腰节部位拔开、臀围部位归缩外，肩缝和圆分割处都需要归缩，使丝绺向肩胛骨处推移。

(3) 烫门襟衬(图 6.4.3)。为了使门襟、驳头部位平整挺括，可在该部位加烫黏合衬。熨烫时需注意，先将面料烫平挺，后将黏合衬放在面料反面上，在高温 140～160 ℃下用力压烫。为了防止黏合衬渗胶黏住熨斗底，可在压烫时加一层布或纸。

(4) 做袋和钉袋(图 6.4.4)。先将袋口装上贴边，缉线翻烫平服后，在袋口边缘缉 0.7 cm 止口。再缝合袋底与大身底边线，然后，翻上袋布，对齐袋底与底边线，袋口缝来回针。

(5) 缝合和分烫前、后片分割缝(图 6.4.5)。

A. 把大身放在下层，侧片放在上层，正面叠合缝合(缝份为 1 cm)。缝合时要注意腰节及

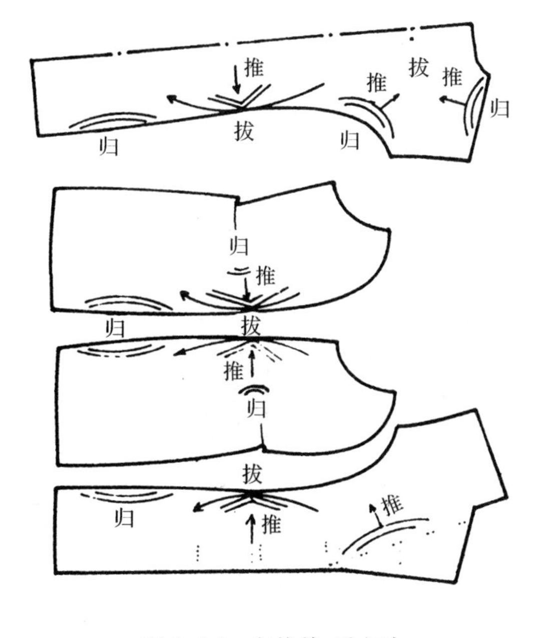

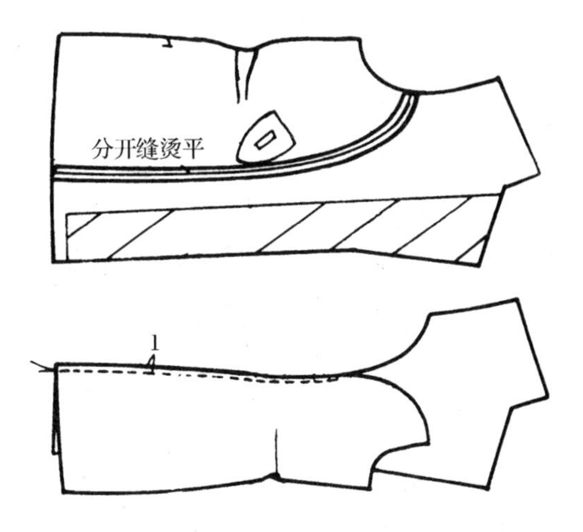

图 6.4.2　归拔前、后衣片　　　　图 6.4.3　烫门襟衬

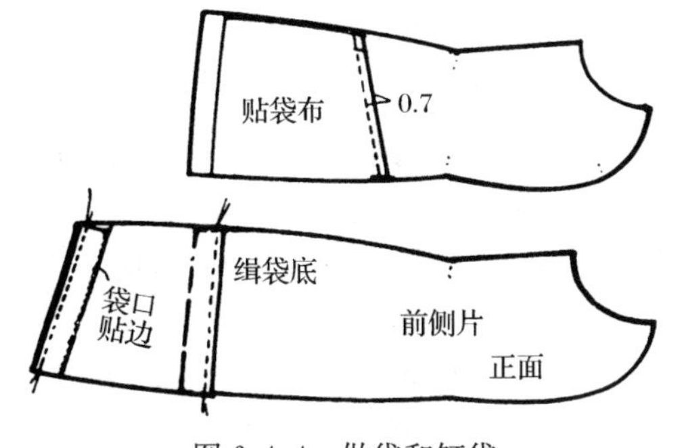

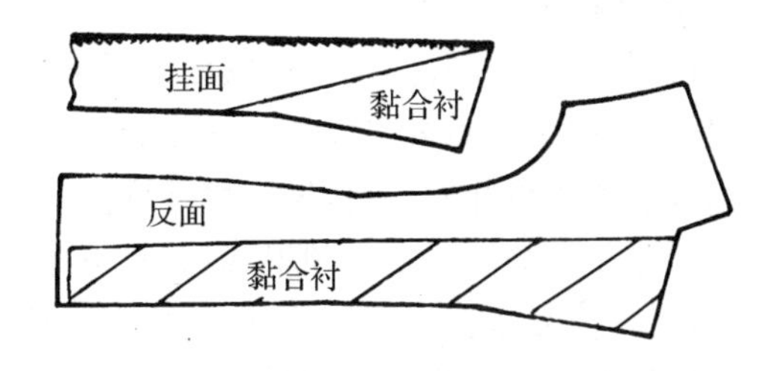

图 6.4.4　做袋和钉袋　　　　图 6.4.5　缝合和分烫前、后片分割缝

圆弧处线钉标记的相互吻合，以及后背分割中由于没有经过作用点，因而需要归缩等内容(可预先将圆弧归缩)。

B. 分烫时应先把缉好的缝，按归拔内容熨烫一遍，再把缝份分开烫平。

(6) 开眼。

A. 眼位应画在右衣片，眼位离净门襟 2 cm，纽眼大 2.3 cm。纽眼布用斜料，斜料丝绺要一致。为了防止纽眼布歪斜，可先将纽眼布放在眼位下层与衣片正面叠合摆正，用针线扎牢后再缉线(图 6.4.6①)。

缉线前应调小针距，起针和落针都最好不要在眼角处，可放在眼位中间相互重叠 1.5 cm，纽眼宽为 0.7 cm(约 3 针)，要求缉线方正，无双轨、跳针现象(图 6.4.6②)。

B. 在检查纽眼布和缉线无误的情况下，用剪刀剪开纽眼，两端剪成丫字形刀口。要尽量剪在方角线旁，不能把线剪断(图 6.4.6③)。

C. 把纽眼布塞向反面并翻出，用手拉平，再用熨斗或手指甲刨平(图 6.4.6④、⑤)。

D. 将刨平的纽眼布按纽眼宽中点翻折并烫平，使两边的折转量相等。如需要精做，可将纽眼内缝头分开烫平(图 6.4.6⑥)。

E. 封纽眼前先要检查纽眼正面嵌线狭阔是否均匀，纽眼布是否已拉平再封两端。纽眼的

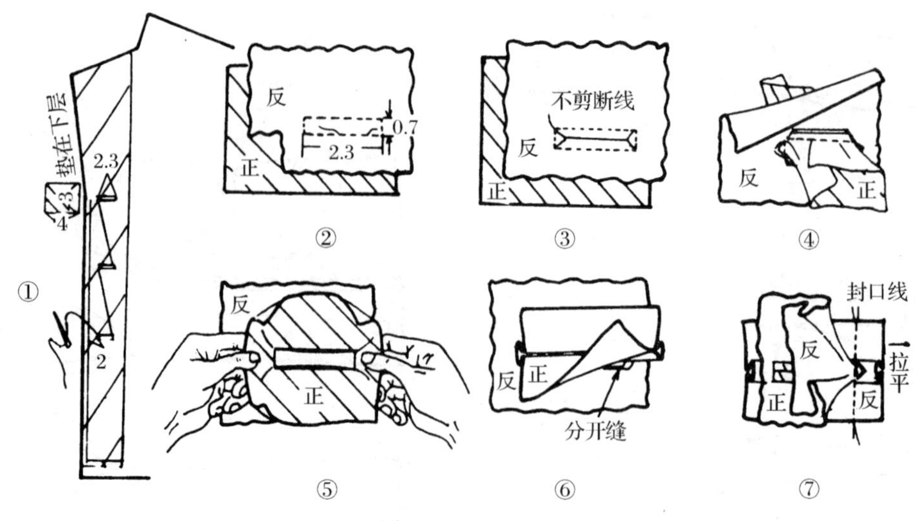

图 6.4.6　开　眼

封口线应正好封在两端方框边，不可过头，否则纽眼两端会呈不平状。精做时纽眼布两端是用手工封口的（图 6.4.6⑦）。

（7）做领。

A. 将领面反面烫上黏合衬（领衬采用树脂衬），拼接好领里和领衬。领里采用分开缝，领衬采用搭缝（图 6.4.7①、②）。

B. 分开烫平领衬，把领衬放在领里上蘸少量浆或用针线固定（图 6.4.7③），将领翻转缉领里线（如用黏合衬可不缉线）。缉线时先缉领座翻折线，按照领座高度由里向外来回缉弧线，边缉线边把领里往外口捋，做到里外均衡。然后缉翻领，也是由里往外缉三角形线，使领里向外口捋形成窝势。要求缉领里线均匀，不起链形（图 6.4.7④）。

C. 归拔领里。将缉好的领里喷上水，按归拔要求进行下列步骤：用熨斗拔开领脚下口，使原来凹形下口拔成凸形，注意伸拔时熨斗不要超过领座高，伸拔的同时应对领座高翻折线进行归缩（图 6.4.7⑤）。接着用熨斗烫平翻领外口线，熨烫时略有伸拔，同时再一次归缩领座高翻折线，这时领下口会呈现波浪不平状。待归拔的领片冷却后，按领里周围放出 0.3 cm，下口放出0.6 cm修剪领面，并注意在领里、领面两端 0.7 cm 处打刀眼，作为装领时的标记（图 6.4.7⑥。）

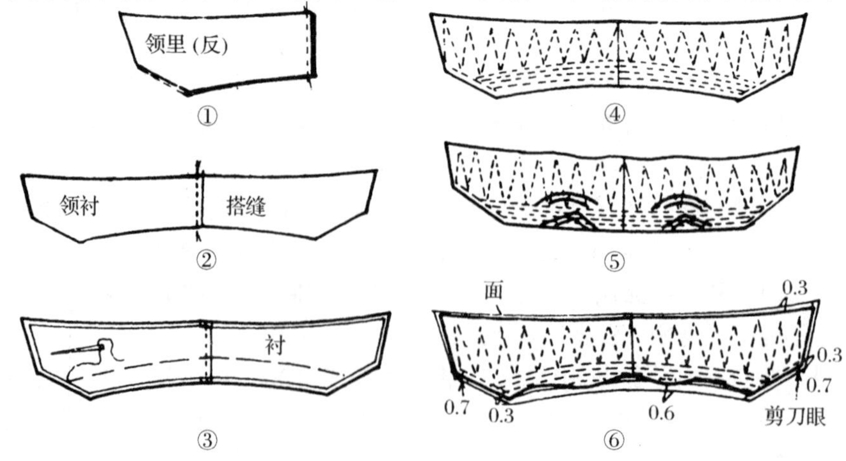

图 6.4.7　做　领

(8) 做袖。

A. 归拔袖片。将前袖片肘部喷水用熨斗伸拔(伸拔不宜超过偏袖宽),同时在前偏袖上端 10 cm 处和后偏袖线肘部处归缩(图 6.4.8①)。

B. 缝合与分烫前袖缝。缝合时大袖放在上层、小袖放在下层,缝合缉线为 1 cm。分开烫平前袖缝,并翻折 2.5 cm 袖口边烫平。熨烫时袖口边应略有伸拔,否则无法将贴边烫平(图 6.4.8②)。

C. 缝合和分烫后袖缝。缝合时小袖放在上层、大袖放在下层,使大袖肘部的归缩量能在缝缉过程中逐步减少并消除(缝份为 1 cm)。后袖缝分开烫平后,用线钉牢袖口贴边。按图示在袖山处开大针距后,平行缉 2 道线,收袖山吃势。缉线长度为前袖缝至后袖缝下 8 cm。收袖山时,同时拉面线(或者底线)2 根,有利于控制吃势均匀,不走样。要求袖山处(横料)吃势略少,前袖山吃势稍多(斜料),后袖山吃势最多(斜料),总体上以达到无明显褶皱出现为准(图 6.4.8③)。

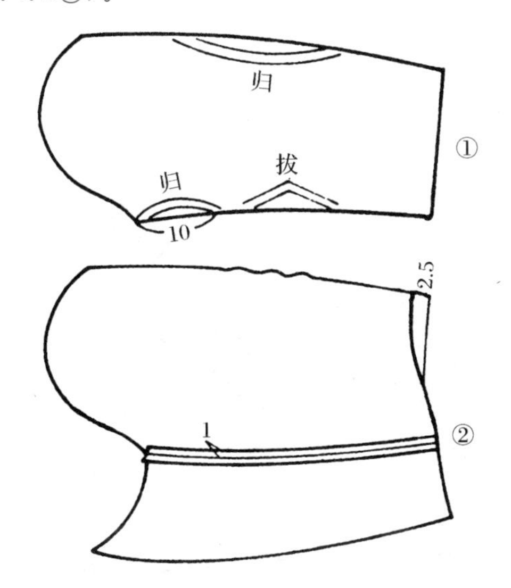

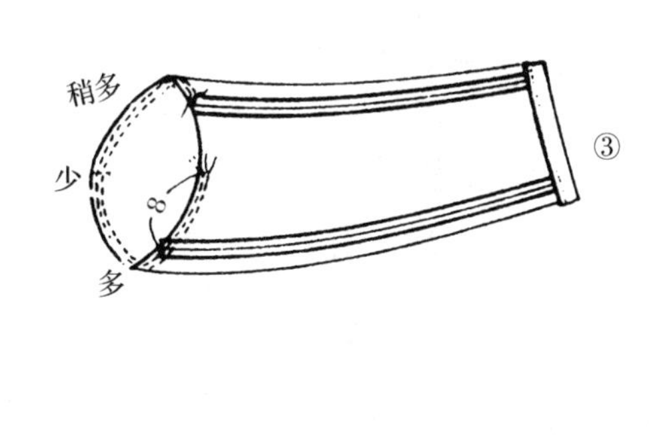

图 6.4.8 做 袖

(9) 缝合和分烫肩缝、摆缝。

A. 把前片放在后片上,前后摆缝上下两层平齐,缉 1 cm 缝份,不要松紧不一。肩缝下层(后片)距离领口 4 cm处应归缩 0.7 cm 左右,缝份为 1 cm。

B. 把肩缝、摆缝分开烫平,熨烫方法与分烫分割缝相同(图 6.4.9)。

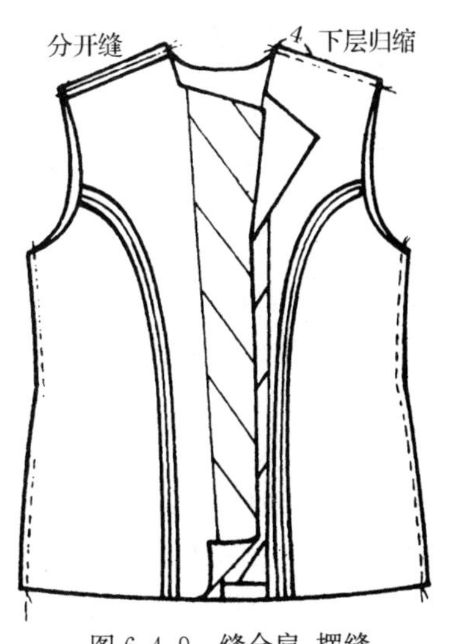

图 6.4.9 缝合肩、摆缝

(10) 装领和挂面。

A. 装领前应检查大身门襟刀眼与挂面是否一致,如有差异,应以大身为准修齐领口、门襟和剪出装领刀眼。

B. 把领里装在大身上,让领里刀眼对准大身刀眼,缝份为 0.7 cm,刀眼两端不要缝住(图 6.4.10①)。

C. 把领面装在挂面上,使领面刀眼对准挂面刀眼,缝份为 0.7 cm(刀眼外两端不要缝住),接着把领里、领面的串口线缝份分开烫平(图 6.4.10②)。

D. 把领面和挂面放在下层,领里和大身放在上层,从门襟一边开始缝合(如不熟悉,可先用扎线钉牢后再缉),底边处沿底边线出 0.2 cm 缉线,转至挂面处缉 0.6 cm 缝份[门襟下端挂面应略拉紧(图 6.4.10③)],缉至驳头翻折处略松开挂面。驳角处的挂面要略加归缩,领角两端也要归缩。特别应注意驳角两端与串口相接处缉线为 0.5 cm,比串口线有意提高了0.2 cm。这是达到驳角与串口线外形呈直线的重要关键(图 6.4.10④)。

E. 将缝份沿缉线烫倒,把领面、挂面翻出后烫平(翻角方法同男衬衫),沿领脚下口线缉 0.2 cm 止口,并在门襟、领边缘按要求缉线。为了保持正面线迹清楚可以分两段缉线。第一段由门襟驳头翻折止点下 2 cm 起,从挂面一面缉止口,经过领面,缉止里襟驳头翻折点下 2 cm 处。第二段从大身一面缉止口,门襟一边由翻折点至底边,里襟一边由底边至翻折点。要注意止口不能外吐,缉线须顺接,接线无双轨(图 6.4.10⑤)。

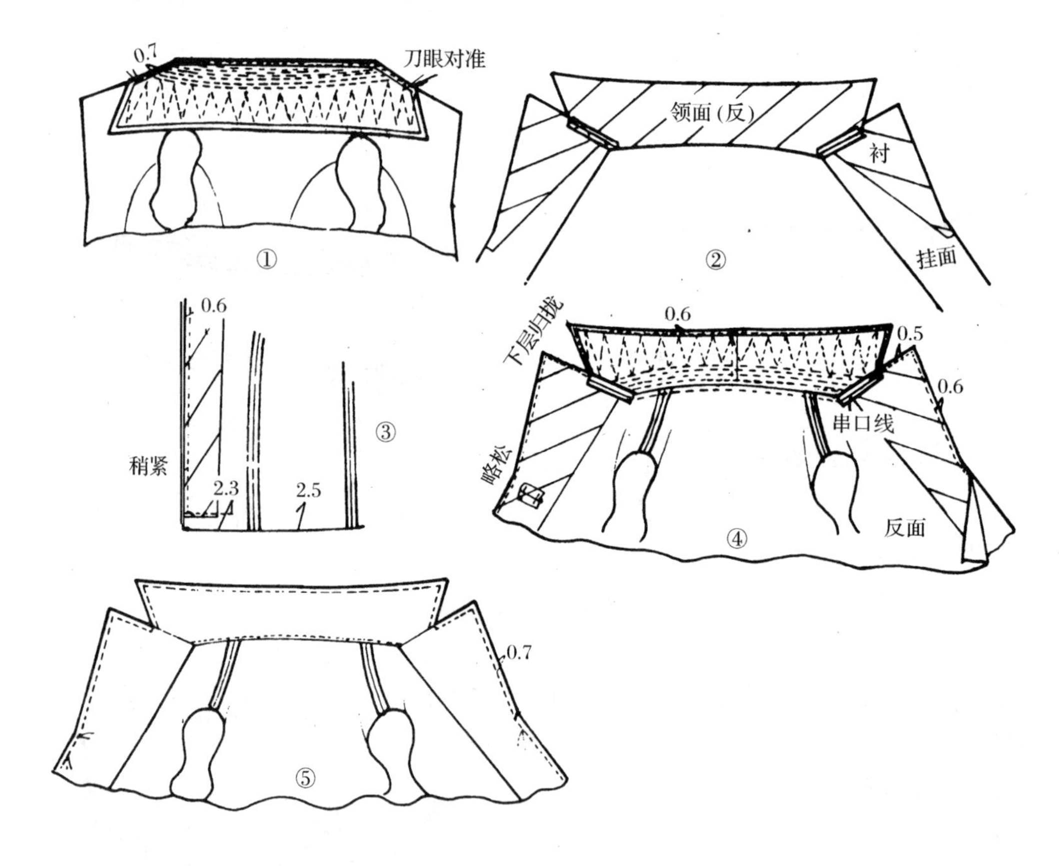

图 6.4.10　装领和挂面

(11) 装袖(图 6.4.11)。装右袖时,从前片缝起,袖山刀眼对准肩缝,由前向后缝缉 1 周;装左袖时,从后片缝起,袖山刀眼对准肩缝,由后向前缝缉 1 周。要求袖子前后适宜,袖山圆顺。

(12) 缲扣眼,缲贴边,钉扣。

A. 缲扣眼时先剪开扣眼中间的挂面,使两端呈丫字形刀口,然后将刀口布边向内折光用暗缲针缝牢四周。要求扣眼四角不出毛,封口线不外露。缲底边和袖口边的方法要求同连衣裙。

B. 钉纽扣时根据眼位高低(离止口线 2.3 cm),用粗线四上四下绕 4 圈作为纽脚,纽脚高为门襟的厚度。要求底脚点要小,线头不外露(要藏在夹层里面)。

(13) 整烫。整烫前先把各部位线头修干净,然后喷水先烫里缝:袖缝、袖窿缝、摆缝、分割缝、门里襟止口、底边、驳领反面。然后用水布盖住烫驳头、领面、门襟和里襟等。要求无极光,平服,挺括,内外整洁。

3. 质量要求

(1) 整身具有圆润立体感,归拔恰当,腰肋合体,分开缝平整无链形。

(2) 门襟缉线顺直,开眼四角方正,无毛出和不平状现象。

(3) 驳领里外平服呈窝势,领角、驳角一致,串口线平直、不歪斜。

(4) 装袖前后恰当(前袖约在袋口的$\frac{1}{2}$处),袖山圆顺饱满。

(5) 整烫平挺,无极光,无污渍。

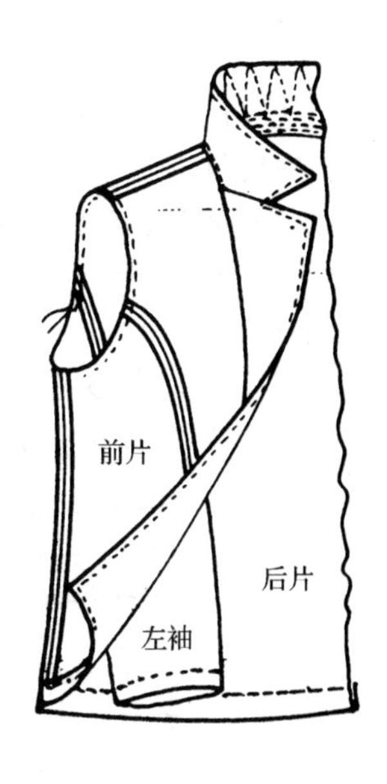

图 6.4.11 装 袖

习 题

1. 归拔的作用是什么?哪些部位需归拔?
2. 开扣眼需注意哪几个要点?
3. 要使驳领平服、串口线平直,应注意哪几点?
4. 收袖山吃势有哪些具体要求?
5. 怎样的袖子才算符合质量要求?

二、多用立领插肩袖缝制工艺

1. 缝制工艺程序

做准备工作→敷前、后片牵带→开袋→装门襟、里襟贴边→合摆缝,装登闩→做袖,装克夫→装袖→做领→装领→锁眼,钉扣→整烫。

2. 缝制步骤工艺说明

(1) 做准备工作。内容包括检查刀眼、钻眼及零部件是否齐备,然后将需要锁边的部位进行锁边。

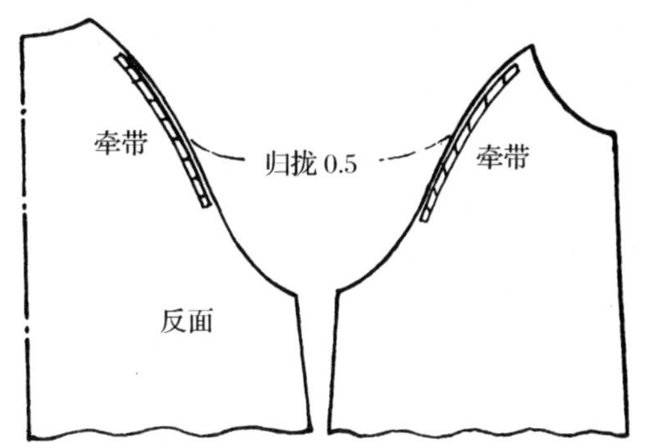

图 6.4.12 敷前、后片牵带

(2) 敷前、后片牵带。在缝制插肩袖过程中为了使服装合体平服、不走样,需要在前、后衣片斜分割处敷牵带,使该部位归缩 0.5 cm 左右。牵带可采用直料布或黏合衬(图6.4.12)。

(3) 开袋。

A. 缝制爿袋时,首先将袋爿烫上黏合衬,对折后缝缉两头(缝缉时里子略紧),最后将袋爿翻出烫平修齐(直接扣烫亦可)(图

6.4.13①)。

B. 按袋口钻眼将袋爿烫在衣片上。缉线时要让两头缉足到位，但不能过头。接着沿袋爿剪开大身，在袋角处掀起袋爿剪丫字形刀眼。刀眼要打足，上口刀眼可缩进0.3 cm(图6.4.13②)。

C. 将里袋布装在袋爿缝线上，并将其翻出烫平(图6.4.13③)。

D. 外袋布装在里刀口处缝缉0.5 cm，袋布伸出1 cm，缉线后翻出袋布，沿正面压缉0.7 cm止口(图6.4.13④)。

E. 封缉袋爿，缉狭止口来回5道。封缉时袋爿与袋布都要放平(图6.4.13⑤)。

F. 缝合袋底，以里袋布略紧、外袋布略松些为宜(图6.4.13⑥)。

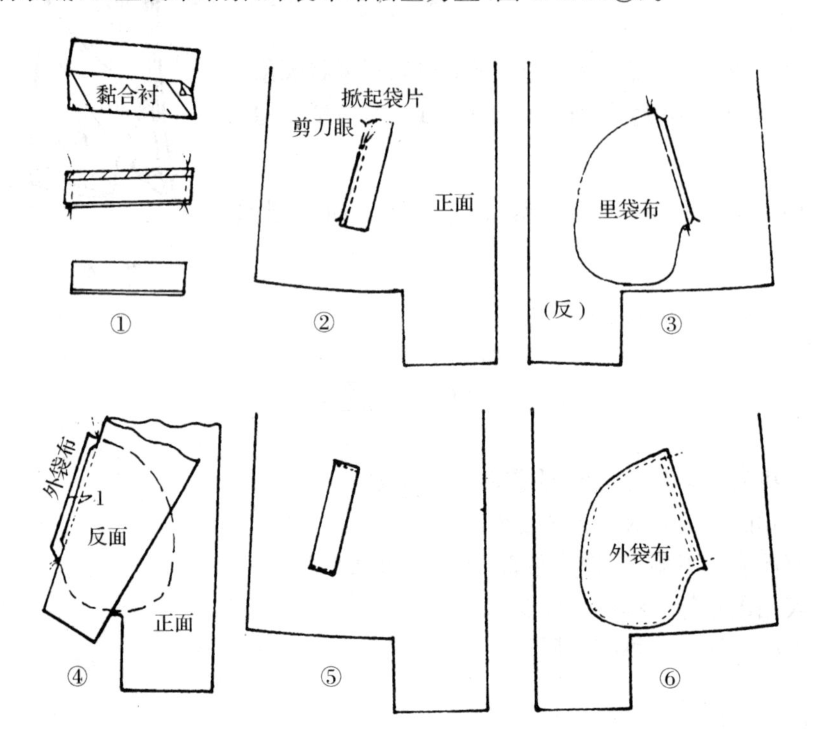

图6.4.13 开 袋

(4) 装门襟、里襟贴边。

A. 制作暗门襟时，先把双折的暗贴边(分开两层也可以)分别装在门襟和门襟贴边上，缉0.5 cm缝份，接着翻出暗襟贴边，封下口门襟贴边，缉0.7 cm缝份(图6.4.14)。

B. 分别翻出门襟和暗襟贴边，烫平后先缉上面止口0.4 cm，再缉下端止口，接线要一致。最后在门襟6 cm处缉线。缝合里襟与其贴边，外缉止口与门襟相似，上口留3 cm缺角即可(图6.4.15)。

(5) 合摆缝，装登闩。

A. 将左右摆缝正面对合，缉1 cm止口并分开烫平(图6.4.16)。

B. 把大身底边缉线抽拢，使之与登闩等长(阔褶裥亦可)；将对折的登闩与底边作正面叠合，缉线1 cm。缉合时应在前、后转角处剪刀眼(图6.4.17)。

C. 封缉登闩两头时，要翻转大身，使底边包紧登闩，并沿着刀眼口缉线。大身和登闩应平服，无毛出和褶皱现象(图6.4.18)。

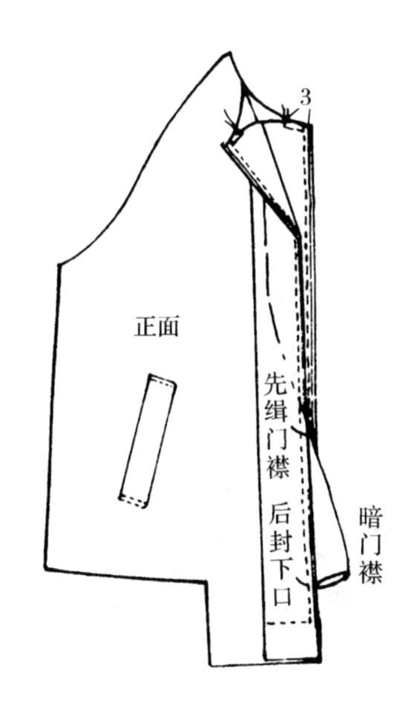

图 6.4.14　装门襟、里襟贴边(一)

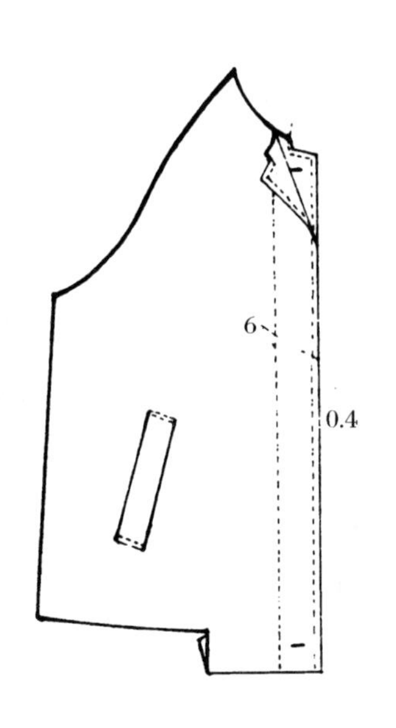

图 6.4.15　装门襟、里襟贴边(二)

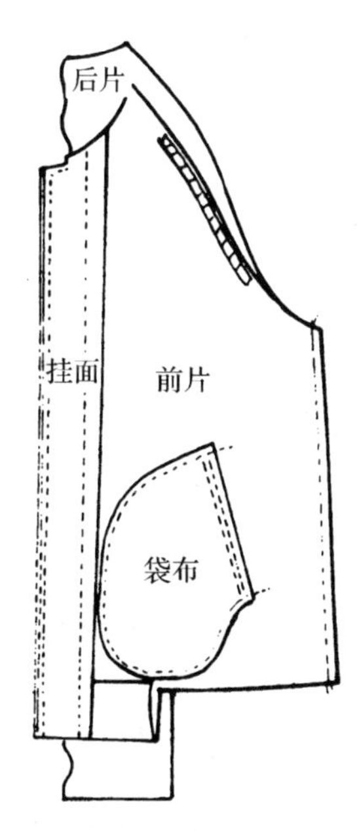

图 6.4.16　合摆缝

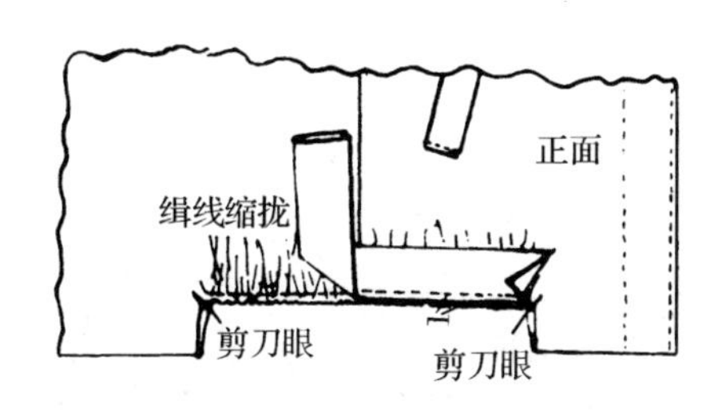

图 6.4.17　装登闩(一)

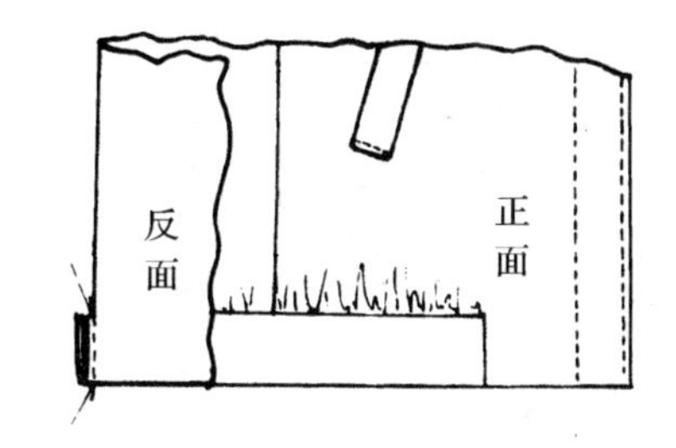

图 6.4.18　装登闩(二)

(6) 做袖，装克夫。

A. 将克夫作正面叠合，封住两头，翻出并烫平克夫，在其四周缉 0.4 cm 止口(图 6.4.19)。

B. 正面叠合前后袖(前片放上层，后片在肩部处略有归缩)，缉缝 1 cm。接着翻转袖片在后袖片上压缉 0.4 cm 止口。

C. 缝合袖底缝。下端留出 7 cm 开衩口，袖底缝为 1 cm，开衩缉 0.4 cm 止口，并在袖口处缉线抽细褶(阔褶亦可)使袖口与克夫等长。

D. 把克夫与袖正面叠合，缝缉 1 cm(克夫两头要与开衩平齐)，然后翻转克夫，沿袖正面压缉 0.4 cm 止口(图 6.4.20)。

(7) 装袖。装插肩袖时要做到袖合体平服，最好先用手工针将袖与大身缝住，使前、后袖片上端归缩 0.7 cm、摆缝对齐。然后内缝 1 cm 并翻出大身沿正面压缉 0.4 cm 止口(图 6.4.21)。

(8) 做领(图 6.4.22)。将领面烫平，加烫一层黏合衬，正面叠合领面、领里，作平面缝合(不要层势)，缝缉 0.7 cm 至前领下端 3 cm 处止；剪刀眼翻出领面，烫平领面下口，留出0.5 cm 领里，作为装领的缝份。

(9) 装领(图 6.4.23)。领与大身正面叠合，使领缺口与门襟、里襟缺角对齐、领中线对准，

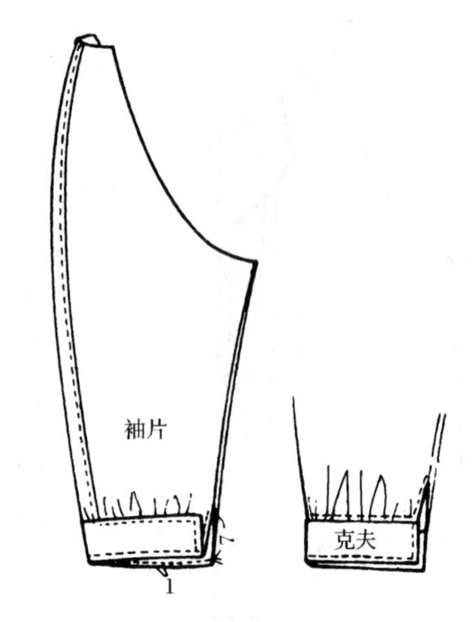

图 6.4.19　做袖，装克夫（一）

图 6.4.20　做袖，装克夫（二）

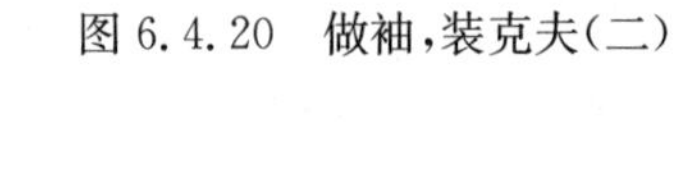

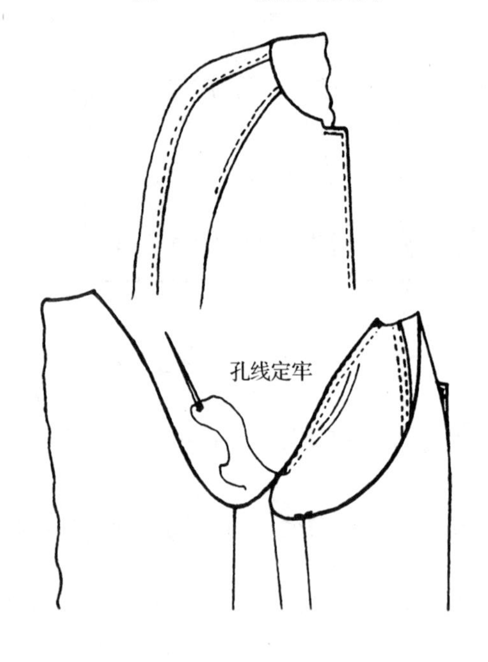

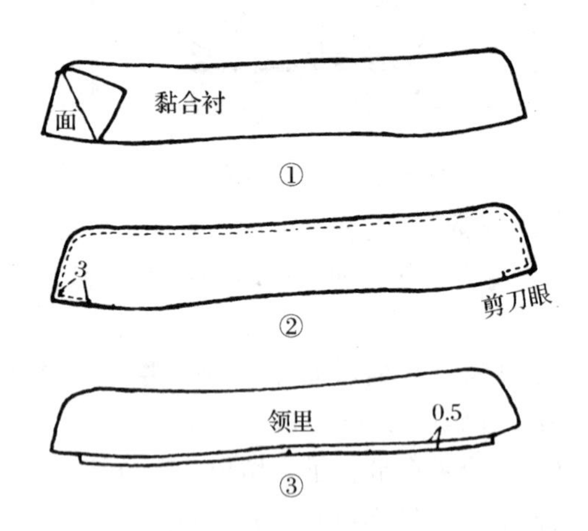

图 6.4.21　装　袖

图 6.4.22　做　领

缉缝份 0.7 cm，然后翻转大身，沿领下口缉狭止口和沿领周围缉 0.4 cm 止口。

（10）锁眼，钉扣。在领面及门襟底边锁明眼 2 只，暗襟内锁暗眼 5 只，袖口锁眼 2 只。领面及底边明扣为大扣，其余均为小扣。

（11）整烫。修齐线脚后，先整烫反面，烫平缝头、袋、门襟，后整烫正面。

3. 质量要求

（1）立领两端圆角、缺角一致，缉线顺直，装领不歪斜，领口平服，领下口缉线后压住领面。

（2）门襟缉线顺直，接线相吻合。插肩袖前后一致，线缝顺直平挺。

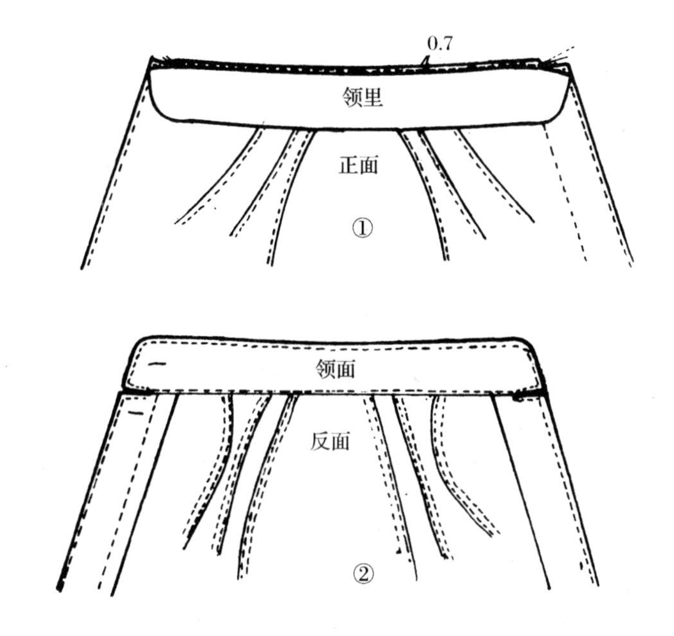

图 6.4.23 装 领

(3) 登门和袖口处细褶均匀,无毛出,无长短不齐现象出现。

习 题

1. 为什么插肩袖前、后衣片要加放牵带?
2. 开爿袋与开其他袋在前袋口时有哪些区别?
3. 制作多用立领应注意哪些地方?
4. 在转角处装登门要注意什么?
5. 做暗襟时要注意哪些地方?

第七章　男外衣制图

第一节　男外衣制图基本知识

男式外衣属于合体、舒适性服装品种，要掌握其结构制图方法，必须先了解其结构特点，继而了解常用的平面展开技术并能熟练地应用。

一、男外衣的结构特点

男性体型特征表现为胸部较女性平坦，背部厚实凸起，胸背部明显大于臀部。由此形成男式服装制图中前、后衣片长差为 1 cm（女体为 3 cm），男装下摆与胸围相同形成长方形框架的结构特点。

由于男女体型上的差异，所以服装平面展开技术中女装采用“省缝”工艺形式，男装则采用“劈门”工艺形式。“劈门”是形成前后袖窿深及前胸阔、后背阔比例公式的重要技术内容。

二、男外衣的放松量

通过女外衣的结构制图，我们可以知道，服装的放松量取决于体型、活动量和穿着状况三大因素。男性体型宽、活动量大，所以男性的内衣基本放松量在 16 cm 以上。

与女外衣相同，男外衣的放松量＝内衣基本放松量＋外衣内穿着状况所需间隙松量＋面料厚度松量。现以化纤中山装为例，里面可穿毛线衣 2 件，通过测量已知毛线衣厚度为 0. 55 cm，其松量为 3. 45 cm（计算方法见“女外衣制图”一章），求该中山装的放松量：

放松量＝16 cm（基本放松量）＋6. 9 cm（2 件毛线衣的厚度）＝22. 9 cm

当化纤中山装不用衬里时，其放松量为 22. 9 cm 即可。总之，在基本放松量基础上根据穿着状况条件逐一增加放松量的原则，也是我们制定服装围度放松量表的依据，读者应在实践中灵活应用。

三、劈门的平面展开特点

劈门是服装行业中常用的名词术语。它是根据人体挺胸呈上下倾斜状，因而在制图中将上衣门襟处绘制成倾斜状来命名的。

劈门利用原料的伸缩性，借助于归缩和伸拔工艺，以简洁完整的形式取代省缝，从而达到服装合体、舒适、平衡、协调的效果。该方法在实际应用中具有以下特点：

(1) 归缩性劈门工艺属于传统的工艺技术。它是人们有意识利用面料可缩性，并通过热处理归、推、拔工艺配合，消除 0. 5～1. 5 cm 腰节差（腋下省量）（图 7. 1. 1①）。

在结构制图中可理解为基型腋下省的转移形式，即：按住 *BP* 点转移基型或通过剪折法形成门襟省，需要运用归缩工艺配合消除门襟省的方法。

(2) 伸拔性劈门，属于目前运用较广的工艺技术。它是人们有意识利用面料伸拔性，并通过面料的自然伸长特性，消除 0.5～1.5 cm 腰节差(腋下省量)(图 7.1.1②、③)。

在结构制图中同样为基型腋下省的转移形式，即：按住前中线与胸围线或腰节线交点转移基型，形成胸劈门或肚劈门。其中前衣片降低 0.5 cm 内容，需要选择伸长性面料，在制作或穿着中使胸部伸长还原的方法。

(3) 折叠式劈门，又称反劈门。它属于利用面料伸缩性，在传统劈门基础上，通过折叠门襟归缩量，达到显示乳沟的技术。凡是采用反劈门技术后，前横开领缩小 0.6 cm，前衣长降低 0.3 cm(省略不计)。该技术适合挺胸体和有弹性的面料之中。

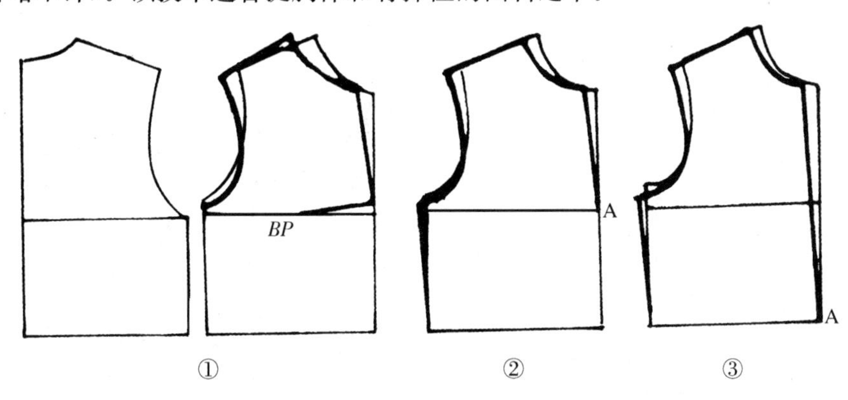

图 7.1.1 劈门的特点

四、起翘的平面展开特点

起翘是服装合体中常用的方法，几乎每件服装中都应用了起翘形式，如底边起翘、袖口起翘、领下口起翘等。起翘的形成原理较复杂，一般有下列两种起翘形式。

1. 出于体型或造型需要而形成的起翘

由胸围小、臀围大形成底边起翘，手臂上粗下细形成袖口起翘，颈脖上细下粗形成立领起翘，属于体型需要形成的起翘(图 7.1.2)。

为了适应人们审美的需要、追求服装特殊造型效果而形成的起翘属于造型需要，如喇叭袖、波浪摆等，被称为造型起翘(图 7.1.3)。

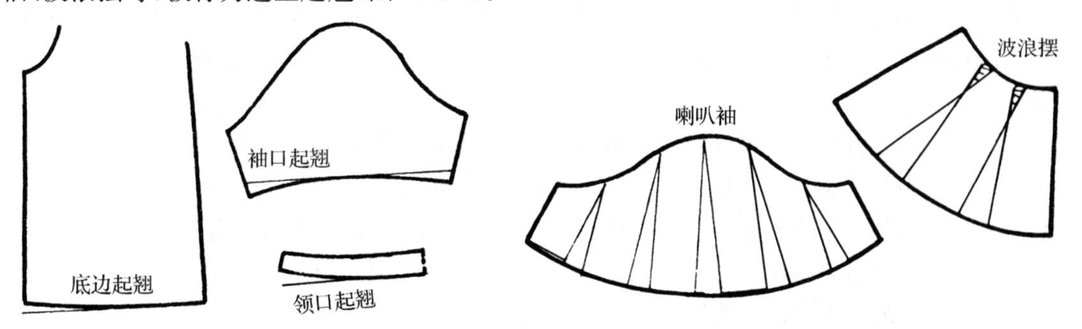

图 7.1.2 体型需要形成的起翘

图 7.1.3 造型需要形成的起翘

2. 原料特性所形成的起翘

原料特性所形成的起翘较为隐蔽。由于原料的柔软性、松散度和自重力而产生的悬垂性，使得服装在穿着状况下自然下垂，形成摆边呈参差不齐状。把底摆边修成水平后而产生的起翘属于原料特性所形成的起翘。

原料特性所形成的起翘可以减少省量,减缓副作用和不良效果,因此也是服装合体中不可缺少的内容。例如男式服装中前后底边线相距 1 cm 起翘。女式服装中,有省前后底边线相距 0.5 cm,无省前后底边线相距 1 cm 等,被称为技术性起翘。

男外衣结构部位线条名称见图 7.1.4。

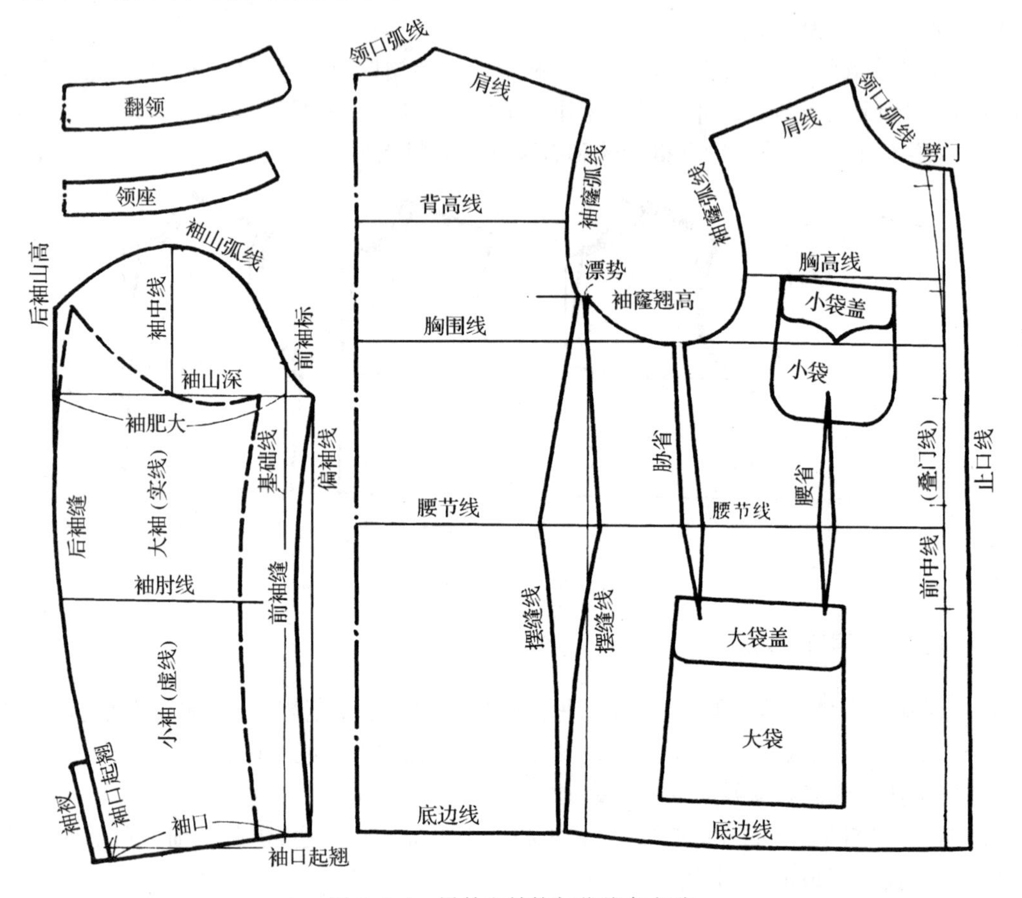

图 7.1.4　男外衣结构部位线条名称

男外衣的量体和加放说明如下：

男外衣一般指拉链衫、春秋衫、夹克衫、长袖猎装、卡曲衫、中山装等品种。由于各品种的款型要求和穿着条件不同,其量体加放数也不尽相同。因此,这里仅以春秋衫、中山装为例说明。

衣长　中山装自肩缝颈根处量至大拇指中节,春秋衫量至手腕骨下 5 cm。

袖长　中山装自肩骨端点量至手腕骨下 2 cm,春秋衫量至手腕骨下 1 cm。

胸围　中山装在衬衣外腋下围量一周,加放 18～24 cm。春秋衫与此相同。

领围　关门领型以颈中部围量一周加放 5 cm,敞开领型可以胸围数据推算。

肩阔　左右肩骨端点间的距离。

第二节　男中山装制图

1. 款型特点

男中山装外形如图 7.2.1 所示。其款型特点为:装领脚登翻圆领;大身吸腰宽下摆;前片锁眼 5 只；有袋盖贴袋 4 只；两片西装圆袖，袖口开衩，钉装饰扣 3 粒。

2. 净缝制图规格（单位：cm）

号/型	衣长	胸围	领围	肩阔	袖长	松值	体型
170/88	74	114	42	48.2	60	3.5	1/1

3. 前衣片制图（图 7.2.2、图 7.2.4）

底边线（下平线）① 预留贴边 3.5 cm，作纬向直线。

衣长线（上平线）② 底边线上量衣长规格，作平行线。

直领深③ 衣长线下量$\frac{2}{10}$领围$+0.6$ cm，作平行线。

肩斜线④ 衣长线下量$\frac{1}{20}$胸围-0.5 cm，作平行线。

胸围线（袖窿深）⑤ 衣长线下量$\frac{2}{10}$胸围$+3.5$ cm松值$+1$ cm（总体型数 2 cm-1 cm 起翘），作平行线。该基型袖窿弧长约占胸围的 50%。

图 7.2.1 男中山装外形

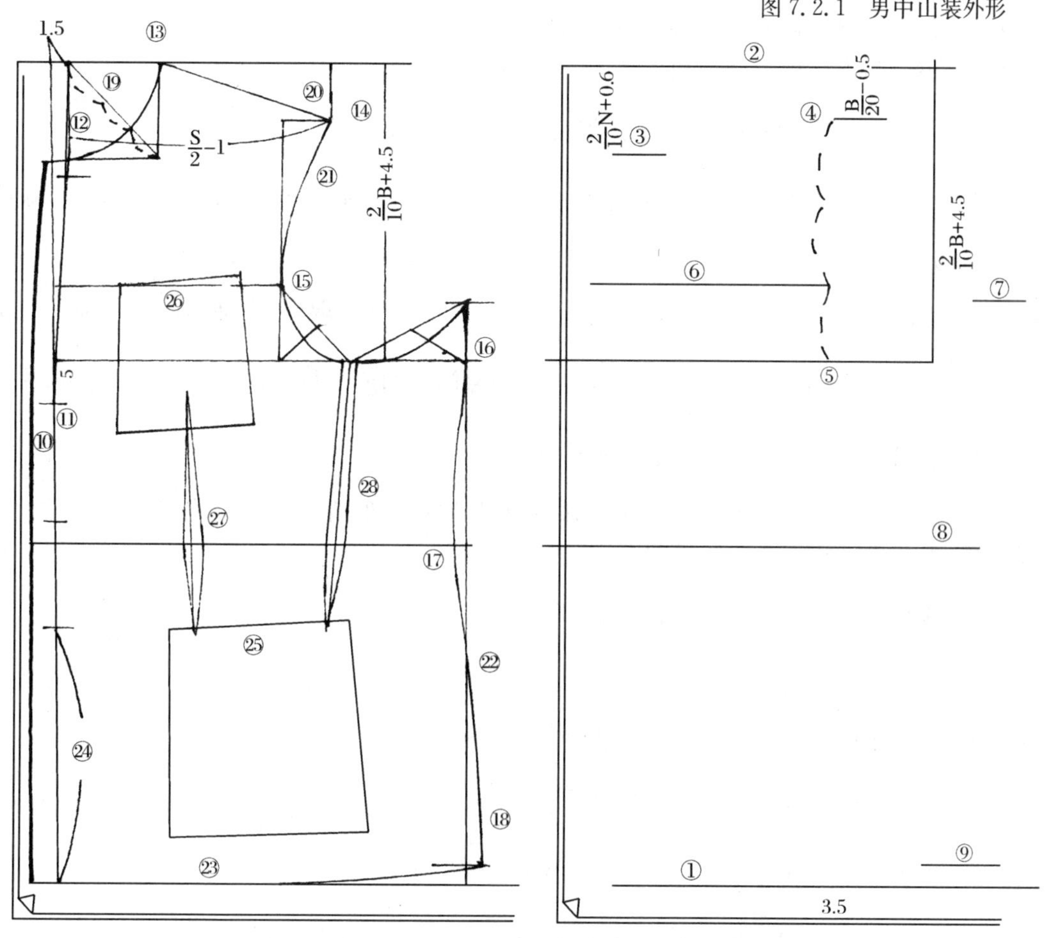

图 7.2.2 前衣片制图

胸高线⑥　胸围线上量，在肩斜线至胸围线的$\frac{1}{3}$处，作平行线。

袖窿翘高⑦　胸围线上量$\frac{1}{20}$胸围，作短平行线。

腰节线⑧　衣长线下量$\frac{1}{4}$号，作平行线。

下摆起翘⑨　自底边线上量 1.5 cm。

止口线⑩　距布边 1 cm 作经向直线。

叠门线⑪　从止口线量进 2 cm，作平行线。

劈门大⑫　在直领深线处，自叠门宽线量进 1.5 cm，弧线劈至胸围线下 5 cm 止，止口线也平行于劈门线。

横领大⑬　劈门线量进$\frac{2}{10}$领围-0.6 cm，与直领深线相交。

肩阔线⑭　劈门线量进$\frac{1}{2}$肩阔-1 cm，与肩斜线相交。

胸阔线⑮　叠门线量进$\frac{1.5}{10}$胸围$+3$ cm，作平行线。

袖窿门阔⑯　胸阔线量进$\frac{2}{10}$胸围-6 cm，作平行直线。

腰围大⑰　袖窿门阔直线吸进 1 cm。

下摆大⑱　袖窿门阔直线放出 1.5 cm 与起翘线相交。

领口弧线⑲　在横开领对角线的$\frac{1}{3}$处作点，按图示画弧。

肩缝线⑳　连接横领大与肩阔点作直线，并按图示在外肩$\frac{1}{3}$凸出 0.5 cm 处取点，弧线画顺。

袖窿弧线㉑　连接肩斜点至胸高点作直线，并凹进 0.7 cm 取点；在袖窿门阔的前$\frac{2}{5}$与胸高点连线的$\frac{1}{2}$处作点，取对角线的中点；同理，在袖窿门阔的前$\frac{2}{5}$与袖窿翘高连线的$\frac{1}{2}$处，作对角线在其$\frac{1}{3}$处取点。连接各点，弧线画顺。

摆缝线㉒　上接袖窿门阔至腰围大作弧线，在袖窿翘高处留漂势；下连腰围大至下摆大作直线，中段凸出 0.3 cm 处取点。连接各点，弧线画顺。

底边弧㉓　由前$\frac{1}{3}$摆大处，向底边起翘作弧线画顺。

扣位㉔　第一扣位距直领深 1.7 cm，第五扣位距底边线为$\frac{3}{10}$衣长$+1$ cm，中间 3 只扣按四等份分排。扣眼距止口线为 1.7 cm，扣眼大为 2.3 cm。

大袋位㉕　袋位高度与第五扣位平齐，并与底边平行，距前中线$\frac{1}{10}$胸围-0.7 cm。袋口大为$\frac{1}{10}$胸围$+5$ cm，袋长为袋口大$+(2\sim3)$ cm，袋底大为袋口大$+(1.5\sim2.5)$ cm，袋盖宽为 6 cm。

小袋位㉖　袋位与第二扣位平齐，后端上翘 0.7 cm，距前中线$\frac{1}{20}$胸围。袋口大为$\frac{1}{10}$胸围$+$

0.5 cm，袋长为袋口大＋2.3 cm，袋底大为袋口大＋1.5 cm；小袋盖两边阔 4.2 cm，中间阔5.8 cm。

腰省㉗　上省尖在小袋底$\frac{1}{2}$处，距胸围线下 3 cm；下省尖离前袋口 2 cm，距前袋口线下1 cm。腰节处省大为 1 cm。

胁省㉘　上取自袖窿门阔前$\frac{2}{5}$，下距后袋口 2 cm、下 3 cm 处作省中线。上省大为 1.5 cm，腰节处省大为 2 cm。

4. 后衣片制图（图 7.2.3、图 7.2.4）

底边线（下平线）①　预留贴边 3.5 cm，作纬向直线。

衣长线②　底边线上量衣长规格－0.5 cm，作平行线。

直领深③　衣长线上量 2.5 cm（0.022 胸围），作平行线（即上平线）。

肩斜线④　从上平线下量$\frac{1}{20}$胸围，作平行线。

胸围线（袖窿深）⑤　衣长线下量$\frac{2}{10}$胸围＋3.5 cm 松值＋1 cm（体型数＋1 cm）。属后背平服技术内容。

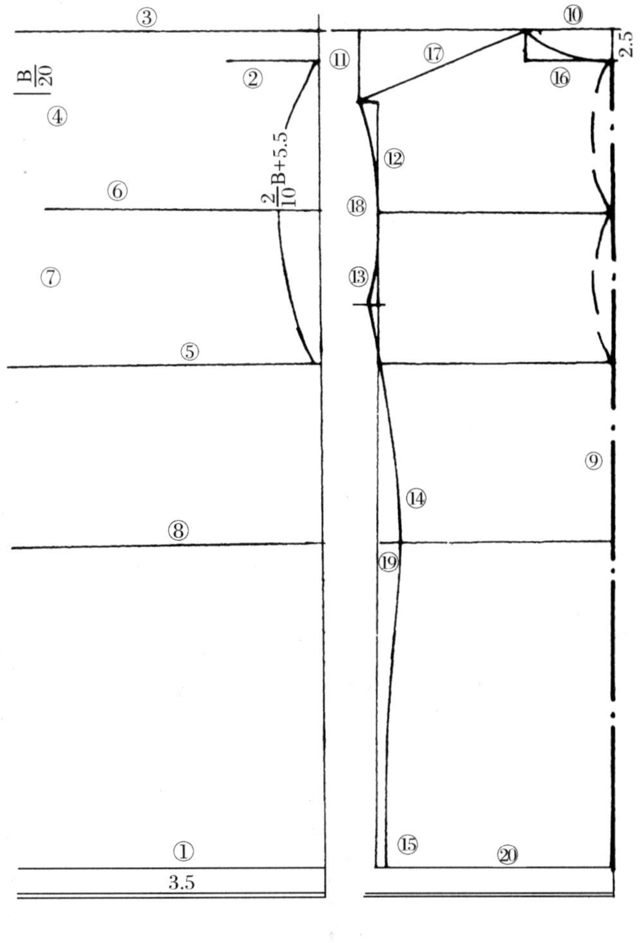

图 7.2.3　后衣片制图

背高线⑥　胸围线上量至衣长线与胸围线连线的$\frac{1}{2}$处，作平行线。

袖窿翘高⑦　胸围线上量$\frac{1}{20}$胸围，作短平行线。

腰节线⑧　衣长线下量$\frac{1}{4}$号＋1 cm，作平行线。

后中线⑨　取织物经向（门幅）对折直线。

横领大⑩　后中线量进$\frac{2}{10}$领围－0.3 cm，作平行线。

肩阔线⑪　后中线量进$\frac{1}{2}$肩阔，作平行线。

背阔线⑫　按肩阔线量进 1.6 cm，作平行直线。

胸围大⑬　在袖窿翘高处，按背阔线放出 0.8 cm。

腰围大⑭　背阔直线吸进 2.5 cm。

下摆大⑮　背阔直线吸进 1 cm。

领口弧线⑯　以直领深作正方形，再按图示作对角线，取对角线的$\frac{1}{2}$作点，弧线画顺。

肩缝线⑰　连接横领大与肩阔点作直线。

袖窿线⑱　连接肩斜点至背高线作直线，中间凹进 0.5 cm 处取点；在背阔点至胸围大连线的$\frac{1}{2}$处，在凹进 0.3 cm 处取点。连接各点，弧线画顺。

摆缝线⑲　分别连接胸围大至腰围大及腰围大至下摆大，作弧线，在中段凸出 0.3 cm 处取点，弧线画顺。

底边线⑳　连接后中线至下摆大，作直线。

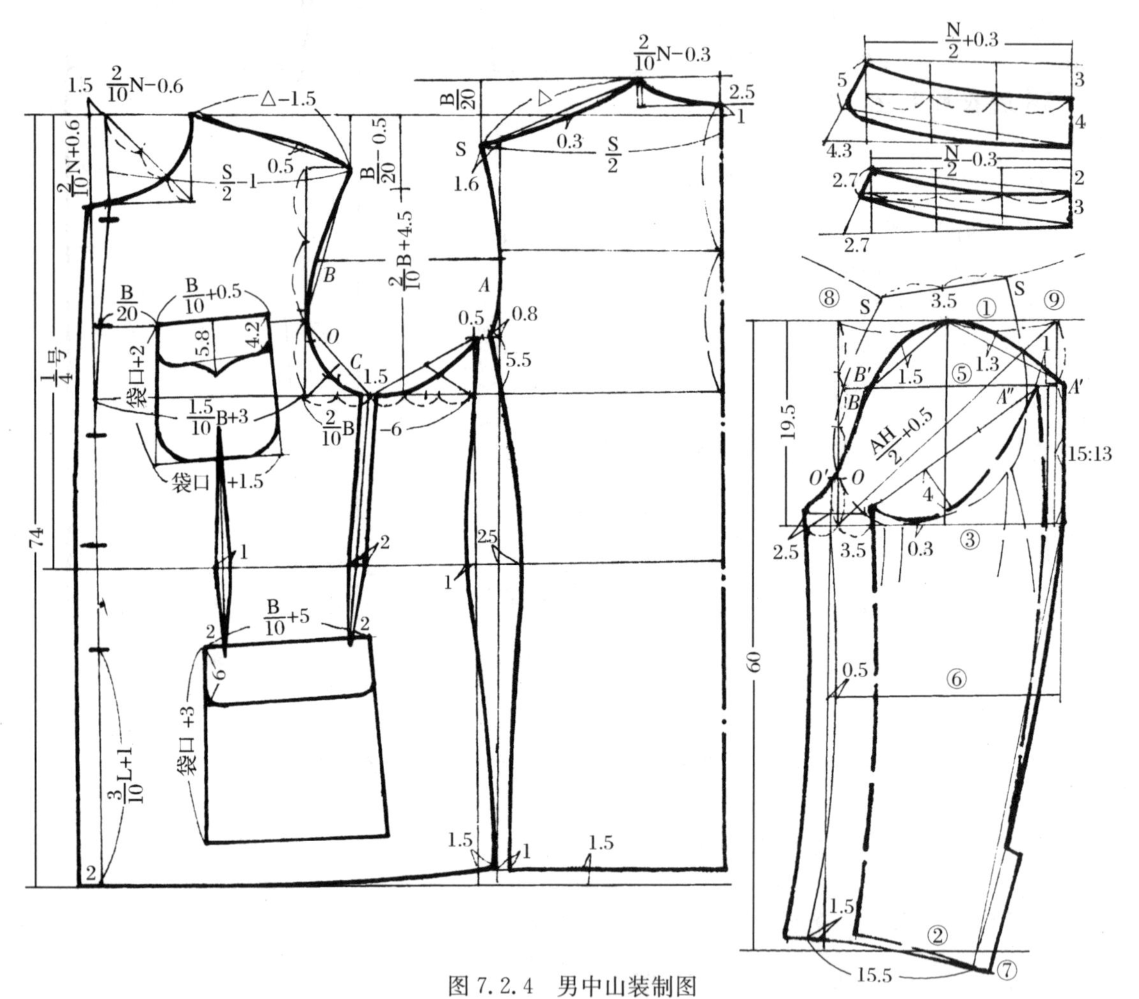

图 7.2.4　男中山装制图

5. 袖片制图(图 7.2.4、图 7.2.5)

袖长线①　按前、后肩点均高下 3.5 cm，作袖上平线。

袖口线②　自袖长线下量袖长规格，作平行线。

袖山深③　取衣身的胸围线为袖山深线，或以$\frac{1}{3}$袖窿弧长+0.5 cm 作平行线。

前袖标④　袖山深线上量袖山深的$\frac{1}{4}$(胖体取$\frac{1}{4}$以下为宜)作横线，并与前袖窿相交为 O，前、后肩点为 S。其中，衣袖的前袖标低 0.5～1 cm，这是控制前袖容量(暗偏袖量)的重要技术。

后袖山高⑤　袖长线下量袖山深的$\frac{1}{3}$作横线，其中与后袖窿交点为A，与前袖窿交点为B。

袖肘线⑥　取前袖标至袖口线的$\frac{1}{2}$处提高 1.5 cm，作平行线，或取衣身腰节线为袖肘线。

袖口起翘⑦　以袖口线为基础，前翘高 1 cm，后低下 2 cm，作短横线。

前袖基线⑧　过O点作经向直线，并与袖长线和袖山深线相交。

后袖基线⑨　取前袖基线和袖山深线交点，斜量$\frac{1}{2}$袖窿弧长＋0.5 cm 与上平线的交点，作垂直线为后袖基线（该条件下的袖山绢势为 8% 袖窿弧长，适合于厚料）。

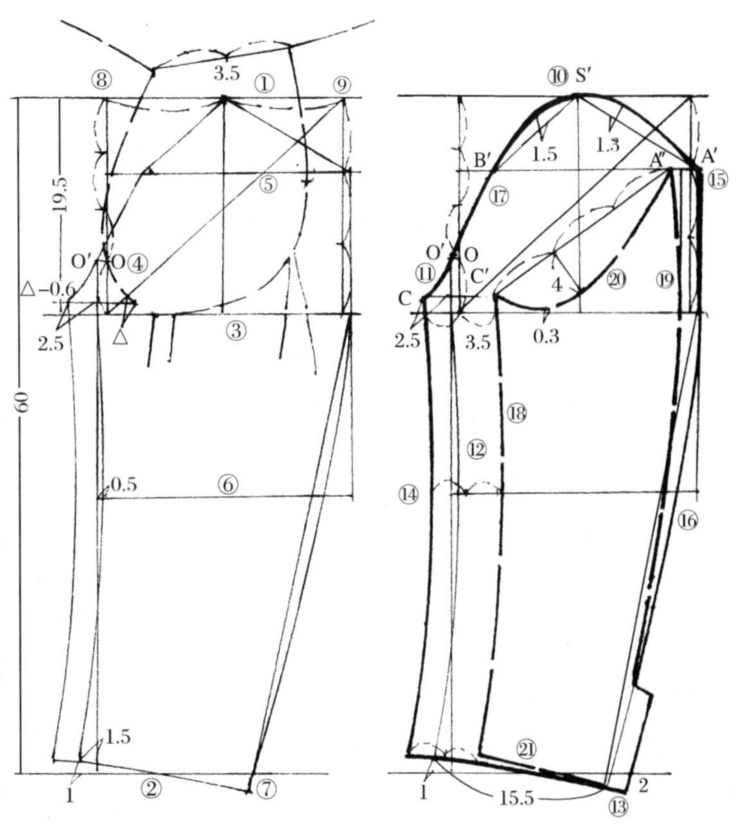

图 7.2.5　袖片制图

袖中点⑩　取前、后基线的中点S'，为袖山肩缝对档点，这里指前、后袖窿的袖窿弧长相同条件下（呈互借形式）；如前袖窿的袖窿弧长短 1 cm 条件时，正常袖窿肩缝对档点前移 0.5 cm。

前袖直线⑪　按图示取前袖窿SB弧长＋(0.5～0.6) cm＝$S'B'$直线与袖山高线相交；再取BO弧长＋(0.3～0.4) cm＝$B'O'$直线与前袖标相交，并过O'点作垂线为前袖直线。O～O'的间距就是表达衣袖活动量的暗偏袖内容。其中，1 cm 为贴体袖，1.5 cm 为合体袖，2 cm 为较合体袖。

前袖弧线⑫　上以前袖直线，肘部凹进 0.5 cm 处取点，袖口处放出 1.5 cm，弧线画顺。

袖口大⑬　自前袖弧线与起翘的交点，量进袖口尺寸与后袖口起翘相交。

前袖缝⑭　按前袖弧线放出 2.5 cm 明偏袖，作平行弧线。其中前袖缝上端C'点的高度，应与袖窿OC部位高度相同。

后袖肥大⑮　按图示取后袖窿SA弧长＋(0.8～1) cm＝$S'A'$直线与袖山高线相交。凡不能与后袖基线相交时，则属于过份合体袖。此时需要通过降低袖山、降低袖窿A点 1 cm，或增加袖山吃势等方法，使SA弧长与后袖基线相交或超过后袖基线（暗偏袖量）为理想状况。

后袖缝⑯　先作后袖肥大和袖山深线交点与袖口大连线，在肘线处取该线与袖肥大直线的中点。按图示连接三点，弧线画顺为后袖缝和后袖衩。

袖山弧线⑰　前按$S'B'$线中点凸出 1.5 cm 处取点，后按$S'A'$线中点凸出 1.3 cm 处取点。连接各点，弧线画顺。

前小袖缝⑱　按前袖缝量进（明偏袖 2.5 cm＋暗偏袖）×2，作平行弧线。其中前小袖缝上端C'点应高于前袖缝C点 0.3 cm 为宜。

后小袖缝⑲　在袖山深线处，按后袖缝量进后偏袖×2 作直线，并在后袖山高处按该直线劈进 1 cm 为 A''点，弧线画顺。

袖底弧线⑳　连接 $A''C'$连线，在该线的$\frac{1}{3}$处凹进 4 cm 取点，弧线画顺。其中袖底弧与大身袖弧应相似为宜。

袖口线㉑　按图示分别以弧线连接大、小袖口线。

6. 领片制图（图 7.2.4，图中省略各部位顺序号）

（1）下领座。

领中线①　取连折线为领中线。

下平线②　垂直于领中线的横线。

上平线③　下平线量出 5 cm，作平行线。

领座长④　领中线量出$\frac{1}{2}$领围−0.3 cm，作长方形，并分成三等份。

后领座高⑤　下平线上量 3 cm，作平行线。

上口弧线⑥　连接后领座高与上领座大点（前领座高），在领大前的$\frac{1}{3}$处截连线与后领座高线的$\frac{1}{2}$处取点，弧线画顺。

前领座阔⑦　将下平线延长 2.7 cm，与前领大点作连线，在连线上从前领大点下量2.7 cm 即为前领座阔。

下口弧线⑧　连接下领中点和前领座阔点，作直线；在领大前的$\frac{1}{3}$处，截取直线与下平线的$\frac{1}{2}$作点，弧线画顺。

（2）上翻领。

领中线①　取连折线为领中线。

下平线②　垂直于领中线的横线。

上平线③　下平线上量 7 cm，作平行线。

翻领长④　领中线量出$\frac{1}{2}$领围+0.3 cm，作长方形，并分成三等份。

后翻领阔⑤　下平线上量 4 cm，作平行线。

上口弧线⑥　作后翻领阔与前翻领大点的连线，在领大前的$\frac{1}{3}$处，取连线与平行线的$\frac{1}{2}$处作点，弧线画顺。

前翻领阔⑦　作下平线的延长线（4.3 cm），与前翻领大相连，从前翻领大点下量 5 cm 即为前翻领阔。

下口弧线⑧　作下领中点与前翻领阔点的连线，在领大前的$\frac{1}{3}$处，取连线与下平线的$\frac{1}{2}$处作点，弧线画顺。

7. 放缝和排料（图 7.2.6）

外做缝　肩缝、摆缝、袖缝及锁边的袖窿缝等部位，均放 1 cm 缝份。

内做缝　门襟、领口、袋盖、小袋底及滚袖的袖窿等部位缝合在内的缝份加放0.7 cm。

贴边　底边、袖口边放 2.5 cm。

特殊缝　中山装的特殊缝较多。如:大袋底边缝放 2.5 cm,袋盖上口放 1 cm,翻领上口放 1.5 cm,领座两端放1.5 cm等内做缝,都是制作上的需要而增加缝份,故列为特殊缝。

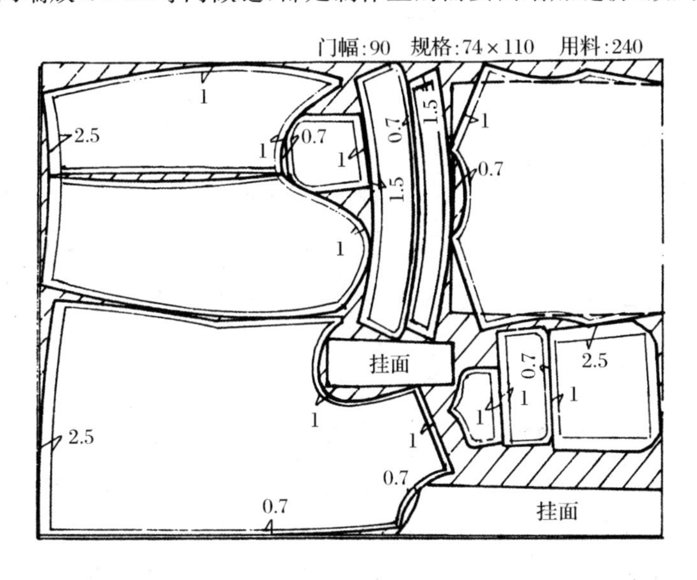

图 7.2.6　中山装排料图

习　　题

1. 男式服装的框架结构有什么特点?
2. 与女式服装相比,男式服装在结构上有哪些不同之处?
3. 男式内衣的基本放松量是多少?
4. 男式外衣放松量受哪些因素的影响?
5. 什么是劈门? 劈门的作用是什么,有哪些特点?
6. 什么是起翘? 起翘的作用是什么? 起翘的原因有哪两种? 请具体说明。
7. 男式服装量体需测量哪几个部位?
8. 熟记中山装制图公式,制大图 2 张、缩小图 1 张。
9. 中山装放缝的依据是什么? 请具体说明之。

第三节　男外衣的变化

一、立领斜分割击剑衫

1. 款型特点

立领斜分割击剑衫外形如图 7.3.1 所示。其款型特点为:立领;前门襟装明拉链;前片为装饰性斜分割;左右单嵌线袋各 1 只;后片合体性斜分割;前后摆侧装松紧带;一片袖,袖口克夫装松紧带。

图 7.3.1　立领斜分割击剑衫外形

2. 净缝制图规格(单位:cm)

号/型	衣长	胸围	肩阔	领围	袖长	松值	体型
170/88	72	110	46	42	59	3.5	1/1

3. 制图变化说明(图 7.3.2)

(1) 该制图为$\frac{1}{4}$分配的基本形式。其袖窿深公式为:$\frac{2}{10}$胸围+3 cm 松值+1 cm(总体型数 2 cm—起翘 1 cm)。当肩阔公式为 0.3 胸围+13 cm条件时,该袖窿弧长约占胸围的 49%。由此可知:肩阔数据也是影响袖窿弧长的条件因素。

(2) 凡美观舒适性一片袖,其袖山深为:$\frac{1}{3}$袖窿弧长;袖山斜线公式为:前袖窿弧长−0.5 cm,后袖窿弧长+0.5 cm,其袖山绢势占该袖窿弧长的 5%。

(3) 舒适性立领的起翘量不宜过高。在配制立领底领口时,直开领均应比基本型加深为宜。

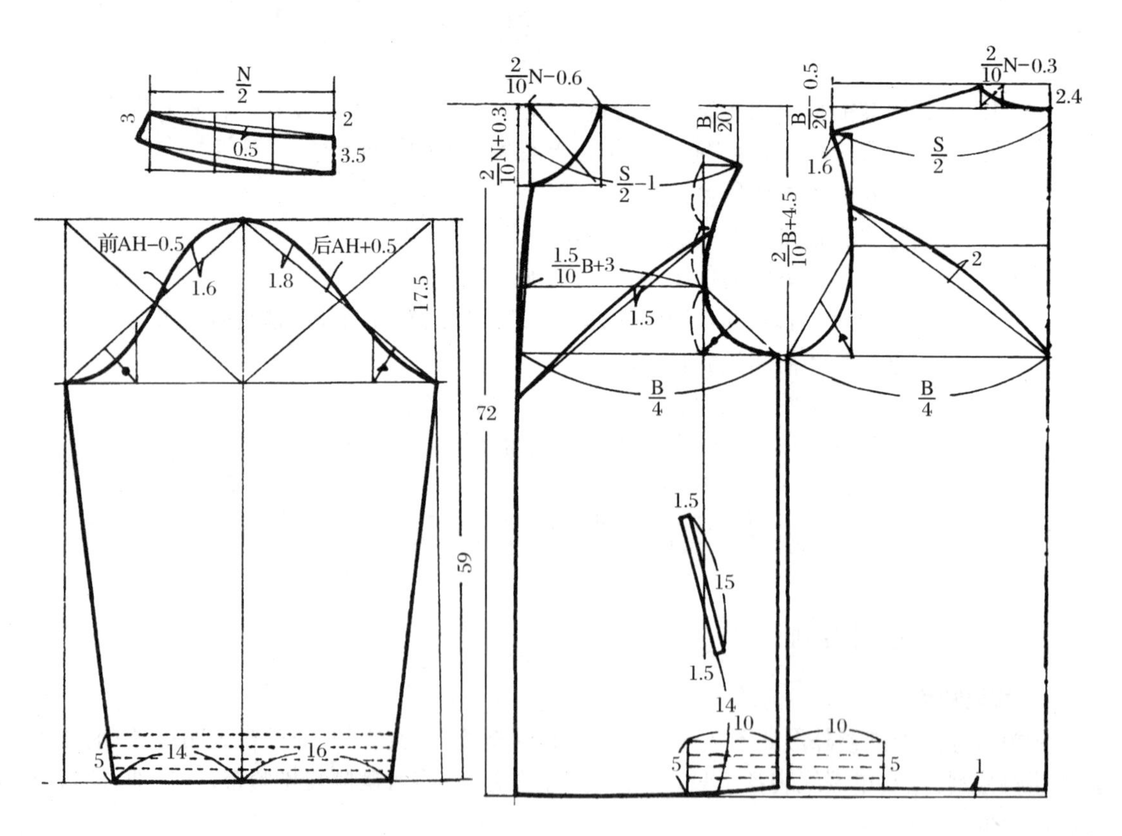

图 7.3.2　立领斜分割击剑衫制图

二、两用领冒肩式拉链衫

1. 款型特点

两用领冒肩式拉链衫外形如图 7.3.3 所示。其款型特点为：冒肩；前门襟装暗拉链直角形分割，嵌装圆角拉链立体袋，左右直斜爿袋各 1 只，后片水平分割；西装两片袖，袖口装克夫。

图 7.3.3　两用领冒肩式拉链衫外形

2. 净缝制图规格(单位：cm)

号/型	衣长	胸围	肩阔	领围	袖长	松值	体型
170/88	72	110	46	42	59	3	1/1

3. 制图变化说明(图 7.3.4)

(1) 冒肩式的肩与袖的结合处为双层分离状结构，因而制图中肩部连贴边时要起翘，以便与大身肩线吻合。肩里还要裁一层，作为装袖时作袖的缝合之用。

(2) 两用领是一种兼敞开、关门使用的领型，其底领口制图参照基本型即可。

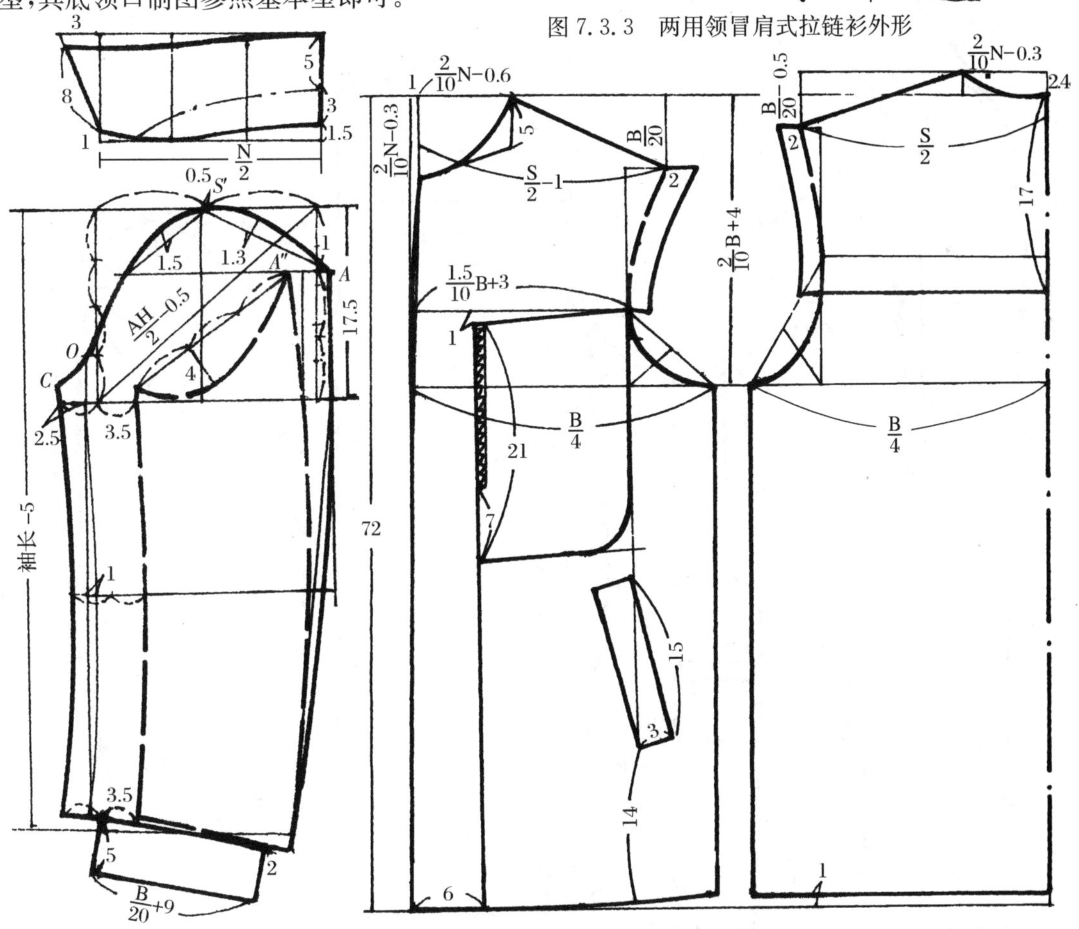

图 7.3.4　两用领冒肩式拉链衫制图

(3) 制作立体袋时，需要在圆角两边处加上2 cm宽沿条，上与袋边沿缝合，下与大身缝合。

(4) 配制西装两片袖中，袖弦公式为$\frac{1}{2}$袖窿弧长－0.5 cm，其袖山缉势占该袖窿的3%。当衣身为正常袖窿时，该袖肩缝对档点为袖肥中点前移0.5 cm。

三、倒掼领旅游衫

1. 款型特点

倒掼领旅游衫外形如图7.3.5所示。其款型特点为：斜驳倒掼领；吸腰宽下摆；前身开眼3只，前育克下装活口；不对称胸袋，落地分割缝上装开贴袋；西装两片袖，袖口装调节襻。

图7.3.5 倒掼领旅游衫外形

2. 净缝制图规格（单位：cm）

号/型	衣长	胸围	肩阔	袖长	松值	体型
170/88	74	110	47	59	3.5	1/1

3. 制图变化说明（图7.3.6）

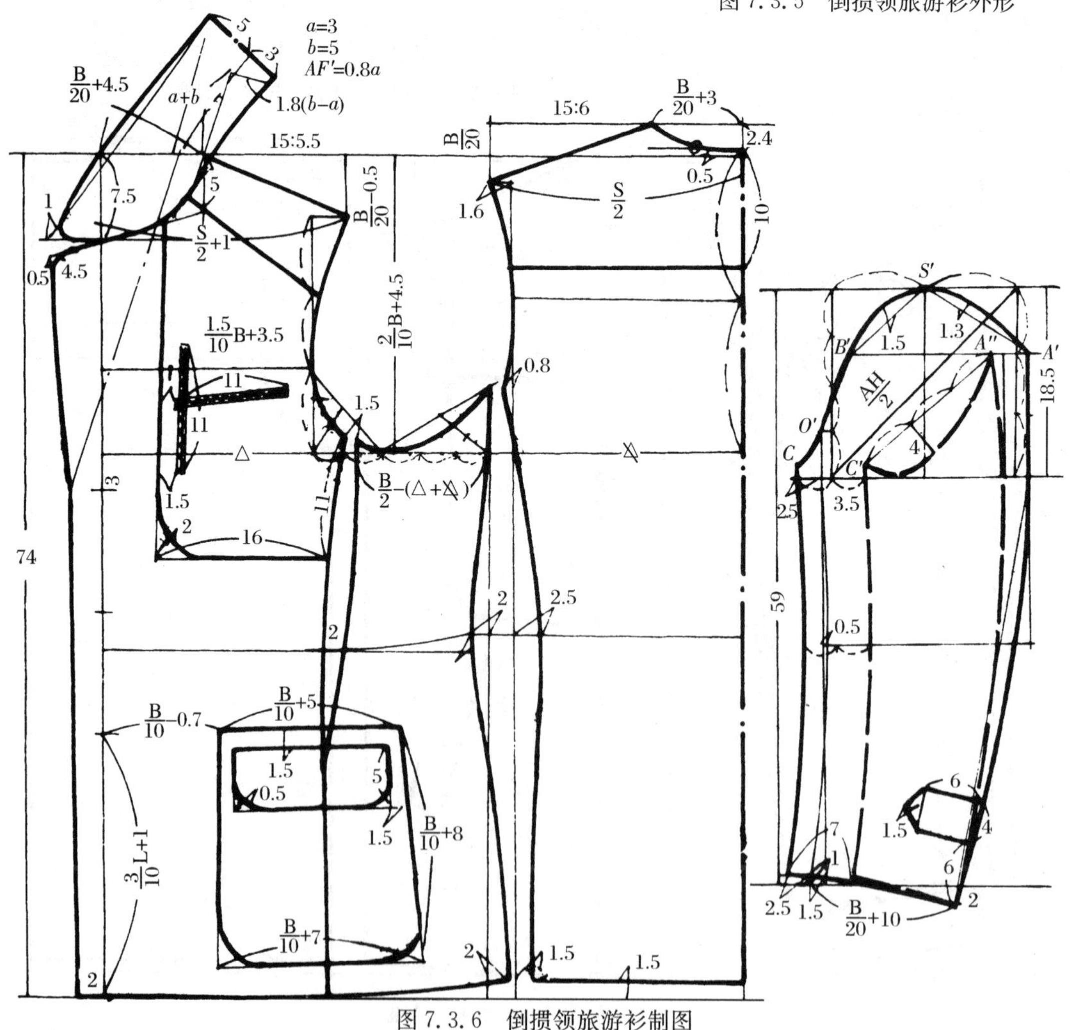

图7.3.6 倒掼领旅游衫制图

(1) 倒摆领是一种斜驳领，配底领时串口线应稍平，不要过斜。详法请参照女两用衫驳领配制说明。

(2) 采用$\frac{1}{3}$衣身基型中取松值3.5 cm时，该袖窿弧长约占胸围的50%。其中，前袖窿深公式与中山装相同；后袖窿深公式为$\frac{2}{10}$胸围+3.5 cm(松值)+1 cm(后体型数)+0.5 cm，比中山装短0.5 cm。原因在于驳领中横开领大、领型往下，关门领横开领小、领型往上。

(3) 落地刀背缝具有肋省的作用，其位置可以任意变化，故侧片亦可采用$\frac{1}{2}$胸围−(△+▲)计算。

(4) 前后肩呈互借形式，当前后袖窿AH相同时袖山肩缝对档为该袖肥的中点。在配袖时，该西装袖中的袖山斜线公式为$\frac{1}{2}$袖窿弧长时适合一般面料，该袖山绢势为5%袖窿弧长。

四、阔驳领卡曲衫

1. 款型特点

阔驳领卡曲衫外形如图7.3.7所示。其款型特点为：阔驳蟹钳领；衣身较长，吸腰下紧摆；前身开眼钉扣3粒；前胸斜双嵌线袋，下面开袋装有袋盖；后身做背缝；西装三片袖，袖中间分割。

2. 净缝制图规格(单位：cm)

号/型	衣长	胸围	肩阔	袖长	松值	体型
170/88	76	110	47	59	3.5	1/1

3. 制图变化说明(图7.3.8)

(1) 阔驳领是指驳头超过前胸阔$\frac{1}{2}$的领型，其中采用1.8(b—a)夹角松量，属常规驳领。

(2) 后袖窿深同前袖窿深公式。后背较中山装短1 cm。原因有二：其一是后身做背缝时斜线比直线长，其二是驳领横开领比关门领大。

(3) 袖中线分割的袖子在配制时应注意将袖口处的$\frac{1}{2}$弧线画顺；在袖肥处重叠1 cm，具有放大袖肥使袖子造型圆顺的效果。

图7.3.7 阔驳领卡曲衫外形

(4) 前后肩呈互借形式，有利于归缩后肩缝，使衣身达到平衡合体的效果。因此，袖山对档点为$\frac{1}{2}$袖肥处，不需要前移0.5 cm。

五、立驳西装领松身夹克

1. 款型特点

立驳西装领松身夹克外形如图7.3.9所示。其款型特点为：立驳西装领；前门襟暗扣；上

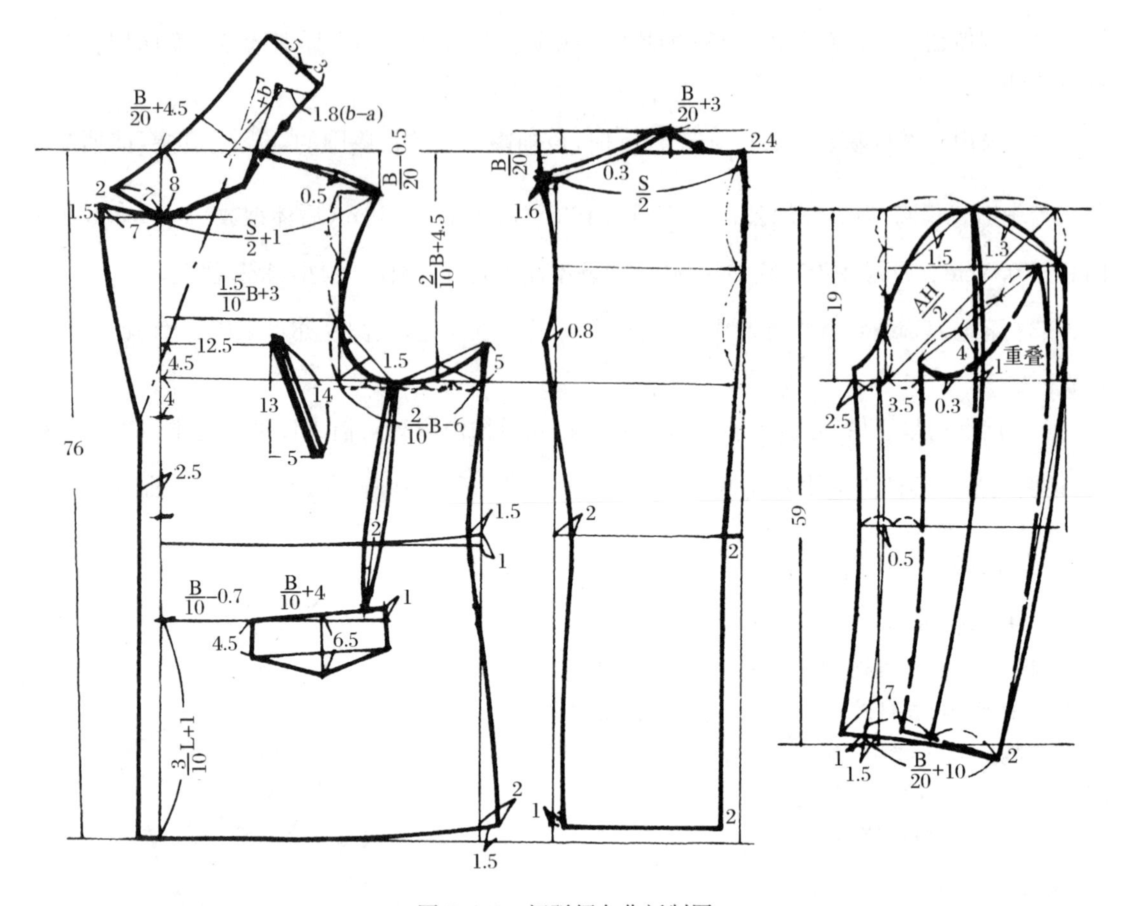

图 7.3.8　阔驳领卡曲衫制图

松身，下紧身；装登门前钉明扣 1 粒；摆边装调节襻，钉扣 2 粒；前身横分割爿装嵌线袋；胁下落地分割线，装插袋，袋口装饰襻钉扣；西装两片袖，袖口装克夫、打褶裥。

2. 净缝制图规格（单位：cm）

号/型	衣长	胸围	肩阔	臀围	袖长	松值	体型
170/88	70	116	48	104	60	3.5	1/1

3. 制图变化说明（图 7.3.10）

（1）松身夹克是一种胸围放大、肩部增宽、臀部合体、呈上松下紧的造型款式。

（2）凡舒适性袖，袖山浅、袖肥大时，如何控制前暗偏袖增大现象，应该引起大家的关注。其中，$\frac{1}{2}$袖窿弧长−0.5 cm，属减少袖山吃势量。

（3）登门可理解为大身分割后重新组合的形式。

（4）立驳领是一种立领与驳头组合的敞开式领型，配领方法如下：

领座高 AB　肩斜延长线上截取的线段。

驳口辅助线 BC　B、C 两点的连接线。C 是驳口

图 7.3.9　立驳西装领松身夹克外形

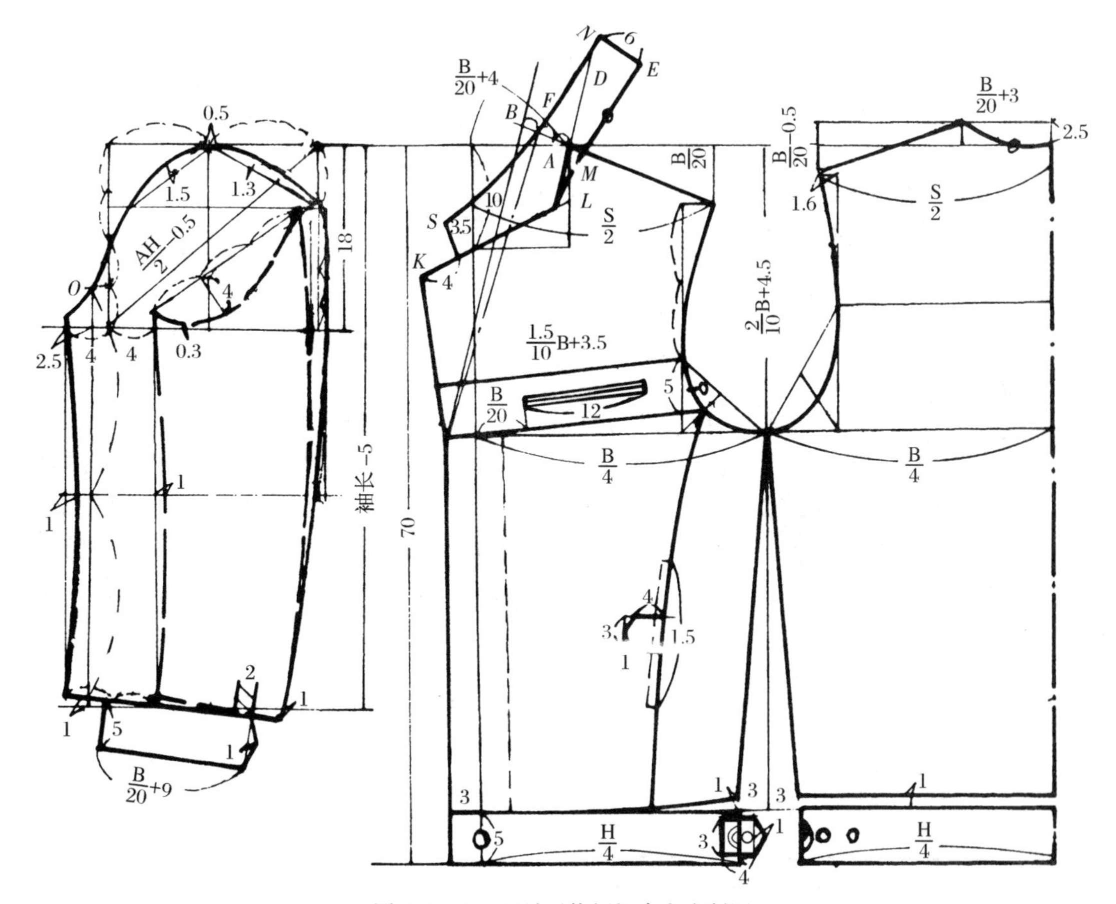

图 7.3.10　立驳西装领松身夹克制图

止点。

辅助线 AD　平行于 BC。

后领下口中点 E　过 E 点作平行于 AD 的直线，两线相距为领座高数。

驳口翻折点 F　AF 为$\frac{2}{3}$领座高。

驳口线 FC　连接 F、C 两点，即为驳口翻折线。

领座高数 FM　领中部宽度，其中 AM 为$\frac{1}{3}$领座高，属立领与大身领口的重叠量。

后领座高 EN　垂直于 EM，EM 为后领弧长。

前领宽 KS　可由款型要求任意决定。

领下口线 E、M、L、K　连接各点画顺。

领上口线 N、F、S　连接各点画顺。

六、多用领滑雪衫

1. 款型特点

多用领滑雪衫外形见图 7.3.11。其款型特点为：多用翻领；前门襟装爿，上至前领，下至底边；钉敲纽 8 粒；前片开袋 4 只；前后身肩部分割，装肩背嵌爿；腰部装伸缩襻；下摆装螺纹登

图 7.3.11　多用领滑雪衫外形

闩；一片袖，袖口装螺纹口，右袖钉小袋 1 只。

2. 净缝制图规格(单位：cm)

号/型	衣长	胸围	肩阔	袖长	松值	体型
170/88	72	116	48	60	4	1/1

3. 制图变化说明(图 7.3.12)

(1) 多用领是一种松身的不合体领。配领可采用胸围数计算。直开领宜深，前横开领宜宽。

(2) 滑雪衫属冬季服装，内可穿毛线衣为一定厚度的填充料，因此当松值取 4 cm 时，袖窿弧长约占胸围的 50%。

(3) 冬季填充料棉衣的后肩斜宜放平，使后袖窿长于前袖窿 1 cm 为宜。当选用薄料需袖山绢势较少时，前袖弦取前袖窿弧长－1 cm，后袖弦取后袖窿弧长，袖山深为$\frac{1}{2}$袖窿弧长×0.6，袖山绢势为 3%袖窿弧长。

(4) 前后片底摆不用起翘，这是松身不合体款式中常用的简化方法。

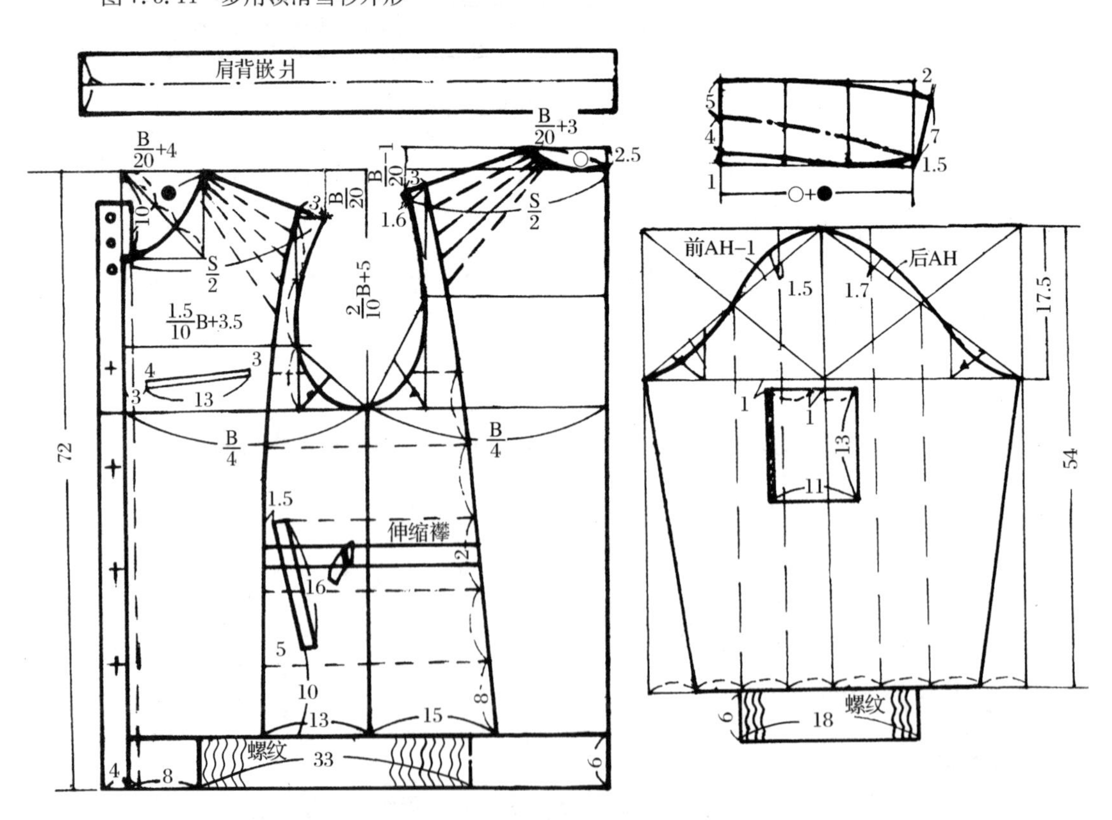

图 7.3.12　多用领滑雪衫制图

七、平肩松身休闲男西装

1. 款型特点

平肩松身休闲男西装外形如图 7.3.13 所示。其款型特点为：宽圆肩；窄下摆，呈上大下小造型；平驳领门襟圆角 3 粒扣，并与 3 只圆角贴袋相呼应；西装袖袖口开衩各钉 4 粒扣。

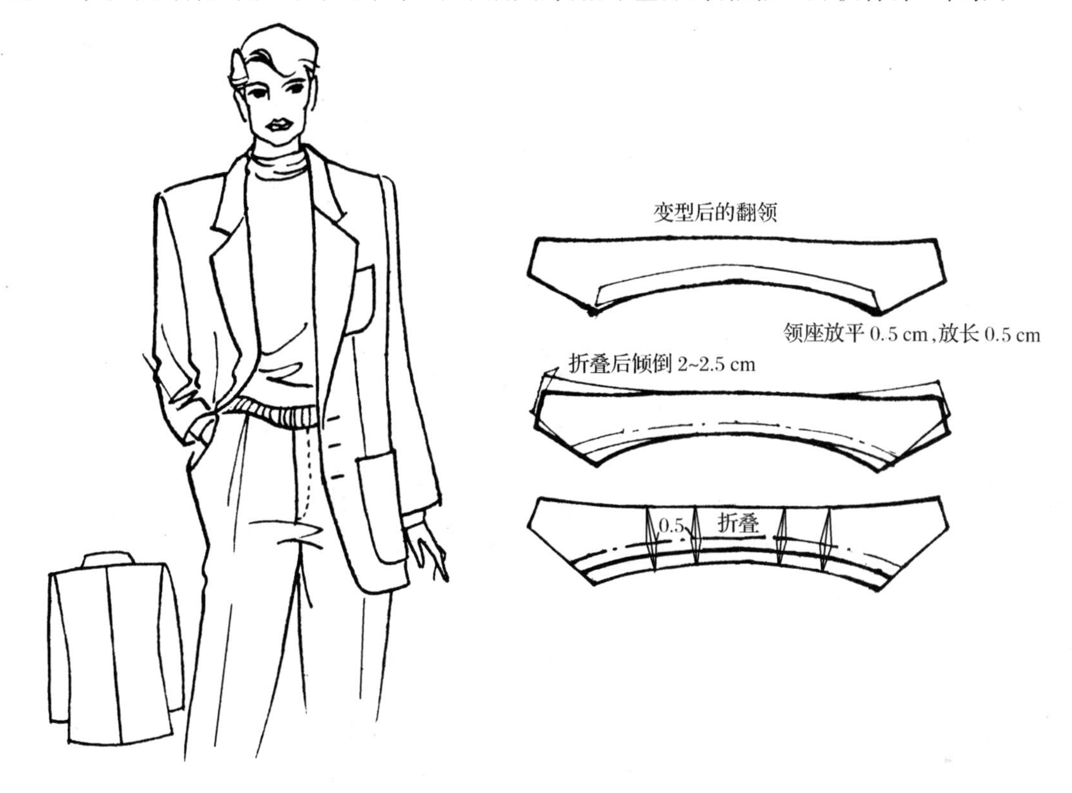

图 7.3.13　平肩松身休闲男西装外形

2. 净缝制图规格(单位：cm)

号/型	衣　长	胸　围	肩　阔	袖　长	松　值	体　型
170/88	75	110	47	60	4	1/1

3. 制图变化说明(图 7.3.14)

(1) 该制图为西装基型，肩阔公式为 0.3 胸围＋14 cm 以下时，当松值取 4 cm，其袖窿弧长约占胸围的 51%。当肩阔增大时，袖窿弧长会小于 50%。

(2) 西装领属于过分合体造型的高级驳领，在配制时首先要将前后横开领放大 0.5 cm，其次，在制图时采用 1.5($b-a$)夹角松量和采用分领座工艺配合。即：按图示将领面折叠变型，使领面倾倒 2～2.5 cm，配领座时，领座应放长 0.5 cm、放平 0.5 cm。

(3) 袖山深采用$\frac{1}{3}$袖窿弧长＋0.7 cm，属美观合体型袖。袖弦公式为$\frac{1}{2}$袖窿弧长时，袖山绢势为 5%袖窿弧长。图中，将小袖劈势一分为二，使大、小袖后缝均呈 0.5 cm 胖弧状能起到“扣势”的作用。

(4) 休闲西装是具有运动风格的新颖西装；其中有意放大肩阔和松值既能满足活动和舒适的需要，又能改变袖窿比值，满足现代服装结构设计的双重需求。

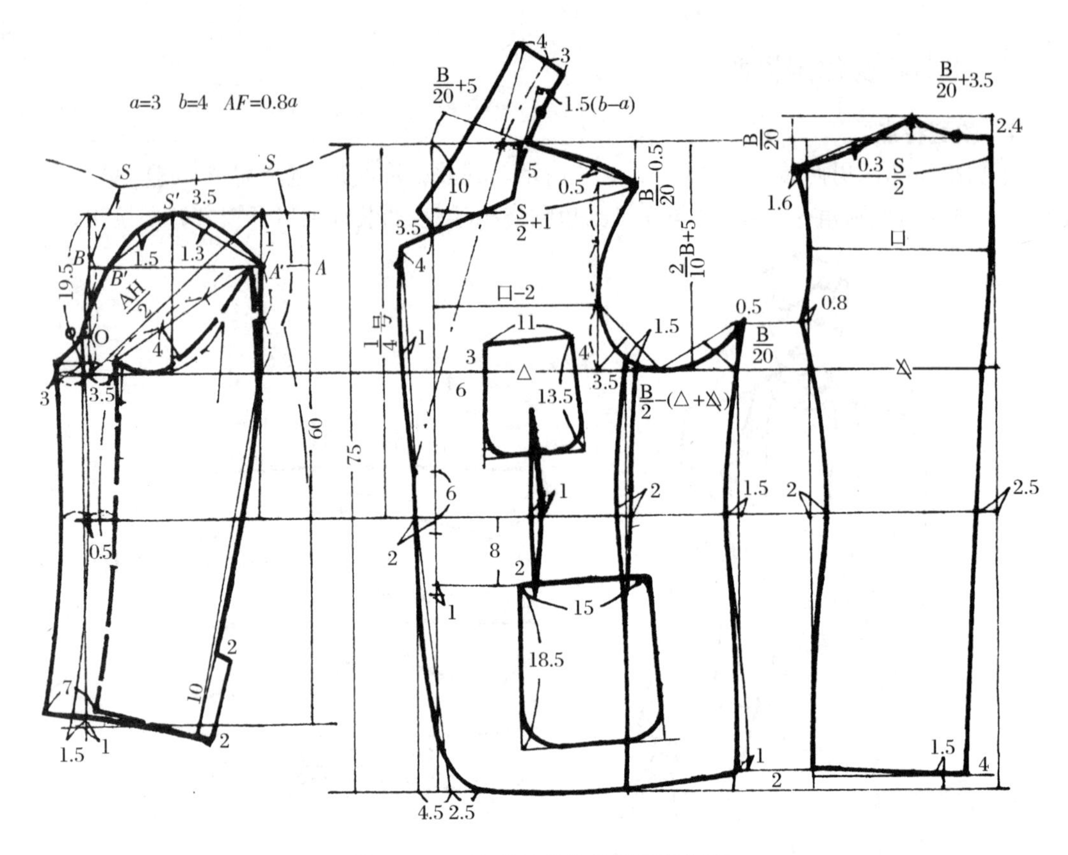

图 7.3.14 平肩松身休闲男西装制图

八、立驳领插肩袖松身夹克

1. 款型特点

立驳领插肩袖松身夹克外形如图 7.3.15 所示。其款型特点为:开关两用立驳领;门襟 4 粒敲纽;肩宽平,与装橡皮筋登闩形成上宽下窄造型;前片斜分割线,下装弧形爿袋,爿袋内串橡皮筋收缩;插肩袖,袖口装克夫、钉敲纽各 1 粒。

2. 净缝制图规格(单位:cm)

号/型	衣长	胸围	肩阔	袖长	体型
175/88	70	118	51	63	1/1

3. 制图变化说明(图 7.3.16)

(1) 该制图为展示图,属于无省基型中的宽肩斜连袖简化形式。

(2) 斜连袖形式适合做袖中缝的款式。在配制时应注意以下几点:A. 前、后肩放平;B. 袖中缝与大身夹角不宜过大,袖中缝倾斜量宜呈前斜、后平状(穿着时袖缝向前);C. 前、后袖山深一致(保证袖底缝前、后等长);D. 袖弧宜画顺,允许出现空隙。

图 7.3.15 立驳领插肩袖松身夹克外形

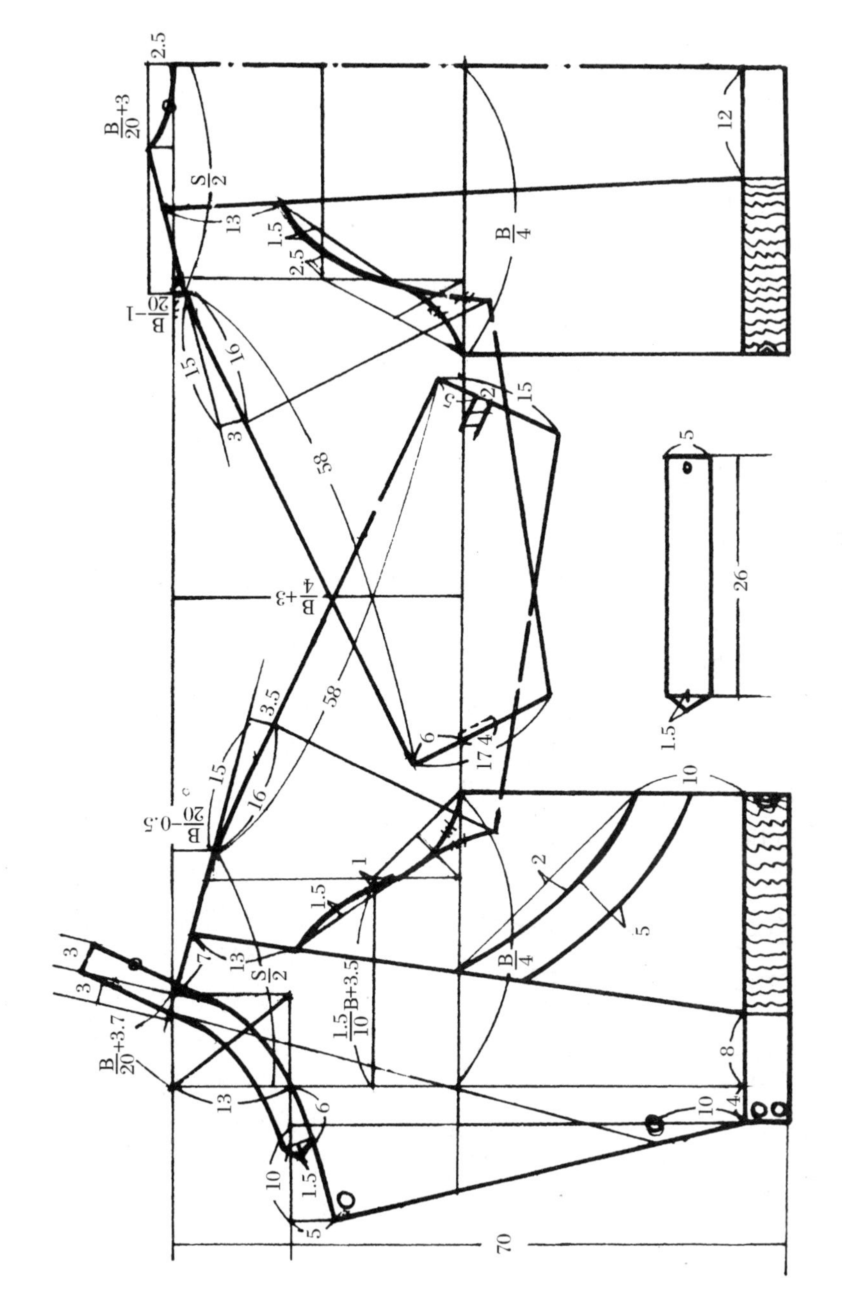

图 7.3.16 立驳领插肩袖松身夹克制图

习　题

1. 拉链衫与中山装在服装结构上有什么不同？制图公式中有什么变化？
2. 两片袖与一片袖在制图公式中有哪些区别？
3. 装垫肩的款式在制图中应作哪些调整？
4. 旅游衫与中山装同属于$\frac{1}{3}$分配法，为什么两者的后袖窿深公式不同？
5. 说出卡曲衫后袖窿深比中山装短的原因。
6. 松身夹克的特点是什么？
7. 多用领属于哪一类领型？在底领口配制中应注意哪几点？

第四节　男外衣缝制

一、布中山装缝制工艺

1. 缝制工艺程序

做准备工作→做领→做袖→做大、小袋及袋盖→大身收省→装大、小袋及袋盖→做门襟、里襟→缝合、分烫肩缝、摆缝→装领→装袖→缲边，锁眼，钉扣→整烫。

2. 缝制步骤工艺说明

(1) 做准备工作。布中山装是缝制工艺中较难的缝制品种。其原因之一就是外表的部件较多，如袋、袋盖、领等都分别由面和里组成。因此，缝制前应检查零部件是否配齐，应锁边部位如底边、摆缝、肩缝、袖缝、袖口边、挂面里口、大小袋上口是否锁好，左右袋位、省缝位等钻眼、刀眼是否有遗漏，确认无误后才能进入下一步程序。

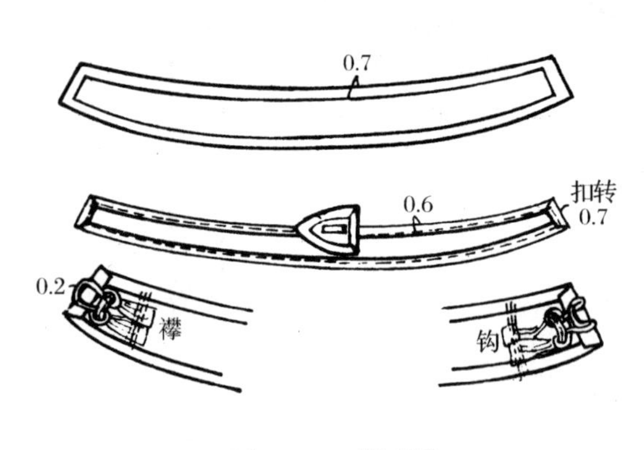

图 7.4.1　做下领

(2) 做领。中山装领分为上、下领。上、下领衬为净样，下领衬用直料，上领衬宜用斜料。

A. 做下领。下领面四周比领衬阔 0.7 cm 以上。做时先将糨糊涂在领衬上，与下领反面黏合后烫干。然后黏合四周，扣倒(折转角要方正)，沿下领边缘缉 0.6 cm 止口，并把领钩钉在领的左边，与沿口平齐。领襻钉在右边需伸出 0.2 cm(图 7.4.1)。

B. 做上领。将糨糊涂在领衬上，与上领里反面黏合(领上口要预留 1 cm 以上)；熨烫时先烫干领上口，然后，向领下口方向拉紧烫干，使翻领呈卷形窝势；在领角两头缉长方块线和沿衬头四周及中间缉线，使领衬与领里缉牢以增强硬挺度。最后缝合领里和领面。领面应放下层，领里放上层。缝合时领面圆角处应归缩而有层势，后领中部横丝处不可放层势。缉沿线领衬应放出 0.2 cm(图 7.4.2)。

将领沿止口留 0.5 cm 缝头修齐，按止口翻出烫平(圆头要圆顺，左右对称)，在领面上缉双止口:第一道清止口为 0.1 cm,第二道线距为 0.7 cm,止口线要顺直、宽窄一致。缉时领面要向前推,以防领止口起链形。翻转领面呈卷形窝势(图 7.4.3),沿领衬下口放出 0.8 cm 处缉线,将领面与领里缝合作窝势定型,并画出领中间对档粉线或刀眼(图 7.4.3)。

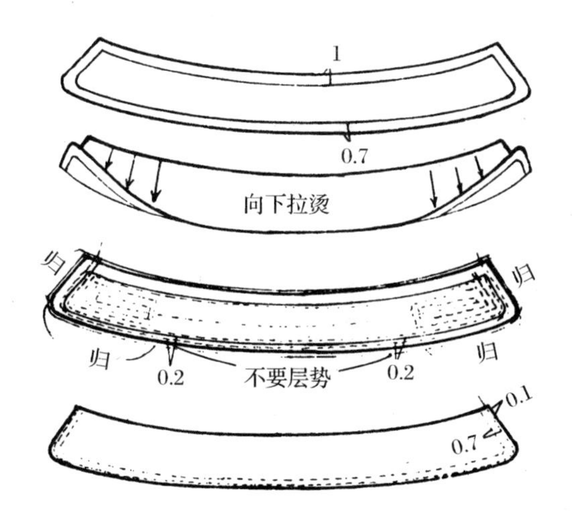

图 7.4.2　做上领(一)

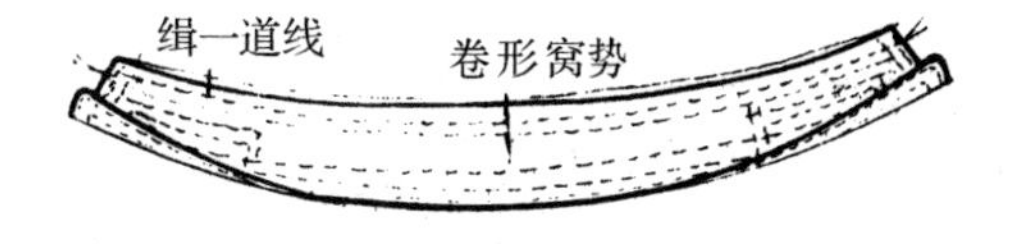

图 7.4.3　做上领(二)

C. 缝合上、下领。将上领放下层,从右下领上口起针,盖没卷形窝势定型线(上领须逐段归缩,肩缝处应多归缩,使上下领呈里外均匀),接着翻转领,把下领里上口扣倒 0.7 cm 后,从右边领里折三角处开始,盖没缉线缉 0.2 cm 止口。缉时领里要略紧,缉线顺直(图 7.4.4)。

(3) 做袖(图 7.4.5)。

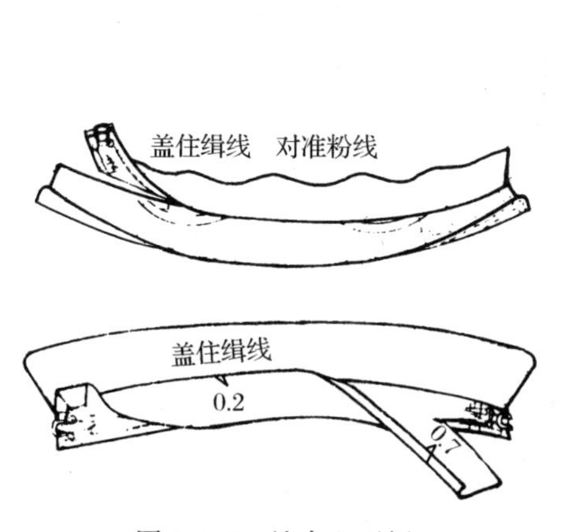

图 7.4.4　缝合上下领

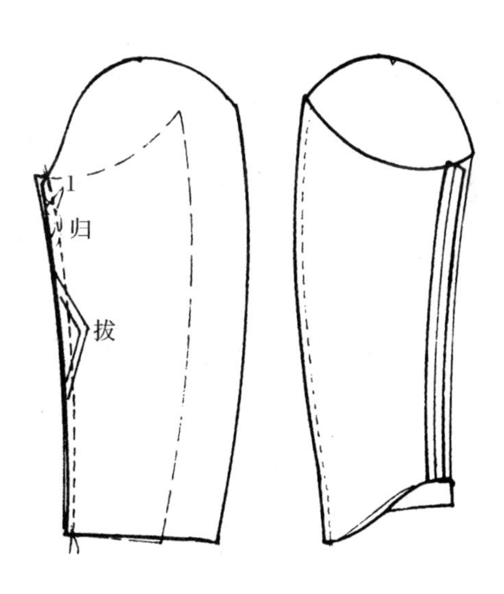

图 7.4.5　做　袖

A. 缝合前袖缝。这时大袖放上层,小袖放下层。前袖缝应在肘部处伸拔,缝份 1 cm。将前袖缝分开烫平,并把贴边翻上 3.5 cm 烫平。

B. 缝合后袖缝。这时小袖放上层,大袖放下层,缉 1 cm 缝份后将缝份分开烫平即可。

(4) 做大、小袋及袋盖。小袋盖里上口比面子狭 0.7 cm,其余三面均小 0.2 cm。

A. 缝合时袋盖面放下层,袋盖里放上层,两者正面叠合,从右起缉 0.7 cm 缝头。圆角处里料应略为紧些,面料层进 0.2 cm,使袋盖呈里外均匀。

B. 将袋盖沿止口留 0.5 cm 缝头，修齐后，翻出袋盖(圆头要圆，尖角要尖)，烫平，沿袋盖面缉双止口，并将袋盖上口扣倒 0.7 cm。袋盖距前端 4 cm 处为插笔洞。插笔洞里面用三角针钉牢，外面先缉双止口线(图 7.4.6)。

C. 做大袋盖的操作方法与小袋盖基本相同(图 7.4.7)。

图 7.4.6　做袋盖　　　　图 7.4.7　做大袋盖

D. 做小袋时先把小袋口扣倒 1 cm，中间垫布(钉扣用)，缉 0.8 cm 止口。然后，用稀针码沿小袋圆弧度缝一道线，将缝线抽紧后，按袋大和袋长要求扣倒三面缝头，使小袋略小于袋盖，圆角圆顺无棱角(图 7.4.8)。

做大袋时先把大袋口扣倒 1 cm，中间垫钉扣垫布，并缉 0.8 cm 止口固定。然后，把袋底角贴边对折缉 0.7 cm 缝份，分开角缝烫平并用镊子翻出袋角，再烫平大袋三边贴边，使大袋略小于袋盖(图 7.4.9)。

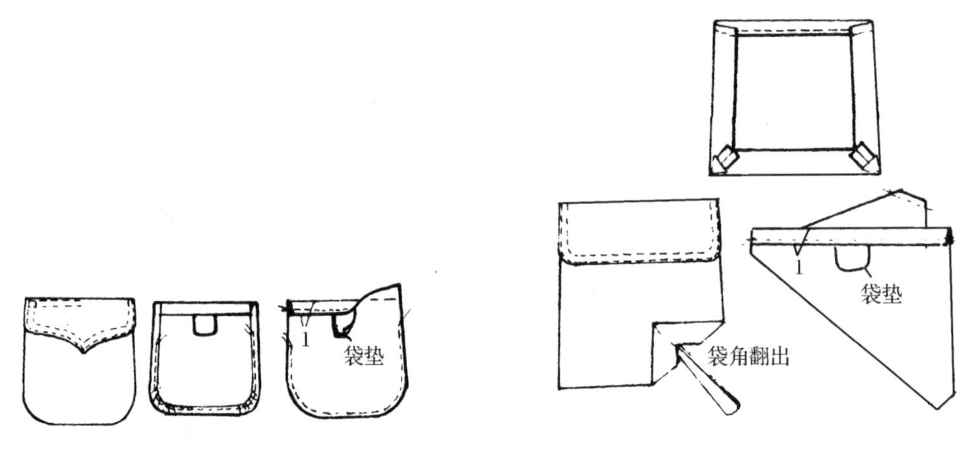

图 7.4.8　做小袋　　　　图 7.4.9　做大袋

(5) 大身收省(图 7.4.10)。收腰省和胁省时省尖要尖，省缝反面一律倒向摆缝，将省缝烫平。

(6) 装大、小袋及袋盖。装小袋盖时可先把袋盖上口扣倒，沿边缘缉双止口。缉袋时距袋盖1.5 cm从左边起针，缉第一道线需拉平下层衣片防止衣片起皱，第二道为平行线，两线之间的距离为 0.7 cm。在钉左袋盖时要留插笔洞。

装大袋盖方法与小袋相同。大袋距袋盖 2 cm 起钉，具体操作方法有下列两种：

A. 一种是用线将大袋边缘钉牢，然后，从右边缝起打倒回针，并转入内贴边缝，按图示将内贴边缝牢，再如法将左袋边固定(图 7.4.11①、②)。

B. 另一种方法是根据大袋位，掀起袋贴边用画粉逐一画出固定大袋的标记线。缝制时亦从右边袋角打倒回针，并将大袋翻开转入内贴边缝，按图示对准画粉标记线缝牢内贴边，再转出把左袋角打倒回针固定(图 7.4.11③)。装大小袋时，袋口反面需加袋垫布。

(7) 做门襟、里襟(图 7.4.12)。

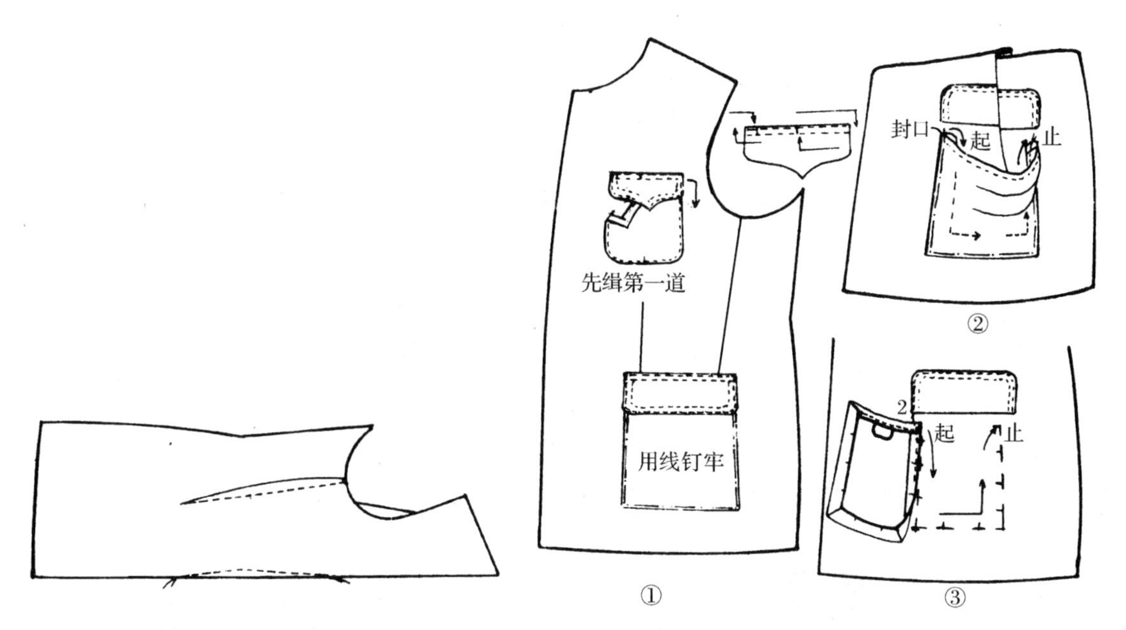

图 7.4.10　大身收省　　　　　　　　　　　　图 7.4.11　装大、小袋

A. 将左右门襟、里襟贴边(挂面),放在大身上正面叠合,缝缉 0.7 cm。在缝缉时挂面下口宜拉紧,里襟下口可翘高 0.2 cm,其他部位放平,在前胸劈门处将大身归缩,一直缝至领缺嘴处。

B. 翻转挂面,烫平门襟、里襟,先缉 0.1 cm 清止口,后缉平行线,线距为 0.7 cm。

(8) 缝合、分烫肩缝、摆缝。将前、后衣片正面叠合(前片在上层,后片在下层,肩缝中段需归缩),由摆缝到肩缝,再从肩缝到摆缝缉 1 cm 缝份,分开并烫平肩缝、摆缝(图 7.4.13)。

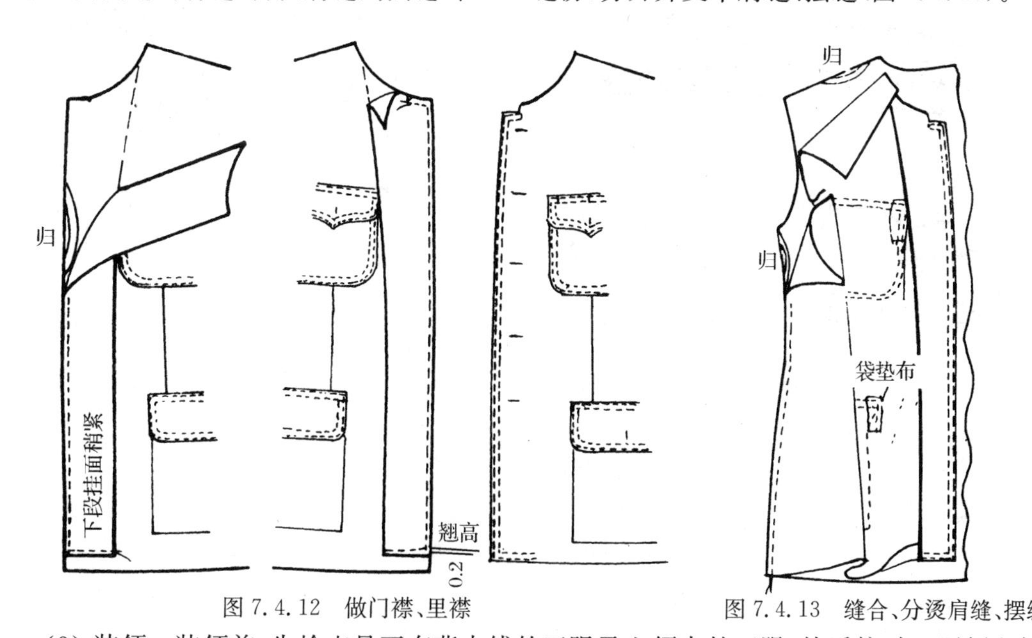

图 7.4.12　做门襟、里襟　　　　　　　　　　图 7.4.13　缝合、分烫肩缝、摆缝

(9) 装领。装领前,先检查是否有背中线的刀眼及上领中的刀眼,然后校对一下领和领圈的大小是否相符。发现领略大于领圈时,可以在装领时将领圈缝份扩大;反之,领小于领圈时,可以在装领时将领圈缝头相应缩小。

装领中,领里正面与大身反面叠合,从里襟缉起,对准左右肩参考刀眼及后领刀眼,并夹进吊带襻(吊带襻做法与裤襻相同,净阔 0.7 cm,净长 6 cm),缝份为 0.7 cm,缉至门襟止。接着将大身翻转闷缉领脚 0.15 cm 止口。缉线时要求对准和盖没门、里襟缺口襟，肩缝、背中线粉迹要对准，肩缝处领脚稍松要归拢，正面缉线不要缉住领里（图 7.4.14）。

（10）装袖。如采用锁边装方法，可参照女式外衣。现介绍包袖窿方法：先取 2.7 cm 阔横料或斜料滚条，长约 60 cm。沿着袖山边缘用稀针码，拉着滚条边缉边收吃势，缉线 0.5 cm。收吃势量如下：袖山头处吃势为 0.5 cm，后山斜处吃势为 1 cm，前袖山斜处吃势为 0.7 cm（图 7.4.15①）。

装袖时，将衣片翻向反面，袖子夹在中间，男式先装左袖，从后片缝起袖山刀眼对准肩缝，由后向前缉一周，缝份为 0.8 cm。将袖子拎起察看袖子的前后位置是否在大袋的 $\frac{1}{2}$ 处。然后，按左袖的对档状况再装右袖，从前片缝起，由前向后缉一周（图 7.4.15②）。

第一道线定位后把衣片翻身，由袖窿凹势开始，将滚条沿缝份折光，恢复针码，包住第一道线后缝合一周。要求包袖窿滚条包紧，不可有链形（图 7.4.15③）。

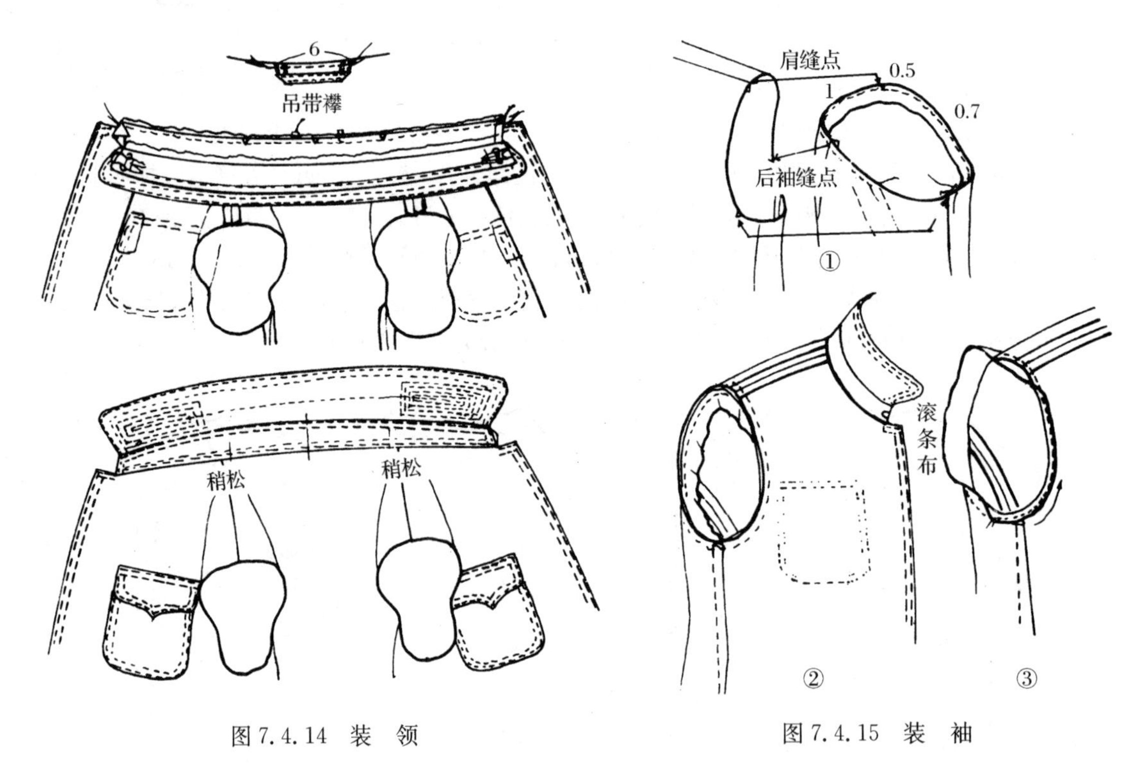

图 7.4.14　装　领　　　　图 7.4.15　装　袖

（11）缲边，锁眼，钉扣。

A. 底边、袖口边翻折烫平，用扎线钉牢后，用手工绷三角针或用车缉线。

B. 锁眼距止口线 1.7 cm，纽眼大 2.3 cm。锁眼方法可参照第一章第四节。

C. 各扣位距止口线 2 cm，上下扣距同纽眼位。用粗线四上四下绕四圈作为纽脚，纽脚高为门襟的厚度。具体要求与女外衣相同。

D. 钉领钩时要居中，用手缝针将下领面、里缝合，领钩一边的领里不能外露，领襻一边须一针上、一针下使其位置与领钩平齐。

（12）整烫。先将整件衣服喷水，从左襟开始，经过摆缝、底边、腰省、胁省、袋位，至右襟等内缝，然后将衣服拎起在烫凳上轧烫袖窿反面和平烫反面翻领。最后，在正面盖水布平熨烫门襟、里襟，大、小袋，领面。要求烫平，无极光，内外整洁、平服。

3. 质量要求

(1) 上下领两头宽窄一致，领面缉线顺直并有窝势，圆角对称。装领左右对称，无毛出，领圈周围平服，领钩襻高低相同。

(2) 所有止口宽窄一致，缉线顺直，纽眼位平服，门襟下端略有窝势。

(3) 大、小袋位左右对称，袋盖与袋相配，小袋底圆顺，大袋底方正。大身无起皱现象。

(4) 袖子前后一致，袖山圆顺。

习　　题

1. 要做到领面呈窝势，制作时应注意哪些方面？
2. 说出袖山各部位的吃势量分配。为什么这样分配？
3. 怎样做好大、小袋盖？袋盖与袋相配条件是什么？
4. 缝缉肩缝时应注意什么？
5. 使门襟、里襟贴边不外翘的方法是什么？
6. 装袖的质量要求是什么？
7. 钉扣时为什么要纽脚？纽脚的高度为多少？

二、立领击剑衫缝制工艺

1. 缝制工艺程序

做准备工作→开袋→拼育克→装拉链，挂面→缝合肩缝、摆缝→做领→装领→做袖→装袖→卷底边，装橡皮筋→整烫。

2. 缝制步骤工艺说明

(1) 做准备工作。检查衣片零部件及刀眼、钻眼是否完整无遗漏，门襟拉链长短及橡皮筋宽度是否适宜。

(2) 开袋(图7.4.16)。

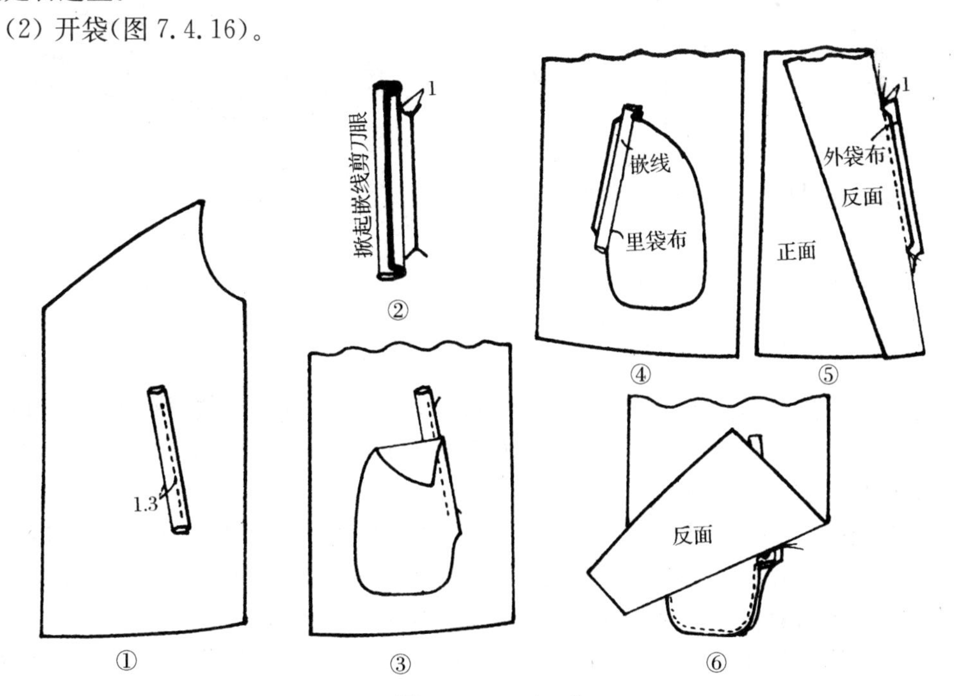

图7.4.16　开　袋

A. 把嵌线对折烫平，按大身袋口钻眼缉嵌线，使嵌线净阔 1.3 cm(图 7.4.16①)

B. 掀起嵌线剪大身，两头剪丫字形刀口，刀口的长宽度与嵌线的长度相同(图 7.4.16②)。

C. 把里袋布装在嵌线一边(缉线不能超过原缉线)，再缝合外袋布与大身剪开处。缝缉时袋布要伸出 1 cm，缉线要缉至刀眼，以防袋角毛出(图 7.4.16②～⑤)。

D. 暗封上下袋口并把袋底缉牢。封袋口时嵌线要平，要做到袋角既能封住又没封过头(影响外形美观和袋口毛出)。缉袋布时，里袋布宜松，外袋布宜紧，这样可以防止袋嵌线豁开(图 7.4.16⑥)。

(3) 拼育克。先把弧形育克边扣烫 1 cm 止口，然后压在大身上缉 0.7 cm 止口(图 7.4.17)。

(4) 装拉链，挂面。明拉链一般采用粗牙枝树脂拉链。装拉链前先把拉链码带用熨斗伸拔烫长，先缉在大身上，再拼接挂面和底边，缉上挂面，然后把拉链翻出烫平缉明止口线。注意左右育克缝对齐(图 7.4.18)。

(5) 缝合肩缝、摆缝。肩缝缉 1 cm，后片宜归缩；摆缝平缉 1 cm，分开缝烫平即可。

(6) 做领。

A. 将领面烫平，把薄型树脂衬用糨糊与领面黏合起来(用黏合衬亦可)(图 7.4.19①)。

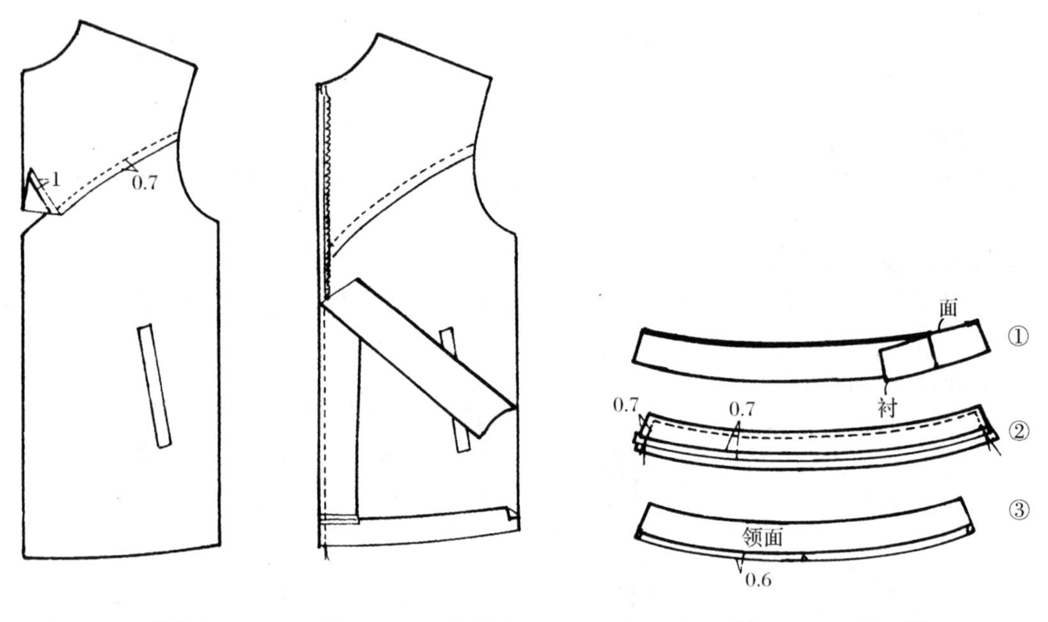

图 7.4.17　拼育克　　图 7.4.18　装拉链　　图 7.4.19　做　领

B. 立领下口扣烫 0.7 cm 止口，把领里放在下层，沿领边缘缉线 0.7 cm，缉时领里稍拉紧(图 7.4.19②)。

C. 将立领翻出烫平，领里下口按领面留出 0.6 cm 修齐，打出领中线刀眼(图 7.4.19③)。

(7) 装领。装领方法与中山装相似。即领里与大身反面先缝合，然后翻转大身，压缉领下清止口，缉牢大身，最后压缉立领上止口 0.7 cm。

(8) 做袖(图 7.4.20)。先把袖底缝缉合 1 cm，并分开缝烫平，然后翻上袖口贴边，将内装橡皮筋放平拉直分段缉线。缉时针脚要放大些，要求缉线顺直，无链形出现。

(9) 装袖。凡滚袖窿可参照中山装内容，锁边袖窿可参照女两用衫内容。

(10) 卷底边，装橡皮筋(图 7.4.21)。先把底边烫平，并按要求固定左右摆边橡皮筋，然后缉底边线及缉橡皮筋，方法与缉袖口相同。

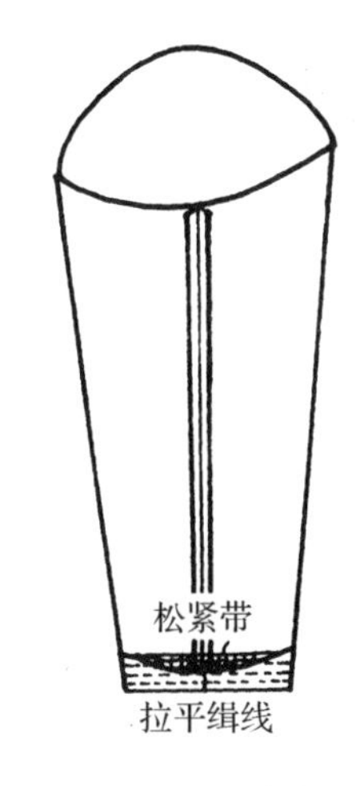

图 7.4.20　做　袖

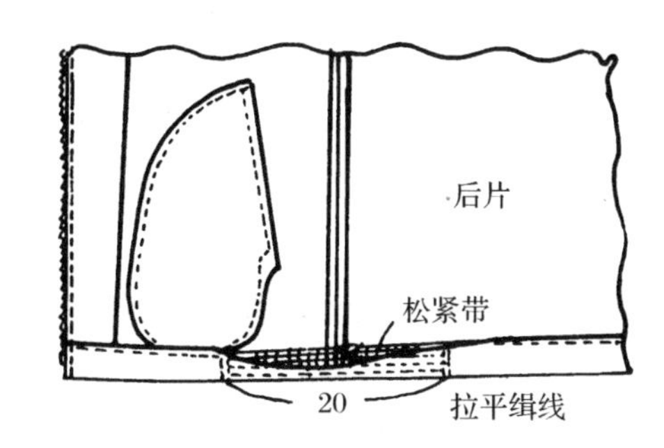

图 7.4.21　卷底边，装橡皮筋

（11）整烫。修净成衣的线脚，喷水后先烫平反面领、袖及袋布，然后整烫正面。注意用高温熨斗应避免与拉链相碰，橡皮筋及褶裥处不必熨烫。

3. 质量要求

（1）立领高低一致，领周平服。

（2）所装拉链松紧一致，左右育克对齐，嵌线袋无毛出和豁开现象，装袖吃势均匀、圆顺，前后一致，所装橡皮筋无链形。

（3）缉线顺直，整烫无污渍、无烫黄现象。

习　　题

1. 做嵌线袋时，怎样才能使袋角平整，无毛出？
2. 装好拉链要注意哪几点？
3. 贴边内装橡皮筋时，怎样才能防止链形出现？

第八章　童装制图

第一节　童装制图基本知识

童装所涉及的年龄范围相当广，既有初生婴儿，又有十五六岁的少年。有关儿童生长发育的阶段及各阶段的体态特征，可参照第一章中人体生长规律。下面就童装体型表现在服装结构上的特点进行介绍。

一、童装结构特点

童装结构特点表现在以下几个方面：

1. 身长比例变化大

成人身长为 7 个头长，儿童由于生长较快，头与身体的发育比例相差很大。如 1 岁儿童身长等于 4 个头长，5 岁却只有 5 个头长。这种身长比例特点决定了童装的规格划分：分幼儿、小童、中童和大童。

2. 身体长，四肢短

由于儿童处于生长发育阶段，四肢的发育还不完善，四肢与身体的比例较成人小，在考虑衣长、袖长、裤长、裆长时要注意到这一点。

3. 腰围与臀围的比例小

成人臀大腰细，而儿童特别是幼儿，腹部前凸，腰围与臀围比例相差不大。童裤一般采取收一只裥或不收裥，目的就在于考虑到腰臀围比例小的特殊性。

4. 头围大

1 个月的婴儿头围就有 40 厘米，到了 5 岁，头围有 50 厘米，而成人一般也只有 57～60 厘米。因此，在设计和制作前后半开襟服装结构时，根据不同阶段儿童头围，决定半开襟高度是不可缺少的。

5. 放松量大

儿童成长发育较快，其服装的放松量一般宜宽不宜紧。

6. 结构特殊

童装的框架结构处于女装与男装之间，其后衣长明显短于前衣长，这是因为儿童尤其是幼儿肩狭腹大。这种特点到了中童阶段便不突出，并随着大童发育基本完善而消失（男女各异的成人化框架结构已形成，如：大童肩阔为 0.25 胸围＋15 cm，中童为 0.25 胸围＋14 cm，小童为 0.25 胸围＋13 cm，幼童为 0.25 胸围＋12 cm）。因此在童装制图结构中，除了大童与成人相似外，幼儿、小童、中童的制图公式是不相同的，裁制者可以参照实例制图。

二、童装长度比例和围度放松量标准

童装长度比例和围度放松量标准参考表 （单位:cm）

部位名称 / 品种	幼儿(1～3岁) 体高49～93cm		小童(3～7岁) 体高94～117cm		中童(7～13岁) 体高118～147cm		大童(13岁以上) 体高148～168cm	
	长度比例 衣长/袖长	胸围 放松量	长度比例 衣长/袖长	胸围 放松量	长度比例 衣长/袖长	胸围 放松量	长度比例 衣长/袖长	胸围 放松量
幼儿育克裙套	60/15 短	18～24						
直身裙	67/15 短	20～26	66/15 短	18～24	65/14 短	16～22	64/14	14～20
中腰节连衣裙			66/41	18～24	66/40	16～22	68/39	14～20
衬　衫	51/42	20～26	50/41	18～24	49/40	16～22	48/39	14～20
两用衫	52/43	20～26	51/42	20～26	50/41	18～24	49/40	16～22
夹克衫	50/44	24～28	49/43	24～28	48/42	22～26	47/41	20～24
西　装			52/42	18～22	51/41	16～20	50/40	14～18
中长大衣			69/43	30～34	67/42	26～30	65/41	22～26
长大衣			79/44	30～36	77/43	26～32	75/42	22～28
	裤长/裆长	臀围松量	裤长/裆长	臀围松量	裤长/裆长	臀围松量	裤长/裆长	臀围松量
背带裤	76/31	12～16	74/27	12～16	73/25	10～14	72/23	8～12
长　裤	75/30	10～16	73/26	10～16	72/24	8～12	71/22	6～10
短　裤	35/30	10～16	34/26	10～16	33/24	8～12	32/22	6～10

注:量体方法及各部位加放松量问题,具体请参照量体知识内容。

第二节　关门领女童衬衫制图

1. 款型特点

关门领女童衬衫外形如图 8.2.1 所示。其款型特点为:关门圆领;门襟锁眼 4 粒;前片月亮袋左右各 1 只;前后身无省;衬衫袖,袖口装克夫。

2. 净缝制图规格(单位:cm)

号/型	衣长	胸围	领围	肩阔	袖长	松值	体型
118/60	46	78	30	33	38	2	0.7/2

3. 前衣片制图(图 8.2.2,图中省略各部位顺序号)

底边线(下平线)①　预留贴边 2.5 cm,作纬向直线。

衣长线(上平线)②　底边线上量衣长规格数,作平行线。

直领深③　衣长线下量$\frac{2}{10}$胸围−0.3 cm,作平行线。

肩斜线④　衣长线下量$\frac{1}{20}$胸围,作平行线(15=6)。

胸围线(袖窿线)⑤　衣长线下量$\frac{2}{10}$胸围+2 cm(松值)+2.7 cm(总体型数)−1 cm(归聚平衡内容)−1 cm(起翘),作平行线。

图 8.2.1　关门领女童衬衫外形

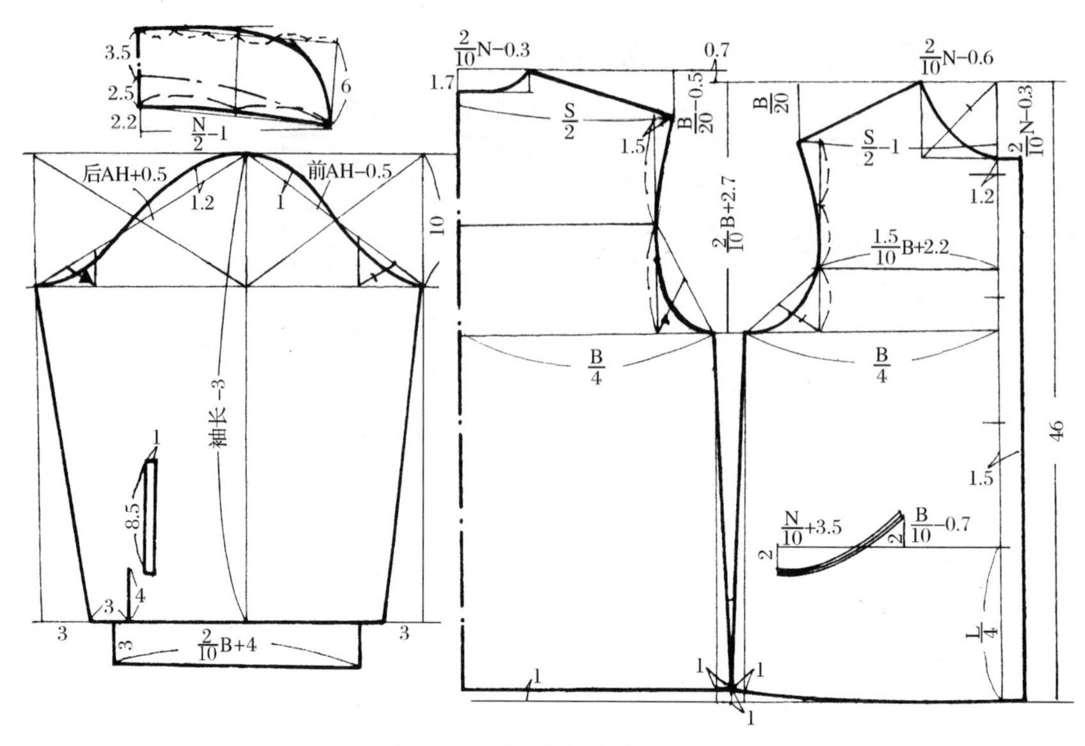

图 8.2.2 关门领女童衬衫制图

胸高线⑥ 自胸围线上量肩斜至胸围线的$\frac{1}{3}$处，作平行线。

下摆起翘⑦ 底边线上量 1 cm。

止口线⑧ 距布边 5 cm(门襟贴边)，作经向直线。

叠门线⑨ 从止口线量进 1.5 cm，作平行线。

横领大⑩ 叠门线量进$\frac{2}{10}$领围−0.6 cm，与直领深线相交。

肩阔线⑪ 叠门线量进$\frac{1}{2}$肩阔−1 cm，与肩斜线相交。

胸阔线⑫ 叠门线量进$\frac{1.5}{10}$胸围+2.2 cm(小童+2 cm)，与胸高线相交。

胸围大⑬ 叠门线量进$\frac{1}{4}$胸围，作平行线交于底边线。

下摆大⑭ 胸围大直线放出 1 cm。

领口弧线⑮ 在横直开领对角线的$\frac{1}{3}$处取点。连接各点，弧线画顺。

肩缝线⑯ 横开领大点与肩阔点的连接线。

袖窿弧线⑰ 自肩斜点至胸高间直线的$\frac{1}{2}$处，凹进 0.7 cm 取点；按图示作胸高点至胸围大点连线的对角线，在凹进$\frac{1}{3}$处取点。连接各点，弧线画顺。

摆缝线⑱ 胸围大点至下摆大点的连接线。

底边线⑲ 由$\frac{1}{2}$摆大处向底边起翘作弧线画顺。

扣位⑳　第一扣位在直领深下 1.2 cm 处，下扣位为$\frac{1}{4}$衣长，其余 2 粒三等份排匀，扣眼距止口线 1.2 cm。

袋位㉑　距前中线$\frac{1}{10}$胸围－0.7 cm，高度以扣位为中线，前提上 2 cm，后降低 2 cm。袋口大为$\frac{1}{10}$胸围＋3.5 cm。

4. 后衣片制图（图 8.2.2，图中省略各部位顺序号）

底边线①　预留贴边 2.5 cm（比前底边线高 1 cm），作纬向直线。

衣长线②　底边线上量衣长规格－2 cm，作平行线。

直领深（上平线）③　自衣长线上量 1.7 cm（0.022 胸围），作平行线。

肩斜线④　上平线下量$\frac{1}{20}$胸围－0.5 cm。

胸围线（袖窿深）⑤　自衣长线下量$\frac{2}{10}$胸围＋2 cm（松值）＋0.7 cm（后体型数）－1 cm（起翘），作平行线。

背高线⑥　胸围线上量，过肩斜线至胸围线的中点，作平行线。

底边起翘⑦　与底边线对齐。

后中线⑧　取织物经向（门幅）对折直线。

横领大⑨　后中线量进$\frac{2}{10}$领围－0.3 cm，与直领深线相交。

肩阔线⑩　后中线量进$\frac{1}{2}$肩阔，与肩斜线相交。

背阔线⑪　按后肩阔量进 1.5 cm，与背高线相交。

胸围大⑫　后中线量进$\frac{1}{4}$胸围，作平行线交于底边线。

下摆大⑬　胸围大直线放出 1 cm。

领口弧线⑭　起于衣长线起点，过横领大$\frac{1}{3}$的对角线中点及横领大，弧线画顺。

肩缝线⑮　横开领大点与肩阔点的连接直线。

袖窿弧线⑯　自肩斜点至背高点直线的$\frac{1}{2}$处，凹进 0.5 cm 取点；在背高点至胸围大点连线的$\frac{1}{2}$处作对角线，取对角线中点。连接各点，弧线画顺。

摆缝线⑰　胸围大点至下摆大点的连接直线。

底边线⑱　直线连接即可。

5. 袖片制图（图 8.2.2，图中省略各部位顺序号）

袖口线①　预留 1 cm 缝份，作纬向直线。

袖长线②　自袖口线上量（袖长规格－克夫阔），作平行线。

袖山深③　自袖长线下量$\frac{1}{2}$袖窿弧长×0.6，作平行线。

袖中线④　距布边$\frac{2}{10}$胸围＋1 cm 处，作经向直线与袖长线和袖口线相交。

前袖肥大⑤　自袖山中点向前斜量前袖窿弧长－0.5 cm 长度，与袖山深线相交。

后袖肥大⑥　自袖山中点向后斜量后袖窿弧长＋0.5 cm 长度，与袖山深线相交。

袖口大⑦　前、后袖肥大直线分别量进 3 cm，分别与前后袖肥大点作直线。

袖山弧线⑧　先按图示分别作前后袖山斜线的中点，再取前袖山上段凸出 1 cm 作点和后袖上段凸出 1.1 cm 作点。前后袖下段弧线应以与衣身前、后袖窿弧线形状吻合为宜。最后连接各点，弧线画顺。

袖衩位⑨　取袖口大的后$\frac{1}{3}$，袖衩长 4 cm。

6. 零部件制图

领面、领里　采用斜料或横料均可，领里较领面四周窄 0.1 cm。

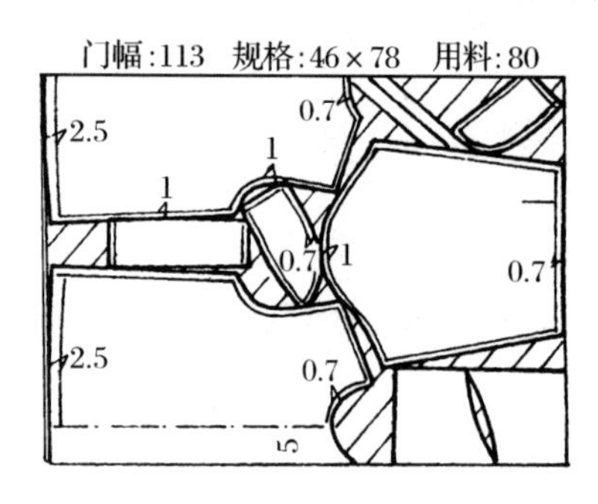

图 8.2.3　排料图

克夫　采用直料，可取双层对折，单层分里、面两种。

嵌线袋、垫袋布　月亮形嵌线袋中的嵌线料均应采用斜料，袋垫和袋布的丝绺应与大身丝绺一致。

袖衩　净阔 1 cm，净长 8.5 cm。

7. 放缝和排料(图 8.2.3)

内做缝　领口、袖口、上领加放 0.7 cm。

外做缝　摆缝、肩缝、袖窿放 1 cm。

贴边　前后底边放 2.5 cm。

习　　题

1. 儿童的体型有什么特点？
2. 幼儿服装在框架结构上有什么明显的特点？
3. 儿童衬衫属于无省款式，在结构上采用了什么造型技术形式？其表现内容如何？

第三节　童装的变化

一、女婴育克裙套装

1. 款型特点

女婴育克裙套装外形如图 8.3.1 所示，其款型特点为：双爿圆领；前后装育克，育克下收细裥；后开襟钉扣 3 粒；灯笼袖，袖口装细滚条；三角裤；腰口、脚口装全橡皮筋。

2. 净缝制图规格(单位：cm)

号/型	裙　长	胸　围	领　围	肩　阔	袖　长	裤　长	臀　围	松　值	体　型
79/44	36	60	26	27/25	14	23	66	2	0.7/2

3. 制图变化说明(图 8.3.2)

(1) 本款为横省的变化形式，横省为 1.7 cm。其袖窿深公式为：$\frac{2}{10}$胸围＋2 cm(松值)＋2.7 cm(总体型数)－0.5 cm(起翘)－1 cm(窄肩)。

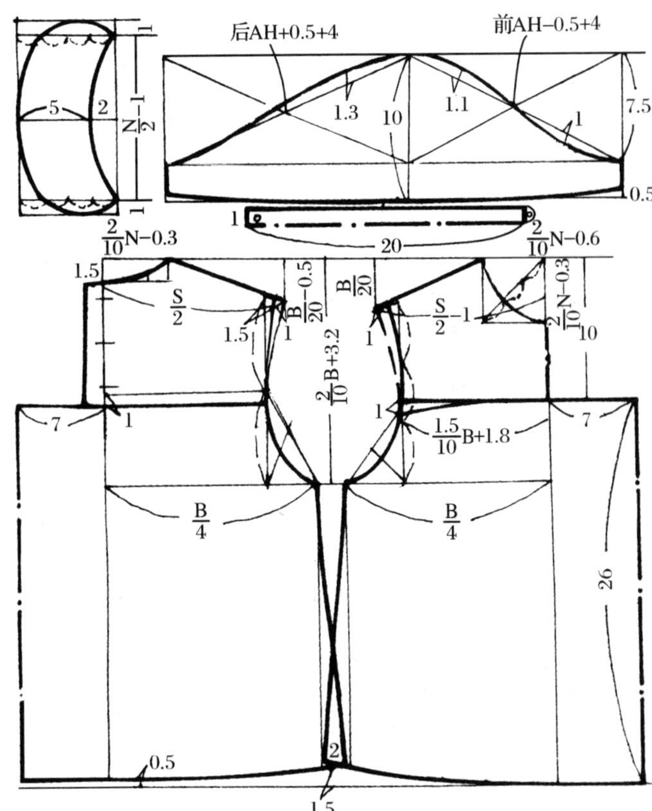

图 8.3.1　女婴育克裙套装外形

(2) 女婴服中的前胸较小，为$\frac{1.5}{10}$胸围＋1.8 cm。

(3) 肩阔公式为 0.25 胸围＋12 cm。衣身采用分割及打褶形式。

(4) 灯笼袖是一种横向展开放大的袖型，所以该制图中袖弦公式分别增加 4 cm，为袖山褶裥，袖口打细褶、装细滚条，袖口开衩钉扣。

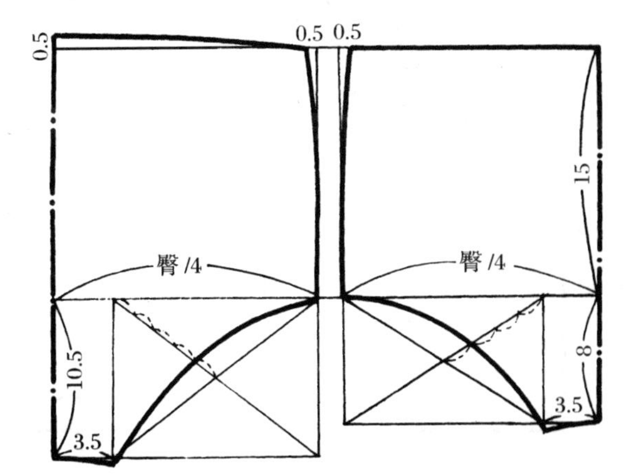

图 8.3.2　女婴育克裙套装制图

二、男童短袖套衫

1. 款型特点

男童短袖套衫如图 8.3.3 所示。其款型特点为：翻领式套头穿衬衫；前衣片半开襟，左右嵌线袋各 1 只；门襟装爿钉扣 1 粒；前后片横育克分割，下摆全抽橡皮筋；平袖口短袖。

2. 净缝制图规格(单位：cm)

号/型	衣　长	胸　围	肩　阔	袖　长	松　值	体　型
118/60	46	80	33	15	2	0.7/2

3. 制图变化说明(图 8.3.4)

(1) 12 岁以前的男童与女童都属于前后腰节差 2 cm 体型,其中 0.7 cm 表示薄背体。因此,制图公式基本相同,制图形式相反。

(2) 从平展技术内容上看,男童套衫中采用了劈门形式,即前横开领较基本型扩大了 1 cm,所以前肩阔公式也相应起了变化。

(3) 翻领也可采用驳领配制法,具体可参阅女式两用衫章节。

图 8.3.3 男童短袖套衫外形

(4) 衬衫的袖窿深公式为$\frac{2}{10}$胸围+2 cm(松值)+2.7(总体型数)-1 cm(暗起翘)-1 cm(归聚平衡)。凡松值取 2 cm 时,袖窿弧长为 46% 胸围,前袖弦取前袖窿弧长-1 cm,后袖弦取后袖窿弧长,该袖山绢势约占 3%袖窿弧长。

三、男童夹克衫

1. 款型特点

男童夹克衫外形如图 8.3.5 所示。其款型特点为:螺纹立领;门襟装明拉链;前片 T 字形分割嵌装挂襻及横爿贴袋左右各 1 只;袋爿与前片袖窿爿钉气眼各 3 只;两片西装圆袖,袖口边及摆边装螺纹带。

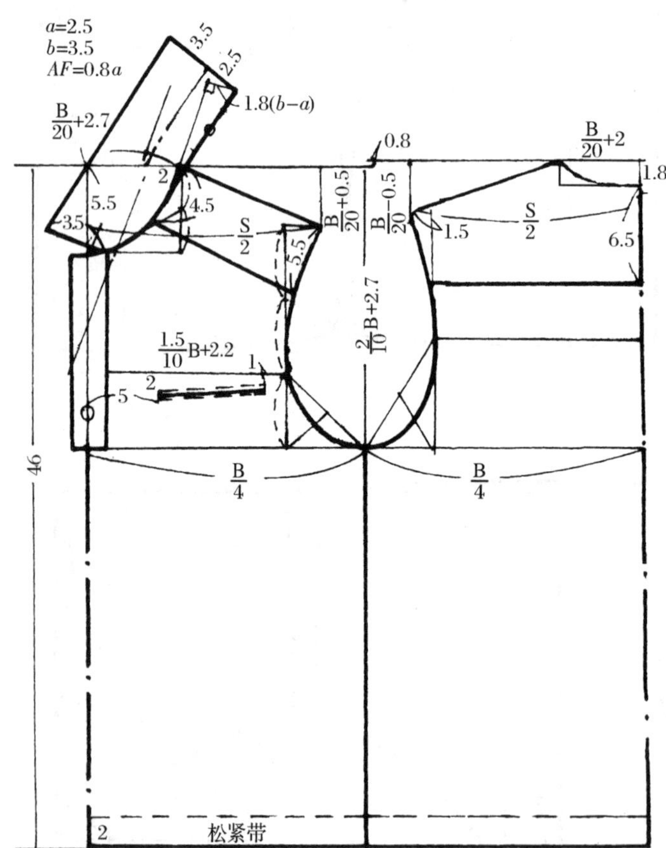

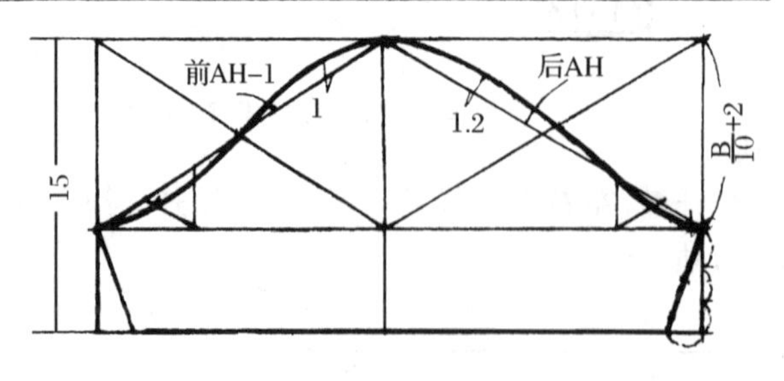

图 8.3.4 男童短袖套衫制图

2. 净缝制图规格(单位:cm)

号/型	衣长	胸围	领围	肩阔	袖长	松值	体型
118/60	47	84	32	34	41.5	3	0.7/2

图 8.3.5 男童夹克衫外形

3. 制图变化说明(图 8.3.6)

(1) 外衣与内衣的差异,主要反映在胸围放松量和袖系松值两方面。如:外衣放松量大,袖窿与袖肥也都相应增大,当松值取 3 cm,袖窿弧长占胸围的48%;松值取 4 cm,袖窿弧长占胸围的 50%。

(2) 该制图属于合体型外衣基本型,制图中采用明劈门形式,劈门量为 1 cm。

(3) 登闩属于大身分割形式。如采用螺纹料,登闩可比大身下摆缩小些。

(4) 两片西装夹克袖的袖山斜线长为:$\frac{1}{2}$袖窿弧长−0.5 cm,袖山绢势为 3%袖窿弧长。袖山宜浅不宜深,取$\frac{1}{3}$袖窿弧长−0.7 cm 为佳。

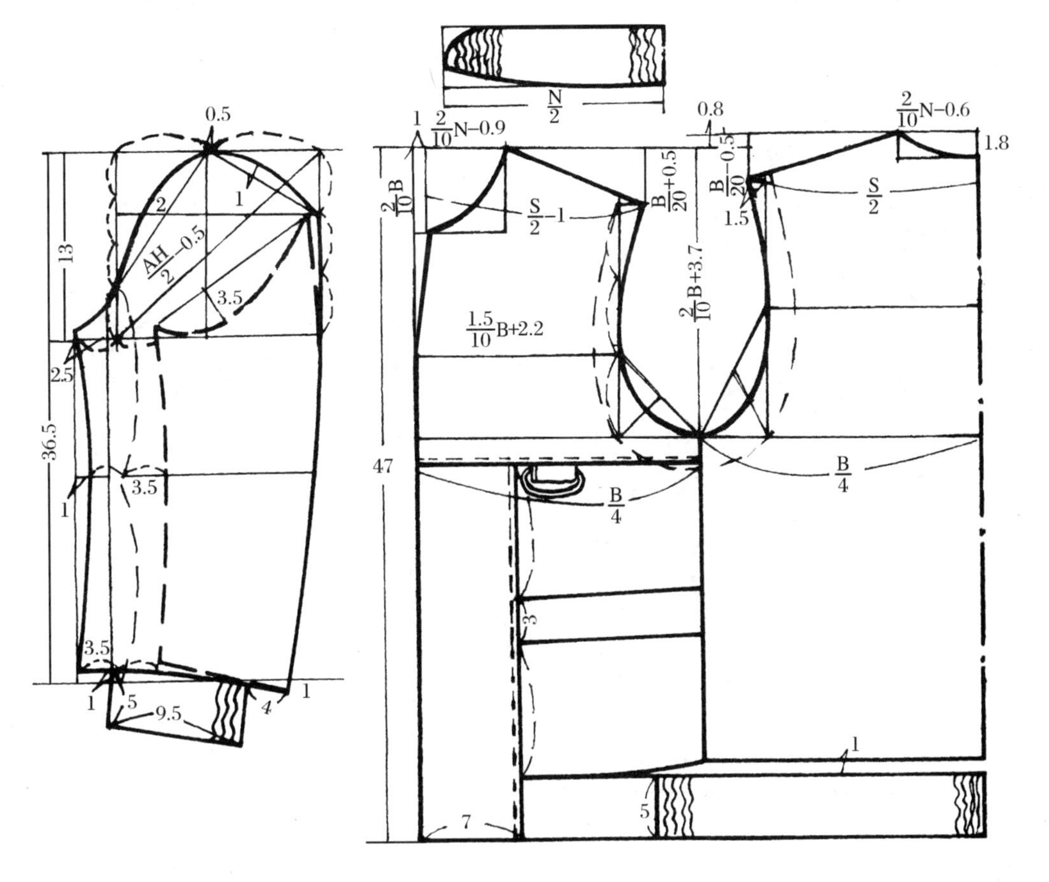

图 8.3.6 男童夹克衫制图

四、男童猎装

1. 款型特点

男童猎装外形见图 8.3.7。其款型特点为:蟹钳形平驳翻领;前身收胸、胁省;上 V 形育克,下袋盖贴袋左右各 1 只;后片做背缝;两片西装袖,袖口装襻。

图 8.3.7　男童猎装外形

2. 净缝制图规格(单位:cm)

号/型	衣长	胸围	肩阔	袖长	松值	体型
123/64	50	84	35	43.5	3	0.7/2

3. 制图变化说明(图 8.3.8)

(1) 猎装属于合体型外衣,其胸围放松量宜小。

(2) 该制图为$\frac{1}{3}$分配西装基型结构,呈背宽胸窄状,袖窿门显宽。因此当松值取 3 cm 时,袖窿弧长约占胸围的 49%。

(3) 蟹钳形平驳翻领的制图方法,请参阅女式两用衫章节。

(4) 前后肩呈互借形式,有利于归缩肩缝 1 cm,使衣身达到平衡合体的效果。为此,袖山对档点在$\frac{1}{2}$袖肥处,不需要前移 0.5 cm。

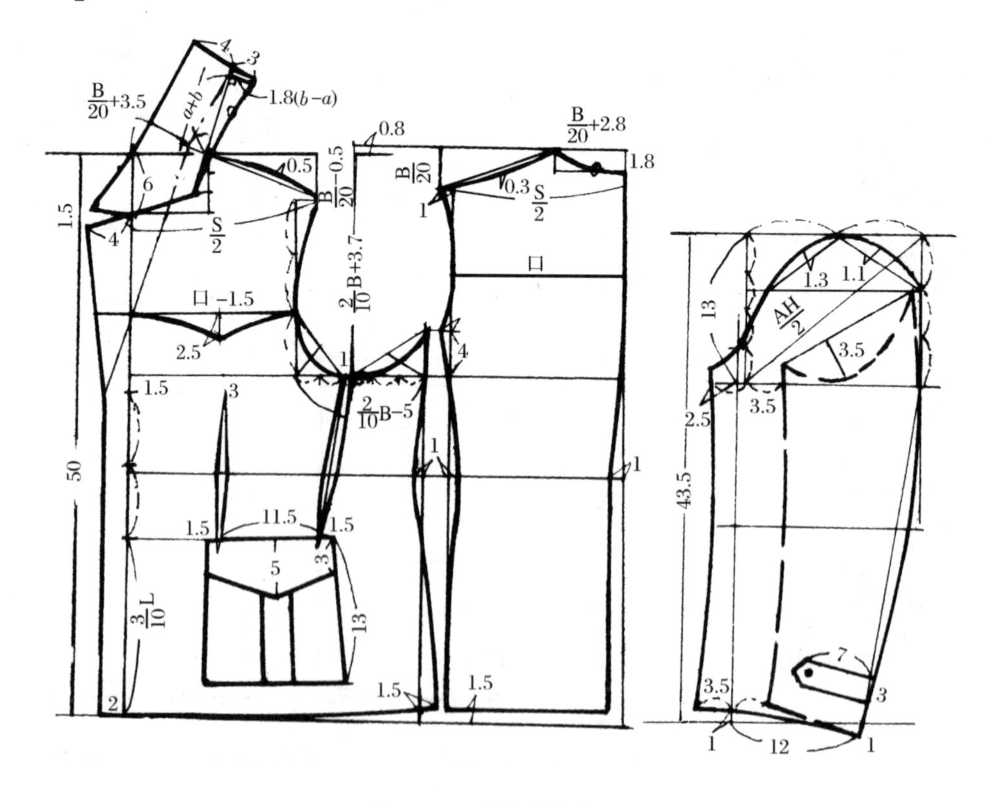

图 8.3.8　男童猎装制图

五、男童后橡皮筋腰长裤

1. 款型特点

男童后橡皮筋腰长裤外形见图 8.3.9。其款型特点为：前片加腰，平腰尖角，内钉 4 粒扣；后身连腰装橡皮筋；前门襟装拉襻；左右斜插袋；喇叭形脚口。

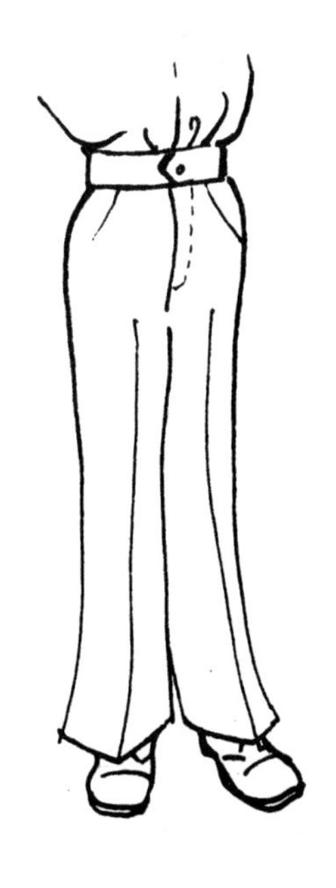

图 8.3.9 男童后橡皮筋腰长裤外形

2. 净缝制图规格(单位：cm)

号/型	裤长	臀围	腰围	裆长	脚口
123/58	73	74	60	24	21

3. 制图变化说明(图 8.3.10)

(1) 童裤与成人裤相比，前后裆减狭，其余都大致相同。

(2) 中裆提高，脚口放大。

(3) 前裤片门襟倾斜无褶时，腰口起翘应低下 1 cm。

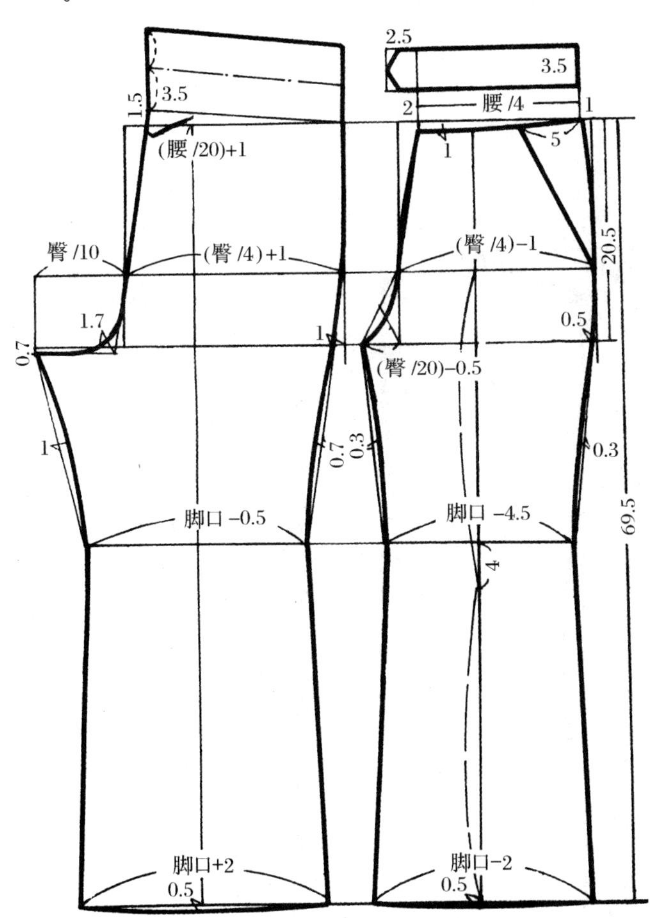

图 8.3.10 男童后橡皮筋腰长裤制图

(4) 制图中后裤连腰中包括翻折腰口贴边在内。

(5) 因后腰装橡皮筋，所以后缝掴势放直 1 cm，即：$\frac{1}{20}$腰围＋1 cm。

六、中童男西装

1. 款型特点

中童男西装外形见图8.3.11。其款型特点为：平驳西装领；门襟单排 2 粒扣；圆角下摆；前片左上开爿袋 1 只，下圆贴袋 2 只；后背做缝开衩；西装袖开衩，钉扣 3 粒。

2. 净缝制图规格

号/型	衣长	胸围	肩阔	袖长	松值	体型
134/68	56	86	35.5	47	3	0.7/2

3. 制图变化说明(图 8.3.12)

(1) 西装属贴体外衣,其胸围放松量较小,但肩阔宜宽,以 0.25 胸围+14 cm 为宜(中童)。

(2) 西装基型中采取增加背宽和减窄前胸的造型,更符合人体的实际需要和有利于增加衣袖的活动量。

(3) 西装袖的袖山斜线公式为:$\frac{1}{2}$袖窿弧长,袖山绢势为 5%袖窿弧长。由于童西装肩窄、窿门宽,所以袖山不宜深,一般取$\frac{1}{3}$袖窿弧长−0.7 cm 为宜。

(4) 儿童西装领属于合体驳领,故翻领夹角松量以 1.8($b-a$)为宜。

图 8.3.11 中童男西装外形

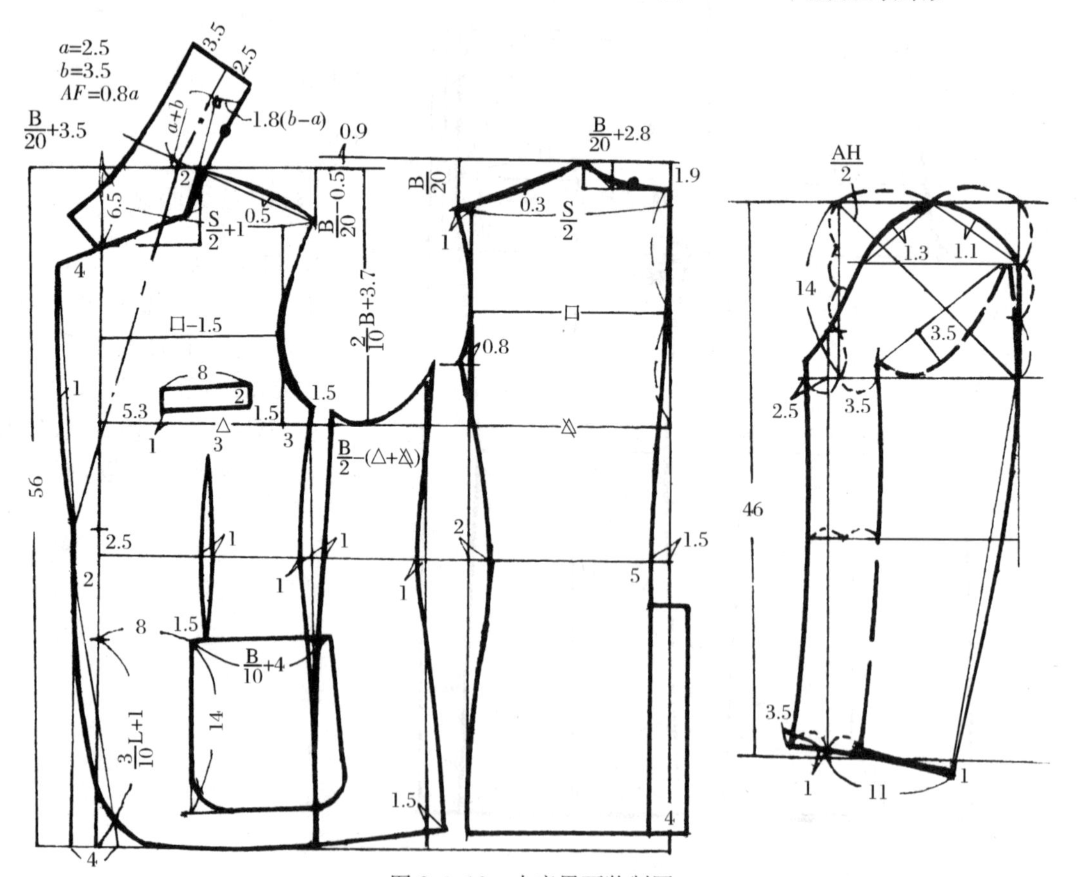

图 8.3.12 中童男西装制图

七、女童连衣裙

1. 款型特点

女童连衣裙外形如图 8.3.13 所示。其款型特点为：披肩两片领，后圆前方，直领较深；前片育克下收细褶，腰部收活褶；后片开襟，腰部收省；喇叭袖；细裥两节裙，裙腰装飘带、扎结。

图 8.3.13　女童连衣裙外形

2. 净缝制图规格（单位：cm）

号/型	裙总长	腰节	胸围	肩阔	袖长	松值	体型
118/60	66	28	74	31	15	2	0.7/2

3. 制图变化说明（图 8.3.14）

（1）直领较低时，底领口呈直弧形。

（2）披肩两片领可采用前后衣片重叠配领法。

（3）收细裥两节裙中，臀腰围差被均匀分配，所以腰口不需要起翘。

（4）喇叭袖属于变化袖型，可参阅连衣裙章节内容。

（5）袖窿深公式中$\frac{2}{10}$胸围＋2 cm（松值）＋2.7 cm

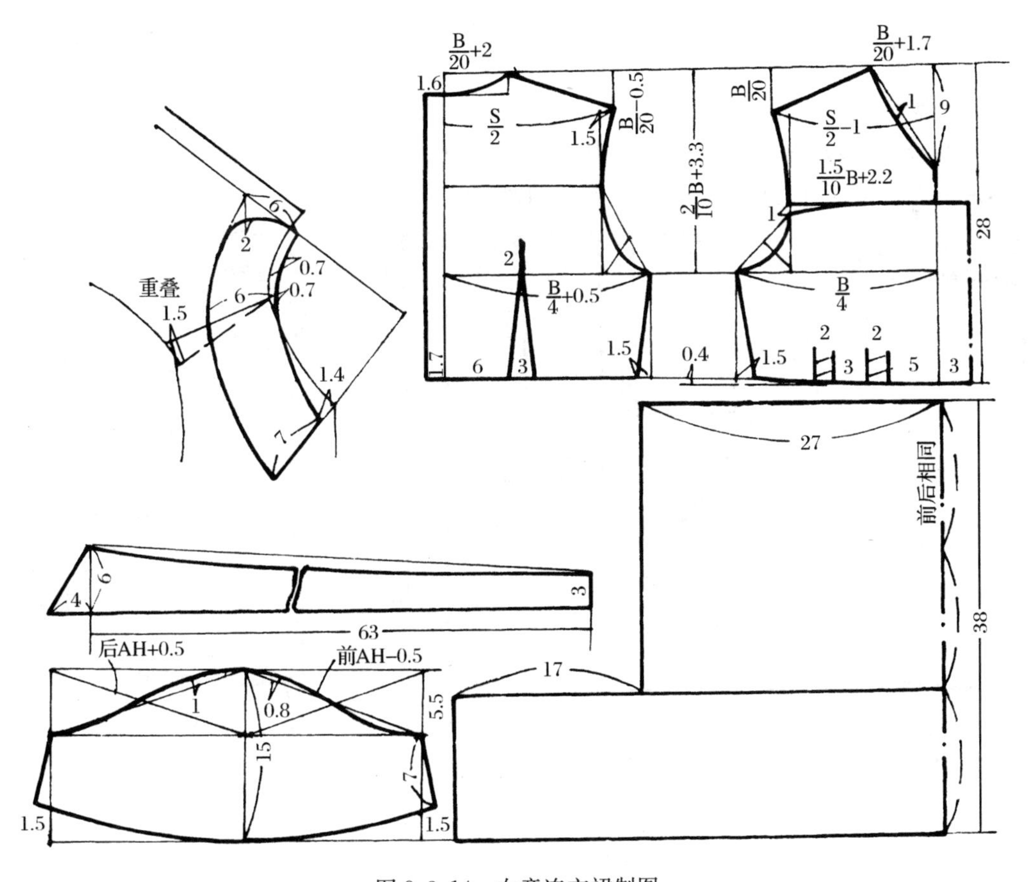

图 8.3.14　女童连衣裙制图

(总体型数)－1 cm(归聚平衡)－0.4 cm(起翘),故袖窿弧长约占胸围的 46%。

八、女童背带裙

图 8.3.15　女童背带裙外形

1. 款型特点

女童背带裙外形见图 8.3.15。其款型特点为:前后两边喇叭裙,裙摆用镶色收细裥荷叶边拼接;前护胸周围装荷叶边;后裙装腰,两边各锁眼 1 只(起收放腰围松度的作用);直形交叉背带(能防止背带从肩部滑落)。

2. 净缝制图规格(单位:cm)

号/型	裙　长	腰节长	腰　围
108/54	42	23	56

3. 制图变化说明(图 8.3.16)

(1) 喇叭裙可以理解为基本裙扩展下摆、折叠腰省后的变化形式。

(2) 荷叶边可采用直料,其长度可掌握在周长的 1.5～3 倍。

(3) 背带和护胸的长度应满足腰节长度。

(4) 后腰长度放长必须与前护胸相结合。

九、护胸短裤

1. 款型特点

护胸短裤外形如图 8.3.17 所示。其款型特点为:连身护胸,前呈鸡心形,后呈方形;直形背带,肩部装调节襻;前开襟装拉链,后腰及前侧腰装橡皮筋。

图 8.3.16　女童背带裙制图

图 8.3.17　护胸短裤外形

2. 净缝制图规格(单位:cm)

号/型	裤　长	臀　围	腰节长	裆　长	脚　口
114/54	30	72	25	22	21

3. 缝制变化说明(图 8.3.18)

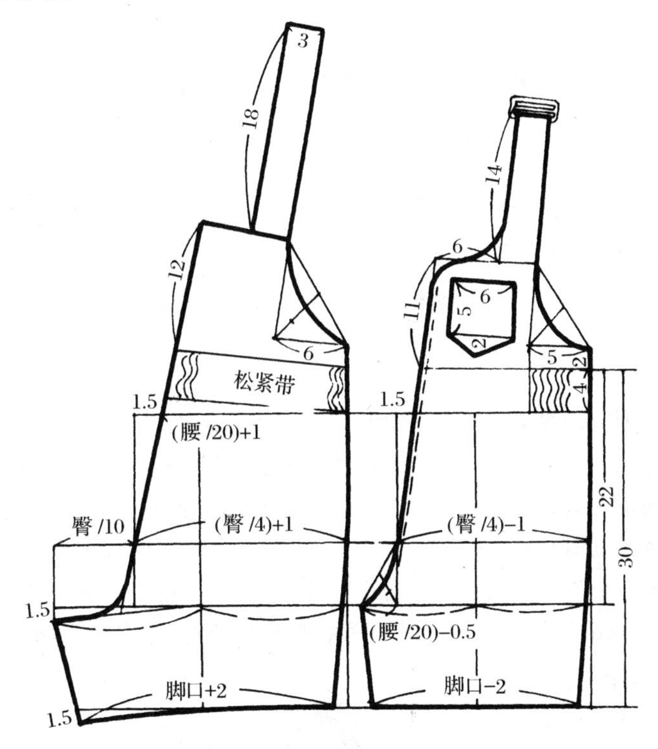

图 8.3.18　护胸短裤制图

(1) 连身护胸应看作是护胸与短裤的组合形式。

(2) 裤制图方法同男童长裤,其中后腰口起翘与后缝捆势有关,后落裆线低下与裤脚口的起翘造型有关。即脚口小,落裆和起翘量大;脚口大,落裆和起翘量消失。

(3) 腰部如装松紧带,腰围可大些,以起调节作用。

(4) 背带和护胸的长度应满足腰节长度,其形状可任意变化。

习　　题

1. 女婴服在制图中有哪些明显的特点?
2. 男童衬衫与女童相比,主要差距在结构公式上表现在哪几个方面?
3. 分别写出小童一片袖、两片袖的袖山斜线公式。
4. 童外衣的放松量怎样确定?
5. 与成人裤相比,童裤主要有哪些不同之处?
6. 收细褶的裙子制图中,为什么裙腰口没有起翘?
7. 后腰装橡皮筋时,后缝捆势应作怎样调整?
8. 短裤脚口起翘量是根据什么条件来确定的?

第四节　童装缝制

一、女童花边领衬衫缝制工艺

1. 缝制工艺程序

做准备工作→烫门襟、里襟→做领→做克夫→开袋→做袖→合肩缝→装领→装袖→合摆缝→装克夫→卷下底边→锁眼，钉扣→整烫。

2. 缝制步骤工艺说明

(1) 做准备工作。内容包括检查衣片零部件，刀眼、钻眼是否齐全无遗漏。根据本款的制作要求，除底边、袖口外对其余各部位均应进行锁边。

(2) 烫门襟、里襟(图 8.4.1)。衬衫大都是连挂面。因此，先把里襟、门襟挂面翻折 5 cm 烫平。

(3) 做领。

A. 拼接领面、领里，缝头烫分开。领里比领面四周应各小 0.3 cm。

B. 领边装花边(图 8.4.2)。先缉花边(花边离领里边缘 0.5 cm。领圆角处的花边要归缩。花边越宽，归缩量越大)，然后把领里放在领面上，沿线迹缝合(领圆角处领面要归拢，领中线要对准)，接着，将领面翻出烫平。

(4) 做克夫(图 8.4.3)。先把克夫扣折 0.7 cm 烫平，按袖克夫狭阔作正面叠合，两头分别缉线，缉至克夫边 0.3 cm 处打回针，使克夫紧贴袖子，然后将克夫翻出烫平。

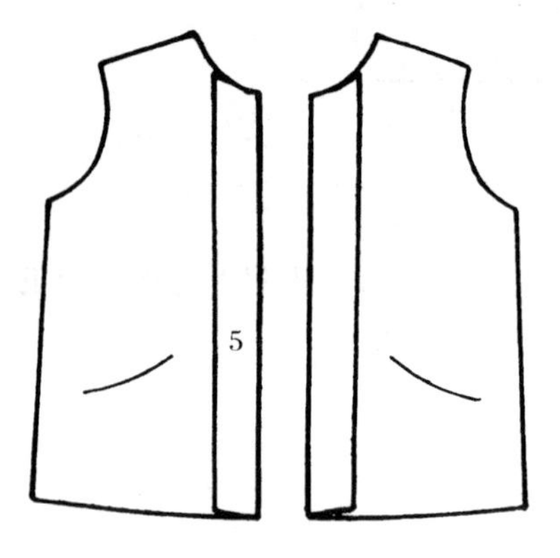

图 8.4.1　烫门、里襟

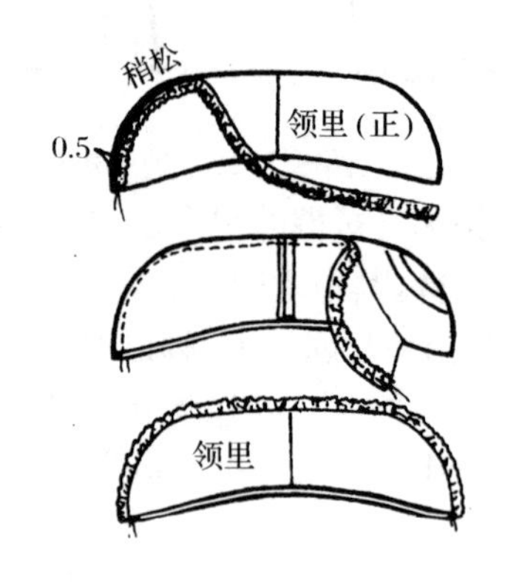

图 8.4.2　装花边

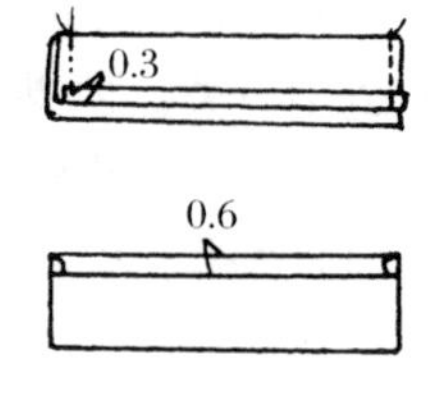

图 8.4.3　做克夫

(5)开袋。

A. 在斜料嵌线上黏贴衬布，并烫平之，将嵌线对折净阔 1 cm，把双折的嵌线按袋位缉 0.5 cm缝份。缉时上嵌线宜松、下嵌线略紧。

B. 剪开袋中线，两头剪丫字形刀口。

C. 将嵌线翻入反面，沿下嵌线缝头装里袋布，接着沿上嵌线装外袋布，最后封缉嵌线两端(封缉时要沿三角边缘缉来回 3 道线)。

D. 环缉袋布。里袋布要松，外袋布宜紧，这样可避免双嵌线并拢不豁开(图 8.4.4)。

(6) 做袖(图 8.4.5)。

A. 把袖衩两边扣折 0.7 cm，如是光边料只需扣折一边，接着对折袖衩净阔 1 cm。

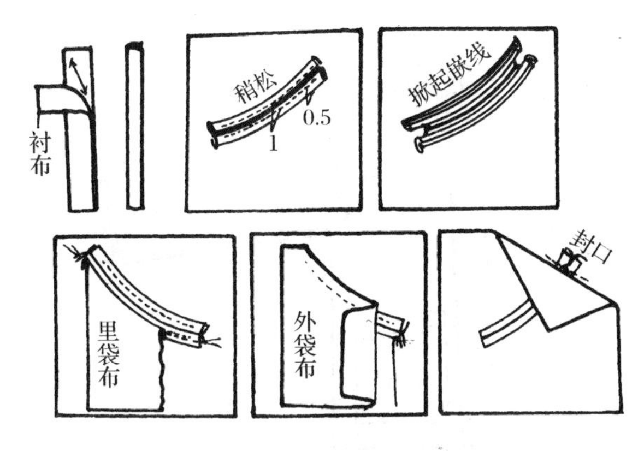

图 8.4.4　开　袋

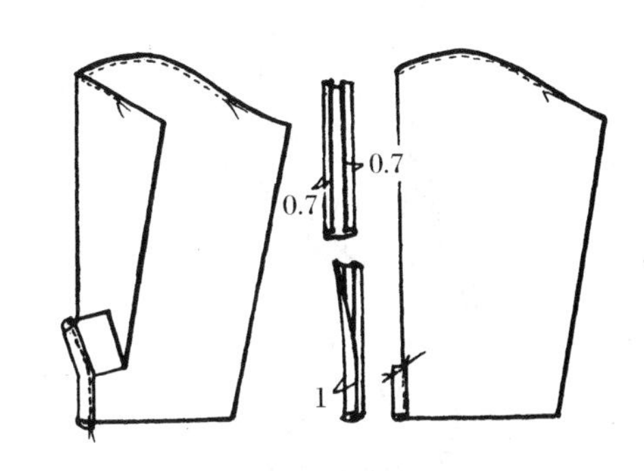

图 8.4.5　做　袖

B. 装袖衩时，把袖子夹进袖衩 0.6 cm，拉直袖开衩上端，并夹进 0.3 cm(因为上端转折处夹进太多要打裥，太少又要毛出，所以应由下而上缉狭止口 0.1 cm，要求转折处不打裥、不毛出)，然后自上而下地缝缉第二只袖衩(注意袖衩不能起链，要平服，反面不漏针)，最后把袖子正面对折，袖口并齐、袖衩放平，在上端封直线来回 3 道(称作内封袖衩、外封袖衩，见男衬衫)。

C. 在袖山上，用稀针码沿袖山边 0.7 cm 处缉一道线，然后抽紧底线或面线形成袖山吃势。或者采用右手食指抵住压脚后端，边缉线边自然收缩。袖山吃势在横丝绺处要少些，两边斜丝绺处可多些，一般以无明显褶皱为宜。

(7) 合肩缝(图 8.4.6)。把后衣片放下层，前衣片放上层进行缝缉，缝缉时后肩要归拢，缝份为 1 cm。

(8) 装领(图 8.4.7)。这是另一种装领方法。装领方法与前一种不同之处是：装领时不用打刀眼，领面下口要锁边(折光也行)。

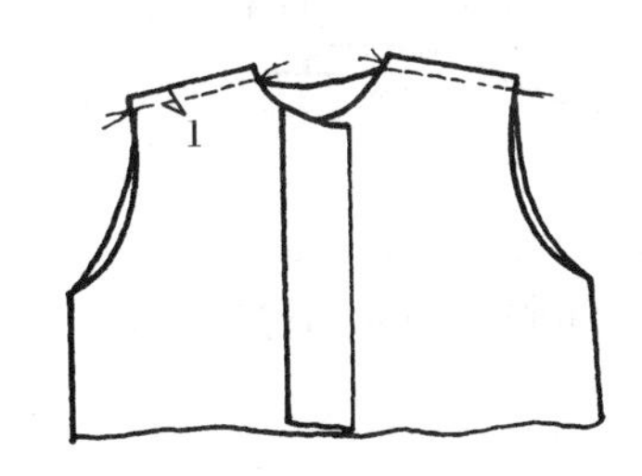

图 8.4.6　合肩缝

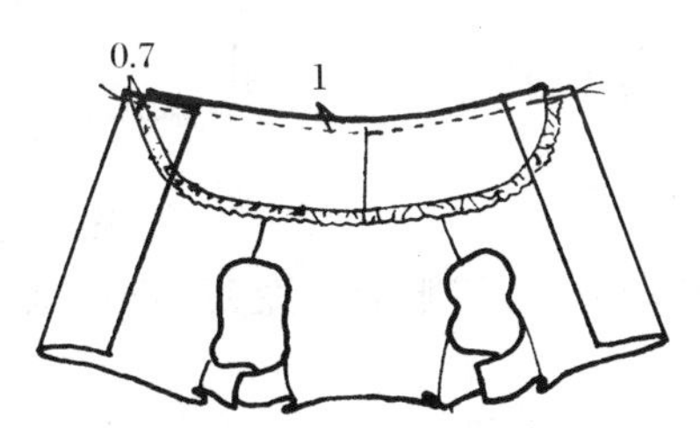

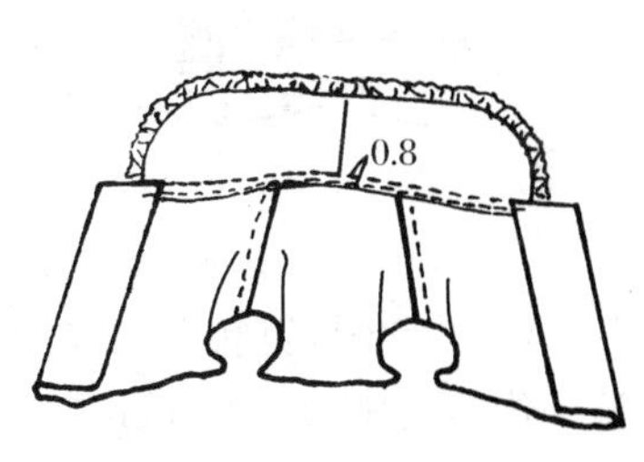

图 8.4.7　装　领

A. 把领夹在挂面当中，对准叠门刀眼及后领中刀眼，大身为 0.7 cm 缝份，领面 1 cm 缝份。这里，缉线要顺直，肩缝向后片倒。

B. 翻出大身，沿领面下口缉止口，两线距离为 0.8 cm。

(9) 装袖(图 8.4.8)。将袖与大身正面叠合缉 1 cm 缝份。缉时大身斜丝不要做还(伸长)，缉线要顺直，袖山吃势要均匀。

(10) 合摆缝。把袖底与摆缝各自正面叠合缉 1 cm 缝份。要求袖底缝对准，上下两层不要有吃势，缉线顺直(图 8.4.9)。

(11) 装克夫。

A. 把袖口抽裥，抽裥时将门襟袖衩折转，用稀针码沿袖山边缘 0.5 cm 缉线。抽裥方法与

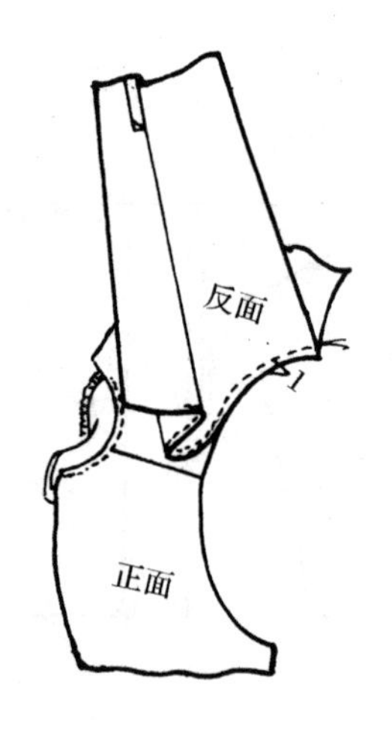

图 8.4.8　装　袖

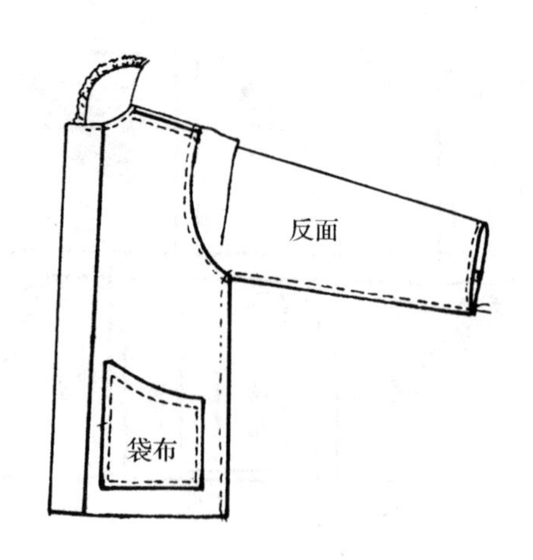

图 8.4.9　合摆缝

收袖山吃势相同，收至与克夫等长。

B. 装克夫时先在袖反面与袖克夫里缝缉 0.7 cm，然后翻转袖克夫，使克夫面盖住缝线后缉清止口。两头要打回针(图 8.4.10)。

(12) 卷下底边(图 8.4.11)。把挂面向正面折转，先封缉底边挂面，再沿底边线缉一道线，翻出挂面，扣折底边缉清止口，底边阔 1.5 cm。要求底边不毛出、不漏落、不起链形，具体操作法参见女衬衫内容。

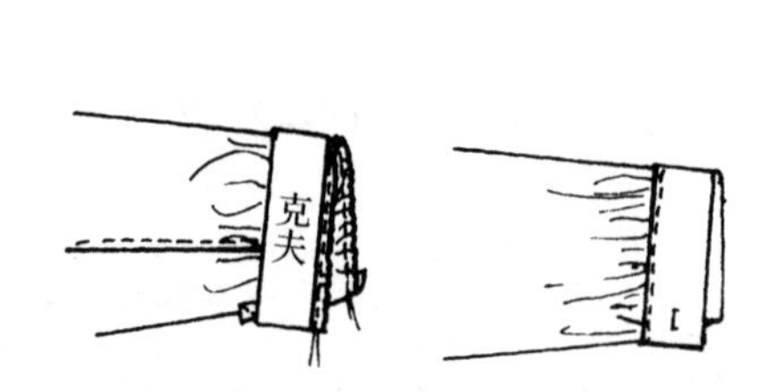

图 8.4.10　装克夫

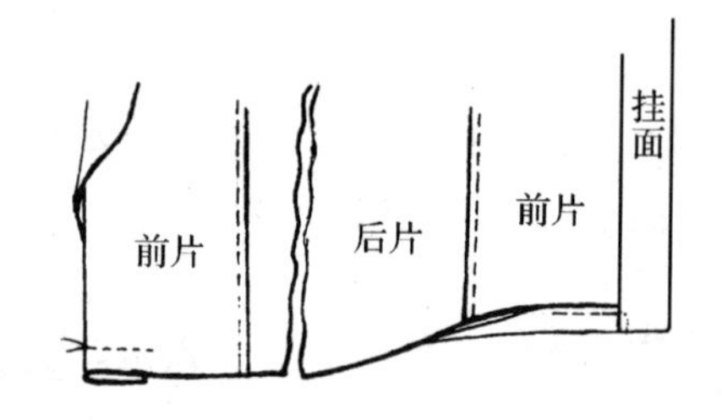

图 8.4.11　卷下底边

(13) 锁眼，钉扣。门襟锁横眼 4 只，纽眼沿门襟 1.2 cm。克夫纽眼在袖衩门襟的一边(折转一边)，居中离边缘 1 cm。

扣位按纽眼位，距门襟 1.5 cm，可用铅笔画出记号后再钉扣。

(14) 整烫。先把衬衣内缝烫倒、烫平，然后将领、袖、大身逐一烫平，并折叠好。

3. 质量要求

(1) 领圆角左右一致，花边均匀平服，领正、有窝势，周围平整。

(2) 装袖吃势均匀，大身平服无褶皱。

(3) 袖克夫细褶均匀，袖衩平服，无毛出。

(4) 底边宽窄一致，缉线顺直、无链形。

(5) 嵌线袋平服，无毛出，左右对称。

二、后橡皮筋腰童长裤缝制工艺

1. 缝制工艺程序

做准备工作→做斜袋→做腰→装拉链→缝合后缝→装前腰→缝合侧缝、下裆缝→卷脚口→装后橡皮筋腰→锁眼，钉扣→整烫。

(1) 做准备工作。检查裤片零部件及拉链、橡皮筋等辅料是否完整，刀眼、钻眼与应锁边部位是否有遗漏。如完整无缺，就可进入正式缝制步骤。

(2) 做斜袋(图 8.4.12)。先把直料牵带用糨糊黏在斜插袋位，并黏上、烫干里袋布，然后将袋口贴边扣倒，沿袋口缉 0.7 cm 双止口线，翻转裤片将袋布与袋贴边缉牢。最后，装本色外袋布，按袋布刀眼放平前片及先缉上下袋封口线来回针 5 道，再翻转大身缉里袋布。

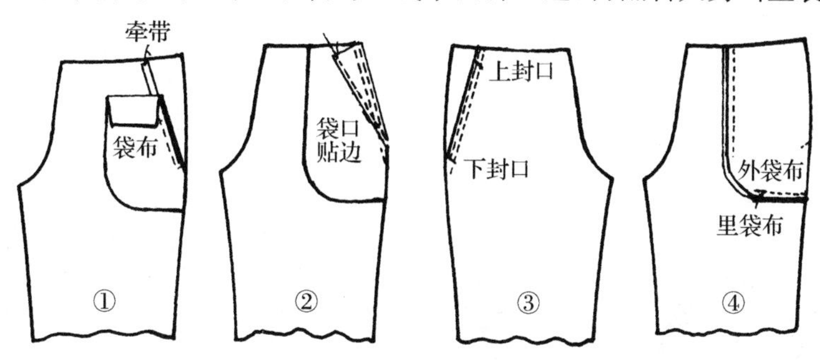

图 8.4.12　做斜袋

(3) 做腰。先把腰衬黏在腰面上，两边都扣烫 0.7 cm，从正面叠合缝缉剑形腰头，并翻出、烫平腰头(图 8.4.13)。

(4) 装拉链(图 8.4.14)。

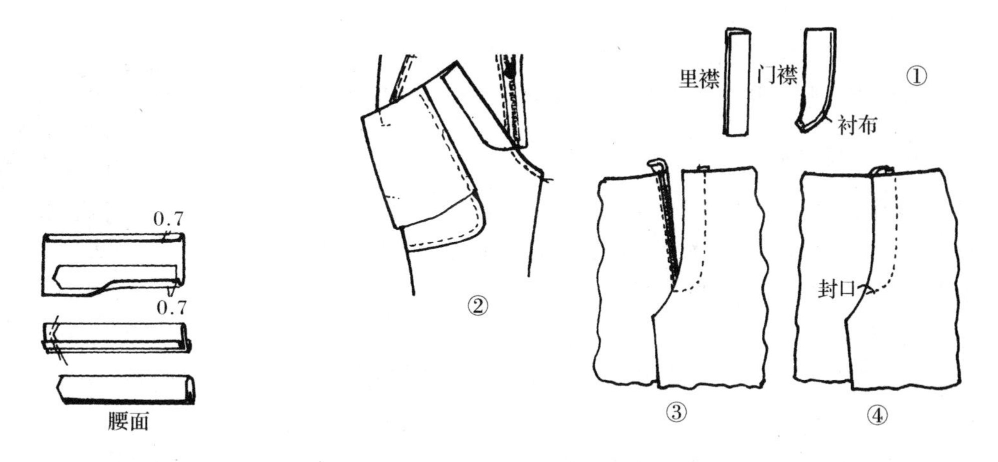

图 8.4.13　做　腰

图 8.4.14　装拉链

A. 把门襟、里襟贴边黏合上衬布，对折烫平里襟(图 8.4.14①)；上门襟贴边，缉 0.7 cm；缝份里襟处折转 0.7 cm 压缉拉链和里襟(图 8.4.14②)。

B. 将门襟烫平后盖住拉链，翻折里襟缉门襟止口(缉时沿着拉链边缘，既要缉牢拉链，又要保持缉线顺直)(图 8.4.14③)。

C. 将里襟放平，在门襟下端封口处来回针缉 5 道(图 8.4.14④)。

(5) 缝合后缝。把后裤片后缝由上自下缝缉 1 道，然后，分开缉缝由下而上压缉 1 道(俗称分坐缉缝)(图 8.4.15)。

(6) 装前腰。装腰也有多种方法。本法是把大身塞在腰头里作明线压缉。要求腰面包紧大身，缉线顺直(图 8.4.16)。

(7) 缝合侧缝、下裆缝。把前、后裤片侧缝缉 1 cm 缝份，缉时使后腰包紧前腰作回针缉缝。前后下裆缝缉 1 cm 缝份(图 8.4.17)。

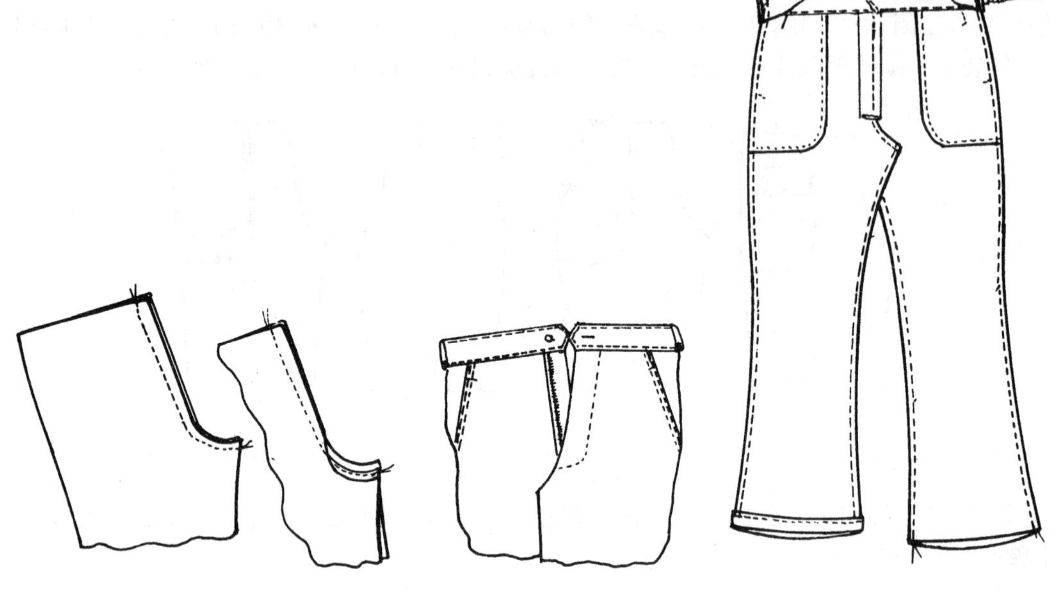

图 8.4.15　缝合后缝　　图 8.4.16　装前腰　　图 8.4.17　缝合侧缝和下裆缝

(8) 卷脚口。车缉和手工缲边均可。

(9) 装后橡皮筋腰。先把阔橡皮筋装在侧缝腰两端，然后，沿着橡皮筋边缘把连腰贴边与大身缉线一道(图 8.4.18，橡皮筋长按后腰围的$\frac{1}{2}$长度计算)。

图 8.4.18　装橡皮筋

(10) 锁眼，钉扣。在门襟腰面锁扣眼 1 只，在里襟钉扣。

(11) 整烫。侧缝和下裆缝均为倒缝，反面向后倒烫，腰头和脚口也在反面压平，然后翻出正面裤片熨烫平整。

2. 质量要求

(1) 缉橡皮筋腰部分时不能同时缉上橡皮筋，前腰要包紧，缉线要整齐。

(2) 门襟拉链不露牙，门襟、里襟平服。

(3) 袋口缉线顺直、平服，脚口贴边不起链形。

(4) 整烫平整，无极光、烫黄等现象。

习　题

1. 翻领装花边时，要注意什么？为什么花边要先缉在领里上？
2. 做克夫时，缉线离克夫边缘 0.3 cm 将起到什么作用？
3. 做圆弧形嵌线袋要注意哪些要点？
4. 装领有哪几种方法？请举例说明。

5. 裤子装拉链有哪几种方法？它们的差别在哪儿？
6. 制作橡皮筋腰时，该怎样计算橡皮筋的长度？
7. 做斜插袋时为什么要加牵带？
8. 装腰有哪几种方法？举例说明之。

第九章　中 装 制 图

第一节　中装制图基本知识

中装是中式服装的简称，又称便装。它是世界上具有最悠久历史的服饰之一。从服装外形与人体关系上看，中装与西装间有较明显的差异。

中装属于正向观察人体的情况下，根据人体活动特点和布料特性，以整块布料制成的袖连身结构服装。它松身合体，以褶皱为美(图 9.1.1)。

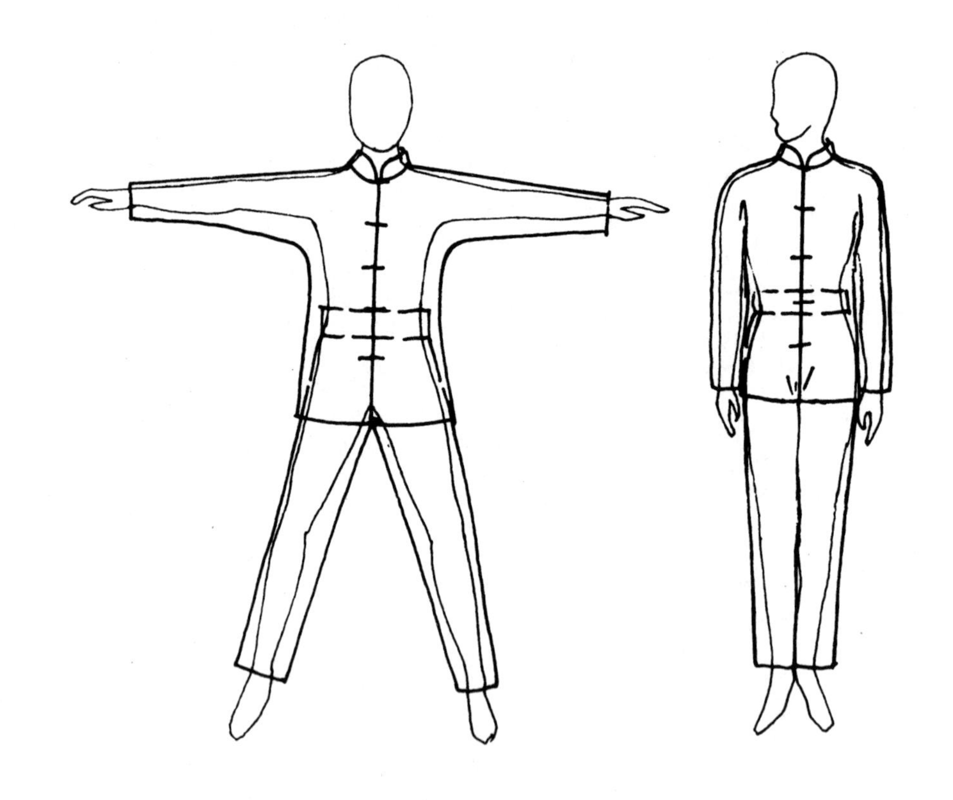

图 9.1.1　中装与人体的情况

西装属于侧向观察人体的情况下，根据人体活动特点和款型特性，将服装分割成若干部位进行组合的拼接结构服装。它紧身合体，以消除褶皱为目的。

由上可知，材料与款型特性是形成特定服饰的重要条件。我国最早出现的织物都是具有松散组织的麻织物和柔软的丝织物。这些织物中所具有的松散、柔软的可塑性，就是形成袖连身中装服饰达到合体、易活动效果的重要条件。

我们在学习中装结构制图时，不仅要注意其特定的平面结构特点，更重要的是要了解材料、款型特性，以及了解材料、款型与工艺间的种种关系，并灵活运用之。

中装是我国的民族服饰，因而中装结构部位的名称完全不同于西装。具体参阅图 9.1.2。

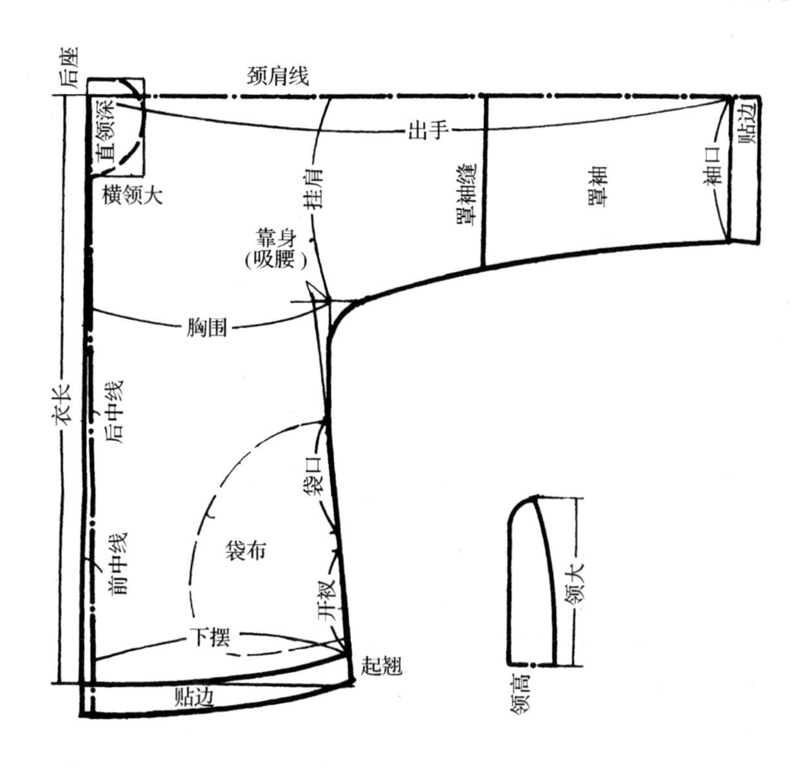

图 9.1.2　中装结构部位线条名称

中装的量体和加放介绍如下：

衣长　自颈侧点量至所需长度(根据各品种而定)。量衣时，则自颈肩缝量至底边。

出手　第七颈椎点经过肩端量至手腕的长度。量衣时，则自后领中点量至袖口。

领围　在颈部最细处围量一周，根据穿着层次内容另加放松量 3～5 cm。量衣时，量领两端点的距离。

胸围　腋下围量一周，根据穿着层次内容另加放松量。量衣时，在挂肩线下 3 cm 处量左右摆缝间的距离(即半胸围)。

挂肩　习惯上以$\frac{1}{4}$胸围－3.3 cm 推算，并根据穿着层次内容灵活掌握。内穿毛线衣，挂肩应大些；贴身穿时，挂肩可小些。量衣时，挂肩为在胸围线下 3 cm 处量颈肩缝至袖底的距离。

下摆　在臀部丰满处围量一周，并根据穿着层次内容加放松量。习惯上也有以$\frac{1}{4}$胸围＋3.3 cm 推算，得$\frac{1}{4}$下摆尺寸。如穿棉裤，下摆应放大，不穿棉裤时下摆按$\frac{1}{4}$胸围＋2 cm 确定即可。量成衣应注意：当前后下摆尺寸不一致时，要给予分别测量。

袖口　手掌围 1.5 周为整袖口。量衣时，颈肩缝至袖底口距离为半袖口大。

第二节　对襟宽腰女棉袄制图

1. 款型特点

图 9.2.1　对襟宽腰女棉袄外形

对襟宽腰女棉袄外形见图 9.2.1。其款型特点为：中式立领；连袖、前门襟五档葡萄扣；下摆边不开衩，左右摆插袋各 1 只。

2. 净缝制图规格(单位：cm)

号/型	衣长	胸围	领围	挂肩	出手	袖口	领高	体型
165/82	65	108	38	23	73	16	5.5	1/2

3. 制图说明(图 9.2.2、图 9.2.3、图 9.2.4)

首先，将衣料按经向(门幅)对折烫平，然后按纬向对折量出衣长＋3 cm 贴边(上层长度，下层下端偏出 1 cm为门襟缝份)(图 9.2.2)。

底边线①　离上层布端 3 cm(贴边)，作纬向直线。

衣长线(颈肩线)②　底边线上量衣长规格，与衣料纬向折叠线相吻合。

挂肩线③　自颈肩线下量挂肩规格，作平行线。

底边起翘④　自底边线上量 3 cm，作平行线。

后中线⑤　上层对折线。

胸围大⑥　后中线量进$\frac{1}{4}$胸围，作平行线与挂肩线相交。

下摆大⑦　后中线量进$\frac{1}{4}$胸围＋2 cm，作平行线与底边起翘线相交。

出手长⑧　后中线量进出手规格，作平行线。

袖口大⑨　自颈肩线下量袖口规格与出手长线相交。

袖底缝⑩　在袖口大与挂肩线连线的交点 3 cm 处作直线，并在中段凹进 1 cm 处取点，弧线画顺。

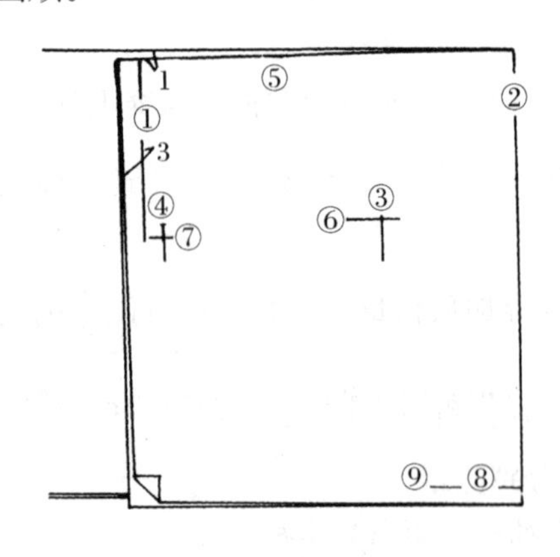

图 9.2.2　裁剪图(一)

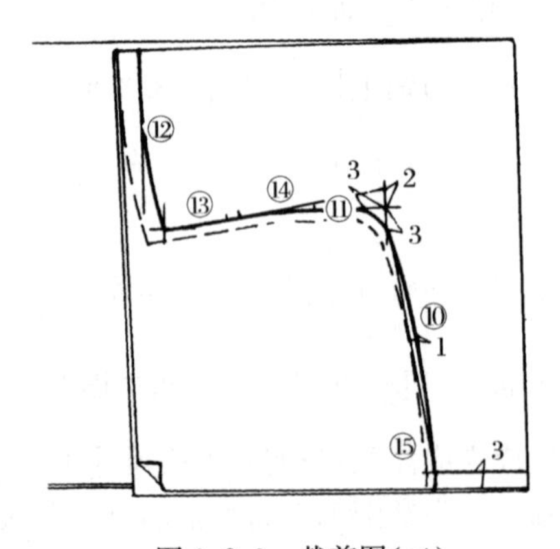

图 9.2.3　裁剪图(二)

摆缝线⑪　连接下摆大点与胸围大线进 2 cm 作直线，并按图示画顺，同时画顺袖底缝弧线。胸围大与该直线的相交处俗称靠身。

底边线⑫　由摆大的$\frac{1}{2}$处向底边起翘作弧线画顺。

摆衩高⑬　由底边起翘上量$\frac{1.5}{10}$衣长＋1.5 cm。

插袋位⑭　先从摆衩高上量 2 cm 缝份为袋口止点，以止点上量 13 cm 为袋口大。

剪裁大身和大身放缝⑮　袖底缝、摆缝处放 1 cm 缝份，底边、袖口边放 3 cm。按图 9.2.3 所示虚线剪下大身。

开领口准备⑯　先将大身放平，即把剪裁好的大身展开，使前、后中线面对自己。注意：为了防止底领口开错，习惯上以前片放在右侧、后片放在左侧(图 9.2.4)。

后领座⑰　以颈肩线向后片方向量进 1.5 cm，$\frac{1}{3}$体型，量进 2 cm 作直线。

横领大⑱　前中线量进$\frac{2}{10}$领围－1.4 cm，作直线与后领座线相交。

直领深⑲　以颈肩线向前片方向量进$\frac{2}{10}$领围＋1 cm，$\frac{1}{3}$体型，量进$\frac{2}{10}$领围＋0.5 cm，作直线与横领大线相交。

底领口弧线⑳　在直领深与横领大夹角放出 2.5 cm 作点，后领座与横领大夹角放出 1.5 cm。连接各点，弧线画顺。剪裁时底领口弧线应放出 0.7 cm 缝份。

门襟㉑(标记略)　净阔 5 cm，可采用光边。

里襟㉒(标记略)　净阔 9 cm 左右，长度要超过前门襟长 3 cm，外口亦可采用光边。

领围㉓(标记略)　长度以$\frac{1}{2}$领围，领高以规格值，按图示作等分线并画出领下口起翘及前领圆度。

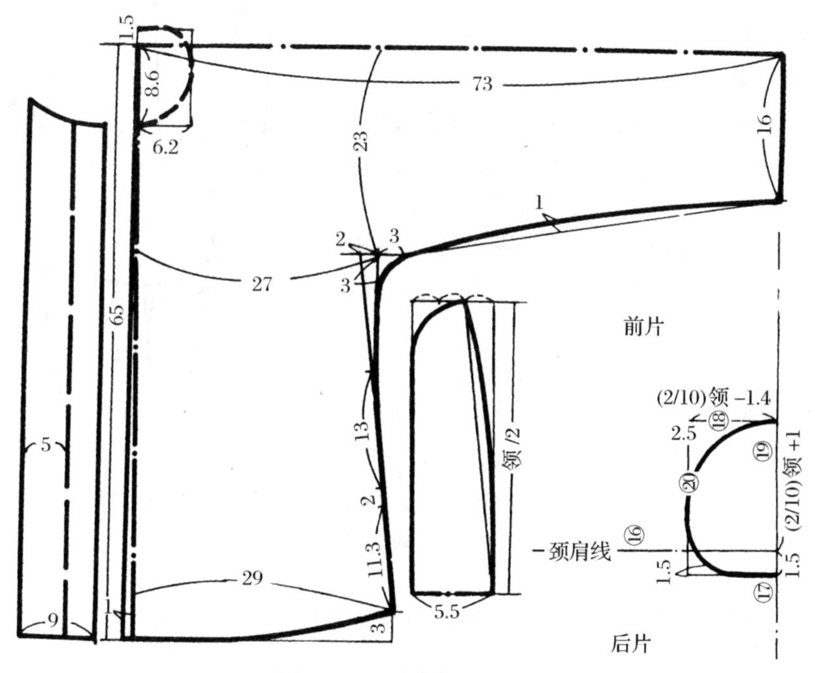

图 9.2.4　对襟宽腰女棉袄制图

袋布㉔(标记略)　底边上2 cm至袋上口为袋长,袋布宽为15 cm。

习　　题

1. 中装与西装两者间存在着哪些差异?
2. 测量中装需测量哪些部位?
3. 裁绘中装时,首先对面料应作怎样处理?
4. 说出绘制中装的制图步骤。
5. 写出中装各部位的放缝量。
6. 裁绘中装底领口时应注意哪些要点?
7. 什么是挂肩、出手?它们分别是指哪些部位?

第三节　中装的变化

一、对襟暗扣男罩衫

1. 款型特点

对襟暗扣男罩衫外形如图9.3.1所示。其款型特点为:中式立领,领口下一档直脚葡萄扣;连袖;后背做缝;前门襟暗扣,暗襟内锁眼5只;下摆开衩,左右摆插袋各1只。

图9.3.1　对襟暗扣男罩衫外形

2. 净缝制图规格(单位:cm)

号/型	衣长	胸围	领围	挂肩	出手	袖口	领高	体型
170/90	77	120	43	27	83	19	5	1/1

3. 制图变化说明(图9.3.4)

男式服装做背缝时,有大裁和小裁两种折料剪裁方法。大裁方法:将衣料纬向(长度)折叠,使下层前片偏出1 cm(即使前摆大、后摆小1 cm)。见图9.3.2。

小裁方法:折叠布料的方法与女中装相同,不同的是将布边一面作前、后中线,下层前片也同样偏出1 cm(图9.3.3)。

后背缝　按上层布边量进1 cm,作直线。

贴边阔　男式服装的底边、袖口边较宽,裁剪时需预留5 cm左右,开衩另加贴边。

底边起翘　罩衣的底边起翘一般为2 cm,不宜过高。

领起翘量　男式立领的起翘量较小,立领的高度不宜超过5 cm。

底领口　底领口公式与女装不同,主要区别在直领深明显前移,后领座减少0.5 cm(图9.3.4)。

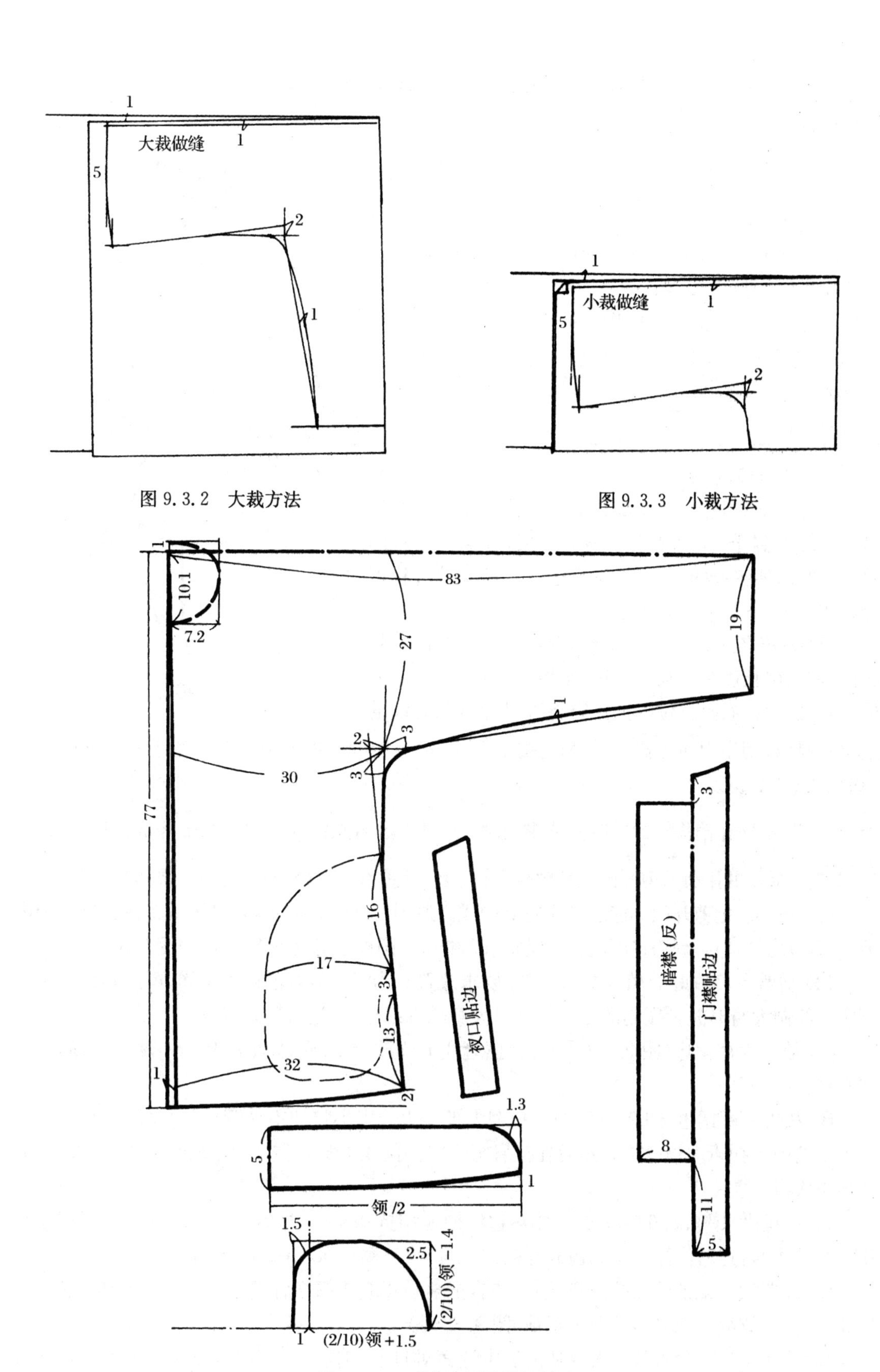

图 9.3.2　大裁方法

图 9.3.3　小裁方法

图 9.3.4　对襟暗扣男罩衫制图

里襟和门襟与暗襟　里襟与女装相同。暗门襟由门襟与暗襟贴边组成，两者分开与连在一起均可。

二、圆襟女上衣

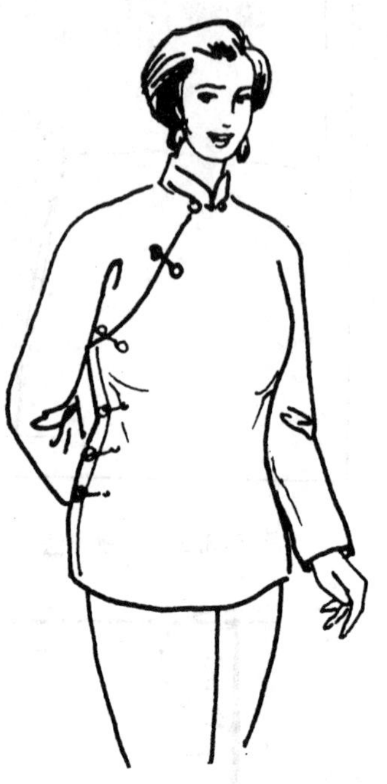
图 9.3.5　圆襟女上衣外形

1. 款型特点

圆襟女上衣外形如图 9.3.5 所示。其款型特点为：中式立领；圆襟；上 2 档盘花纽，腋下 4 档葡萄扣；吸腰宽摆，下摆开衩；右侧摆缝插袋 1 只。

2. 净缝制图规格(单位：cm)

号/型	衣长	胸围	领围	挂肩	出手	袖口	领高	体型
165/82	63	100	37	22	70	12.5	6	1/2

3. 制图步骤说明

圆襟女上衣制图中，挖襟是关键的传统工艺。挖襟是在整块布料上，按圆襟要求剪开上层，并通过布料的移位、伸拔，使挖襟的上、下层重叠盖住。挖襟的过程可分解成以下步骤(图 9.3.6)。

(1) 做准备工作。折叠衣料，折叠方法与对襟女袄相同，使上层长度为衣长＋贴边，下层与上层平齐(不要偏出)。然后将衣料移位。操作时将直尺伸进颈肩线的上层布料内，稍用力向上提，使挂肩处提上 1.5 cm，这时叠合的衣料会产生丝绺偏斜移位现象(图 9.3.6①、②)。

(2) 挖襟。在偏移好的衣料上，按图示画出$\frac{1}{4}$胸围、直领深和挂肩＋3 cm 等部位尺寸，绘制出圆襟轮廓线，并用剪刀剪开圆襟轮廓线及直领深(粗实线)。注意只剪上面一层(图9.3.6②)。

(3) 拔襟。把剪开的小襟翻出并向上伸拔。遇到伸缩性差的衣料，可按图示在领口范围内剪一刀，以增加伸长量(刀口不能长)，使原来无缝份的圆襟也能上下重叠盖住(图 9.3.6③)。

(4) 剪裁。将拔好的襟按图 9.3.6④要求放置。为了使拔好的襟不走样，可用别针将小襟别牢。绘制大身时先参照制图逐一绘画出大身轮廓线后，再进行下列步骤：

A. 放出大襟摆边(图 9.3.6④)。在摆缝线上段放出 1 cm，下段放出 2 cm，按图示剪下上层布料。

B. 扣折大襟摆边(图 9.3.6⑤)。扣倒大襟摆边。当小腰处不易弯折时，允许在小腰处剪一刀后按图示扣折大襟摆边。然后在挂肩至小腰部位放 1 cm，开衩处放 2 cm，底边放 2.5 cm，并剪下大身。

C. 配里襟(图 9.3.6⑥)。先将小襟边缘向上扣折 0.5 cm，把剪下的袖底弯料用糨糊黏在小襟扣折边缘，这时里襟下口贴边齐开衩位，上口按小襟边缘，留 1.5 cm 缝份剪下。

D. 配罩袖。配袖前需按大身偏斜方向，把袖子相应地偏移后，参照制图逐一绘出袖底、袖口轮廓，然后放缝、放贴边，并剪下罩袖(图 9.3.6⑥)。

E. 裁底领口。翻身放平大身使前后中缝面对自己，前衣片在右侧，并将小襟重叠状况检查一遍(这时里襟与大襟重叠 1 cm)，画底领口。

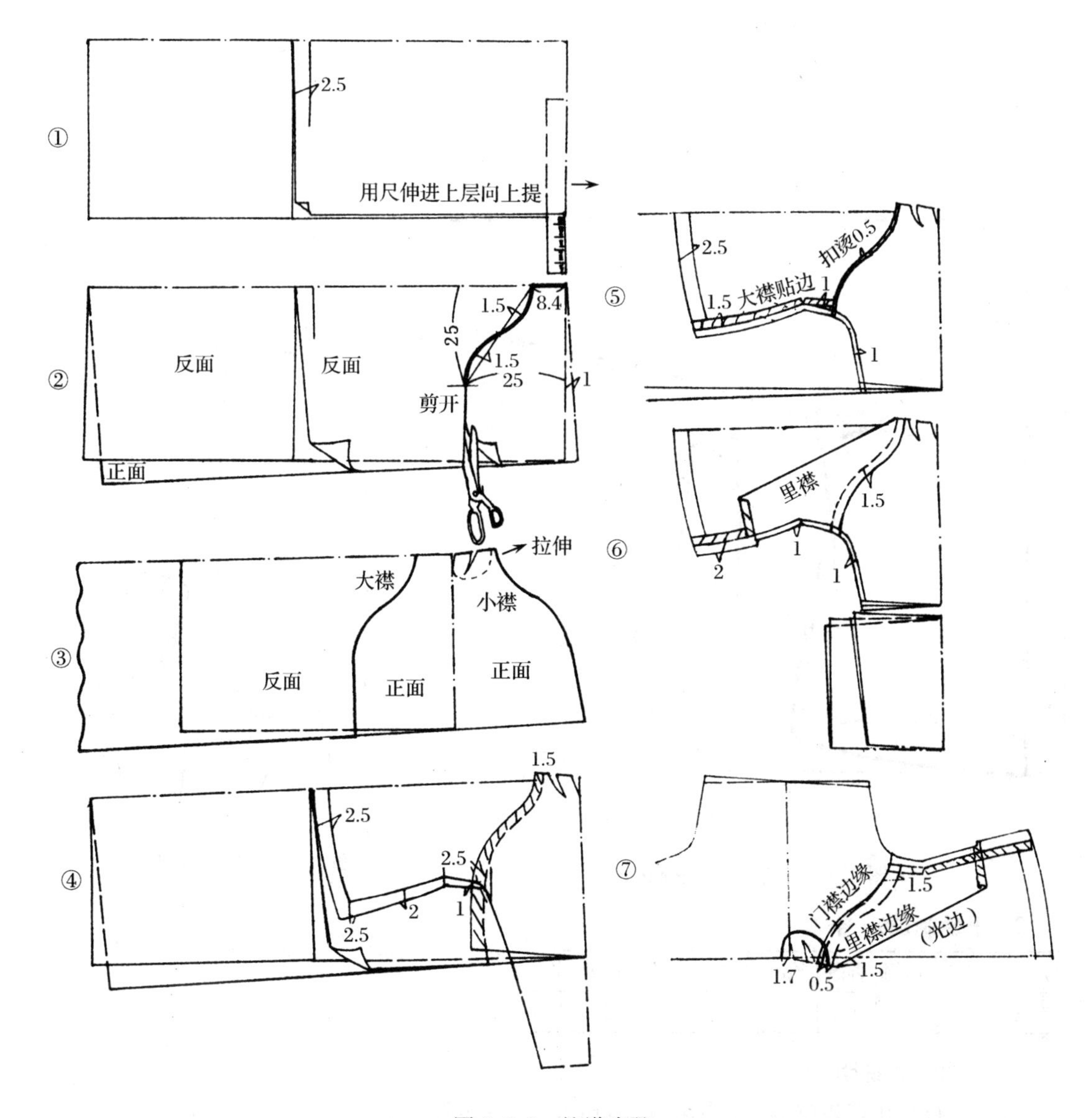

图 9.3.6　挖襟步骤

横开领为$\frac{2}{10}$领－1.4 cm，后直领深 1.5 cm，前直领深以大襟与里襟重叠部分的$\frac{1}{2}$，按图示画好底领口弧后，需另加放 0.7 cm 缝份后才能裁剪(图 9.3.6⑦)。

F. 配大襟贴边。翻出大襟，在大襟边缘 0.4 cm 处黏浆，使袖底弯料贴在门襟边缘(注意贴边超过前中线 1.5 cm 为宜)。门襟贴边与门襟平，净阔 1.5 cm(图 9.3.6⑦)。

圆襟女上衣其他部位制图参见图 9.3.7。

三、装袖旗袍

1. 款型特点

装袖旗袍外形如图 9.3.8 所示。其款型特点为：中式立领；装袖；一字形斜襟，上 2 档盘花纽；右侧腰开装拉链；前片收腋下省和腰省各 2 只，后片收肩省、腰省各 2 只；下摆开衩，肘省一片袖。

图 9.3.7　圆襟女上衣制图

图 9.3.8　装袖旗袍外形

2. 净缝制图规格(单位:cm)

号/型	衣长	胸围	臀围	领围	肩阔	袖长	松值	体型
165/82	110	90	92	35	38	53	2	1/3

3. 制图变化说明(图 9.3.9)

(1) 右侧腰开襟装拉链至臀围线上 5 cm 止,不宜过短。

(2) 开衩不宜太高或太低,一般在臀围线下 20 cm 左右为宜。

(3) 下摆的缩小量宜为臀围线下 10 cm 至底边线距离的$\frac{1}{10}$。

(4) 旗袍属于贴体型款型,其放松量为 8 cm 以下。

(5) 该制图的前袖窿深公式为:$\frac{2}{10}$胸围+2 cm(松值)+4 cm(总体型数);该袖窿弧长约占胸围的 46%。

(6) 肘省一片袖,该袖山深为:$\frac{1}{2}$袖窿弧长×0.65,属合体袖;取$\frac{1}{2}$袖窿弧长×0.7,制图方法同贴体袖,请参阅第五章第四节连衣裙中的肘省袖制图说明。

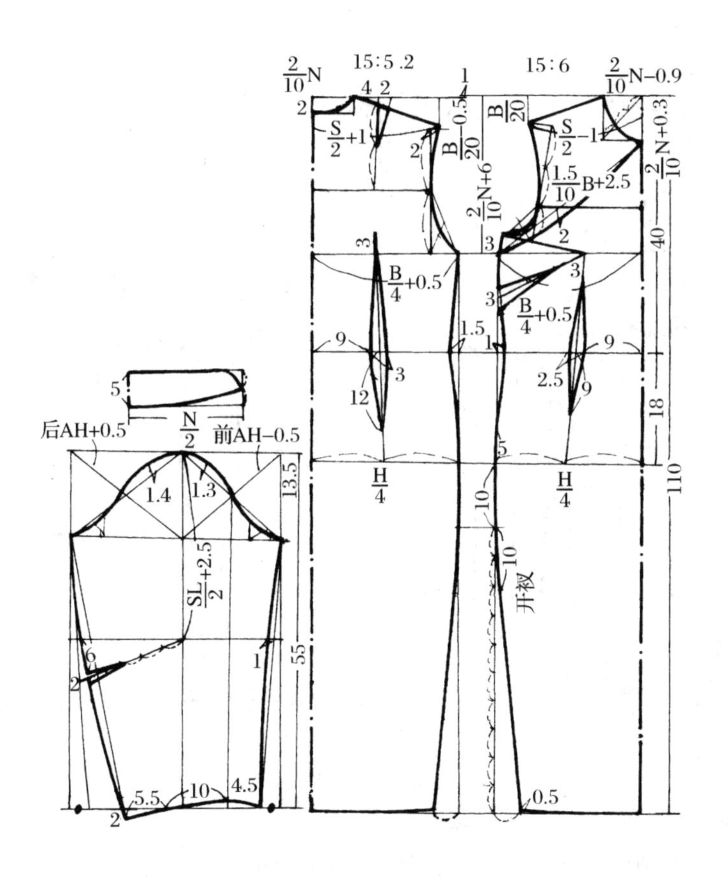

图 9.3.9　装袖旗袍制图

四、中西式罩衫

1. 款型特点

图 9.3.10　中西式罩衫外形

中西式罩衫外形如图 9.3.10 所示。其款型特点为：中式立领；装袖棉袄罩衫；前门襟开纽眼 5 粒；左右肩省和开袋各 1 只；后片左右肩省各 1 只；袖子为两片女式袖。

2. 净缝制图规格(单位：cm)

号/型	衣长	胸围	领围	肩阔	袖长	松值	体型
165/84	68	110	39	42	55	3.5	1/3

3. 制图变化说明(图 9.3.11)

(1) 棉袄罩衫制图时，肩斜宜放平 0.5 cm，所以前后肩斜比基本公式减少 0.5 cm。前袖窿深公式为：$\frac{2}{10}$胸围＋3.5 cm(松值)＋3.5 cm(总体型数 4－0.5 cm 起翘)，使该袖窿弧长约占胸围的 49%。

(2) 棉袄罩衫的胸围放松量是根据穿着条件来决定的。随着放松量的增大及肩放平，袖山斜线相应增大。其公式为：$\frac{1}{2}$袖窿弧长，袖山深为：$\frac{1}{2}$袖窿弧长×0.6，属于舒适性袖。

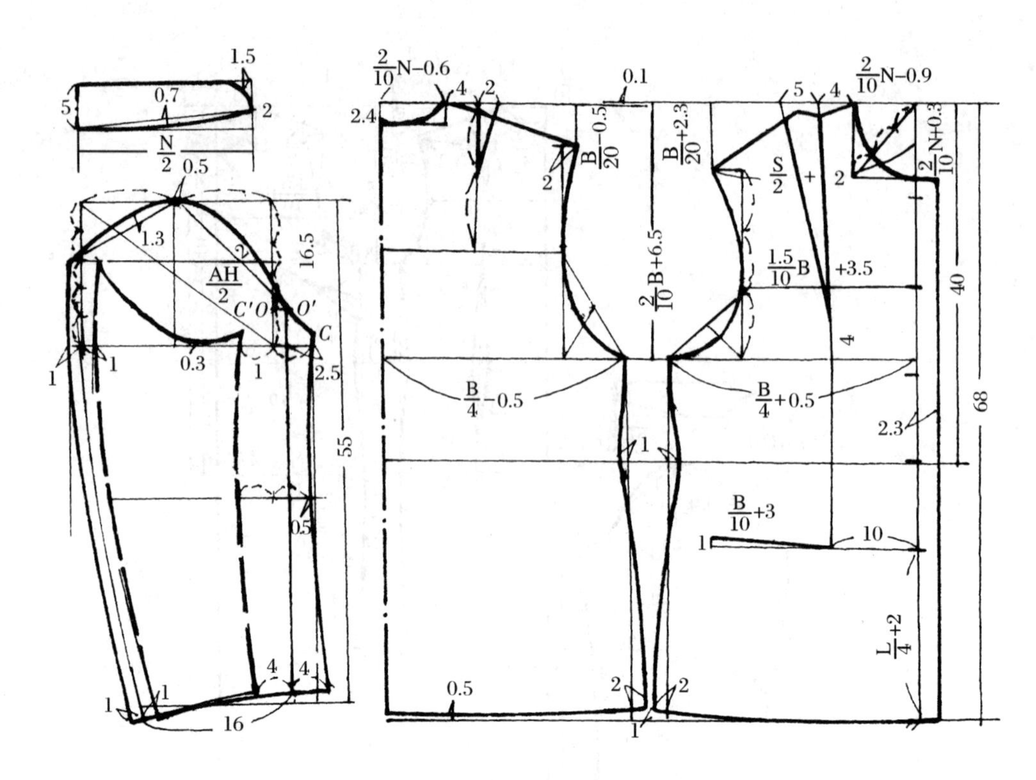

图 9.3.11　中西式罩衫制图

(3) 大身制图可参照女衬衫制图说明。

(4) 两片女式袖制图方法可参照女两用衫制图说明。

(5) 根据中式立领底领口制图公式算出的值比基本领口公式小 0.3 cm。其原因是测量领型尺寸时，中式领是测量领的下口长度，西式立领是测量领的上口长度。

习　　题

1. 做男式中装的背缝有哪两种裁剪方法？
2. 男、女中装底领口有哪些明显差异？
3. 什么是挖襟？说出挖襟的步骤。
4. 在制作中西式棉袄罩衫时，哪些部位应作调整？怎样调整？
5. 绘制中式立领时，底领口公式为什么要改小？

第四节　中装缝制

一、中式暗襟男罩衫缝制工艺

1. 缝制工艺程序

做准备工作→缝合罩袖、里襟、门襟和前衩贴边→扣烫前身贴边，装插袋→缝合袖底→扣烫后身贴边→做领→装领→钉扣，缲边→整烫。

2. 工艺步骤说明

(1) 做准备工作。中式与西式缝制工艺上的主要区别在于制作工艺中需要用糨糊和浆刀,以及大量采用手工形式。因此,缝制前都应做好准备。

(2) 缝合罩袖、里襟、门襟和前衩贴边(图 9.4.1)。

A. 罩袖缝 1 cm,如遇到较明显的条格图案,则无论裁剪或是缝制,都一定要对条格(图 9.4.1①)。

B. 里襟贴边总阔为 9 cm 左右,装在里襟处的上端要留有余地。缉线从领口下 0.7 cm 起,回针固定缉止底边,缉缝为 0.6 cm(图 9.4.1②)。

C. 门襟属暗襟,它是由相连或不相连暗纽贴边与门襟贴边组成的。如两者相连时,可按图 9.4.1③所示折叠、缝合;如不相连时,则应先拼接,合二为一,再按图示折叠、缝合。

D. 前衩贴边装在前袋口和前开衩处。其作用是,加强袋口拉力和保持开衩贴边宽度。因此,缝合时只需按开衩及袋口刀眼缝合 0.7 cm 即可,袋口与开衩中间 3 cm 空着不缉线(图 9.4.1④)。

(3) 扣烫前身贴边,装插袋。

A. 在开衩、袋口两端剪刀眼(以不超过缉线为宜),缝份向大身方向倒,使开衩贴边有 0.1 cm坐缝。接着将贴边里口扣烫 0.7 cm,使开衩贴边净阔 4.3 cm(图 9.4.2①)。

B. 装插袋布时,先把袋口三面扣烫平服无角,接着将袋布边缘黏浆,黏在大身袋口处(图 9.4.2②)。

C. 门襟贴边也是坐倒缝。如里口是毛边,则与开衩一样折 0.7 cm 缝份;如是光边,可不折边,黏浆后烫干或用扎线固定。同时,应检查外口的暗襟贴边不能被缝住,暗襟上下两端不应毛出(图 9.4.2③)。

D. 里襟是分开缝。里襟净阔 2.5 cm。上口封缉 0.6 cm 并翻出烫平。里口光边和毛边处理方法与门襟相同(图 9.4.2④)。

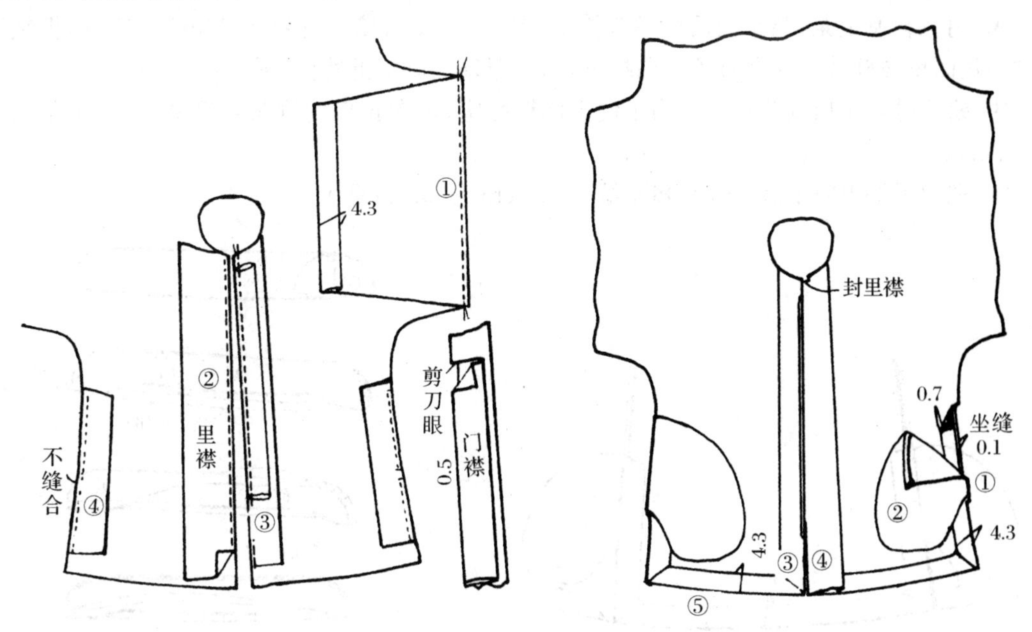

图 9.4.1 缝合罩袖、里襟、门襟、前衩贴边

图 9.4.2 扣烫前身贴边、装插袋

E. 扣烫底边有一定难度。由于男式底边较宽，要把底边烫平而无明显褶皱，可以先扣烫外口弧度。熨烫时熨斗应从前中线向摆缝两边推移，使上口贴边逐渐归缩，然后向内翻折上口贴边，使底边宽为 4.3 cm，也是由前中线向摆缝方向扣烫。最后，按图示将底边方角折进黏浆烫干固定(图 9.4.2⑤)。

(4) 缝合袖底。一一对准后袖底缝刀眼，并于摆边处装上后开衩贴边(缝合时既不能把开衩和袋口缝在一起，也不能使这一处毛出)，然后缉袖底缝(缉线为 1 cm。缉至袖底弯势处要伸拔一把，使缝线不易拉断)。在袖口处要把后身贴边翻向并包紧前片，然后一起缝缉和锁边(图 9.4.3)。

(5) 扣烫后身贴边。袖底缝缉好后将大身翻转、放正，朝后身扣烫袖底缝。这时袖底缝锁边处伸拔、缉线处归缩，这样才能将袖底缝坐倒烫平(图 9.4.4)。

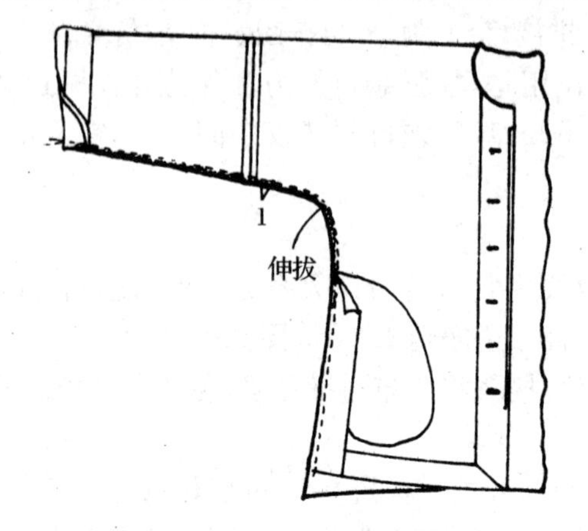

图 9.4.3 缝合袖底

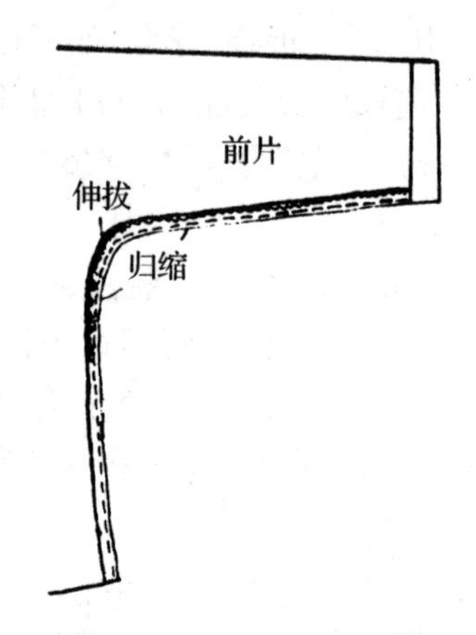

图 9.4.4 扣烫袖底缝

扣烫后开衩及底边的方法与前片相同，应注意前后开衩不能有长短，贴边狭阔一致(图 9.4.5)。

(6) 做领。

A. 将领衬刮上浆，与领面反面黏合烫干(图 9.4.6①)，接着将领下口扣烫 0.7 cm，把领里与领面正面重叠缝合。缝合时领里稍拉紧，缉线至领下口翻折处止(图 9.4.6②)。

B. 朝领衬方向扣倒领止口。为了使坐倒缝固定，可在止口内刮浆扣倒熨烫，使领角圆顺(图 9.4.6③)。

C. 把领里翻出烫平。上领止口坐缝为 0.1 cm(图 9.4.6④)。

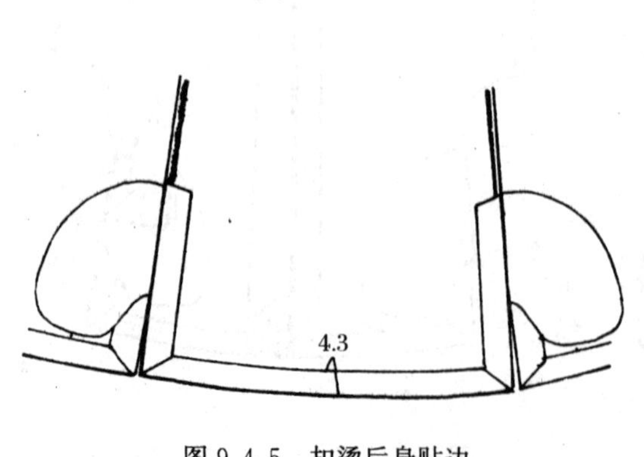

图 9.4.5 扣烫后身贴边

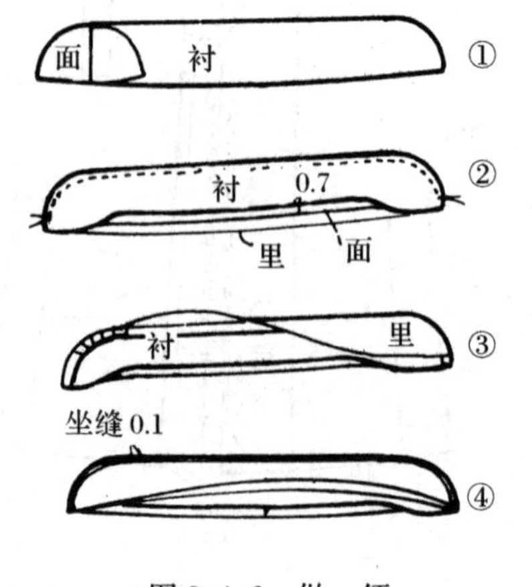

图 9.4.6 做 领

(7) 装领(图 9.4.7)。

A. 领与大身正面叠合,沿领下口折印上 0.1 cm 缉线(前领距门襟 0.3 cm 起,中间对准刀眼,一直缉至距里襟刀眼止)。底领圈应比领头小 1 cm 左右,缝至领圈直丝处稍拉伸(斜丝部位不能拉)可以保持领的平服,两端平齐。

B. 缲领里时,翻下领里,由里襟处开始缲领里。缲时领里针迹要小,领里盖没装领线(图 9.4.8)。

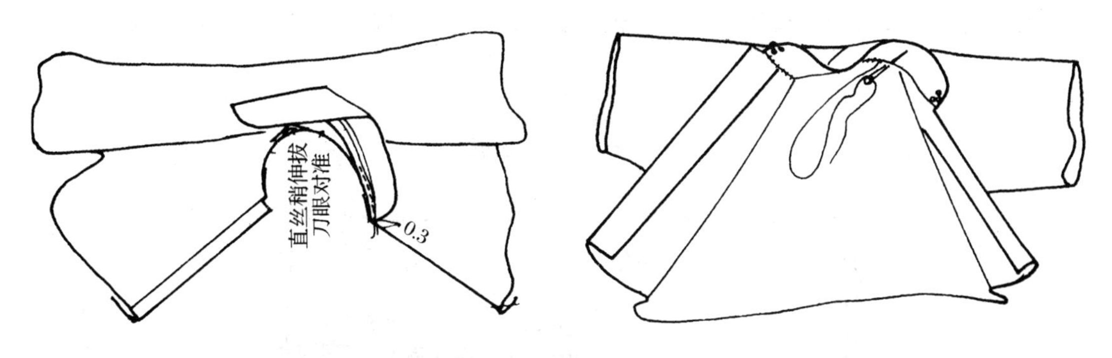

图 9.4.7 装 领

图 9.4.8 缲领里

(8) 钉扣,缲边。暗门襟内开眼 6 只,里襟钉扣 9 粒;领下口钉直脚纽扣一对,门襟处钉纽珠,里襟处钉纽襻。袋布、底边、袖口边都需要缲边。

直脚纽亦称葡萄纽,是用本色直斜料制作的。有关缲边、缲纽襻条方法,参阅第一章有关手工基础内容。缲完襻条后(纽珠的襻条长 18.5 cm,纽襻的襻条长 8.5 cm),可盘纽珠。纽珠要盘得结实,可用镊子帮助逐步盘紧,具体步骤参见图 9.4.9。

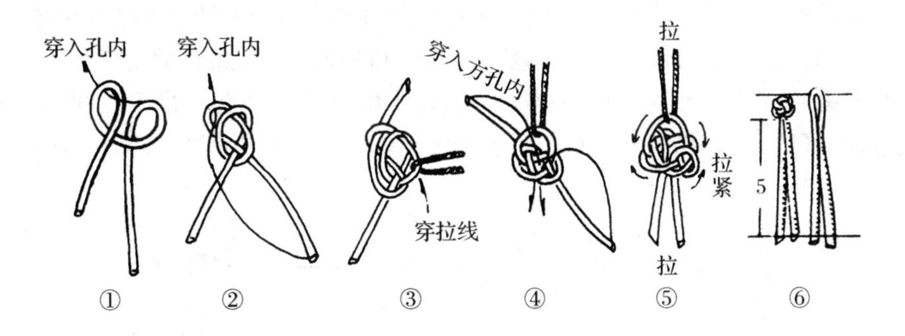

图 9.4.9 盘纽珠

(9) 整烫。喷水烫平反面缲边的针脚,烫刮领里,然后正面烫直脚纽两边,使纽襻结实顺直,袖底缝烫平。

二、中式对襟女棉袄缝制工艺

1. 缝制工艺程序

做准备工作→缝合罩袖、里襟→扣烫底边、分缝→黏合衬布→配里→缝合衬和里→做袋,装袋→扣烫止口,整烫壳子→铺翻棉花→绗棉花→合袖底缝→做领→装领→钉纽,缲边→整烫。

2. 工艺步骤说明

(1) 做准备工作。缝制中式棉袄所需的面料、夹里、衬布及棉花等在缝制前都应一一裁配好。同时,由于中式服装适合于柔软轻薄面料,所以在缝制时需用糨糊黏合,有利于快速缝制和保证产品质量。

(2) 缝合罩袖、里襟。缝合罩袖、里襟内容与罩衫相同。夹里、衬布罩袖也应拼接好。

(3) 扣烫底边、分缝。扣烫底边时由中间往两边烫平,并用浆固定,袖缝、里襟缝亦分开烫平。取里襟净阔 2.5 cm,烫正面,并按图示放平。注意丝绺归正,使 $AO=BO$,$DO=CO$(图 9.4.10)。

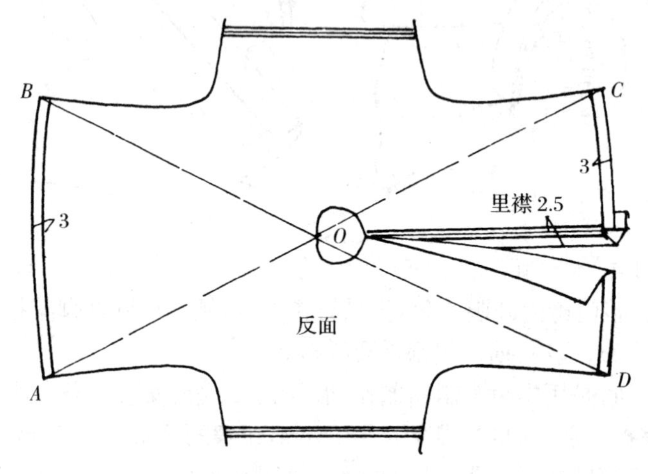

图 9.4.10 扣烫底边、分缝

(4) 黏合衬布。将面料平铺开来,先在面料四周缝头上刮浆(刮浆宽度不能超过 1 cm,浆刀应由横括略向上提,以防斜丝处歪斜),然后把衬布轻轻地摊平黏合烫干(门襟、里襟以及底领圈处刮浆不能超过 0.7 cm,摊衬布宜松不宜紧,要保持松弛状态),最后在衬布底边蘸少许浆后,把多余的底边往上翻折,使衬布与底边的距离如下:门襟、里襟处 0.5 cm,摆缝处1.5 cm,后中线处 2 cm(图 9.4.11)。

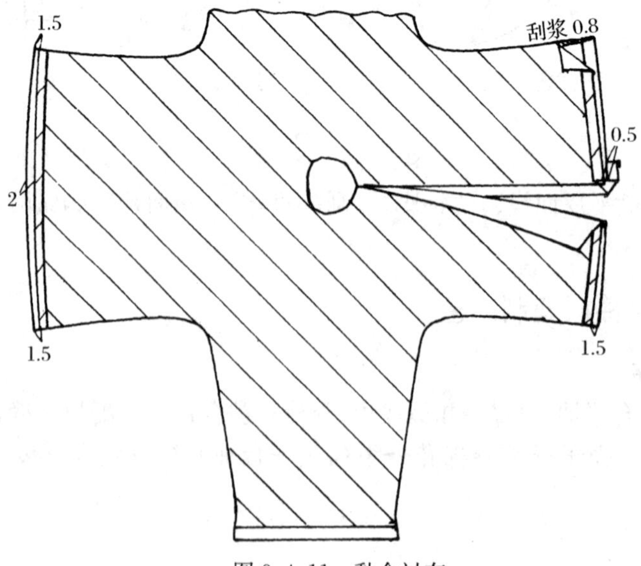

图 9.4.11 黏合衬布

(5) 配里(图 9.4.12)。翻转黏好衬布的大身,使其正面向上,用浆黏牢门襟贴边,门襟贴边里口扣烫 0.7 cm 止口,里襟贴边里口也扣烫 0.7 cm 止口,袖口贴边正面翻折并扣烫 0.7 cm 止口,然后用浆在袖底四周以及门襟、里襟、袖贴边止口上刮 0.5 cm。因为过宽的浆露在正面有损外观,故将夹里自然松弛地摊平、烫干(在摆边处横向稍拉紧)。最后,按面子修剪夹里底边,使门襟处比面子长 2 cm,摆边比面子长 1 cm,后中线比面子长 0.5 cm。袖底与领圈均齐面子修齐。

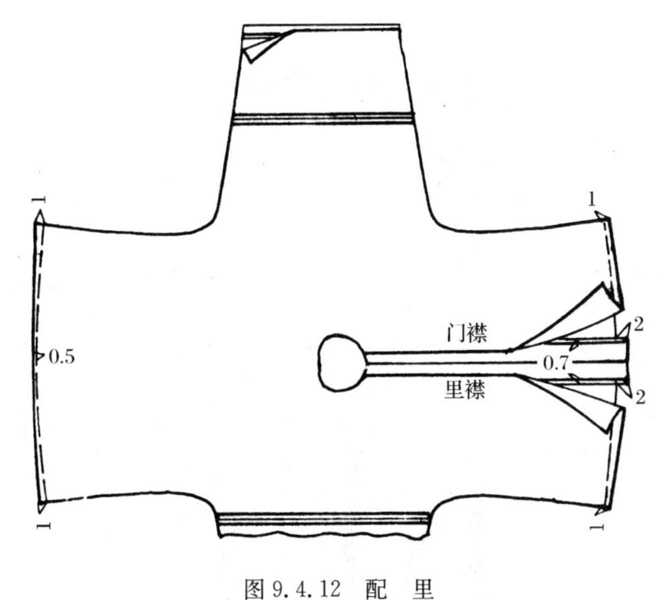

图 9.4.12　配　里

(6) 缝合衬和里(图 9.4.13)。由于缝合部位较多,如按下列步骤进行,可以做到无遗漏,不断线。

A. 从里襟开始,沿着止口折印线放出 0.1 cm,由下往上缉线(图 9.4.13①)门襟处由上往下缉(图 9.4.13②),转入缉左右袖贴边(图 9.4.13③、④)。

B. 缝合衬布和里子,从里襟开始将里襟贴边紧贴大身底边折转,余下的里与衬布捏起缝

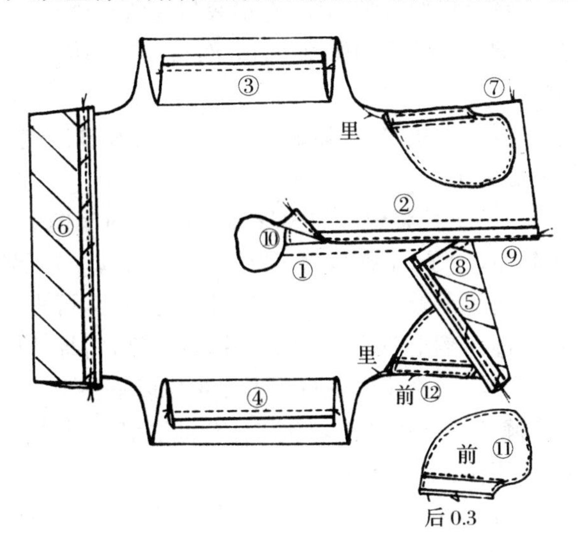

图 9.4.13　缝合衬和里

合，按此缝合量缉至摆边，转入后片、门襟(缝合及捏合方法均与里襟相同，图 9.4.13⑤、⑥、⑦)。

C. 沿着里襟与衬布黏合处，从上往下缉牢里襟衬布(图 9.4.13⑧)。

D. 缉门襟止口线。缉时将贴边包紧大身后缉 0.5 cm(图 9.4.13⑨)，里襟上端封口 0.5 cm(图 9.4.13⑩)。

(7) 做袋，装袋。先在袋布上装袋口垫头，接着缝合袋布。注意前袋口要比后袋口进 0.3 cm(图 9.4.13⑪)。装袋布时应把前袋口与前片面子缝合 0.7 cm(图 9.4.13⑫)。

(8) 扣烫止口，整烫壳子(图 9.4.14)。

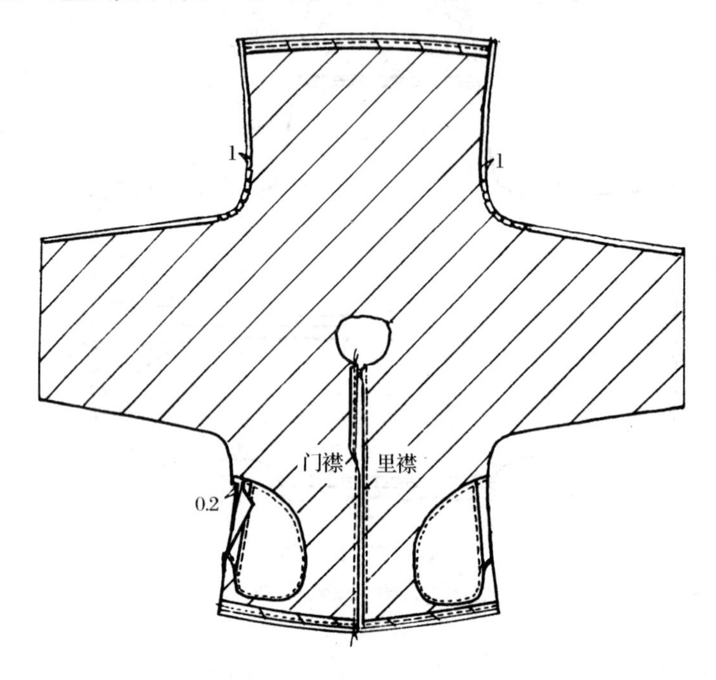

图 9.4.14　扣烫止口

A. 把大身衬布向上，先扣烫门襟止口 0.7 cm，并在止口内刮浆使止口固定烫煞。

B. 扣烫袋口止口。先将袋口两端剪刀眼，并沿袋口黏浆扣烫 0.9 cm，形成 0.2 cm 坐缝。

C. 扣烫袖底缝。先在袖底弯势剪刀眼 0.5 cm，然后伸拔扣烫 1 cm 止口。这时大身一定要放正，止口内不能刮浆。

D. 翻出大身，检查烫平门襟、里襟、袖口贴边、夹里底边和袖底缝，如正确无误，即可以画出扣位。这一过程称作整烫壳子。

(9) 铺翻棉花(图 9.4.15)。把整烫好的大身袖底翻出，衬布向上铺翻棉花或驼毛。棉花在后背部、前胸部应铺得较厚，袖子、下摆较薄，袖底弯势处最薄。各部位间的厚薄应无明显的界限，均匀自然即可。为了使边角处不缺棉花，并防止棉花散落，可先翻出边角与棉花，即在棉花上铺一张纸，再从后袖底逐一翻出前片、后片、袖片，取出纸，将棉花四周铺足、拍平。

(10) 绗棉花(图 9.4.16)。整个绗棉花过程可以根据以下三个步骤进行。

A. 定扎领圈、前袖底缝。这样将便于装领和缝合袖底缝。具体操作是：在离领圈和袖底缝 0.8 cm 处，采用棉纱线打倒回针固定。

B. 打回。即距大身边沿 5 cm 沿大身四周用丝线钉二上二下的绗针固定。如图 9.4.16 ①～⑩所示，打回的路线：里襟底边→里襟→领圈→门襟→门襟底边→右袖边→袖底→后底边→袖底→左袖口边。

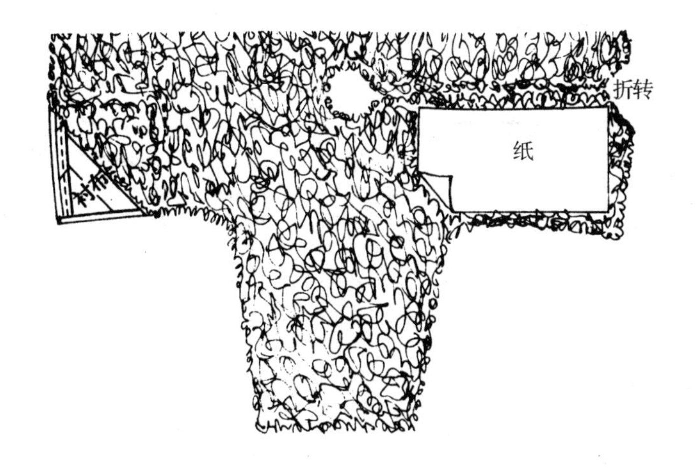

图 9.4.15 铺翻棉花

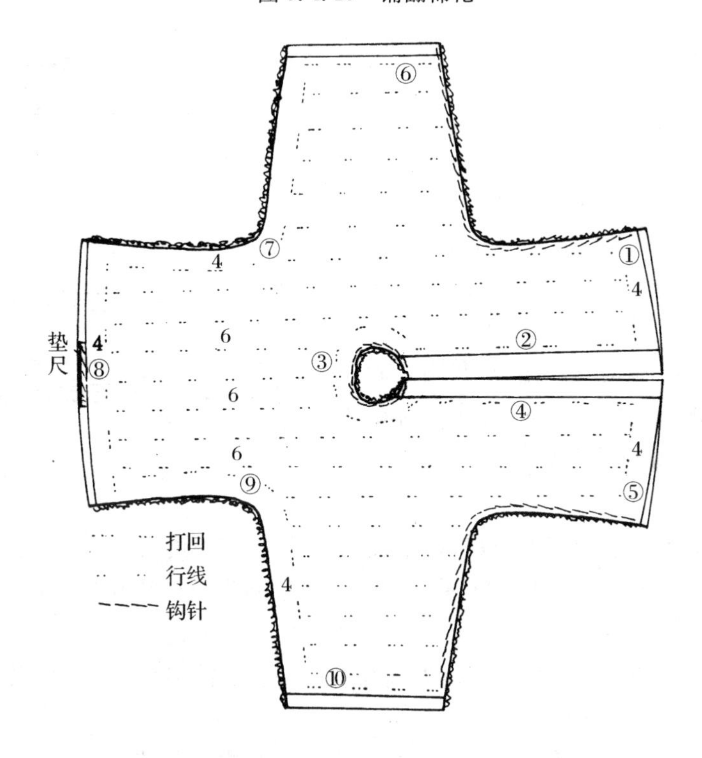

图 9.4.16 绗棉花

C. 绗棉花。先用粉线袋画好左右对称的绗线，棉花行距约 6 cm(驼毛约 7 cm，丝绵约 8 cm)。绗棉时为了在面子上不留有针迹，可以在衬布内衬尺或纸板。绗针的间距为 5～6 cm，可采用一上一下的倒回针法。绗棉花应使用丝线(如用棉纱线，则绗针处留有棉花)。

(11) 合袖底缝。

A. 缝合前身和后身袖底，沿着后袖底扣烫印处 0.1 cm 缉线，缉至下摆离底边 8 cm 处，把前后衬布剪开 2 cm，掀起衬布，只缉面子到底边，接着将剪开的衬布前后缝合 1 cm 至底边。袖底弯势缉双线，以增加牢度(图 9.4.17)。

B. 缲袖底夹里前，先把袖底缉缝弯势处打上刀眼，然后把后身夹里缲在前片缝线处。要求上下均匀不能有宽紧，缲针脚要小并盖没缉线(图 9.4.18)。

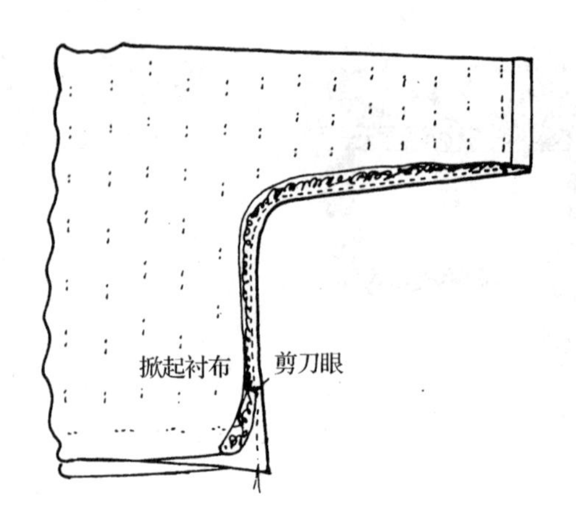

图 9.4.17　合袖底缝

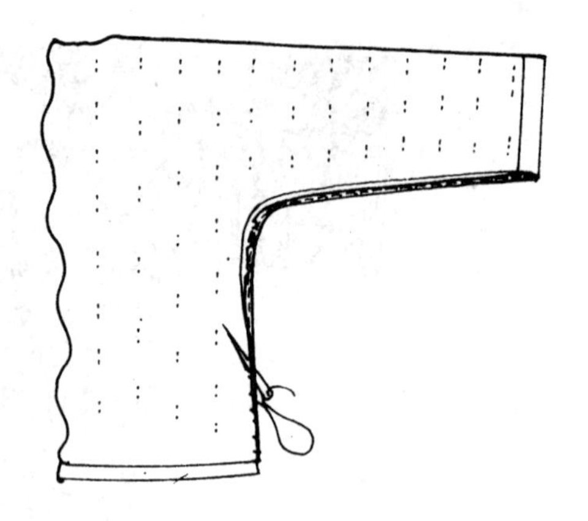

图 9.4.18　缲袖底夹里

(12) 做领。棉袄领一般采用净样领衬。

A. 取直料漂布(或薄横衬布),用浆作双层黏合烫干,剪出净样,然后取薄绸作为牵带与领衬黏合烫干,四周缉线(图 9.4.19①)。

B. 制好的领衬四周牵带部位刮浆或全部刮上浆,与领面黏合烫干(图 9.4.19②)。

C. 按领衬方向扣烫领下止口 0.7 cm,并把领里与领面正面重叠,缝合起来。缝合时领里稍拉紧,缉线至领下口翻折处止(图 9.4.19③)。

D. 与罩衫领一样扣烫上领止口,并用浆固定烫煞,翻出并烫平领里,使上领止口坐倒0.1 cm,领里下口与领面下口相齐(图 9.4.19④)。

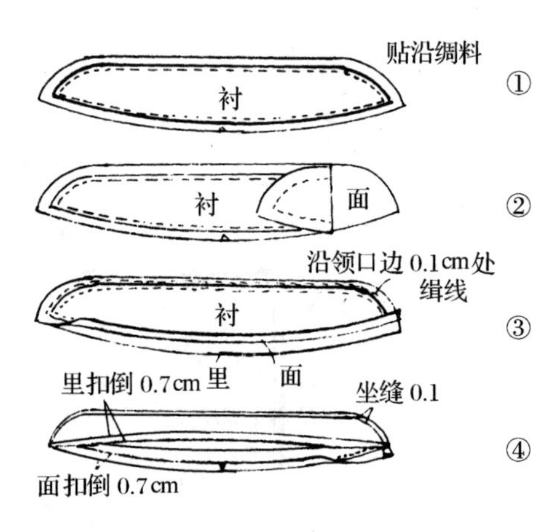

图 9.4.19　做　领

(13) 装领。

A. 正面叠合领与大身,沿领下口折印上0.1 cm缉线(前领距门襟 0.3 cm,中间对准刀眼),一直缉至里襟止。装领时底领圈应比领头小1 cm,使领圈直丝处稍拉伸能取得平服合体的效果(图 9.4.20)。

B. 坐倒装领止口,翻下领里,由里襟处起缲领里。要求针迹为领里盖没装小领线,领里松紧一致,不起链形(图 9.4.21)。

(14) 钉纽,缲边。钉直脚纽五档,直脚纽做法及缲边内容与罩衫相同。另外还要在外襟上领钉领钩,里襟上领钉领襻,袋口打套结。

(15) 整烫。先在反面把底边及绗棉后的夹里烫平,然后把领盖上水布烫挺,最后在正面把直脚纽两边烫挺、袖底缝烫平。

3. 质量要求

(1) 领面挺刮,领圈四周平服,领里无链形,领钩上下对齐。

(2) 罩袖缝平直,对条格正确,袖底缝平服,左右袋口大小、套结位置对称。

(3) 直脚纽顺直平挺,左右纽襻呈直线,钉纽针脚整齐,反面针脚小。

(4) 底边缲针的针迹小,无抽紧现象。

(5) 符合尺寸规格。

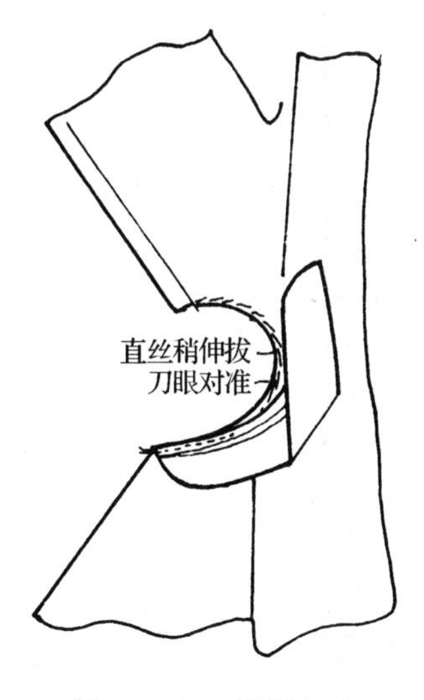

图 9.4.20 装领(一)

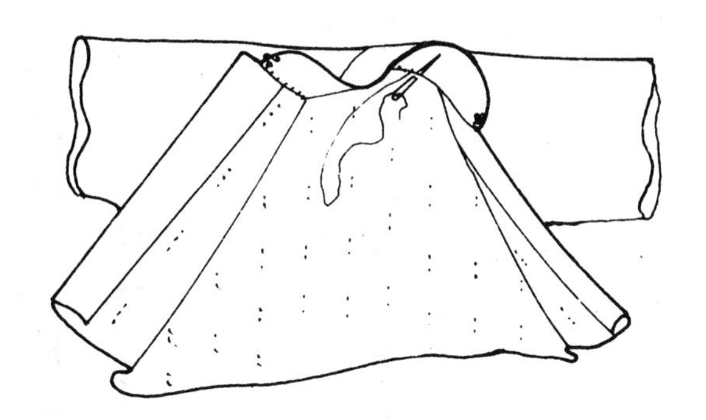

图 9.4.21 装领(二)

习 题

1. 罩衫领和棉袄领在制作中各有什么特点?
2. 扣烫底边时应注意哪些要点?
3. 装领时要注意哪些方面?
4. 缝合袖底缝时要注意哪些方面?
5. 黏合衬布时应注意哪些事项? 为什么?

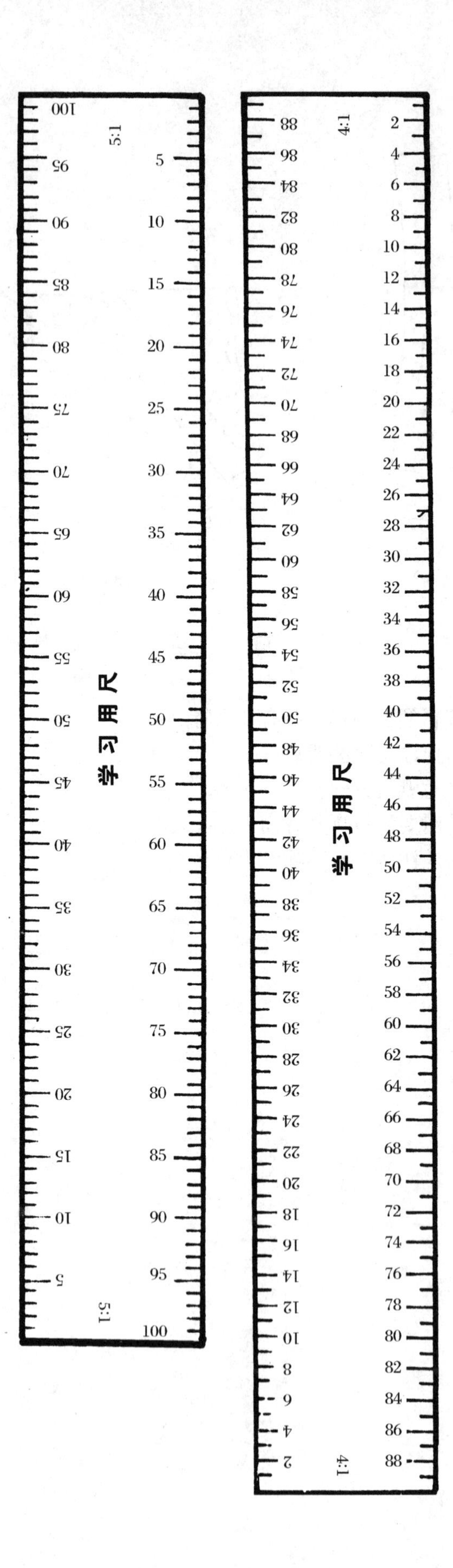
5:1
学习用尺
5:1
4:1
学习用尺
4:1